TEMES CLAU 13

Concepció Flaqué Lajara
Glòria Andreu Terren
Pilar Cortés Izquierdo
Llorenç Puig Mayolas

UPC Edicions UPC

UNIVERSITAT POLITÈCNICA DE CATALUNYA

Aquesta obra compta amb el suport de la Generalitat de Catalunya

En col·laboració amb el Servei de Llengües i Terminologia de la UPC

Disseny de la coberta: Ernest Castelltort
Disseny de col·lecció: Tono Cristòfol
Maquetació: Mercè Aicart

Primera edició: desembre de 2008
Reimpressió: agost de 2009

Producció: LIGHTNING SOURCE

Dipòsit legal: B-3912-2009
ISBN: 978-84-9880-355-6

Índex

Introducció i continguts del llibre

Aquest llibre recull una col·lecció de problemes, alguns resolts i d'altres només amb la solució, amb un resum teòric de cadascun dels temes, que corresponen a les parts de la química més directament aplicables a l'enginyeria. Tractant-se, però, d'un llibre de química general, també pot representar una ajuda excel·lent per als estudiants dels primers cursos d'altres carreres científiques i tècniques amb vista a comprendre i utilitzar els conceptes, les magnituds i les lleis fonamentals de la química i la seva aplicació.

Cada capítol comença amb un resum teòric suficient per poder emprendre de manera autònoma la resolució dels problemes que es presenten a continuació. Per iniciar els estudiants en els mètodes resolutius, aquests resums teòrics s'acompanyen d'exemples senzills, però entenem que molt útils, per al domini de les relacions conceptuals, per a l'ús de les unitats i per a l'aplicació sistemàtica de les lleis. Alguns dels problemes són d'un nivell prou elemental com per facilitar l'estudi als que s'inicien en la química. La majoria, però, han estat proposats en avaluacions i exàmens de les assignatures de química de les titulacions impartides a l'Escola Tècnica Superior d'Enginyeria Industrial i Aeronàutica de Terrassa (ETSEIAT) i procedeixen del llibre *La química en qüestions i problemes* (edicions UPC), dels mateixos autors.

Cal fer constar que en molts problemes (sobretot en els de dificultat alta) es poden trobar qüestions que involucrin temes diversos. Entenem que aquest factor afavoreix que s'adquireixi una visió més global de la química i dels fenòmens relacionats d'alguna manera amb el canvi químic. De fet, a mesura que s'aprofundeix en el coneixement de la naturalesa, es va fent evident que gairebé cap fenomen admet un estudi aïllat.

Els problemes no resolts estan classificats segons la dificultat de resolució, dels més senzills (□) als més complexos (■).

Per obtenir la màxima eficàcia en la utilització d'aquest llibre, recomanem seguir les etapes següents de lectura i estudi, vàlides per a cada capítol: 1) lectura i comprensió de la introducció teòrica, i també dels exemples resolts; 2) comprensió exhaustiva dels problemes resolts; 3) plantejament, resolució i comprovació dels problemes no resolts de dificultat baixa; 4) plantejament, resolució i comprovació dels problemes no resolts de dificultat alta.

No cal dir que agraïm per endavant, a professors i alumnes que utilitzin aquest llibre, qualsevol tipus de suggeriment per millorar o rectificar temes o problemes en una propera edició.

Els autors   Terrassa, 2009

Química.
Àtoms. Molècules

1

1.1 Química i matèria

La **química** és la ciència que estudia la matèria, les seves propietats, els canvis que experimenta i les variacions d'energia que acompanyen aquests canvis.

La **matèria** és tot allò que té massa, que es pot tocar, olorar, observar, o no (com l'aire). Es troba pertot arreu, excepte en el buit. La matèria es presenta en tres estats: gasós, líquid i sòlid.

Substàncies pures: elements i compostos

- **Elements:** no es poden descompondre en substàncies més simples per mètodes químics.

  Exemple: ferro, Fe; sodi, Na.
- **Compostos:** Estan formats per dos elements o més units químicament en proporcions definides.

  Tenen una composició fixa.

  No poden separar-se en els seus elements per mètodes físics.

  Només poden canviar d'identitat i propietats per mètodes químics.

  Es poden descompondre en substàncies més simples per mètodes químics.

  Exemple: aigua, H_2O; àcid nítric, HNO_3.

Mescles

Les mescles són combinacions de dues substàncies pures o més, les quals conserven les seves propietats.

Tenen composició variable.

Es poden separar en substàncies pures per mètodes físics.

- **Mescles homogènies**

  Tenen la mateixa composició en totes les seves parts.

  Els seus components són indistingibles.

  Es poden separar per mètodes físics.

  Exemple: dissolucions com ara l'aigua de mar.

- **Mescles heterogènies**

  No tenen la mateixa composició en totes les parts.

  Els components són distingibles.

  Es poden separar per mètodes físics.

  Exemple: el granit, mineral format per quars, feldspat i mica.

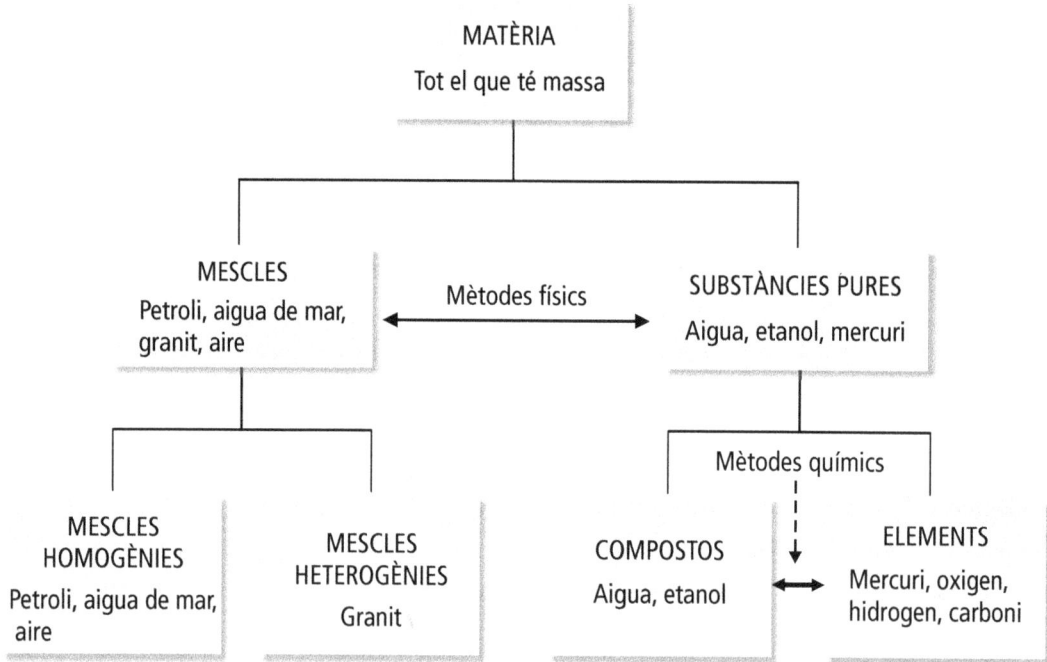

```
                          MATÈRIA
                       Tot el que té massa


        MESCLES                              SUBSTÀNCIES PURES
   Petroli, aigua de mar,   ← Mètodes físics →   Aigua, etanol, mercuri
   granit, aire


                                              Mètodes químics

  MESCLES            MESCLES                           ELEMENTS
 HOMOGÈNIES        HETEROGÈNIES        COMPOSTOS    Mercuri, oxigen,
Petroli, aigua de mar,   Granit        Aigua, etanol    hidrogen, carboni
aire
```

1.2 Àtoms i molècules. Mol. Massa molar

L'àtom és la partícula més petita que caracteritza un element químic. Un àtom està constituït per tres partícules fonamentals: neutrons i protons, que formen el nucli, i electrons.

El nombre de protons s'anomena *nombre atòmic*, *z*, i determina l'element químic. El nombre de protons d'un àtom és igual al nombre d'electrons; l'àtom és neutre.

Així, el nombre atòmic del cobalt és 27. Això vol dir que té 27 protons i 27 electrons.

L'element de $Z = 6$ és el carboni, C. El de $Z = 47$ és la plata, Ag, etc.

El nombre de neutrons determina l'isòtop d'un element. Per tant, isòtops són elements que tenen el mateix nombre atòmic, Z, és a dir, el mateix nombre de protons (i d'electrons), però diferent nombre de neutrons.

El nombre de protons més el de neutrons és el *nombre màssic*, A.

Representació: $\substack{\text{Nombre atòmic} \\ \text{Nombre màssic}} X$

Així, l'hidrogen té tres isòtops, hidrogen, deuteri i triti:

	Nombre de protons (Z)	Nombre de neutrons	Símbol
H	1	0	H
D	1	1	H
T	1	2	H

Més del $99,9\,\%$ de la massa d'un àtom es concentra en el nucli. Així, doncs, la massa d'un àtom ve determinada per la massa dels seus protons i neutrons, ja que la dels seus electrons es pot negligir.

Una molècula és un conjunt d'àtoms units fortament que funcionen i actuen junts com una sola entitat. Es representa per una fórmula química.

Per exemple: O_2, oxigen; N_2, nitrogen; H_2O, aigua; CO_2, diòxid de carboni; HNO_3, àcid nítric.

Massa atòmica i massa molecular. Massa molar. Mol

La *massa atòmica* és la massa d'un àtom en *uma*, unitat de massa atòmica. Es representa per "u".

Una *uma* és la dotzena $(1/12)$ part de la massa d'un àtom de carboni-12, $_{12}C$. L'àtom de carboni, que, com hem dit, té 6 neutrons i 6 protons, té una massa atòmica de 12 uma. Es representa com 12 u.

Massa d'un àtom de $_{12}C = 12,00$ u.

$1\ u = 1,66 \cdot 10^{-27}\ kg$

Com que un element pot tenir isòtops, el valor assignat a la massa atòmica d'un element és la mitjana ponderada de les masses de tots els isòtops segons el percentatge en massa de cadascun.

Exemple 1

El coure natural està compost per dos isòtops, $_{63}Cu$ en un $69,43\,\%$ i $_{65}Cu$ en un $30,57\,\%$. Les seves masses respectives són $62,93$ u i $64,93$ u. Calculeu la massa atòmica del coure.

[Solució]

$$0,6943 \cdot 62,93\ u + 0,3057 \cdot 64,93\ u = 63,54\ u$$

Massa molecular. La massa d'una molècula s'obté sumant les masses de tots els àtoms que la componen. Així:

$$O_2 = (8\ \text{protons} + 8\ \text{neutrons}) \cdot 2 = 32\ u$$

$$CO_2 = (6 + 8 + 8)\,\text{protons} + (6 + 8 + 8)\,\text{neutrons} = 44\ u$$

Les masses dels àtoms o de les molècules són massa petites per ser mesurades amb els aparells de laboratori habituals (els elements més pesants tenen masses inferiors a 10^{-25} kg).

Tampoc no es pot comptar directament el nombre de molècules o àtoms continguts en un nombre determinat de grams.

Cal tenir en compte que la mateixa massa de compostos diferents conté diferent nombre de molècules. Per exemple, si considerem masses iguals de diòxid de carboni, CO_2, i de glucosa, $C_6H_{12}O_6$, el nombre de molècules de diòxid de carboni és més gran que el nombre de molècules de glucosa.

Tot això va portar a establir una unitat apropiada per comptar el nombre d'àtoms, el de molècules, el de ions, és a dir, el de partícules en general, d'una substància. Aquesta unitat és el **mol**.

Mol

Un **mol** és la quantitat de substància que conté tantes partícules (àtoms, molècules o altres) com àtoms hi ha en 12 grams de carboni-12.

El nombre d'àtoms que hi ha en 12 grams de carboni-12 és el nombre d'Avogadro, N_A (també anomenat constant d'Avogadro).

$$N_A = 6{,}022 \cdot 10^{23} \text{ mol}^{-1}$$

S'ha d'especificar a quin tipus de partícules fa referència. Per exemple: 8,2 mols de molècules de H_2, 1,3 mols d'àtoms de H, 0,5 mols d'electrons.

1 mol de substància conté $6{,}022 \cdot 10^{23}$ partícules d'aquesta substància.

Exemple 2

a) Quantes molècules de H_2 i quants àtoms de H estan continguts en 2 mols de H_2?

[Solució]

$$2 \text{ mol } H_2 \cdot \frac{6{,}022 \cdot 10^{23} \text{ molècules } H_2}{1 \text{ mol } H_2} = 1{,}204 \cdot 10^{24} \text{ molècules } H_2$$

$$1{,}204 \cdot 10^{24} \text{ molècules } H_2 \cdot \frac{2 \text{ àtoms } H}{1 \text{ molècula } H_2} = 2{,}408 \cdot 10^{24} \text{ àtoms } H$$

b) En 3,1 mols d'àtoms de H, quants àtoms hi ha?

[Solució]

$$3{,}1 \text{ mol } H \cdot \frac{6{,}022 \cdot 10^{23} \text{ àtoms } H}{1 \text{ mol } H} = 1{,}867 \cdot 10^{24} \text{ àtoms } H$$

Massa molar

És la massa d'1 mol de partícules (àtoms, molècules, etc.). Normalment s'expressa en grams.

Per exemple, la massa molar d'1 mol de molècules de CaO és 56,08 g.

Conté:

- $6{,}022 \cdot 10^{23}$ molècules d'òxid de calci
- $6{,}022 \cdot 10^{23}$ àtoms Ca $= 1$ mol àtoms Ca
- $6{,}022 \cdot 10^{23}$ àtoms O $= 1$ mol àtoms O

Nota: encara que actualment es recomana dir *massa molar* (massa molar d'un àtom, massa molar d'una molècula) es continuen utilitzant els termes *massa atòmica* referida a àtoms i *massa molecular* referida a molècules.

Factors unitaris per a la resolució dels problemes

Conversió de mols a massa i de massa a mols:

$$\frac{\text{massa molar}}{1 \text{ mol}}$$

Conversió de nombre de partícules a mols i de mols a nombre de partícules:

$$\frac{6{,}022 \cdot 10^{23} \text{ partícules}}{1 \text{ mol}}$$

1.3 Fórmules empíriques i fórmules moleculars. Composició centesimal

Un compost sempre conté els mateixos elements i en la mateixa proporció. Aquesta és la **llei de la composició constant**.

Així, l'aigua, H_2O, conté 2 àtoms d'hidrogen i 1 àtom d'oxigen. L'àcid sulfúric, H_2SO_4, conté 2 àtoms d'hidrogen, 1 àtom de sofre i 4 àtoms d'oxigen.

La **fórmula empírica** dóna els diferents àtoms i la relació en què es troben en la molècula amb el conjunt més petit de nombres enters.

Per exemple, la fórmula empírica de l'aigua oxigenada o peròxid d'hidrogen, és HO; 1 àtom d'hidrogen per cada àtom d'oxigen. La de la glucosa és CH_2O: 1 àtom de carboni: 2 àtoms d'hidrogen: 1 àtom d'oxigen.

La fórmula empírica es calcula a partir de la composició centesimal del compost.

Exemple 3

El nitrat de coure(II) té una composició centesimal (en massa) de 33,88 % de coure, 14,94 % de nitrogen i 51,18 % d'oxigen. Calculeu la seva fórmula empírica (en aquest cas, coincideix amb la molecular).

[Solució]

En 100 g del compost hi ha $\begin{cases} 33{,}88 \text{ g Cu} \\ 14{,}94 \text{ g N} \\ 51{,}18 \text{ g O} \end{cases}$

Els grams de cada element es passen a mols:

$$33{,}88 \text{ g Cu} \cdot \frac{1 \text{ mol Cu}}{63{,}5 \text{ g Cu}} = 0{,}53$$

$$14{,}94 \text{ g N} \cdot \frac{1 \text{ mol N}}{14{,}0 \text{ g N}} = 1{,}07$$

$$51{,}18 \text{ g O} \cdot \frac{1 \text{ mol O}}{16{,}0 \text{ g O}} = 3{,}20$$

Dividim pel nombre més baix (0,53), i obtenim:

$$Cu: \quad \frac{0,53}{0,53} = 1$$

$$N: \quad \frac{1,07}{0,53} = 2$$

$$O: \quad \frac{3,20}{0,53} = 6$$

És a dir, CuN_2O_6, que formulat correctament és: $Cu(NO_3)_2$.

La relació entre àtoms és: $Cu : O : C = 1 : 3 : 1$. La seva fórmula empírica és $Cu(NO_3)_2$.

Fórmula molecular: especifica quants àtoms de cada element hi ha en la molècula: per exemple, per a l'aigua oxigenada és H_2O_2; per a la glucosa: $C_6H_{12}O_6$.

Per determinar la fórmula molecular, cal conèixer la massa molar de la molècula.

Problemes resolts ▬▬▬▬▬▬▬▬▬▬▬▬▬▬▬▬▬▬▬▬▬▬▬▬

Conversió entre massa, mols, àtoms i molècules

Problema 1.1

En 1,143 g de coure:

a) Quants mols de coure hi ha?
b) Quants àtoms de coure?

[Solució]

a) Sabent que la massa molar del coure és $63,55 \text{ g} \cdot \text{mol}^{-1}$,

$$1,143 \text{ g Cu} \cdot \frac{1 \text{ mol Cu}}{63,55 \text{ g Cu}} = 0,018 \text{ mol Cu}$$

b) Sabent el nombre d'Avogadro:

$$0,018 \text{ mol Cu} \cdot \frac{6,022 \cdot 10^{23} \text{ àtoms Cu}}{1 \text{ mol Cu}} = 1,084 \cdot 10^{22} \text{ àtoms Cu}$$

Problema 1.2

Quants grams de plata hi ha en 0,14 mols de plata?

[Solució]

$$0,14 \text{ mol Ag} \cdot \frac{107,87 \text{ g Ag}}{1 \text{ mol Ag}} = 15,10 \text{ g Ag}$$

Problema 1.3

La massa molar del silici és $28,1 \ g \cdot mol^{-1}$. Quina és la massa en grams d'un àtom de silici?

[Solució]

$$28,1 \frac{g \ Si}{mol \ Si} \cdot \frac{1 \ mol \ Si}{6,022 \cdot 10^{23} \ àtoms \ Si} = 4,67 \cdot 10^{-23} \ g \ Si$$

Problema 1.4

Quina és la massa de $3,0$ mols de clor, Cl_2?

[Solució]

$$3,0 \ mol \ Cl_2 \cdot \frac{70,8 \ g \ Cl_2}{1 \ mol \ Cl_2} = 212,4 \ g \ Cl_2$$

Problema 1.5

a) Quantes molècules de H_2O hi ha en $1,44$ g d'aigua, sabent que la seva massa molar és $18,0 \ g \cdot mol^{-1}$?
b) Quants àtoms de H i quants de O hi ha en aquests $1,44$ g d'aigua?

[Solució]

a) $1,44 \ g \ H_2O \cdot \dfrac{1 \ mol \ H_2O}{18,0 \ g \ H_2O} \cdot \dfrac{6,022 \cdot 10^{23} \ molècules \ H_2O}{1 \ mol \ H_2O} = 4,818 \cdot 10^{22} \ molècules \ H_2O$

b) $4,818 \cdot 10^{22} \ molècules \ H_2O \cdot \dfrac{2 \ àtoms \ H}{1 \ molècula \ H_2O} = 9,639 \cdot 10^{22} \ àtoms \ H$

$4,818 \cdot 10^{22} \ molècules \ H_2O \cdot \dfrac{1 \ àtom \ O}{1 \ molècula \ H_2O} = 4,818 \cdot 10^{22} \ àtoms \ O$

Problema 1.6

Quants mols de H_2SO_4 hi ha en $8,06$ g d'aquest àcid?

[Solució]

$$8,06 \ g \ H_2SO_4 \cdot \frac{1 \ mol \ H_2SO_4}{98,1 \ g \ H_2SO_4} = 0,08 \ mol \ H_2SO_4$$

Problema 1.7

El sulfur de ferro(III) té com a fórmula química Fe_2S_3. Les masses atòmiques respectives del Fe i del S són $55,85$ i $32,06$.

a) Quina és la massa molar del sulfur de ferro(III)?
b) Quants àtoms de ferro conté?

a) Com que en 1 mol de Fe_2S_3 hi ha 2 mols de ferro i 3 mols de sofre:

$$2 \text{ mol Fe} \cdot \frac{55{,}8 \text{ g Fe}}{1 \text{ mol Fe}} = 111{,}6 \text{ g Fe}$$

$$3 \text{ mol S} \cdot \frac{32{,}0 \text{ g S}}{1 \text{ mol S}} = 96{,}18 \text{ g S}$$

Per tant, la massa d'1 mol de Fe_2S_3 és $111{,}6 + 96{,}18 = 207{,}8 \text{ g} \cdot \text{mol}^{-1}$.

b) En 1 mol de Fe_2S_3 hi ha 2 mols de Fe, i 1 mol de Fe conté el nombre d'Avogadro, $6{,}022 \cdot 10^{23}$, àtoms de Fe:

$$1 \text{ mol } Fe_2S_3 \cdot \frac{2 \text{ mol Fe}}{1 \text{ mol } Fe_2S_3} \cdot \frac{6{,}022 \cdot 10^{23} \text{ àtoms Fe}}{1 \text{ mol Fe}} = 1{,}204 \cdot 10^{24} \text{ àtoms Fe}$$

Problema 1.8

Quants mols de Fe_2S_3 hi ha en 24,81 g d'aquest compost?

$$24{,}81 \text{ g } Fe_2S_3 \cdot \frac{1 \text{ mol } Fe_2S_3}{207{,}8 \text{ g } Fe_2S_3} = 0{,}1000 \text{ mol } Fe_2S_3$$

Determinació de fórmules empíriques a partir de la composició centesimal

Problema 1.9

La glucosa té una composició centesimal en massa del 40,0 % de carboni, el 6,7 % d'hidrogen i el 53,3 % d'oxigen. La seva massa molar és de $180 \text{ g} \cdot \text{mol}^{-1}$. Determineu la seva fórmula empírica.

Primer es calcula quants mols d'àtoms de cada element hi ha en 100 g (o en una altra quantitat determinada del compost):

$$100 \text{ g de compost} \begin{cases} \dfrac{40{,}0}{12} = 3{,}33 \text{ mols d'àtoms de C} \\[2mm] \dfrac{6{,}70}{1} = 6{,}70 \text{ mols d'àtoms de H} \\[2mm] \dfrac{53{,}3}{16} = 3{,}33 \text{ mols d'àtoms de O} \end{cases}$$

Després es divideix pel nombre més petit (3,33) i s'obté la relació entre els àtoms:

$$C : H : O = 1 : 2 : 1$$

Per tant, la fórmula empírica és: CH_2O.

Determinació de la fórmula molecular

Problema 1.10

Determineu la fórmula molecular de la glucosa sabent que la seva massa molar és $180,0$ g $\cdot$ mol^{-1}.

[Solució]

Primer calculem la massa molar de la fórmula empírica trobada en el problema anterior:

$$1\,C + 2\,H + 1\,O = 12,0 \text{ g} \cdot \text{mol}^{-1} + 2 \cdot 1,0 \text{ g} \cdot \text{mol}^{-1} + 1 \cdot 16,0 \text{ g} \cdot \text{mol}^{-1} = 30,0 \text{ g} \cdot \text{mol}^{-1}$$

Dividim la massa molar de la molècula de glucosa $(180 \text{ g} \cdot \text{mol}^{-1})$ per la massa molar de la fórmula empírica (30):

$$180,0/30,0 = 6$$

D'aquí es dedueix que la fórmula molecular és sis vegades l'empírica: $C_6H_{12}O_6$.

Determinació de la composició a partir de la fórmula

Problema 1.11

Calculeu la composició centesimal del carbonat de bari, $BaCO_3$.

[Solució]

Es calcula la massa molar del $BaCO_3$:

$$
\begin{array}{lll}
1 \text{ mol Ba} & = & 137,3 \\
1 \text{ mol C} & = & 12,0 \\
3 \text{ mol O} = 3 \cdot 16,0 & = & 48,0 \\
\hline
 & & 199,3 \text{ g} \cdot \text{mol}^{-1}
\end{array}
$$

En $199,3$ g $BaCO_3$:

$$\frac{137,3 \text{ g Ba}}{199,3 \text{ g compost}} \cdot 100 = 68,90\,\% \text{ Ba}$$

$$\frac{12,0 \text{ g C}}{199,3 \text{ g compost}} \cdot 100 = 6,02\,\% \text{ C}$$

$$\frac{48,0 \text{ g O}}{199,3 \text{ g compost}} \cdot 100 = 24,08\,\% \text{ O}$$

Evidentment, la suma dels percentatges ha de donar 100.

Problema 1.12

S'han cremat completament $1,500$ g d'un compost que conté C, H i O. Els productes obtinguts en la combustió van ser: $1,738$ g CO_2 i $0,711$ g H_2O. Quina és la fórmula empírica del compost?

Com que no se sap la fórmula, no es pot escriure l'equació igualada, però el procés és:

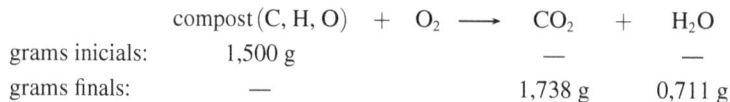

$$\text{compost}(C, H, O) \;+\; O_2 \;\longrightarrow\; CO_2 \;+\; H_2O$$

grams inicials: 1,500 g   —   —

grams finals: —   1,738 g   0,711 g

Tot el C del compost ha passat al C del CO_2.

- El C contingut en els 1,738 g de CO_2 és el C que contenia el compost:

$$1{,}738 \text{ g } CO_2 \cdot \frac{1 \text{ mol } CO_2}{44 \text{ g } CO_2} \cdot \frac{1 \text{ mol C}}{1 \text{ mol } CO_2} \cdot \frac{1 \text{ mol C}}{1 \text{ mol } CO_2} \cdot \frac{12{,}00 \text{ g C}}{1 \text{ mol C}} = 0{,}474 \text{ g C}$$

- El H del compost és el H que hi ha en el H_2O:

$$0{,}711 \text{ g } H_2O \cdot \frac{1 \text{ mol } H_2O}{18 \text{ g } H_2O} \cdot \frac{2 \text{ mol H}}{1 \text{ mol } H_2O} \cdot \frac{1{,}00 \text{ g H}}{1 \text{ mol H}} = 0{,}079 \text{ g H}$$

- El O del compost es troba per diferència:

$$1{,}500 \text{ g compost} - 0{,}474 \text{ g C} - 0{,}079 \text{ g H} = 0{,}947 \text{ g O}$$

Per trobar la fórmula empírica:

$$1{,}500 \text{ g compost} \begin{cases} 0{,}474 \text{ g C} \cdot \dfrac{1 \text{ mol C}}{12{,}0 \text{ g C}} = 0{,}0395 \text{ mol àtoms C} \\[2ex] 0{,}079 \text{ g H} \cdot \dfrac{1 \text{ mol H}}{1{,}0 \text{ g H}} = 0{,}0790 \text{ mol àtoms H} \\[2ex] 0{,}947 \text{ g O} \cdot \dfrac{1 \text{ mol O}}{16{,}0 \text{ g O}} = 0{,}0590 \text{ mol àtoms O} \end{cases}$$

Dividim pel nombre de mols més petit (0,0395):

$$C: \quad \frac{0{,}0395}{0{,}0395} = 1$$

$$H: \quad \frac{0{,}0790}{0{,}0395} = 2$$

$$O: \quad \frac{0{,}0590}{0{,}0395} = 1{,}5$$

Multipliquem per 2 per obtenir nombres enters:

$$C: \quad 1 \cdot 2 = 2$$
$$H: \quad 2 \cdot 2 = 4$$
$$O: \quad 1{,}5 \cdot 2 = 3$$

Per tant, la fórmula empírica és $C_2H_4O_3$.

Problemes proposats

Problema 1.13

La massa atòmica del clor és 35,45 g. Quina és la massa en grams d'un àtom de clor?

[**Solució**] $5,90 \cdot 10^{-23}$ g

Problema 1.14

Calculeu els àtoms de clor que hi ha en $1,00$ g Cl_2.

[**Solució**] $1,88 \cdot 10^{22}$ àtoms Cl

Problema 1.15

Calculeu la massa de $3,00$ mols de clor (Cl_2).

[**Solució**] $213,0$ g Cl_2

Problema 1.16

Quants mols d'àtoms de brom hi ha en $100,03$ g d'aquesta substància?

[**Solució**] $1,25$ mol Br

Problema 1.17

Indiqueu quina de les quantitats següents conté un nombre més gran d'àtoms:

a) 7 g de níquel;
b) 0,20 mols d'àtoms de níquel;
c) 10^{22} àtoms de níquel.

[**Solució**]   b)

Problema 1.18

Quina és la massa total de la mescla següent: $0,150$ mols d'àtoms de mercuri, més $4,53 \cdot 10^{22}$ àtoms de mercuri.

[**Solució**] $45,2$ g Hg

Problema 1.19

Calculeu la massa en grams d'un mol de molècules:

a) d'oxigen;
b) d'aigua;
c) d'amoníac;
d) d'àcid sulfúric.

[**Solució**]   a) $32,00$ g ;   b) $18,02$ g ;   c) $17,04$ g ;   d) $98,08$ g

Problema 1.20

Calculeu el nombre de molècules que hi ha en 1,00 g de les substàncies següents:

a) clorur d'hidrogen;

b) metà;

c) àcid sulfúric;

d) hidròxid de calci.

[Solució]   a) $1,65 \cdot 10^{22}$;   b) $3,75 \cdot 10^{22}$;   c) $6,14 \cdot 10^{21}$;   d) $8,14 \cdot 10^{21}$

Problema 1.21

Calculeu la massa en grams d'1,5 mols de les substàncies següents:

a) iode, I_2;

b) argó;

c) sulfur d'hidrogen;

d) tetraclorur de carboni;

e) àcid nítric;

f) àcid perclòric;

g) hidròxid de ferro(III).

[Solució]   a) 380,7 g ;   b) 59,92 g ;   c) 51,12 g ;   d) 230,71 g
e) 94,51 g ;   f) 150,69 g ;   g) 160,32

Problema 1.22

Quants mols hi ha en 100 g de les substàncies següents?

a) iodur de potassi;

b) clorur de liti;

c) ozó (O_3);

d) àcid fosfòric.

[Solució]   a) 0,602 mol ;   b) 2,36 mol
c) 2,08 mol ;   d) 1,02 mol

Problema 1.23

Calculeu els àtoms d'oxigen que hi ha en:

a) 1,00 mols d'àcid sulfúric;

b) 100 g de nitrat de sodi.

[Solució]   a) $2,41 \cdot 10^{24}$;   b) $4,54 \cdot 10^{24}$

Problema 1.24

Calculeu la massa d'oxigen en:

a) 200,00 g H_2SO_4;
b) 10,0 mol H_2O;
c) 0,150 mol P_2O_5.

[Solució]   a) 130,6 g ;   b) 160 g ;   c) 12 g

Problema 1.25

Determineu la composició centesimal de:

a) cromat de plom(II), $PbCrO_4$.
b) nitrit de calci, $Ca(NO_2)_2$.

[Solució]   a) 64,11 % Pb ; 16,09 % Cr ; 19,80 % O
b) 30,34 % Ca ; 21,21 % N ; 48,45 % O

Problema 1.26

Determineu la fórmula empírica d'una substància que conté: 40,33 % Na, 28,11 % S i 331,56 % O.

[Solució] $Ca(NO_2)_2$, nitrit de calci

Problema 1.27

Una mostra de 10,00 g d'un mineral de mercuri anomenat *cinabri* conté 2,80 g HgS. Quin percentatge de mercuri té aquest mineral?

[Solució]   24,1 %

Problema 1.28

L'anàlisi elemental de la cortisona ha donat com a resultat: 69,96 % C, 7,83 % H, 22,21 % O. La seva massa molecular és 360 g/mol. Quina és la seva fórmula molecular?

[Solució] $C_{21}H_{28}O_5$

Problema 1.29

La nicotina, un alcaloide que es troba en les plantes del tabac, conté: 74,00 % C, 8,65 % H i 17,35 % N. Quina és la seva fórmula empírica?

[Solució] C_5H_7N

Problema 1.30

Determineu la fórmula molecular d'un compost sabent que en 0,18 mols de mostra hi ha 1,08 mols d'àtoms de O, 2,18 g d'àtoms de H i $6,5 \cdot 10^{23}$ àtoms de C.

[Solució] $C_6H_{12}O_6$

Problema 1.31

Un compost clorat té la composició centesimal següent: Cl, 72,08 %; C, 16,35 %; O, 10,90 % i H, 0,67 %. La massa molar del compost és 148 g/mol. Calculeu-ne la fórmula empírica i la molecular.

[Solució] Cl_3C_2HO ; Cl_3C_2HO

Problema 1.32

L'anàlisi elemental d'un compost orgànic ha donat la composició centesimal següent: C, 40,00 %; O, 53,34 % i H, 6,60 %. D'altra banda, 0,7 g d'aquesta substància en estat vapor, a 150 °C i 1 atm, ocupa un volum de 269 mL (consulteu capítol de **Gasos**). Quina és la seva fórmula molecular?

[Solució] $C_3O_3H_6$

Problema 1.33

Es cremen 1,000 g d'una substància orgànica que conté C, H i possiblement O, i es formen 1,911 g CO_2 i 1,173 g H_2O. Per determinar la massa molecular es vaporitzen 0,1152 g, els quals ocupen 56 mL en condicions normals. Calculeu-ne la fórmula empírica i la molecular.

[Solució] C_2H_6O

Problema 1.34

Un compost salí conté cobalt, carboni i oxigen. Una mostra de 4,991 g del compost es calcina i s'obtenen 1,8498 g de diòxid de carboni i 3,1501 g d'un òxid de cobalt que conté un 78,65 % de cobalt. Determineu:

a) La fórmula empírica de l'òxid.

b) La fórmula empírica del compost salí.

[Solució] a) CoO ; b) $CoCO_3$

Problema 1.35

Una mostra d'1,036 g d'una substància orgànica (amb un doble enllaç) que només conté carboni, hidrogen i nitrogen dóna, en fer la combustió, 2,116 g de diòxid de carboni i 1,083 g d'aigua. A més, se sap que 0,1366 g del compost fixen a la seva molècula tot el brom que hi ha en 66,2 cm^3 d'aigua de brom (dissolució de brom en aigua) que conté 3,83 g de brom per cada litre de dissolució. Si cada mol de compost fixa un mol de brom a la seva molècula, deduïu-ne:

a) La fórmula empírica.

b) La fórmula molecular.

[Solució] a) C_2H_5N ; b) $C_4H_{10}N_2$

Problema 1.36

Un àcid orgànic monopròtic està format exclusivament per carboni, hidrogen i oxigen. Una mostra d'1,370 g d'aquest àcid dóna per combustió 2,010 g de diòxid de carboni i 0,821 g d'aigua. Per calcinació de 2,158 g de la sal de plata d'aquest àcid s'ha obtingut un residu sòlid d'1,395 g de plata. Calculeu:

a) La fórmula empírica de l'àcid.

b) La fórmula molecular de l'àcid.

[Solució] *a)* CH_2O ; *b)* $C_2H_4O_2$

Problema 1.37

Una mostra d'un cert compost de bari i oxigen que es vol identificar dóna, per escalfament a temperatura elevada fins a pes constant, $5,00$ g d'òxid de bari pur i 336 mL d'oxigen mesurats en condicions normals de pressió i temperatura.

a) Quina és la fórmula empírica i el nom del compost de la mostra problema? (Se sap que la fórmula empírica és igual a la fórmula molecular.)

b) Quina és la massa en grams de la mostra problema?

[Solució] *a)* BaO_2 ; *b)* $5,52$ g

Reaccions químiques. Igualació. Estequiometria

2.1 Reaccions químiques

Una reacció química és un procés en el qual unes substàncies anomenades *reactius* es transformen en unes altres anomenades *productes*.

S'hi produeix o s'hi absorbeix energia, generalment en forma de calor

$$\text{Reactius} \pm \text{calor} \longrightarrow \text{Productes}$$

Aquest procés es descriu amb equacions químiques. Per exemple:

$$Fe\ (s) + 2\ HCl\ (aq) \longrightarrow H_2\ (g) + FeCl_2\ (aq)$$

Els nombres que hi ha davant de cada reactiu s'anomenen *coeficients estequiomètrics* i són la proporció de combinació entre reactius i productes. El nombre d'àtoms de cada element ha de ser el mateix en els reactius que en els productes, ja que la massa es conserva: la massa total dels reactius és igual a la massa total dels productes.

Llei de conservació de la massa de Lavoisier: "en una reacció química, la matèria ni es crea ni es destrueix, es transforma".

Encara que no sempre es fa així, en les equacions químiques sovint s'indica l'estat físic de cada substància:

(g)   gas
(l)   líquid
(s)   sòlid
(aq) en dissolució aquosa.

Així en l'exemple anterior, s'indica que un mol de ferro en estat sòlid reacciona amb dos mols d'àcid clorhídric en dissolució aquosa, per donar un mol d'hidrogen en estat gasós i un mol de clorur de ferro(II) en dissolució aquosa.

En els processos químics, la naturalesa dels productes és completament diferent de la dels reactius. Per exemple, el carbonat de calci (pedra calcària, marbre) a altes temperatures es descompon desprenent diòxid de carboni. La reacció és:

$$CaCO_3\ (s) + \text{calor} \longrightarrow CaO\ (s) + CO_2\ (g)$$

En canvi, en els processos físics la naturalesa de les substàncies no varia. Són exemples de canvis físics:

a) Un canvi d'estat; un tros de gel que fon, per exemple:

$$H_2O\,(s) + calor \longrightarrow H_2O\,(l)$$

b) El refredament d'una substància; per exemple, aigua a $25\,°C$ que es refreda fins a $10\,°C$:

$$H_2O\,(l)\ a\ 25\,°C \longrightarrow H_2O\,(l)\ a\ 10\,°C + calor$$

Tipus de reaccions químiques

Es poden classificar segons diversos criteris. Des d'un punt de vista molt ampli, es poden considerar els tipus de reaccions següents:

a) Intercanvi iònic

- Àcid-base: els protons, H^+, de l'àcid i els hidròxids, OH^-, de la base formen aigua.

Exemple 1

$$H^+\,(aq) + NO_3^-\,(aq) + Na^+\,(aq) + OH^-\,(aq) \longrightarrow Na^+\,(aq) + NO_3^-\,(aq) + H_2O\,(l)$$

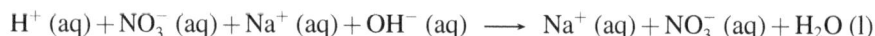

- Precipitació-solubilitat

  Precipitació: és la formació d'un producte insoluble en aigua, anomenat *precipitat*.

Exemple 2

$$Na^+\,(aq) + Cl^-\,(aq) + Ag^+\,(aq) + NO_3^-\,(aq) \longrightarrow AgCl(s)\downarrow + Na^+\,(aq) + NO_3^-\,(aq)$$

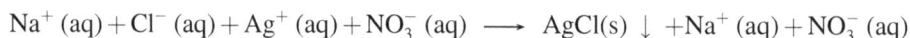

es forma un precipitat de color blanc de $AgCl$.

El cas contrari consisteix a dissoldre un producte insoluble, un precipitat.

Exemple 3

$$AgCl\,(s) + H^+\,(aq) + NO_3^-\,(aq) \longrightarrow Ag^+\,(aq) + NO_3^-\,(aq) + H^+\,(aq) + Cl^-\,(aq)$$

b) Intercanvi electrònic: oxidació-reducció (redox). Hi ha transferència d'electrons entre uns reactius i uns altres; per tant, els nombres d'oxidació d'aquests elements varien.

Exemple 4

- El zinc és oxidat pels ions Cu^{2+} i dóna ions Zn^{2+} segons la reacció:

$$Zn\,(s) + Cu^{2+}\,(aq) \longrightarrow Zn^{2+}\,(aq) + Cu\,(s)$$

- La combustió del carbó produeix diòxid de carboni:

$$C\,(s) + O_2\,(g) \longrightarrow CO_2\,(g)$$

En les reaccions redox s'utilitza la nomenclatura següent:

Oxidant: reactiu que guanya electrons; el seu nombre d'oxidació disminueix:

$$Cu^{2+} (aq) + 2\,e^- \longrightarrow Cu\,(s)$$

Aquesta és la semireacció de reducció.

Reductor: reactiu que perd electrons; el seu nombre d'oxidació augmenta:

$$Zn\,(s) \longrightarrow Zn^{2+} (aq) + 2\,e^-$$

Aquesta és la semireacció d'oxidació.

c) Descomposició (degradació)

d) Composició (síntesi)

Des d'un punt de vista energètic es classifiquen en:

- **Endotèrmiques:** absorbeixen calor. Alguns exemples de descomposicions són:

$$CaCO_3\,(s) + calor \longrightarrow CaO\,(s) + CO_2\,(g)$$

- **Exotèrmiques:** desprenen calor. Per exemple, les combustions:

$$CH_4\,(g) + O_2\,(g) \longrightarrow CO_2\,(g) + 2\,H_2O\,(l) + calor$$

2.2 Igualació d'equacions químiques

El nombre d'àtoms de cada element en els reactius ha de ser el mateix que en els productes.

Exemple 5

Reacció sense igualar:	$CH_4 + O_2 \longrightarrow CO_2 + H_2O$
Reacció igualada:	$CH_4 + 2\,O_2 \longrightarrow CO_2 + 2\,H_2O$

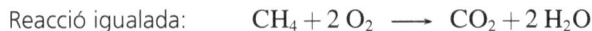

En aquest exemple, com que la reacció no és gaire complexa, es pot igualar per tempteig. Però per igualar moltes de les reaccions d'oxidació-reducció, cal emprar mètodes diversos, que explicarem tot seguit.

Igualació de reaccions redox

Per determinar qui perd electrons i qui en guanya, s'ha de saber el nombre d'oxidació de l'àtom en un compost. El nombre d'oxidació és un nombre enter que representa el nombre d'electrons que un àtom posa en joc quan forma un compost determinat. És positiu si l'àtom perd electrons o els comparteix amb un àtom que té tendència a captar-los. És negatiu en cas contrari.

Càlcul del nombre d'oxidació d'un àtom

a) Per als elements no combinats amb d'altres, el nombre d'oxidació és 0.

En són exemples: F, Fe, Be, H_2

b) Per als ions monoatòmics: el nombre d'oxidació és la càrrega de l'ió.

Na^+ nombre d'oxidació $= +1$

F^- nombre d'oxidació $= -1$

Al^{3+} nombre d'oxidació $= +3$

c) L'oxigen té nombre d'oxidació -2, excepte en els peròxids, com l'aigua oxigenada, H_2O_2, en què és -1: O_2^{2-}.

d) L'hidrogen té nombre d'oxidació $+1$, excepte en alguns hidrurs metàl·lics (LiH, NaH, CaH_2), en els quals és -1.

e) En una molècula, la suma de tots els nombres d'oxidació ha de ser zero.

$AlCl_3$: $\quad Al = +3$; $\quad Cl = (-1) \cdot 3 = -3$ $\qquad\qquad$ total $= +3 - 3 = 0$

H_2SO_4 : $\quad H = (+1) \cdot 2 = +2$; $\quad S = +6$; $\quad O = (-2) \cdot 4 = -8$ $\quad$ total $= +2 + 6 - 8 = 0$

f) En ions poliatòmics, la suma algebraica de tots els nombres d'oxidació ha de ser igual a la càrrega de l'ió.

ClO_3^- : $\quad Cl = +5$; $\quad O = (-2) \cdot 3 = -6$; $\quad$ total $= +5 - 6 = -1$

PO_4^{3-} : $\quad P = +5$; $\quad O = (-2) \cdot 4 = -8$; $\quad$ total $= +5 - 8 = -3$

Els àtoms metàl·lics tenen nombres d'oxidació positius: Li^{+1}; Fe^{2+}; Fe^{3+}

Els no metàl·lics el poden tenir positiu o negatiu: Cl^-; Cl^{5+}

A partir dels nombres d'oxidació, ja es poden identificar l'oxidant i el reductor.

Igualació pel mètode de l'ió-electró

S'escriuen en forma iònica i per separat les semireaccions d'oxidació (pèrdua d'electrons) i de reducció (guany d'electrons) i s'igualen tant els àtoms com les càrregues.

Per igualar els àtoms:

- Primer s'igualen els que no siguin ni O ni H.

- Després, s'igualen O i H, segons que la reacció sigui en medi àcid o bàsic.

  - Medi àcid (afegint H^+ i H_2O) a les semireaccions

  - Medi bàsic (afegint OH^- i H_2O) a les semireaccions

Com que el nombre d'electrons que perd el reductor ha de ser el mateix que el nombre d'electrons que guanya l'oxidant, es multipliquen les semireaccions pels coeficients adequats.

Igualació en medi àcid

Exemple 6

Igualeu la reacció següent:

$$HCl + MnO_2 \longrightarrow Cl_2 + MnCl_2 + H_2O$$

El clor i el manganès són els que han canviat de nombre d'oxidació.

Semireacció d'oxidació:
$$2\,Cl^- \longrightarrow Cl_2 + 2\,e^-$$
Semireacció de reducció:
$$MnO_2 + 4\,H^+ + 2\,e^- \longrightarrow Mn^{2+} + 2\,H_2O$$

$$MnO_2 + 2\,Cl^- + 4\,H^+ + 2\,e^- \longrightarrow Cl_2 + Mn^{2+} + 2\,H_2O + 2\,e^-$$

Aquesta és l'equació igualada en forma iònica.

Equació completa i igualada: $MnO_2 + 4\,HCl \longrightarrow Cl_2 + MnCl_2 + 2\,H_2O$

El reductor és l'àcid clorhídric (el clorur s'oxida a clor). Redueix el manganès.

L'oxidant és el diòxid de manganès (el manganès es redueix de +4 a +2). Oxida el clorur.

A vegades s'ha d'acabar d'igualar per tempteig.

Igualació en medi bàsic

Exemple 7

Igualeu la reacció següent: $Br_2 + KOH \longrightarrow KBr + KBrO_3 + H_2O$

Semireacció d'oxidació:
$$Br_2 + 12\,OH^- \longrightarrow 2\,BrO_3^- + 6\,H_2O + 10\,e^-$$
Semireacció de reducció:
$$5\,(Br_2 + 2\,e^- \longrightarrow 2\,Br^-)$$

$$6\,Br_2 + 12\,OH^- + 10\,e^- \longrightarrow 2\,BrO_3^- + 10\,Br^- + 6\,H_2O + 10\,e^-$$

En aquest cas, com que el nombre d'electrons intercanviats en les semireaccions no és el mateix, s'ha de multiplicar pels coeficients adequats: la semirreacció de reducció, per 5.

Equació completa i igualada: $3\,Br_2 + 6\,KOH \longrightarrow KBrO_3 + 5\,KBr + 3\,H_2O$

En aquesta reacció, el brom s'oxida i es redueix: com a reductor s'oxida a bromat i com a oxidant es redueix a bromur.

Igualació pel mètode del nombre d'oxidació

En alguns casos, el mètode anterior no porta a cap resultat i, en canvi, pot ser útil el que explicarem tot seguit, anomenat del nombre d'oxidació.

Exemple 8

Igualeu la reacció següent: $Ca_3(PO_4)_2 + C + SiO_2 \longrightarrow CaSiO_3 + P_4 + CO_2$

Segons aquest mètode, en les semireaccions d'oxidació i de reducció, s'escriuen només els àtoms que canvien de nombre d'oxidació amb la càrrega corresponent i s'igualen àtoms i càrregues.

Semireacció d'oxidació:
$$5\,(\mathrm{C} \longrightarrow \mathrm{C}^{4+} + 4\,e^-)$$

Semireacció de reducció:
$$\underline{4\,\mathrm{P}^{5+} + 20\,e^- \longrightarrow \mathrm{P}_4}$$
$$4\,\mathrm{P}^{5+} + 5\,\mathrm{C} + 20\,e^- \longrightarrow \mathrm{P}_4 + \mathrm{C}^{4+} + 20\,e^-$$

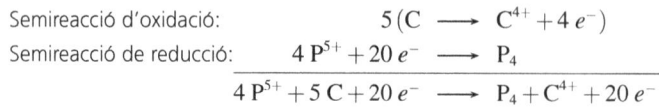

Aquesta és l'equació igualada pel que fa als elements que s'han oxidat i reduït. La resta d'elements s'iguala per tempteig.

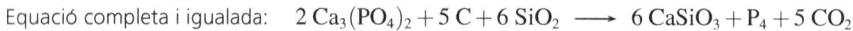

Equació completa i igualada:
$$2\,\mathrm{Ca_3(PO_4)_2} + 5\,\mathrm{C} + 6\,\mathrm{SiO_2} \longrightarrow 6\,\mathrm{CaSiO_3} + \mathrm{P_4} + 5\,\mathrm{CO_2}$$

Oxidació-reducció en compostos orgànics

L'oxidació implica:

- Pèrdua d'àtoms de H
- Guany d'àtoms de O
- Pèrdua d'electrons

La reducció comporta:

- Guany d'àtoms de H
- Pèrdua d'àtoms de O
- Guany d'electrons

Exemples

Reducció: $\quad \mathrm{C_2H_4} + \mathrm{H_2} \longrightarrow \mathrm{C_2H_6}$

Oxidació: $\quad \mathrm{C_3H_8} \longrightarrow \mathrm{C_3H_6} + \mathrm{H_2}$

Oxidació: $\quad \mathrm{CH_4} + 2\,\mathrm{O_2} \longrightarrow \mathrm{CO_2} + 2\,\mathrm{H_2O}$

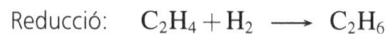

Aquestes reaccions s'igualen pels mètodes descrits anteriorment.

2.3 Estat físic de reactius i productes

Les substàncies que participen en una reacció, tant els productes com els reactius, poden estar en estat sòlid, líquid o gasós si es tracta de substàncies pures: aigua, ferro, metà, o bé en dissolució (generalment aquosa).

$$\mathrm{Fe\ (s)} + 2\,\mathrm{HCl\ (aq)} \longrightarrow \mathrm{H_2\ (g)} + \mathrm{FeCl_2\ (aq)}$$

Càlcul dels mols segons l'estat físic de la substància

- **A partir de la massa de la substància.** Tant si es troba en estat sòlid, com líquid o gasós, es fa a partir de la massa molar.

Exemple 9

a) Quants mols hi ha en 20,0 g de clorur de potassi (sòlid).

[Solució]

$$20{,}0 \text{ g KCl} \cdot \frac{1 \text{ mol KCl}}{74{,}5 \text{ g KCl}} = 0{,}268 \text{ mols KCl}$$

- **A partir del volum de la substància.** En estat sòlid o líquid, a partir de la densitat a una temperatura donada (vegeu els exemples 10a i 10b). En estat gasós, també a partir de la densitat a una temperatura donada (vegeu l'exemple 10c) o bé a partir de les condicions de P, V i T (vegeu l'exemple 11).

Exemple 10

a) Una peça de ferro de 24 cm^3, quants mols de ferro conté? La densitat del ferro a 20 °C és 7,860 g · cm^{-3}.

[Solució]

La peça té un volum de 24 cm^3:

$$24,0 \ cm^3 \ Fe \cdot \frac{7,860 \ g \ Fe}{1 \ mL \ Fe} \cdot \frac{1 \ mol \ Fe}{55,8 \ g \ Fe} = 3,38 \ mol \ Fe$$

b) Quants mols de benzè (C_6H_6) (líquid) hi ha en 100 mL, sabent que seva densitat a 20 °C és 0,876 g · mL^{-1}.

[Solució]

$$100 \ mL \ C_6H_6 \cdot \frac{0,876 \ g \ C_6H_6}{1 \ mL \ C_6H_6} \cdot \frac{1 \ mol \ C_6H_6}{73,1 \ C_6H_6} = 1,20 \ mol \ C_6H_6$$

c) La densitat de l'oxigen a 25 °C és d'1,31 · 10^{-3} g · mL^{-1}. Quants mols d'aquest gas hi ha en un recipient de 31,0 L?

[Solució]

L'oxigen, com tots els gasos, ocupa tot el volum del recipient, 31,0 L, és a dir, 3,10 · 10^4 mL.

$$3,10 \cdot 10^4 \ mL \ O_2 \cdot \frac{1,31 \cdot 10^3 \ g \ O_2}{1 \ mL \ O_2} \cdot \frac{1 \ mol \ O_2}{32,0 \ g \ O_2} = 1,27 \ mol \ O_2$$

Exemple 11

Quants mols d'amoníac gasós hi ha en un volum de 4,0 L a 150 °C i 1,2 atm.

[Solució]

Aplicant l'equació d'estat dels gasos ideals:

$$P \cdot V = n \cdot R \cdot T$$

$$1,2 \ atm \cdot 4,0 \ L = n \ mol \cdot 0,0821 \cdot \frac{atm \cdot L}{mol \cdot K} \cdot (150 + 273) \ K$$

aïllem n:

$$n = 0,14 \ mol \ NH_3$$

Càlcul dels mols de substàncies en dissolució

Dissolucions: el reactiu (solut) es troba dissolt en una altra substància (dissolvent), freqüentment en aigua. Així, doncs, la dissolució està formada per solut més dissolvent. Moltes reaccions tenen lloc en dissolució.

La **concentració de la dissolució** és la quantitat de solut que hi ha en una quantitat determinada de dissolvent o de dissolució. Per exemple: 2,5 g de H_3BO_3 dissolts en 100 g d'aigua.

La densitat d'una dissolució (representada per la lletra grega "ro", ρ) és la relació entre la massa de dissolució i el volum que ocupa:

$$\rho = \frac{\text{massa dissolució}}{\text{volum dissolució}}$$

Les seves unitats més habituals són: $\quad g \cdot mL^{-1} = kg \cdot dm^{-3}$

Per exemple, si la densitat d'una dissolució de clorur de bari és $1,16 \ g \cdot mL^{-1}$, vol dir que 1 mL d'aquesta dissolució té una massa d'1,16 g.

Unitats de concentració

- $M = \text{molaritat} = \dfrac{\text{mols solut}}{\text{volum dissolució} \ (L)}$

  Per exemple, una dissolució 0,4 M (0,4 molar, $0,4 \ mol \cdot L^{-1}$) en clorur de potassi conté 0,4 mols KCl en 1 litre de dissolució.

- $m = \text{molalitat} = \dfrac{\text{mols solut}}{\text{kg dissolvent}}$

  Per exemple, una dissolució 1,9 molal en sulfat d'amoni conté 1,9 mol $(NH_4)_2SO_4$ en 1 kg d'aigua.

- % massa: grams de solut en 100 g de dissolució:

$$\frac{\text{massa solut}}{\text{massa total dissolució}} \cdot 100$$

  Per exemple, una dissolució del 35 % en clorur de sodi conté 35 grams de NaCl en 100 grams de dissolució. Es pot considerar que conté 35 g de NaCl i 65 g d'aigua.

- % volum: per a dissolucions de líquids en líquids (per exemple, begudes alcohòliques).

$$\frac{\text{volum solut}}{\text{volum total dissolució}} \cdot 100$$

  Per exemple, una cervesa del 5 % en volum d'alcohol conté 5 mL d'alcohol per cada 100 mL de cervesa.

- Fracció molar: és el tant per u de solut en la dissolució. Es representa per la lletra kappa, χ:

$$\chi = \frac{\text{mols solut}}{\text{mols totals}}$$

Per exemple, la fracció molar d'àcid clorhídric en una dissolució aquosa és 0,18. Això vol dir que conté 0,18 mol HCL en 100 mol de dissolució. És a dir, 0,18 mol HCl i 0,82 mol H_2O.

- Parts per milió (ppm): per a dissolucions molt diluïdes (per exemple, contaminants en l'aigua o en l'aire).

$$\frac{\text{massa solut}}{\text{massa total dissolució}} \cdot 10^6$$

Per exemple, una dissolució que conté 12 ppm d'ions (Pb^{2+}) conté 12 grams d'ions Pb^{2+} en cada milió de grams de la dissolució.

2.4 Càlculs estequiomètrics

Es basen en les equacions químiques igualades. L'estequiometria estudia les relacions entre les masses dels reactius i les dels productes d'una reacció.

2.4.1 Càlcul de quantitats de reactius i productes que intervenen en una reacció

Els coeficients estequiomètrics de les equacions químiques indiquen la relació numèrica entre les molècules, i per tant entre els mols, de les substàncies de la reacció. Això permet calcular les quantitats de cadascuna d'aquestes substàncies.

Exemple 12

En la reacció entre el diòxid de manganès i l'àcid clorhídric s'han utilitzat 4,23 g de diòxid de manganès.

a) Quants grams de clorur de manganès(II) es formaran?
b) Quin volum de clor s'obtindrà a 20 °C i 0,97 atm?
c) Quants mL de dissolució d'àcid clorhídric 2,5 M reaccionaran?

La reacció que té lloc és:

$$MnO_2 \text{ (s)} + 4\,HCl \text{ (aq)} \longrightarrow Cl_2 \text{ (g)} + MnCl_2 \text{ (aq)} + 2\,H_2O \text{ (l)}$$

[Solució]

Com que la reacció ja està igualada, ja se sap la relació estequiomètrica entre reactius i productes:

1 mol MnO_2 (sòlid) reacciona amb 4 mol HCl (en dissolució aquosa), per donar 1 mol Cl_2 (gas), 1 mol $MnCl_2$ (en dissolució aquosa) i 2 mol H_2O (líquida).

En primer lloc es calculen els mols de MnO_2:

$$4{,}23 \text{ g } MnO_2 \cdot \frac{1 \text{ mol } MnO_2}{86{,}9 \text{ g } MnO_2} = 0{,}0487 \text{ mol } MnO_2$$

a) En la reacció igualada, 1 mol MnO_2 dóna 1 mol $MnCl_2$:

$$0{,}0487 \text{ mol } MnO_2 \cdot \frac{1 \text{ mol } MnCl_2}{1 \text{ mol } MnO_2} \cdot \frac{125{,}7 \text{ g } MnCl_2}{1 \text{ mol } MnCl_2} = 6{,}16 \text{ g } MnO_2$$

b) 1 mol MnO_2 dóna 1 mol Cl_2:

$$0,0487 \text{ mol } MnO_2 \cdot \frac{1 \text{ mol } Cl_2}{1 \text{ mol } MnO_2} = 0,0487 \text{ mol } Cl_2$$

Per l'equació d'estat dels gasos ideals es calcula el volum que ocupen aquests $0,0487$ mol Cl_2 en les condicions donades:

$$0,97 \text{ atm} \cdot V = 0,0487 \text{ mol} \cdot 0,0821 \text{ atm} \cdot L^{-1} \cdot mol^{-1} \cdot (273+20) \text{ K}$$
$$V = 1,2 \text{ L } Cl_2$$

c) 1 mol MnO_2 reacciona amb 4 mol HCl; per tant:

$$0,0487 \text{ mol } MnO_2 \cdot \frac{4 \text{ mol HCl}}{1 \text{ mol } MnO_2} = 0,196 \text{ mol HCl}$$

Aquests mols procedeixen d'una dissolució que conté 2,5 mol HCl en cada litre; per tant:

$$0,196 \text{ mol HCl} \cdot \frac{1 \text{ L dissolució}}{2,5 \text{ mol HCl}} = 0,078 \text{ L} = 78 \text{ mL}$$

2.4.2 Reactiu limitant i reactiu en excés

Quan tots els reactius es transformen en productes vol dir que estan en proporcions estequiomètriques.

Però a vegades un reactiu es converteix completament en productes, el **reactiu limitant**, però els altres no, perquè hi són en excés.

El reactiu limitant determina les quantitats de productes formats. Així, doncs, un cop acabada la reacció, juntament amb els productes, hi ha els reactius en excés.

Exemple 13

Es fa reaccionar una mostra de 5,01 g de $CaCO_3$ amb 20 mL d'una dissolució d'àcid clorhídric 1,5 mol $\cdot$ L^{-1}.

a) Determineu el reactiu limitant.
b) Calculeu la quantitat que ha sobrat del reactiu en excés.
c) Calculeu la quantitat de clorur de calci obtingut.

[Solució]

S'escriu l'equació i s'iguala:

$$CaCO_3 \text{ (s)} + 2 \text{ HCl (aq)} \longrightarrow CaCl_2 \text{ (aq)} + CO_2 \text{ (g)} + H_2O \text{ (l)}$$

Ara sabem que 1 mol $CaCO_3$ necessita 2 mol HCl. Es calculen els mols dels reactius, $CaCO_3$ i HCl.

$CaCO_3$:   reactiu sòlid. A partir de la seva massa molar, que és $100,09$ g $\cdot$ mol^{-1}.

$$5,01 \text{ g } CaCO_3 \cdot \frac{1 \text{ mol } CaCO_3}{100,1 \text{ g } CaCO_3} = 5,0 \cdot 10^{-2} \text{ mol } CaCO_3$$

HCl : reactiu en dissolució. A partir de la seva concentració, $1,5$ mol $\cdot$ L^{-1}, i de volum de la dissolució, 20 mL $=$ 0,020 L.

$$0,020 \text{ L dissolució HCl} \cdot \frac{1,5 \text{ mol HCl}}{1 \text{ L dissolució HCl}} = 3,0 \cdot 10^{-2} \text{ mol HCl}$$

La relació estequiomètrica és: 1 mol $CaCO_3$/2 mol HCl. Per trobar el reactiu limitant es pot fer de diverses maneres:

- O bé buscant els mols de HCl que reaccionaran amb els $5,0 \cdot 10^{-2}$ mol de $CaCO_3$:

$$5,0 \cdot 10^{-2} \text{ mols } CaCO_3 \cdot \frac{2 \text{ mol HCl}}{1 \text{ mol } CaCO_3} = 0,100 \text{ mol HCl}$$

Però només n'hi ha $3,0 \cdot 10^{-2}$ mols HCl; així, doncs, quan aquests $3,0 \cdot 10^{-2}$ mol hagin reaccionat amb els $5,0 \cdot 10^{-2}$ mol $CaCO_3$ la reacció ja no podrà continuar; per tant el HCl és el **reactiu limitant** i, en conseqüència, el $CaCO_3$ és el reactiu en excés.

- O bé buscant els mols de $CaCO_3$ que reaccionarien amb els $3,0 \cdot 10^{-2}$ mols de HCl.

$$3,0 \cdot 10^{-2} \text{ mols HCl} \cdot \frac{1 \text{ mol } CaCO_3}{2 \text{ mol HCl}} = 1,50 \cdot 10^{-2} \text{ mol } CaCO_3$$

Es veu que amb la quantitat de HCl que hi ha ($3,0 \cdot 10^{-2}$ mol) només poden reaccionar $1,5 \cdot 10^{-2}$ mol $CaCO_3$ dels $5,0 \cdot 10^{-2}$ mol que hi havia. Per tant, quedaran mols de $CaCO_3$ sense reaccionar: $5,0 \cdot 10^{-2} - 1,5 \cdot 10^{-2} = 3,5 \cdot 10^{-2}$ mol $CaCO_3$ en excés, mentre que el HCl reaccionarà tot i serà el reactiu limitant.

De les dues maneres s'arriba al mateix resultat:

El **HCl** és el reactiu limitant.

El $CaCO_3$ és el reactiu en excés.

Ara, els $3,5 \cdot 10^{-2}$ mols de $CaCO_3$ en excés es passen a grams:

$$3,5 \cdot 10^{-2} \text{ mols } CaCO_3 \cdot \frac{100,1 \text{ g } CaCO_3}{1 \text{ mol } CaCO_3} = 3,50 \text{ g } CaCO_3 \text{ en excés}$$

El reactiu limitant (**HCl**) és el que determina les quantitats de productes formats; en aquest cas, els grams de $CaCl_2$.

De l'equació igualada sabem que 2 mol HCl donen 1 mol $CaCl_2$, i també sabem que la massa molar del $CaCl_2$ és $111,1$ g $\cdot$ mol^{-1}. Aleshores:

$$3 \cdot 10^{-2} \text{ mol HCl} \cdot \frac{1 \text{ mol } CaCl_2}{2 \text{ mol HCl}} \cdot \frac{111,1 \text{ g } CaCl_2}{1 \text{ mol } CaCl_2} = 1,67 \text{ g } CaCl_2$$

2.4.3 Rendiment d'una reacció

Rendiment teòric: quantitat de producte que es forma quan tot el reactiu limitant es converteix en producte.

Percentatge de rendiment:

$$\frac{\text{Quantitat formada}}{\text{Quantitat teòrica}} \cdot 100$$

Exemple 14

En la descomposició tèrmica de 80,78 g de $CaCO_3$ s'obtenen 38,87 g d'òxid de calci. Calculeu el rendiment de la reacció.

[Solució]

Primer s'escriu i s'iguala la reacció:

$$CaCO_3 \text{ (s)} \longrightarrow CaO \text{ (s)} + CO_2 \text{ (g)}$$

A partir de 80,78 g $CaCO_3$, es podrien obtenir:

$$80,78 \text{ g } CaCO_3 \cdot \frac{1 \text{ mol } CaCO_3}{100,1 \text{ g } CaCO_3} \cdot \frac{1 \text{ mol } CaO}{1 \text{ mol } CaCO_3} \cdot \frac{56,1 \text{ g } CaO}{1 \text{ mol } CaO} = 45,3 \text{ g } CaO$$

Aquests són els grams que es poden obtenir teòricament, segons l'estequiometria de la reacció. Però només s'han obtingut 38,87 g CaO. El rendiment de la reacció és:

$$\frac{38,87}{45,3} \cdot 100 = 85,8 \%$$

2.4.4 Percentatge de puresa d'una substància

Moltes substàncies es troben barrejades amb d'altres. Per quantificar la quantitat de substància pura en una mostra es dóna el percentatge de puresa, o el de riquesa, o bé el d'impureses

Vegem-ne uns quants exemples:

- **Minerals i metalls en la naturalesa.** Si un mineral de ferro té un 23 % de ferro, vol dir que en 100 g de mineral hi ha 23 g de ferro.

  Si el coure que s'extrau d'una mina té un 5 % d'impureses, vol dir que en 100 g de mostra hi ha 5 g d'impureses i 95 g de coure.

- **Productes que s'han contaminat en algun moment de la seva producció.** Si un un producte farmacèutic conté un 0,01 % d'un contaminant, això indica que en 100 g del producte farmacèutic hi ha 0,01 g del contaminant i 99,99 g del producte.

- **Tots els reactius químics comercials indiquen en les seves etiquetes el percentatge de puresa del producte.** Així, un hidròxid de potassi del 85 % de puresa, vol dir que en 100 g del producte hi ha 85 grams de KOH pur.

El percentatge de puresa és:

$$\frac{\text{grams de substància pura}}{\text{grams de mostra}} \cdot 100$$

Exemple 15

Una mostra de 2,350 g d'un mineral de ferro es fa reaccionar amb àcid sulfúric fins que tot el ferro de la mostra passa a sulfat de ferro(II), del qual se n'obtenen 2,638 g. Calculeu el percentatge de ferro de la mostra de mineral.

Primer s'escriu la reacció igualada:

$$Fe + H_2SO_4 \longrightarrow FeSO_4 + H_2$$

Es calculen els mols de ferro que hi ha en els 2,638 grams de $FeSO_4$ i a continuació es passen a grams:

$$2,638 \text{ g FeSO}_4 \cdot \frac{1 \text{ mol FeSO}_4}{151,9 \text{ g FeSO}_4} \cdot \frac{1 \text{ mol Fe}}{1 \text{ mol FeSO}_4} \cdot \frac{55,8 \text{ g Fe}}{1 \text{ mol Fe}} = 0,969 \text{ g Fe}$$

Aquests grams de ferro són tot el ferro que hi ha en la mostra; per tant:

$$\frac{0,969 \text{ g Fe}}{2,350 \text{ g mostra}} \cdot 100 = 41,2 \text{ \% ferro}$$

Problemes resolts

Problema 2.1

En 200 mL d'aigua es dissolen 43,681 g de clorur d'amoni. Quina és la concentració en $\text{mol} \cdot \text{L}^{-1}$ de la dissolució? (Considereu que la densitat de la dissolució és $1 \text{ g} \cdot \text{mL}^{-1}$.)

Es passen els grams a mols:

$$43,681 \text{ g NH}_4\text{Cl} \cdot \frac{1 \text{ mol NH}_4\text{Cl}}{53,4 \text{ g NH}_4\text{Cl}} = 0,818 \text{ mol NH}_4\text{Cl}$$

I els mL d'aigua a L d'aigua:

$$200 \text{ mL d'aigua} \cdot \frac{1 \text{ L}}{1.000 \text{ mL}} = 0,200 \text{ L d'aigua}$$

Com que la densitat de la dissolució és $1 \text{ g} \cdot \text{mL}^{-1}$

$$0,200 \text{ L d'aigua} = 0,200 \text{ L dissolució}$$

Per tant, la concentració és:

$$\frac{0,818 \text{ mol NH}_4\text{Cl}}{0,200 \text{ L dissolució}} = 4,09 \text{ mol} \cdot \text{L}^{-1} = 4,09 \text{ M}$$

Problema 2.2

Quants grams d'hidròxid de potassi es necessiten per preparar 450 mL de dissolució 2,30 M.

Es calculen els mols de KOH en 450 mL: $2,30 \dfrac{\text{mol KOH}}{\text{L}} \cdot 0,450 \text{ L} = 1,04 \text{ mol KOH}$

I es passen a grams:

$$1{,}04 \text{ mol KOH} \cdot \frac{56{,}1 \text{ g KOH}}{1 \text{ mol KOH}} = 58{,}3 \text{ g KOH}$$

Problema 2.3

Calculeu la concentració, en molaritat, molalitat i fracció molar, d'una dissolució d'àcid sulfúric del 98,0 % en pes i densitat $1{,}84 \text{ g} \cdot \text{mL}^{-1}$.

[Solució]

- Càlcul de la molaritat, M

  Se sap que la dissolució conté:

  $$\frac{98{,}0 \text{ g H}_2\text{SO}_4}{100 \text{ g dissolució}} \cdot$$

  Per convertir aquestes unitats en molaritat, els grams de H_2SO_4 s'han de passar a mols, i els grams de dissolució, a litres de dissolució.

  $$\frac{98{,}0 \text{ g H}_2\text{SO}_4}{100 \text{ g dissolució}} \cdot \frac{1 \text{ mol H}_2\text{SO}_4}{98{,}1 \text{ g H}_2\text{SO}_4} \cdot \frac{1{,}84 \text{ g dissolució}}{1 \text{ mL dissolució}} \cdot \frac{1.000 \text{ mL dissolució}}{1 \text{ L dissolució}} = 18{,}4 \text{ mol} \cdot \text{L}^{-1}$$

- Càlcul de la molalitat, m

  En 100 grams de dissolució hi ha 98,0 grams de H_2SO_4, que s'hauran de passar a mols, i 2,0 grams de H_2O, que s'hauran de passar a kg:

  $$\frac{98{,}0 \text{ g H}_2\text{SO}_4}{2{,}0 \text{ g H}_2\text{O}} \cdot \frac{1 \text{ mol H}_2\text{SO}_4}{98{,}1 \text{ g H}_2\text{SO}_4} \cdot \frac{1.000 \text{ g H}_2\text{O}}{1 \text{ kg H}_2\text{O}} = 500 \text{ mol} \cdot \text{kg}^{-1}$$

- Càlcul de la fracció molar, χ

  Partint com abans dels grams de H_2SO_4 i dels grams de H_2O en 100 grams de dissolució, es calcula el nombre de mols:

  $$98{,}0 \text{ g H}_2\text{SO}_4 \cdot \frac{1 \text{ mol H}_2\text{SO}_4}{98{,}1 \text{ g H}_2\text{SO}_4} = 1{,}00 \text{ mol H}_2\text{SO}_4$$

  $$2 \text{ g H}_2\text{O} \cdot \frac{1 \text{ mol H}_2\text{O}}{18{,}0 \text{ g H}_2\text{O}} = 0{,}11 \text{ mol H}_2\text{O}$$

  $$\chi_{\text{H}_2\text{SO}_4} = \frac{\text{mol H}_2\text{SO}_4}{\text{mol H}_2\text{SO}_4 + \text{mol H}_2\text{O}} = \frac{1{,}00}{1{,}11} = 0{,}90$$

Problema 2.4

Quants grams de sulfat d'alumini s'han de dissoldre en 300 mL d'aigua per obtenir una dissolució $0{,}08 \text{ mol} \cdot \text{L}^{-1}$.

Es calculen els mols continguts en els 300 mL d'aigua i es passen a grams:

$$0,08 \cdot \frac{\text{mol Al}_2(\text{SO}_4)_3}{\text{L}} \cdot 0,300 \text{ L} \cdot \frac{342,1 \text{ g Al}_2(\text{SO}_4)_3}{1 \text{ mol Al}_2(\text{SO}_4)_3} = 8,2 \text{ g Al}_2(\text{SO}_4)_3$$

Problema 2.5

El coure reacciona amb àcid nítric i dóna nitrat de coure(II), monòxid de nitrogen i aigua. Indiqueu quines substàncies hi haurà presents i en quina quantitat en acabar la reacció entre 24,0 grams de coure i 12,1 grams d'àcid nítric.

Semireacció d'oxidació: $(\text{Cu} \longrightarrow \text{Cu}^{2+} + 2\,e^-) \cdot 3$

Semireacció de reducció: $(\text{NO}_3^- + 4\,\text{H}^+ + 3\,e^- \longrightarrow \text{NO} + 2\,\text{H}_2\text{O}) \cdot 2$

Global: $3\,\text{Cu} + 2\,\text{NO}_3^- + 8\,\text{H}^+ \longrightarrow 3\,\text{Cu}^{2+} + 2\,\text{NO} + 4\,\text{H}_2\text{O}$

Igualada i completada: $3\,\text{Cu} + 8\,\text{HNO}_3 \longrightarrow 3\,\text{Cu}(\text{NO}_3)_2 + 2\,\text{NO} + 4\,\text{H}_2\text{O}$

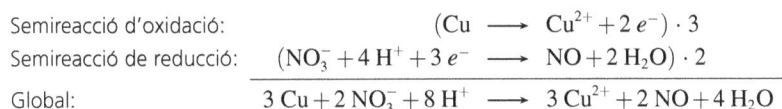

Massa de reactius: 24,0 g   12,1 g

La relació estequiomètrica entre $\text{Cu} : \text{HNO}_3$ és 3 : 4; per tant, cal saber quants mols s'han posat a reaccionar.

mols de Cu $24,0 \text{ g Cu} \cdot \dfrac{1 \text{ mol Cu}}{63,5 \text{ g Cu}} = 0,378 \text{ mol Cu}$

mols d'HNO_3 $12,1 \text{ g HNO}_3 \cdot \dfrac{1 \text{ mol HNO}_3}{63,0 \text{ g HNO}_3} = 0,192 \text{ mol HNO}_3$

S'ha de buscar el reactiu limitant. Es pot fer a partir de qualsevol dels dos reactius. Per exemple, a partir dels mols de Cu es calculen els mols de HNO_3 que reaccionen:

$$0,38 \text{ mol Cu} \cdot \frac{8 \text{ mol HNO}_3}{3 \text{ mol Cu}} = 1,01 \text{ mol HNO}_3$$

Aquesta quantitat és superior als mols que s'han posat a reaccionar (0,19 mol). Per tant, el HNO_3 és el limitant. Un cop hagin reaccionat els 0,19 mol, la reacció no pot continuar.

La reacció finalitza quan s'acaba el reactiu limitant, HNO_3.

Les substàncies presents seran:

- Els productes formats: $\text{Cu}(\text{NO}_3)_2$, NO i H_2O.
- El reactiu en excés: Cu.

Les quantitats es calculen a partir del reactiu limitant:

$$0,19 \text{ mol HNO}_3 \cdot \frac{3 \text{ mol Cu}(\text{NO}_3)_2}{8 \text{ mol HNO}_3} \cdot \frac{187,5 \text{ g Cu}(\text{NO}_3)_2}{1 \text{ mol Cu}(\text{NO}_3)_2} = 13,36 \text{ g Cu}(\text{NO}_3)_2$$

$$0,19 \text{ mol HNO}_3 \cdot \frac{2 \text{ mol NO}}{8 \text{ mol HNO}_3} \cdot \frac{30,0 \text{ g NO}}{1 \text{ mol NO}} = 1,43 \text{ g NO}$$

$$0,19 \text{ mol HNO}_3 \cdot \frac{4 \text{ mol H}_2\text{O}}{8 \text{ mol HNO}_3} \cdot \frac{18,0 \text{ g H}_2\text{O}}{1 \text{ mol H}_2\text{O}} = 1,71 \text{ g H}_2\text{O}$$

Per calcular els grams de coure en excés hem de saber els mols de coure que reaccionen:

$$0,19 \text{ mol HNO}_3 \cdot \frac{3 \text{ mol Cu}}{8 \text{ mol HNO}_3} = 0,07 \text{ mol Cu}$$

$$0,38 \text{ mol Cu inicials} - 0,07 \text{ mol Cu que reaccionen} = 0,31 \text{ mol Cu en excés}$$

$$0,31 \text{ mol Cu} \cdot \frac{63,5 \text{ g Cu}}{1 \text{ mol Cu}} = 19,7 \text{ g Cu en excés}$$

Problema 2.6

a) Quants grams de H_2 es formaran fent reaccionar completament 12,00 g de ferro amb àcid clorhídric?

b) Quin volum ocupa el H_2 obtingut a 27 °C i 1 atm? (considereu comportament de gas ideal)

c) Si el rendiment de la reacció fos del 88 %, quants grams de H_2 s'haurien obtingut?

[Solució]

a) Primer s'escriu l'equació:

$$\text{Fe (s)} + \text{HCl (aq)} \longrightarrow \text{H}_2 \text{ (g)} + \text{FeCl}_2 \text{ (aq)}$$

I després s'ha d'igualar:

$$\text{Fe (s)} + 2 \text{ HCl (aq)} \longrightarrow \text{H}_2 \text{ (g)} + \text{FeCl}_2 \text{ (aq)}$$

Veiem que a partir d'1 mol de ferro es forma 1 mol de H_2. Per tant, passant els grams de ferro a mols, sabrem els mols de H_2 formats, que passem a grams:

$$12,0 \text{ g Fe} \cdot \frac{1 \text{ mol Fe}}{55,8 \text{ g Fe}} \cdot \frac{1 \text{ mol H}_2}{1 \text{ mol Fe}} \cdot \frac{2,0 \text{ g H}_2}{1 \text{ mol H}_2} = 0,43 \text{ g H}_2$$

b) El volum que ocupen els 0,43 g de H_2 es calcula amb l'equació d'estat dels gasos:

$$P \cdot V = n \cdot R \cdot T$$

$$1 \cdot V = \frac{0,43}{2,0} \cdot 0,0821 \cdot (27 + 273)$$

$$V = 5,3 \text{ L}$$

c) En aquest cas, la quantitat que s'obtindrà serà el 88 % de la calculada a l'apartat a):

$$0,43 \text{ g H}_2 \cdot \frac{88}{100} = 0,38 \text{ g H}_2$$

Problema 2.7

Per determinar la puresa d'una peça d'alumini d'1,520 g, la fem reaccionar amb una dissolució de sulfat de coure(II) fins que tot l'alumini ha passat a sulfat d'alumini(III). En la reacció també es forma coure. Aquest coure, un cop sec, pesa 4,350 g. Calculeu el percentatge de puresa de la mostra d'alumini.

[Solució]

Primer s'escriu l'equació: $\quad Al(s) + CuSO_4\,(aq) \longrightarrow Al_2(SO_4)_3\,(aq) + Cu\,(s)$

Després s'iguala. És una reacció redox: es pot fer per tempteig o bé pel mètode de l'ió-electró:

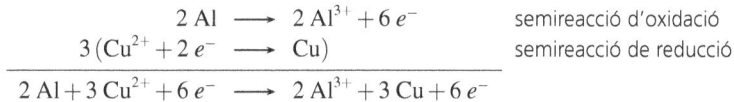

$$
\begin{array}{ll}
2\,Al \longrightarrow 2\,Al^{3+} + 6\,e^- & \text{semireacció d'oxidació} \\
3\,(Cu^{2+} + 2\,e^- \longrightarrow Cu) & \text{semireacció de reducció} \\
\hline
2\,Al + 3\,Cu^{2+} + 6\,e^- \longrightarrow 2\,Al^{3+} + 3\,Cu + 6\,e^- &
\end{array}
$$

La reacció global igualada és:

$$2\,Al\,(s) + 3\,CuSO_4\,(aq) \longrightarrow Al_2(SO_4)_3\,(aq) + 3\,Cu\,(s)$$

A partir de l'equació igualada sabem que 2 mols d'alumini donen 3 mols de coure.

Per tant, els 4,350 grams de Cu es passen a mols de Cu i d'aquí a mols d'alumini i a grams d'alumini (que serà alumini pur, que és el que reacciona amb $CuSO_4$ per donar coure).

$$4{,}350 \text{ g Cu} \cdot \frac{1 \text{ mol Cu}}{63{,}5 \text{ g Cu}} \cdot \frac{2 \text{ mol Al}}{3 \text{ mol Cu}} \cdot \frac{27{,}0 \text{ g Al}}{1 \text{ mol Al}} = 1{,}233 \text{ g Al (pur)}$$

Aquesta massa ha de ser inferior a la de la mostra (1,520 grams). Si fos igual, és que es tractava d'alumini pur, del 100 %.

La puresa de la mostra serà:

$$\frac{1{,}233 \text{ g Al}}{1{,}520 \text{ g mostra}} \cdot 100 = 81{,}12\,\%$$

També es pot dir que aquesta mostra d'alumini té un $100 - 81{,}12 = 18{,}88\,\%$ d'impureses.

Problema 2.8

Es fa reaccionar un clau de 3,52 g d'alumini amb àcid bromhídric. Calculeu la massa de bromur d'alumini que es formarà si el rendiment de la reacció és del 73 %. En aquesta reacció també es forma hidrogen.

[Solució]

Primer s'escriu la reacció: $\quad Al + HBr \longrightarrow AlBr_3 + H_2$

Després s'iguala. És una reacció redox. Es pot igualar per tempteig, o bé pel mètode de l'ió-electró:

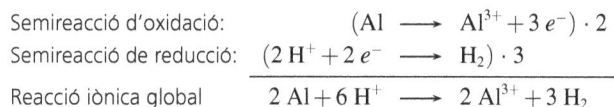

$$
\begin{array}{lr}
\text{Semireacció d'oxidació:} & (Al \longrightarrow Al^{3+} + 3\,e^-) \cdot 2 \\
\text{Semireacció de reducció:} & (2\,H^+ + 2\,e^- \longrightarrow H_2) \cdot 3 \\
\hline
\text{Reacció iònica global} & 2\,Al + 6\,H^+ \longrightarrow 2\,Al^{3+} + 3\,H_2
\end{array}
$$

La reacció completa igualada és: $2\,Al + 6\,HBr \longrightarrow 2\,AlBr_3 + 3\,H_2$

Observem que 2 mols d'alumini donen lloc a 2 mols de bromur d'alumini; per tant: els 3,52 grams de Al es passen a mols de Al; aquests, a mols de $AlBr_3$, i aquests, a grams:

$$3,52 \text{ g Al} \cdot \frac{1 \text{ mol Al}}{27,0 \text{ g Al}} \cdot \frac{2 \text{ mol AlBr}_3}{2 \text{ mol Al}} \cdot \frac{266,7 \text{ g AlBr}_3}{1 \text{ mol AlBr}_3} = 34,8 \text{ g AlBr}_3$$

Aquests són els grams que s'obtindrien teòricament, amb un rendiment del 100 %. Però com que el rendiment és del 73 %:

$$34,8 \cdot \frac{73}{100} = 25,4 \text{ g AlBr}_3$$

Lògicament, se n'obté menys quantitat.

Problema 2.9

A una dissolució que conté 7,82 g de sulfat de sodi s'hi afegeixen 4,43 g de clorur de bari. Es forma un precipitat de sulfat de bari, que un cop sec pesa 4,78 g. Calculeu el rendiment de la reacció.

[Solució]

Primer s'escriu la reacció:

$$Na_2SO_4 + BaCl_2 \longrightarrow BaSO_4 \downarrow + NaCl$$

Després s'iguala:

$$Na_2SO_4 + BaCl_2 \longrightarrow BaSO_4 \downarrow + 2\,NaCl$$

Aquesta és una reacció d'intercanvi iònic i també de precipitació, perquè com a conseqüència d'aquest intercanvi es forma un precipitat de $BaSO_4$.

Com que coneixem les masses dels dos reactius, s'ha de buscar quin és el limitant.

Primer calculem els mols de cada reactiu:

$$7,82 \text{ g Na}_2SO_4 \cdot \frac{1 \text{ mol Na}_2SO_4}{142,1 \text{ g Na}_2SO_4} = 0,055 \text{ mol Na}_2SO_4$$

$$4,43 \text{ g BaCl}_2 \cdot \frac{1 \text{ mol BaCl}_2}{208,2 \text{ g BaCl}_2} = 0,021 \text{ mol BaCl}_2$$

Com que la relació estequiomètrica és 1 : 1, el Na_2SO_4 està en excés i, per tant, el reactiu limitant és el $BaCl_2$. A partir d'aquest reactiu es calcula la quantitat de $BaSO_4$ que es formaria teòricament, si el rendiment fos del 100 %.

$$0,021 \text{ mol BaCl}_2 \cdot \frac{1 \text{ mol BaSO}_4}{1 \text{ mol BaCl}_2} \cdot \frac{233,3 \text{ g BaSO}_4}{1 \text{ mol BaSO}_4} = 4,90 \text{ g BaSO}_4$$

Però com que se n'han obtingut 4,51 grams, menys dels 4,90 g teòrics, el rendiment de la reacció és:

$$\frac{\text{grams obtinguts}}{\text{grams teòrics}} \cdot 100 = \frac{4,51}{4,90} = 92,0\,\%$$

Problema 2.10

Per determinar la composició d'una mostra de 2,001 g formada per clorur de potassi impurificat amb clorur de sodi, es dissol la mostra en aigua i s'hi afegeix gota a gota nitrat de plata fins que tots els clorurs precipiten com a clorur de plata. Un cop filtrat i sec, el precipitat pesa 3,912 g. Quina era la composició de la mostra?

[Solució]

En 2,001 g hi ha $\begin{cases} x \text{ g KCl} \\ (2,001 - x) \text{ g NaCl} \end{cases}$

S'escriuen i s'igualen les reaccions dels dos clorurs amb el $AgNO_3$:

Reacció (1): $\quad KCl + AgNO_3 \longrightarrow AgCl\,(s) + KNO_3$

Reacció (2): $\quad NaCl + AgNO_3 \longrightarrow AgCl\,(s) + NaNO_3$

Els grams de $AgCl$ de la reacció (1) més els grams de $AgCl$ de la reacció (2) corresponen als 3,921 grams de precipitat.

Per tant, hem de calcular:

- Els grams de $AgCl$ provinents dels x g de KCl:

$$x \text{ g KCl} \cdot \frac{1 \text{ mol KCl}}{74,6 \text{ g KCl}} \cdot \frac{1 \text{ mol AgCl}}{1 \text{ mol KCl}} \cdot \frac{143,4 \text{ g AgCl}}{1 \text{ mol AgCl}} = 1,90 \cdot x \text{ g AgCl}$$

- Els grams de $AgCl$ provinents dels $(2,001 - x)$ g de NaCl:

$$(2,001 - x) \text{ g NaCl} \cdot \frac{1 \text{ mol NaCl}}{58,5 \text{ g NaCl}} \cdot \frac{1 \text{ mol AgCl}}{1 \text{ mol NaCl}} \cdot \frac{143,4 \text{ g AgCl}}{1 \text{ mol AgCl}} = (2,001 - x) \cdot 2,50 \text{ g AgCl}$$

Se sumen i el resultat s'iguala a la massa de $AgCl$:

$$1,90x + (2,001 - x) \cdot 2,50 = 3,912$$
$$x = 1,818 \text{ g KCl}$$

Per tant, la mostra contenia 1,818 g KCl i 0,183 g NaCl.

Problemes proposats

☐ Problema 2.11

Calculeu els grams de solut que s'han de dissoldre en 300 mL d'aigua per obtenir les dissolucions següents. Suposeu que en tots els casos la densitat és $1 \text{ g} \cdot \text{mL}^{-1}$.

a) 0,4 M de clorur de potassi

b) 1,2 M de clorat de sodi

c) 1,7 M d'àcid sulfúric

d) 1,7 M d'àcid fosfòric

e) 2 M d'hidròxid de sodi

[Solució]   *a)* 8,94 g ; *b)* 38,34 g ; *c)* 49,98 g ; *d)* 49,98 g ; *e)* 24,00 g

☐ Problema 2.12

Calculeu la molaritat i la molalitat de les dissolucions següents:

a) Àcid perclòric del 35 % en pes i densitat 1,251 g/mL

b) 13,5 g de $C_{12}H_{24}O_{11}$ dissolts en 100 mL i de densitat 1,05 g $\cdot$ mL^{-1}

c) Sulfat d'amoni al 32 % i densitat 1,18 g $\cdot$ mL^{-1}

d) Clorur de calci al 18 % i densitat 1,16 g $\cdot$ mL^{-1}

[Solució]   *a)* 4,35 M ; 5,35 m ; *b)* 0,36 M ; 0,39 m

c) 2,86 M ; 3,56 m ; *d)* 1,88 M ; 1,97 m

☐ Problema 2.13

Es dissolen 300 g de clorur de bari en 600 g d'aigua i s'obtenen 650 mL de dissolució. Calculeu la molaritat, la molalitat i la fracció molar de la dissolució.

[Solució]   2,2 M ; 2,4 m ; 0,04

■ Problema 2.14

Calculeu el volum de la dissolució concentrada necessari per preparar la quantitat indicada de la dissolució diluïda:

a) Àcid clorhídric 12,3 M per preparar 100 mL de concentració 1,02 M.

b) Amoníac 15 M per preparar 200 mL de concentració 1,84 M.

c) Àcid nítric 16 M per preparar 50 mL de concentració 0,25 M.

[Solució]   *a)* 8,29 mL ; *b)* 24,53 mL

c) 0,78 mL

■ Problema 2.15

Calculeu el volum d'àcid sulfúric concentrat (95 % en pes de H_2SO_4 i densitat 1,84 g $\cdot$ mL^{-1}) que es necessita per preparar 20 L de dissolució 6,0 M.

[Solució]   6,73 L

■ Problema 2.16

La solubilitat del iodat de potassi en aigua és de 0,092 mol $\cdot$ L^{-1} i la densitat de la dissolució és d'1,016 g $\cdot$ mL. Calculeu la molalitat de la dissolució saturada.

[Solució]   0,092 m

Problema 2.17

S'ha preparat una dissolució de dicromat de potassi dissolent 1,414 g del compost en 500 mL d'aigua. Calculeu la concentració de Cr de la dissolució en p.p.m.

[Solució] 1.000 p.p.m.

Problema 2.18

Calculeu el volum d'un àcid clorhídric 12 M necessari per preparar 1,5 dm^3 de dissolució 4 M d'aquest àcid.

[Solució] 0,5 dm^3

Problema 2.19

Calculeu el volum d'un àcid clorhídric del 35,2 % de HCl (en pes) i densitat 1,175 g $\cdot$ mL^{-1}, necessari per preparar 250 mL d'una dissolució que sigui 0,1 M. Calculeu també la molaritat, la molalitat i la fracció molar de l'àcid concentrat.

[Solució] 2,205 mL ; 11,34 M ; 14,90 m ; 0,2116

Problema 2.20

a) Calculeu la quantitat de carbonat de sodi decahidratat que es necesita per preparar 2 L de dissolució al 13,9 % de ió carbonat i de densitat 1,145 g $\cdot$ mL.

b) Quina és la molaritat de la dissolució?

[Solució] 1.517,3 g ; 2,65 M

Problema 2.21

Una dissolució de I$_2$ que se suposa que és 0,1 M, resulta amb un excés de concentració de l'1 %. Quants cm^3 de dissolució 0,01 M cal afegir a 1 L de la dissolució concentrada, perquè sigui exactament 0,1 M?

[Solució] 11 mL

Problema 2.22

En preparar un àcid clorhídric 1 M ha resultat una mica més diluït, tan sols 0,932 M. Calculeu el volum d'àcid clorhídric concentrat del 32,14 % en pes i densitat 1,16 g $\cdot$ mL^{-1} que cal afegir a 1 L d'aquell àcid perquè sigui 1 M. Suposeu que no hi ha variació de volum apreciable en mesclar els dos àcids.

[Solució] 6,6 mL

Igualació

Problema 2.23

Igualeu les reaccions següents:

a) $K_2Cr_2O_7 + S + H_2O \longrightarrow SO_2 + KOH + Cr_2O_3$

b) $MnO_2 + HCl \longrightarrow MnCl_2 + Cl_2 + H_2O$

c) $Ca_3(PO_4)_2 + C + SiO_2 \longrightarrow CaSiO_3 + P_4 + CO_2$

d) $NH_4NO_2 \longrightarrow N_2 + H_2O$

e) $Mg_2Si + HCl \longrightarrow MgCl_2 + SiH_4$

f) $KOH + Br_2 \longrightarrow KBr + KBrO_3 + H_2O$

g) $As_2S_3 + HClO_3 + H_2O \longrightarrow HCl + H_3AsO_4 + H_2SO_4$

h) $Zn + NaNO_3 + NaOH \longrightarrow Na_2ZnO_2 + NH_3 + H_2O$

i) $KBr + H_2SO_4 \longrightarrow K_2SO_4 + Br_2 + SO_2 + H_2O$

j) $Cr_2O_3 + Na_2CO_3 + KNO_3 \longrightarrow Na_2CrO_4 + CO_2 + KNO_2$

k) $U(SO_4)_2 + KMnO_4 + H_2O \longrightarrow H_2SO_4 + K_2SO_4 + MnSO_4 + (UO_2)SO_4$

l) $Ca(ClO)_2 + KI + HCl \longrightarrow I_2 + CaCl_2 + H_2O + KCl$

m) $Bi_2O_3 + NaOH + NaOCl \longrightarrow NaBiO_3 + NaCl + H_2O$

n) $CoCl_2 + Na_2O_2 + NaOH + H_2O \longrightarrow Co(OH)_3 + NaCl$

o) $MnO + PbO_2 + HNO_3 \longrightarrow HMnO_4 + Pb(NO_3)_2 + H_2O$

p) $Na_2TeO_3 + NaI + HCl \longrightarrow NaCl + Te + H_2O + I_2$

Càlculs estequiomètrics. Reactiu limitant. Rendiment

☐ Problema 2.24

El nitrat de plata reacciona amb el clorur de bari i forma clorur de plata i nitrat de bari.

a) Quants grams de nitrat de plata són necessaris perquè reaccionin amb 4,22 g de clorur de bari?

b) Quants grams de clorur de plata es formaran?

[Solució] a) 6,79 g ; b) 2,91 g

☐ Problema 2.25

Fent reaccionar permanganat de potassi i clorur de potassi en un medi d'àcid sulfúric es produeixen sulfat de manganès(II), sulfat de potassi, clor i aigua. Calculeu els grams de clor que es produiran en la reacció entre 100 grams de permanganat de potassi i àcid sulfúric en excés.

[Solució] 112,24 g

☐ Problema 2.26

a) Determineu el pes de O_2 que es forma en la reacció entre 34,00 g de H_2O_2, 65,01 g de H_2SO_4 i 80,00 g de $KMnO_4$ segons l'equació següent:

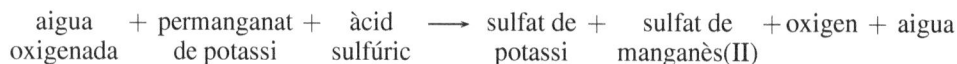

aigua + permanganat + àcid $\longrightarrow$ sulfat de + sulfat de + oxigen + aigua
oxigenada de potassi sulfúric potassi manganès(II)

b) Calculeu també el pes de cadascun dels reactius que queda un cop acabada la reacció.

[Solució] 32,00 g O_2 ; 17,38 g $KMnO_4$; 5,88 g H_2SO_4

Problema 2.27

El $KClO_4$ es pot preparar segons les reaccions següents:

$$Cl_2 + KOH \longrightarrow KCl + KClO + H_2O$$

$$KClO \longrightarrow KCl + KClO_3$$

$$KClO_3 \longrightarrow KClO_4 + KCl$$

Igualeu-les i calculeu els grams de clor necessaris per preparar 100,0 grams de $KClO_4$ segons el procés anterior.

[Solució]   205,0 g

Problema 2.28

Es fa reaccionar una dissolució de iodur i iodat de potassi amb àcid sulfúric diluït segons la reacció següent:

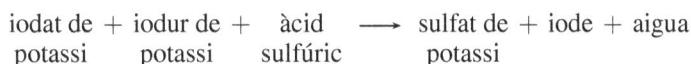

$$\begin{array}{c} \text{iodat de} \\ \text{potassi} \end{array} + \begin{array}{c} \text{iodur de} \\ \text{potassi} \end{array} + \begin{array}{c} \text{àcid} \\ \text{sulfúric} \end{array} \longrightarrow \begin{array}{c} \text{sulfat de} \\ \text{potassi} \end{array} + \text{iode} + \text{aigua}$$

a) Igualeu la reacció.

En valorar 20 cm³ d'aquesta dissolució de iodur i iodat de potassi amb tiosulfat de sodi 0,05 M s'han consumit 25 cm³. Calculeu:

b) El pes de iodat de potassi que es necesita per alliberar un mol de iode.

c) La concentració de iodat de potassi en grams/litre de la dissolució inicial.

La reacció és la següent:

$$\text{iode} + \text{tiosulfat de sodi} \longrightarrow \text{iodur de sodi} + \text{tetrationat de sodi}(Na_2S_4O_6)$$

[Solució]   a) 71,3 g KIO_3 ; b) 2,23 g · L^{-1}

Problema 2.29

S'ha de valorar una mostra de nitrit de potassi impur (les impureses no són reductores) amb una dissolució de $KMnO_4$ que és 0,025 M. Es pesen 0,23 g de la mostra de nitrit, es dissolen en uns 100 mL d'aigua destil·lada acidulada prèviament amb H_2SO_4 i es valora aquesta dissolució amb la de permanganat esmentada anteriorment. S'arriba al punt de viratge quan s'han gastat 38,6 mL de la dissolució de permanganat de potassi. La reacció que té lloc és:

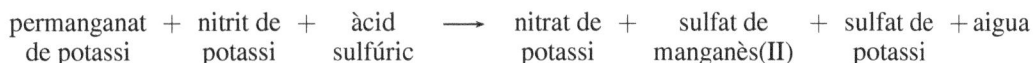

$$\begin{array}{c} \text{permanganat} \\ \text{de potassi} \end{array} + \begin{array}{c} \text{nitrit de} \\ \text{potassi} \end{array} + \begin{array}{c} \text{àcid} \\ \text{sulfúric} \end{array} \longrightarrow \begin{array}{c} \text{nitrat de} \\ \text{potassi} \end{array} + \begin{array}{c} \text{sulfat de} \\ \text{manganès(II)} \end{array} + \begin{array}{c} \text{sulfat de} \\ \text{potassi} \end{array} + \text{aigua}$$

a) Escriviu i igualeu la reacció.

b) Calculeu el percentatge en pes de nitrit de potassi contingut en la mostra.

c) Calculeu els grams d'àcid sulfúric que es gastaran en la reacció.

[Solució]   b) 89,13 % KNO_2 ; c) 0,142 g H_2SO_4

Problema 2.30

Un mineral de MnO_2 de 2,310 g es fa reaccionar amb 20 mL d'àcid clorhídric de concentració $9,2$ mol $\cdot$ L^{-1}. Al final de la reacció, es recullen 493 mL de clor en condicions normals. En aquesta reacció es formen també clorur de manganès(II) i aigua. Les impureses del mineral no reaccionen amb el clorhídric.

a) Escriviu les semireaccions d'oxidació i reducció, i també la reacció global igualada.

b) Quin és el percentatge de MnO_2 en el mineral?

c) Quants mL de la dissolució d'àcid clorhídric s'han tirat en excés?

[Solució] b) 83,84 % ; c) 10,43 mL

Problema 2.31

Una mostra de coure procedent d'una mina es tracta amb àcid nítric concentrat. La mostra és d'1,740 g. Un cop atacat tot el coure amb 20 mL d'àcid de concentració 16 mol $\cdot$ L^{-1}, s'han després 1,21 L de diòxid de nitrogen en condicions normals. En la reacció també es formen nitrat de coure(II) i aigua. Les impureses de la mostra no reaccionen.

a) Escriviu les semireaccions d'oxidació i reducció, i també la reacció global igualada.

b) Calculeu el percentatge en coure de la mostra.

c) Calculeu el volum d'àcid nítric afegit en excés.

[Solució] b) 98,57 % ; c) 13,25 mL

Problema 2.32

Un procés industrial d'obtenció de sofre utilitza la reacció entre el diòxid de sofre i el sulfur d'hidrogen.

a) Escriviu les semireaccions de reducció i oxidació, i també la reacció completa igualada.

Basant-se en aquest procés, s'introdueix en un reactor de 30 litres una mescla gasosa de diòxid de sofre i sulfur d'hidrogen que conté un 55 % de volum del primer, fins a una pressió de 10 atm a 150 °C.

b) Quin pes de sofre s'obtindrà, sabent que el rendiment del procés és del 80 %?

c) Quina serà la pressió del reactiu en excés en acabar la reacció? Considereu que la temperatura es manté constant.

[Solució] b) 149,38 g S ; c) 3,07 atm

Problema 2.33

Una mostra d'1,600 g de magnesi es crema en l'aire i s'obté una mescla de dos sòlids: òxid de magnesi i nitrur de magnesi. La mescla es dissol en aigua, l'òxid de magnesi reacciona i es formen 3,454 g d'hidròxid de magnesi.

a) Escriviu i igualeu la reacció.

b) Calculeu els grams d'òxid de magnesi que es formen en la combustió.

c) Calculeu els grams de nitrur de magnesi que es formen.

[Solució] b) 2,388 g MgO ; c) 0,221 g Mg_3N_2

Problema 2.34

S'han pesat 1,3246 g d'una mostra en què hi havia òxid de manganès(II) i òxid de plom(IV). Es fan reaccionar aquests dos òxids en presència d'àcid nítric i s'obtenen àcid permangànic i nitrat de plom(II); se sap que tot el plom de la mostra inicial es transforma en nitrat de plom(II). Després, amb àcid sulfhídric, s'obté un precipitat de 0,5497 g de sulfur de plom(II).

a) Igualeu les reaccions.

b) Calculeu el percentatge en pes de l'òxid de plom(IV).

c) Calculeu el percentatge en pes de plom i manganès a la mostra inicial.

[Solució]   b) 41,5 % ;   c) 35,94 % Pb i 45,3 % Mn

Problema 2.35

Una mostra d'1,620 grams que només conté bromur de sodi i iodur de sodi es fa reaccionar amb una dissolució de nitrat de plata en excés. La mescla de bromur de plata i iodur de plata un cop seca pesa 2,822 grams.

a) Quants grams de iodur de sodi hi ha en la mostra inicial.

b) Si utilitzem per a la reacció 100 mL d'una dissolució 0,2 mol $\cdot$ L^{-1} de nitrat de plata, quin és el volum en excés de la dissolució?

c) Quin tant per cent de plata hi ha en la mescla bromur/iodur resultant?

[Solució]   a) 0,521 g NaI ;   b) 30 mL ;   c) 53,53 % Ag

Problema 2.36

Per obtenir 3,1 L de Cl_2 a 27 °C i 8,2 atm s'oxida àcid clorhídric amb permanganat de potassi. En aquesta reacció, a més de clor, es formen clorur de manganès(II) i clorur de potassi. Calculeu el volum de permanganat de potassi 0,4 M que es necesita si el rendiment de la reacció és del 86 %.

[Solució]   1,2 L

Problema 2.37

Una mostra de iodur de sodi i bromur de sodi de 4,850 g es dissol en aigua fins a un volum de 250 mL. Calculeu el percentatge de iodur de sodi en la mescla si 10 mL d'aquesta dissolució necesiten 14,30 mL de nitrat de plata 0,101 M per completar la precipitació.

[Solució]   75,55 %

Problema 2.38

Una mostra d'1,000 g que només conté òxid d'alumini i òxid de zinc es fa reaccionar amb àcid clorhídric. La mescla de clorurs (de zinc i d'alumini) pesa, un cop seca, 2,389 g.

a) Un cop igualades les reaccions, calculeu el tant per cent de l'òxid d'alumini en la mostra.

b) Si s'han gastat 50,5 mL d'àcid clorhídric en la reacció amb la mostra d'òxids esmentada, calculeu quina era la concentració molar de l'àcid. Suposeu que no hi havia àcid en excés.

[Solució]   a) 75 % ;   b) 1,0 mol $\cdot$ L^{-1}

Problema 2.39

Es calcinen (per eliminar-ne l'aigua) 1,257 g d'una sal hidratada composta per sulfat de potassi, sulfat de magnesi i aigua, i s'obtenen 0,996 g de la mescla de sulfats secs. Aquests sulfats es dissolen en aigua i a la dissolució s'hi afegeix clorur de bari fins que precipiten tots els sulfats en forma de sulfat de bari. Aquest precipitat, un cop filtrat i sec, pesa 1,680 g.

a) Quants grams de sulfat de potassi, de sulfat de magnesi i d'aigua contenia la mostra de sal hidratada?

b) Quin percentatge de sulfat de magnesi té la sal inicial?

c) Si el mineral es formula de la manera següent: n(sulfat de potassi) $\cdot$ m(sulfat de magnesi) $\cdot$ r(aigua), quina serà la seva fórmula?

[Solució]   a) 0,42 g K_2SO_4 ; 0,58 g $MgSO_4$ i 0,26 g H_2O
b) 46,14 % $MgSO_4$; c) $n = 1, m = 2$, i $r = 6$

Problema 2.40

Una sal hidratada de clorur de magnesi i clorur de potassi se sotmet als tractaments següents per determinar-ne la composició: una mostra de 3,334 g d'aquesta sal es calcina per eliminar-ne l'aigua i s'observa una pèrdua de pes d'1,296 g. El residu sec, format pels clorurs, es dissol en aigua i s'hi afegeix nitrat de plata fins que precipiten tots els clorurs en forma de clorur de plata. Aquest precipitat rentat i sec pesa 5,166 g. Calculeu:

a) Els grams de clorur de magnesi, clorur de potassi i aigua en la mostra inicial.

b) Els coeficients n, m i l de la fórmula de la sal: n(clorur de magnesi) $\cdot$ m(clorur de potassi) $\cdot$ l(aigua).

c) El percentatge en pes de magnesi a la sal hidratada.

[Solució]   a) 1,14 g $MgCl_2$; 0,90 g KCl i 1,296 g H_2O
b) $n = 1, m = 1$ i $l = 6$; c) 8,75 %

Problema 2.41

Una mostra de 0,5 g d'un mineral de ferro es fa reaccionar amb àcid sulfúric. El sulfat de ferro(II) que s'obté es valora amb 25 mL d'una dissolució de dicromat de potassi 0,017 mol $\cdot$ L^{-1}. La reacció de valoració és la següent:

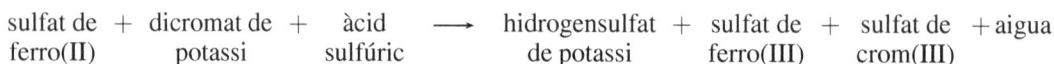

sulfat de ferro(II)	+	dicromat de potassi	+	àcid sulfúric	$\longrightarrow$	hidrogensulfat de potassi	+	sulfat de ferro(III)	+	sulfat de crom(III)	+ aigua

a) Igualeu la reacció de valoració.

b) Calculeu el percentatge de ferro en el mineral.

[Solució]   b) 28,5 %

Problema 2.42

En una valoració amb permanganat de potassi, calculeu:

a) Els grams d'aquest reactiu necessaris per oxidar en medi àcid el ferro contingut en 1,50 g de carbonat de ferro(II) del 85 % de puresa. La reacció que té lloc és:

permanganat + carbonat de + àcid $\longrightarrow$ sulfat de + sulfat de + sulfat de + diòxid de + aigua
de potassi   ferro(II)   sulfúric   manganès(II)   ferro(III)   potassi   carboni

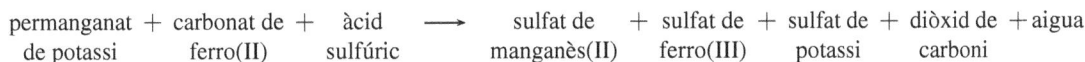

b) El volum de dissolució de permanganat de potassi 0,06 M que es necesita.

[Solució] a) 0,35 g $KMnO_4$; b) 36,9 mL $KMnO_4$

Problema 2.43

Resoleu les mateixes qüestions que en el problema anterior 2.42 però fent la valoració amb dicromat de potassi. La reacció, en aquest cas, és:

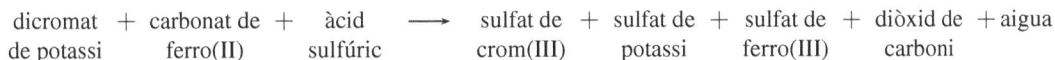

dicromat + carbonat de + àcid $\longrightarrow$ sulfat de + sulfat de + sulfat de + diòxid de + aigua
de potassi   ferro(II)   sulfúric   crom(III)   potassi   ferro(III)   carboni

[Solució] 0,56 g $K_2Cr_2O_7$; 30,5 mL $K_2Cr_2O_7$

Problema 2.44

1,00 grams d'un mineral de ferro es fa reaccionar amb àcid sulfúric. El sulfat de ferro(II) resultant es valora amb dicromat de potassi, del qual es consumeixen 20 mL de dissolució 0,033 M. Calculeu el percentatge de ferro del mineral. La reacció de valoració és la següent:

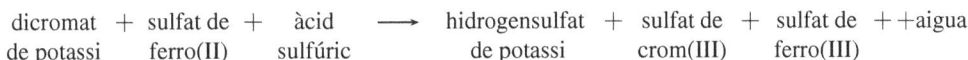

dicromat + sulfat de + àcid $\longrightarrow$ hidrogensulfat + sulfat de + sulfat de + + aigua
de potassi   ferro(II)   sulfúric   de potassi   crom(III)   ferro(III)

[Solució] 22,34 % Fe

Problema 2.45

La reacció del perclorat de potassi amb bromur de potassi en presència d'àcid sulfúric dóna clorur de potassi, brom, sulfat de potassi i aigua.

a) Escriviu i igualeu la reacció pel mètode de l'ió-electró.

b) Si es fan reaccionar 200 mL de dissolució de bromur de potassi 4 mol $\cdot$ L^{-1} amb 100 mL d'àcid sulfúric del 72 % en pes i densitat 1,18 g/mL, quants grams de brom s'obtindran si el rendiment de la reacció és del 80 %?

[Solució] b) 51,2 g

Problema 2.46

Es dissolen 10 g d'àcid oxàlic cristal·litzat en 1 L d'aigua. Es valoren 20 mL d'aquesta dissolució en medi àcid sulfúric, amb permanganat de potassi 0,02 mol $\cdot$ L^{-1}, i se'n consumeixen 32,4 mL. En la reacció es produeixen diòxid de carboni i ió manganès(II).

a) Completeu i igualeu la reacció.

b) Calculeu el nombre de molècules d'aigua de cristal·lització contingudes en els 10 g d'àcid oxàlic inicials.

c) Determineu la fórmula de l'àcid hidratat.

[Solució] b) $9,1 \cdot 10^{22}$ molècules H_2O ; c) $H_2C_2O_4 \cdot 2 H_2O$

Problema 2.47

L'oxalat de sodi, en presència de permanganat de potassi en medi àcid, s'oxida a diòxid de carboni segons la reacció:

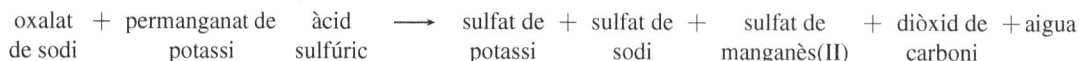

$$\text{oxalat de sodi} + \text{permanganat de potassi} + \text{àcid sulfúric} \longrightarrow \text{sulfat de potassi} + \text{sulfat de sodi} + \text{sulfat de manganès(II)} + \text{diòxid de carboni} + \text{aigua}$$

a) Igualeu la reacció.

b) Quina quantitat d'oxalat de sodi del 85 % de puresa es necessita per obtenir 5 L de diòxid de carboni, recollits sobre aigua a 23 °C i a una pressió de 800 mmHg? Considereu que la pressió de vapor de l'aigua a 23 °C és de 21,1 mmHg.

c) Quina és la densitat de l'àcid utilitzat si la seva concentració és del 55 % i es necessiten 19,61 mL d'àcid per obtenir els 5 L de diòxid de carboni assenyalats a l'apartat b?

[Solució] b) 16,64 g $Na_2C_2O_4$; c) 1,53 g $\cdot$ mL^{-1}

Problema 2.48

El clor s'obté al laboratori per oxidació de l'àcid clorhídric amb diòxid de manganès, i es formen, a més, clorur de manganès(II) i aigua.

a) Formuleu i igualeu la reacció corresponent.

b) Calculeu les quantitats estequiomètriques de reactius (en grams) que faran falta per preparar 5 L de gas clor, mesurats en condicions normals i suposant que el clor es comporta com un gas ideal.

c) Calculeu el volum de dissolució aquosa d'àcid clorhídric del 30 % de riquesa i d'1,15 g/mL de densitat que cal per efectuar l'operació anterior (obtenció dels 5 L de clor) suposant que el rendiment de l'operació és del 90 %.

[Solució] b) 19,12 g MnO_2 i 32,12 g HCl ; c) 103,45 mL

Problema 2.49

L'àcid clorhídric pot reduir el crom del dicromat de potassi a ió crom(III), passant el clor de l'àcid clorhídric a clor gas.

a) Plantegeu i igualeu aquesta reacció pel mètode de l'ió-electró.

b) Quina ha de ser la concentració d'àcid clorhídric, en percentatge en pes, si es necessiten 19,3 mL de l'àcid d'una densitat d'1,18 g/mL perquè reaccioni amb 5 g de dicromat de potassi del 93 % de puresa?

c) Quin és el volum dels gasos obtinguts en la reacció si, recollits sobre aigua a 25 °C, la pressió observada és de 750 mmHg? Considereu que la pressió de vapor de l'aigua a 25 °C és de 23,8 mmHg.

[Solució] b) 35,57 % ; c) 1,27 L

Problema 2.50

Per determinar la composició d'un òxid de ferro es fa passar gas hidrogen sobre 14,40 g d'aquest òxid. En aquestes condicions l'òxid es redueix a ferro, del qual s'obtenen 11,20 g. Una mostra de 2,00 g d'un mineral, que conté aquest òxid de ferro i altres impureses no reductores, es tracta amb una dissolució de dicromat de potassi 0,067 mol $\cdot$ L^{-1} en presència d'àcid sulfúric. Es necessiten 53,5 mL de la dissolució de dicromat de potassi perquè reaccioni tot l'òxid de ferro del mineral. Els productes obtinguts en la reacció són sulfat de ferro(III), sulfat de crom(III), sulfat de potassi i aigua.

a) Determineu la fórmula de l'òxid, saben que la fórmula empírica és igual a la fórmula molecular.

b) Igualeu, pel mètode de l'ió-electró, la reacció d'oxidació de l'òxid pel dicromat, i escriviu l'equació completa i igualada.

c) Quin percentatge de ferro hi ha en la mostra de mineral?

d) Quantes molècules d'aigua es produiran en la reacció?

[Solució] a) FeO ; c) 60 % de Fe

d) $2,8 \cdot 10^{22}$ molècules

Problema 2.51

Per determinar la composició d'un òxid de manganès es fa passar gas hidrogen sobre 25,00 g d'aquest òxid. En aquestes condicions, l'òxid es redueix a manganès, del qual s'obtenen 15,90 g. Una mostra d'aquest òxid es fa reaccionar amb àcid oxàlic ($H_2C_2O_4$) 0,08 mol $\cdot$ L^{-1} en presència d'àcid sulfúric i s'obtenen sulfat de manganès(II) i diòxid de carboni. Es necessiten 35 mL de la dissolució d'àcid oxàlic perquè tot el manganès de l'òxid passi a manganès(II).

a) Determineu la fórmula de l'òxid (en aquest cas, se sap que la fórmula empírica és igual a la fórmula molecular).

b) Escriviu la reacció entre l'òxid de manganès i l'àcid oxàlic completa i igualada pel mètode de l'ió-electró.

c) Per a la reacció entre l'òxid de manganès i l'àcid oxàlic, quin és el pes de reductor necessari perquè reaccioni tot l'oxidant?

d) Quin és el pes d'òxid de manganès que reacciona amb l'àcid oxàlic?

e) Quin és el volum de diòxid de carboni obtingut en condicions normals de pressió i temperatura?

[Solució] a) MnO_2 ; c) 0,252 g $H_2C_2O_4$

d) 0,244 g MnO_2 ; e) 125 mL CO_2

Problema 2.52

S'afegeixen 6,478 g de permanganat de potassi i hidròxid de potassi suficient (per esgotar tot el reactiu limitant) a 60 mL d'una dissolució 0,25 mol $\cdot$ L^{-1} de sulfat de manganès(II). Els productes d'aquesta reacció són sulfat de potassi i diòxid de manganès.

a) Formuleu i igualeu la reacció pel mètode de l'ió-electró.

b) Quants mols sobren del reactiu que hi ha en excés?

c) Quin pes s'obtindrà de diòxid de manganès?

[Solució] b) 0,031 mol $KMnO_4$; c) 2,175 g

Problema 2.53

L'ió nitrit pot ser determinat per oxidació amb l'ió ceri(IV): l'ió nitrit passa a ió nitrat i l'ió ceri(IV), a ceri(III).

a) Plantegeu la reacció que té lloc de forma iònica i igualeu-la pel mètode de l'ió-electró.

Una mostra sòlida de 4,03 g, que només conté nitrit de sodi i nitrat de sodi, es dissol en aigua fins a obtenir 500 mL de dissolució. Es valoren 25 mL d'aquesta dissolució amb 38,3 mL d'una dissolució 0,12 mol $\cdot$ L^{-1} de ceri(IV) en medi àcid.

b) Quin serà el percentatge en pes de nitrit de sodi en la mostra sòlida?

[Solució]   b) 78,7 %

Problema 2.54

Una mescla de 5,000 grams constituïda per clorat de potassi i clorat de liti es descompon a 600 °C en els clorurs respectius i oxigen. La mescla de clorurs es dissol en aigua i es fa reaccionar amb nitrat de plata, i s'obtenen 6,685 grams de clorur de plata.

a) Quin és el percentatge de clorat de liti en la mostra inicial?

b) Quin volum d'oxigen s'obtindrà si es recull sobre aigua a 25 °C i exerceix una pressió de 750 mmHg.

Dades: Pressió de vapor H_2O a 25 °C = 23,8 mmHg.

[Solució]   a) 38,8 % ; b) 1,78 mL

Problema 2.55

El tetracloromercuriat(II) d'hidrogen, $H_2[HgCl_4]$, es prepara a partir de la reacció del sulfur de mercuri(II) amb àcid nítric i àcid clorhídric, en la qual també es formen monòxid de nitrogen, sofre i aigua.

a) Formuleu i igualeu aquesta reacció.

Per dur-la a terme, es mesclen 100 mL de dissolució d'àcid nítric del 60 % en pes i densitat 1,38 g/mL amb 1 L d' una dissolució d'àcid clorhídric 3 mol $\cdot$ L^{-1}. Calculeu:

b) El percentatge en pes de cada àcid en la mescla preparada així, la qual té una densitat d'1,05 g/mL.

c) La quantitat de tetracloromercuriat(II) d'hidrogen que s'obtindrà quan es faci reaccionar aquesta mescla d'àcids amb un excés de sulfur de mercuri(II).

[Solució]   b) 7,17 % HNO_3 ; 9,48 % HCl ; c) 258,45 g $H_2[HgCl_4]$

Problema 2.56

Una mostra de 30,0 g de iodat de sodi, de la qual se sap que conté algunes impureses no oxidants, es dissol en 150 mL d'aigua. D'aquesta dissolució se n'extreuen 20 mL i es valoren amb 32,43 mL d'una dissolució d'hidrogensulfit de sodi del 10 % en massa i densitat 1,11 g/mL. Els productes d'aquesta reacció són: hidrogensulfat de sodi, sulfat de sodi i iode.

a) Escriviu i igualeu la reacció que té lloc.

b) Calculeu el percentatge de puresa de la mostra de iodat de sodi.

[Solució]   b) 69 %

Problema 2.57

Al laboratori es prepara el tetrahidroxoaluminat de sodi $Na[Al(OH)_4]$ a partir de la reacció següent:

Alumini (s) + hidròxid de sodi (aq) + aigua $\longrightarrow$ tetrahidroxoaluminat de sodi (aq) + hidrogen (g)

a) Formuleu i igualeu la reacció.

Per dur a terme aquesta reacció necessitem preparar una dissolució d'hidròxid de sodi.

b) Quin és el pes d'hidròxid de sodi del 97 % de puresa necessari per preparar 250 mL de dissolució 1 mol · L^{-1} d'hidròxid de sodi.

Es mesclen els 250 mL de la dissolució 1 mol · L^{-1} d'hidròxid de sodi amb 13,5 g d'alumini i aigua suficient per dur a terme la reacció.

c) Quin és el volum d'hidrogen (recollit sobre aigua) obtingut a 25 °C i 758,6 mmHg.

Dades: Pressió de vapor de l'aigua a 25 °C : 23,8 mmHg

[Solució]   *b)* 49,5 g NaOH ;   *c)* 45,3 L

Problema 2.58

Les monedes antigues de cinc pessetes estaven fetes d'un aliatge de coure i níquel. Per saber la seva composició, una d'aquestes monedes de 5,641 g se sotmet als tractaments químics següents:

i) Es fa reaccionar la moneda amb àcid nítric. El coure reacciona amb l'àcid i s'obtenen nitrat de coure(II), monòxid de nitrogen i aigua.

ii) El nitrat de coure(II) es fa reaccionar amb iodur de potassi i passa el coure(II) a coure(I) i el iodur a iode.

iii) Finalment, el iode obtingut en *ii)* es fa reaccionar amb tiosulfat de sodi ($Na_2S_2O_3$) per donar iodur de sodi i tetrationat de sodi ($Na_2S_4O_6$).

   a) Formuleu i igualeu les reaccions químiques involucrades en aquest procés.

   b) Quin és el percentatge de coure en la moneda si en la reacció *iii)* es necessiten 66,5 mL de tiosulfat de sodi 1 M?

   c) Quina serà la concentració d'àcid nítric en percentatge en pes si es necessiten 23 mL d'àcid d'una densitat d'1,38 g · mL^{-1} perquè reaccionin amb el coure de la moneda?

[Solució]   *b)* 74,9 % ;   *c)* 32,5 %

Problema 2.59

Les estructures dels avions solen ser aliatges d'alumini amb petites quantitats de coure, magnesi, crom, etc. Per determinar el percentatge de magnesi en un d'aquests aliatges, es pesen 9,25 g de mostra i se li fan els tractaments químics següents:

i) Es fa reaccionar amb àcid nítric. El magnesi de la mostra reacciona amb l'àcid, i s'obtenen nitrat de magnesi, monòxid de nitrogen i aigua.

ii) La dissolució de nitrat de magnesi es fa reaccionar amb ions oxalat per obtenir un precipitat d'oxalat de magnesi, que un cop filtrat i sec es fa reaccionar amb un àcid fins que tot l'oxalat de magnesi s'ha transformat en àcid oxàlic ($H_2C_2O_4$). En aquest procés, el nombre de mols d'àcid oxàlic formats és el mateix que el de mols de nitrat de magnesi.

iii) L'àcid oxàlic format es fa reaccionar amb permanganat de potassi i àcid sulfúric, i dóna sulfat de manganès(II), sulfat de potassi, diòxid de carboni i aigua.

   a) Formuleu i igualeu les reaccions involucrades en *i)* i *iii)*.

b) Calculeu el percentatge de magnesi en l'aliatge sabent que es necessiten 38,04 mL de la dissolució de permanganat de potassi 0,1 M perquè reaccioni tot l'àcid oxàlic.

c) Calculeu el volum de dissolució d'àcid nítric utilitzat en *i)* si la seva concentració és del 35 % en pes i la seva densitat és 1,38 g · mL^{-1}.

[Solució]   *b)* 2,47 % ; *c)* 3,30 mL

■ Problema 2.60

La reacció següent es pot utilitzar per determinar la concentració de Fe^{2+} present en una dissolució:

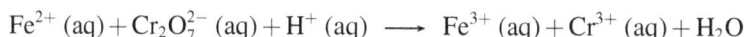

$$Fe^{2+} (aq) + Cr_2O_7^{2-} (aq) + H^+ (aq) \longrightarrow Fe^{3+} (aq) + Cr^{3+} (aq) + H_2O$$

a) Escriviu i igualeu les semireaccions d'oxidació i de reducció.

b) Escriviu la reacció global igualada i anomeneu totes les espècies que hi apareixen.

c) Se sospita que les aigües d'un riu estan contaminades per ions Fe^{2+} per un vessament accidental d'una indústria minera. Per determinar la seva concentració, es fa servir la reacció anterior: es pren una mostra de 35,00 mL d'aquestes aigües i es necessiten 28,72 mL d'una dissolució de 0,05 mol · L^{-1} de Cr$_2$O$_7^{2-}$ per valorar-la. Quina era la concentració d'ions Fe^{2+}, expressada en mol · L^{-1}, en les aigües del riu?

d) En aquesta reacció s'ha utilitzat un excés del 50 % d'un àcid monopròtic de concentració 0,3 mol · L^{-1}, respecte a la quantitat estequiomètrica. Quin volum d'aquest àcid s'ha emprat?

[Solució]   *c)* 0,245 mol · L^{-1} ; *d)* 0,100 L

■ Problema 2.61

La reacció següent s'utilitza per determinar la concentració de ions SO$_3^{2-}$ presents en les aigües residuals de les plantes productores de paper:

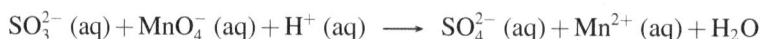

$$SO_3^{2-} (aq) + MnO_4^- (aq) + H^+ (aq) \longrightarrow SO_4^{2-} (aq) + Mn^{2+} (aq) + H_2O$$

a) Escriviu i igualeu les semireaccions d'oxidació i reducció.

b) Escriviu la reacció global igualada i anomeneu totes les espècies que hi intervenen.

c) Si una mostra de 25,00 mL d'unes aigües residuals, que tenen com a únic agent reductor l'ió sulfit, necessita 31,46 mL de dissolució de MnO$_4^-$ 0,022 mol · L^{-1} per valorar-la, determineu la concentració, expressada en mol · L^{-1}, de ions sulfit en l'aigua residual analitzada.

d) Per a la reacció, cal utilitzar un excés del 50 % d'un àcid monopròtic de concentració 0,1 mol · L^{-1}, respecte a la quantitat estequiomètrica. Quin volum d'aquest àcid serà necessari?

[Solució]   *c)* 0,069 mol · L^{-1} ; *d)* 0,032 L

■ Problema 2.62

Una mostra de 3,152 g d'un mineral d'estany es fa reaccionar amb una dissolució de HCl. Un cop separades les impureses, s'obtenen 50 mL de dissolució de clorur d'estany(II). 20 mL d'aquesta dissolució reaccionen amb 23,1 mL de dicromat de potassi 0,11 mol · L^{-1} en medi àcid, segons la reacció:

$$\text{estany(II)} + \text{dicromat} + \text{protons} \longrightarrow \text{estany(IV)} + \text{crom(III)} + \text{aigua}$$

a) Formuleu i igualeu la reacció pel mètode de l'ió-electró. Deixeu-la en forma iònica.

b) Calculeu el percentatge d'estany del mineral.

Dades: $M(\text{Sn}) = 118,7 \text{ g} \cdot \text{mol}^{-1}$

[Solució] $71,8\,\%$ Sn

Problema 2.63

Per determinar el grau de puresa d'un mineral de sulfur de cadmi, es fa reaccionar una mostra de 422,65 g d'aquest mineral amb àcid nítric (del 68 % en pes i densitat $1,40 \text{ g} \cdot \text{mL}^{-1}$) fins que tot el cadmi del sulfur es converteix en nitrat (les impureses no reaccionen amb l'àcid nítric).

La reacció que té lloc és:

$$\text{CdS} + \text{HNO}_3 \longrightarrow \text{Cd(NO}_3) + \text{S} + \text{NO} + \text{H}_2\text{O}$$

a) Igualeu la reacció indicant la semireacció d'oxidació i la de reducció.

b) Calculeu els grams de CdS del mineral sabent que s'han obtingut 29,5 L de NO a 1 atm i 22 °C. Quin és percentatge d'impureses?

c) Quants mL d'àcid nítric hi havia en excés si se n'han utilitzat 400 mL?

Dades: masses molars: $\text{Cd} = 112,4$; $\text{S} = 32,1$; $\text{N} = 14,0$; $\text{O} = 16,0$; $\text{H} = 1,0 \text{ g} \cdot \text{mol}^{-1}$; $R = 0,0821$ atm $\cdot$ $\text{L}^{-1} \cdot \text{mol}^{-1}$

[Solució] *b)* 264,43 g CdS ; 37,42 % ; *c)* 77,1 mL

Problema 2.64

Els òxids de nitrogen són uns gasos que afavoreixen la destrucció de la capa d'ozó atmosfèrica i intervenen en moltes altres reaccions.

En un tanc d'1 L que conté diòxid de nitrogen a 20 °C i 9,6 atm s'introdueixen 100 mL d'aigua a 20 °C. La reacció que té lloc és:

$$\text{NO}_2\,(\text{g}) + \text{H}_2\text{O}\,(\text{l}) \longrightarrow \text{HNO}_3\,(\text{aq}) + \text{NO}\,(\text{g})$$

a) Igualeu la reacció pel mètode de l'ió-electró.

b) Quants mL d'aigua s'han gastat en la reacció?

c) Calculeu la concentració molar de la dissolució d'àcid nítric formada.

Dades: masses molars: $\text{N} = 14$; $\text{O} = 16 \text{ g} \cdot \text{mol}^{-1}$; $R = 0,082$ atm $\cdot$ L $\cdot$ $\text{K}^{-1} \cdot \text{mol}^{-1}$

[Solució] *b)* 2,34 mL ; *c)* 2,73 mol $\cdot$ L^{-1}

Problema 2.65

Una mostra de 3,152 g d'un mineral d'estany es fa reaccionar amb una dissolució de HCl. Un cop separades les impureses, s'obtenen 50 mL de dissolució de clorur d'estany(II). 20 mL d'aquesta dissolució reaccionen amb 23,1 mL de dicromat de potassi 0,11 mol $\cdot$ L^{-1} en medi àcid, segons la reacció:

$$\text{estany(II)} + \text{dicromat} + \text{protons} \longrightarrow \text{estany (IV)} + \text{crom (III)} + \text{aigua}$$

a) Formuleu i igualeu la reacció pel mètode de l'ió-electró (deixeu-la en forma iònica).

b) Calculeu el percentatge d'estany del mineral (massa atòmica estany $= 118,7$ g $\cdot$ mol^{-1})

[Solució]   71,78 %

Problema 2.66

Es crema una mostra líquida d'un combustible format per octà i nonà i s'obtenen 297,23 g de CO_2 i 136,42 g de H_2O.

a) Calculeu el percentatge en volum d'octà, i també els mL de la mostra de combustible.

b) Els productes de la combustió es recullen en un tanc de 10 L a 200 °C. Quina serà la pressió total i quines les pressions parcials?

c) El tanc es refreda fins a 27 °C. Quines seran les noves pressions, total i parcials?

d) En les condicions de l'apartat c), quants grams d'aigua hauran liquat?

Dades: densitat octà $= 0,7025$ g $\cdot$ ml^{-1}; nonà $= 0,7176$ g $\cdot$ ml^{-1}; massa molar: $CO_2 = 44,00$; $H_2O = 18,0$; octà $= 114,23$; nonà $= 128,26$ g $\cdot$ mol^{-1}; pressió vapor aigua a 27 °C $= 26,70$ mm Hg

[Solució]   a) 78,0 % ; 136,52 mL

b) $P_T = 55,6$ atm ; $P_{CO_2} = 26,2$ atm ; $P_{H_2O} = 29,4$ atm

c) $P_{H_2O} = 0,035$ atm ; $P_{CO_2} = 16,62$ atm ; $P_T = 16,66$ atm

d) 136,17 g

3 Estructura atòmica

Introducció

Resultat dels estudis experimentals sobre la conductivitat dels gasos a pressions molt baixes i sotmesos a voltatges molt elevats en tubs de descàrrega, es van descobrir dues de les partícules constituents de l'àtom: els *electrons* i els *protons*, els primers carregats negativament i els segons amb la mateixa càrrega que els electrons, però positiva. Els posteriors descobriments del neutró i els isòtops van portar a l'aclariment de moltes dades referents a les masses atòmiques relatives obtingudes empíricament.

Els experiments de Rutherford bombardejant amb partícules α làmines d'or molt primes, van dur a la teoria nuclear de l'àtom: la càrrega positiva (protons) i la massa de l'àtom estarien concentrades bàsicament en un nucli de dimensions molt petites respecte a les de l'àtom, i la càrrega negativa (electrons) es trobaria a una distància molt gran del nucli. D'aquesta manera, l'àtom estaria pràcticament buit.

3.1 Teoria quàntica

Per tal d'explicar la distribució de l'energia emesa per un cos negre a una temperatura determinada, havent fracassat els intents de fer-ho a partir dels esquemes de la física clàssica, Max Planck va suposar que els àtoms de les parets del cos negre podien absorbir o emetre energia (E) en una quantitat proporcional a la freqüència de la seva radiació (υ)

$$E = h \cdot \upsilon \tag{3.1}$$

en què h és la *constant universal de Planck*, de valor $h = 6{,}6261 \cdot 10^{-34} \text{ J} \cdot \text{s}$.

Així, doncs, l'energia total absorbida o emesa en cada instant per un àtom només podrà ser un múltiple enter del *quantum* elemental $h \cdot \upsilon$. És a dir:

$$E = n \cdot h \cdot \upsilon \quad (n = \text{nombre enter}) \tag{3.2}$$

És conseqüència d'aquesta suposició el fet que l'energia absorbida o emesa per un sistema ho és de forma discontínua, contràriament al que preveia la teoria clàssica de l'electromagnetisme.

Exemples

Exemple 1

Calculeu la longitud d'ona d'un fotó de llum verda que té una energia de $40 \cdot 10^{-20}$ J.

$$E = h \cdot \upsilon = h \cdot \frac{c}{\lambda} \quad \Rightarrow \quad \lambda = \frac{h \cdot c}{E}$$

en què c és la velocitat de la llum en el buit, $c = 2{,}9979 \cdot 10^8$ m $\cdot$ s^{-1}:

$$\lambda = \frac{6{,}6261 \cdot 10^{-34} \text{ J} \cdot \text{s} \cdot 2{,}9979 \cdot 10^8 \text{ m} \cdot \text{s}^{-1}}{40 \cdot 10^{-20} \text{ J}} = 0{,}49 \cdot 10^{-6} \text{ m}$$

Exemple 2

L'energia necessària per arrencar un electró d'un àtom de cesi és de 3,9 eV. Si aquesta energia és subministrada per un fotó, determineu la freqüència i la longitud d'ona de la radiació corresponent.

$$\upsilon = \frac{E}{h} = \frac{3{,}9 \text{ eV} \dfrac{1{,}602 \cdot 10^{-19} \text{ J}}{\text{eV}}}{6{,}6261 \cdot 10^{-34} \text{ J} \cdot \text{s}} = 9{,}4 \cdot 10^{14} \text{ s}^{-1}$$

$$\lambda = \frac{c}{\upsilon} = \frac{2{,}9979 \cdot 10^8 \text{ m} \cdot \text{s}^{-1}}{9{,}4 \cdot 10^{14} \text{ s}^{-1}} = 3{,}2 \cdot 10^{-7} \text{ m}$$

3.2 Efecte fotoelèctric

L'efecte fotoelèctric és el fenomen pel qual alguns metalls emeten electrons (fotoelectrons) quan es fa incidir llum a la seva superfície.

Es va observar que l'energia cinètica màxima dels electrons emesos pel metall era proporcional a la freqüència de la radiació incident i era independent de la seva intensitat. D'altra banda, per sota d'una freqüència anomenada *llindar* υ_0, no hi havia emissió d'electrons.

Einstein en va trobar una explicació satisfactòria aplicant les hipòtesis de Planck sobre quantificació de l'energia i de la mateixa llum. Va admetre que la llum tenia una naturalesa corpuscular, considerant-la un corrent de corpuscles anomenats *fotons*, cadascun amb una energia $E = h \cdot \upsilon$. Així mateix, va suposar que l'energia de cada fotó era captada per un electró d'un dels àtoms del metall. Una part d'aquesta energia $E_0 = h \cdot \upsilon_0$, anomenada *energia llindar*, s'utilitzava exclusivament per arrencar l'electró del metall; l'altra part era la que comunicava l'energia cinètica observada. Com que s'ha de complir el principi de conservació de l'energia:

$$E_i = E_0 + E_c$$

en què: E_i = energia del fotó incident E_0 = energia llindar

E_c = energia cinètica de l'electró emès pel metall

Per tant:

$$h \cdot \upsilon = h \cdot \upsilon_0 + \frac{1}{2} \cdot m \cdot v^2$$

o bé:

$$\frac{1}{2} \cdot m \cdot v^2 = h \cdot \upsilon - h \cdot \upsilon_0 \tag{3.3}$$

en què: m = massa de l'electró; v = velocitat de l'electró;

   υ = freqüència de la radiació incident; υ_0 = freqüència llindar;

   h = constant de Planck

Exemples

Exemple 3

La longitud d'ona llindar de la plata és de 262 nm. Trobeu:

a) L'energia llindar de la plata.

b) El potencial de frenada en el cas que la radiació incident tingui una longitud d'ona de 175 nm.

[Solució]

a) $\lambda_0 = 262 \text{ nm} \dfrac{10^{-9} \text{ m}}{1 \text{ nm}} = 2{,}62 \cdot 10^{-7} \text{m}$

   Apliquem la fórmula (3.1)

$$E_0 = h \cdot \upsilon_0 = h \cdot \frac{c}{\lambda_0} = 6{,}6261 \cdot 10^{-34} \text{ J} \cdot \text{s} \cdot \frac{2{,}9979 \cdot 10^8 \text{ m} \cdot \text{s}^{-1}}{2{,}62 \cdot 10^{-7} \text{ m}} = 7{,}58 \cdot 10^{-19} \text{ J}$$

b) El potencial de frenada V és el d'un camp elèctric que aplicat a l'electró emès és capaç de d'aturar-lo. Apliquem la fórmula (3.3):

$$e \cdot V = \frac{1}{2} \cdot m \cdot v^2 = h \cdot \left(\frac{c}{\lambda} - \frac{c}{\lambda_0} \right)$$

$$\lambda = 175 \text{ nm} \cdot \frac{10^{-9} \text{ m}}{1 \text{ nm}} = 1{,}75 \cdot 10^{-7} \text{ m}$$

$$1{,}602 \cdot 10^{-19} \text{ C} \cdot V = 6{,}6261 \cdot 10^{-34} \text{ J} \cdot \text{s} \cdot \left(\frac{2{,}9979 \cdot 10^8 \text{ m} \cdot \text{s}^{-1}}{1{,}75 \cdot 10^{-7} \text{ m}} - \frac{2{,}9979 \cdot 10^8 \text{ m} \cdot \text{s}^{-1}}{2{,}62 \cdot 10^{-7} \text{ m}} \right)$$

aïllem V i obtenim: $V = 1{,}68 \text{ volts}$

Exemple 4

L'energia llindar del coure és de 45 eV. Determineu si es produirà efecte fotoelèctric o no quan fem incidir sobre una superfície de coure una radiació de 440 nm de longitud d'ona.

[Solució]

$$45 \text{ eV} \cdot \frac{1{,}602 \cdot 10^{-19} \text{ J}}{1 \text{ eV}} = 7{,}21 \cdot 10^{-18} \text{ J}$$

$$\lambda = 440 \text{ nm} = 4{,}4 \cdot 10^{-7} \text{ m}$$

$$E = h \cdot \upsilon = h \cdot \frac{c}{\lambda} = 6{,}6261 \cdot 10^{-34} \text{ J} \cdot \text{s} \cdot \frac{2{,}9979 \cdot 10^8 \text{ m} \cdot \text{s}^{-1}}{4{,}4 \cdot 10^{-7} \text{ m}} = 4{,}5 \cdot 10^{-19} \text{ J}$$

Comparant les energies observem que: $4{,}5 \cdot 10^{-19} \text{ J} < 7{,}21 \cdot 10^{-18} \text{ J}$

Per tant, no es produirà efecte fotoelèctric.

Exemple 5

L'energia mínima necessària perquè un metall experimenti efecte fotoelèctric és de $6{,}4 \cdot 10^{-19}$ J. Calculeu:

a) La freqüència llindar.

b) L'energia cinètica d'un electró arrencat de la superfície del metall per una radiació de $5{,}0 \cdot 10^{15}$ s^{-1} de freqüència.

[Solució]

a) $6{,}4 \cdot 10^{-34}$ J = Energia llindar $= E_0 = h \cdot \upsilon_0$

$$\upsilon_0 = \frac{E_0}{h} = \frac{6{,}4 \cdot 10^{-19} \text{ J}}{6{,}6261 \cdot 10^{-34} \text{ J} \cdot \text{s}} = 9{,}7 \cdot 10^{14} \text{ s}^{-1}$$

b) $\frac{1}{2} \cdot m_e \cdot v^2 = E_c = h \cdot \upsilon - h \cdot \upsilon_0 = h \cdot \upsilon - E_0$

$$E_c = 6{,}6261 \cdot 10^{-34} \text{ J} \cdot \text{s} \cdot 5{,}0 \cdot 10^{15} \text{ s}^{-1} - 6{,}4 \cdot 10^{-19} \text{ J} = 2{,}7 \cdot 10^{-18} \text{ J}$$

Exemple 6

A, B i C són tres superfícies de metall sodi, les quals s'irradien: La A amb 0,1 mols de fotons, la B amb 1 mol de fotons i la C amb 10 mols de fotons.

[Solució]

Si tots els fotons tenen la mateixa longitud d'ona $\lambda = 6{,}0 \cdot 10^{-7}$ m, dedueix quines superfícies emetran electrons.

Dada: Energia llindar del sodi $= 3{,}32 \cdot 10^{-19}$ J.

Energia per a cada fotó:

$$E = h \cdot \upsilon = h \cdot \frac{c}{\lambda} = 6{,}6261 \cdot 10^{-34} \text{ J} \cdot \text{s} \cdot \frac{2{,}9979 \cdot 10^8 \text{ m} \cdot \text{s}^{-1}}{6{,}0 \cdot 10^{-7} \text{ m}} = 3{,}3 \cdot 10^{-19} \text{ J}$$

Observem que l'energia del fotó és inferior a l'energia llindar. Aleshores, cap de les superfícies emetrà electrons.

El nombre de fotons incidents només afecta el nombre d'electrons emesos (en el cas que se n'emetin).

3.3 Espectres atòmics

Si s'escalfa un gas a baixa pressió, únicament emet radiació d'unes certes freqüències, que es manifesten com una sèrie de línies que constitueixen l'*espectre d'emissió discontinu* d'aquest gas. Aquest espectre és diferent per a cada gas i obtenir-lo és un bon mètode per identificar un gas.

En canvi, si fem passar un feix de llum blanca pel gas, s'obté un *espectre continu* sobre el qual apareixen ratlles negres que corresponen a les freqüències de les radiacions absorbides. Aquest és l'*espectre d'absorció*, que coincideix amb l'espectre d'emissió, ja que un gas només és capaç d'absorbir radiacions de la mateixa freqüència que les que emet.

Aquestes ratlles poden ser agrupades en *sèries espectrals*. Les freqüències (i, per tant, les longituds d'ona) corresponents a una mateixa sèrie estan relacionades per fórmules senzilles, obtingudes empíricament. En el cas de l'hidrogen:

$$\overline{\upsilon} = \frac{1}{\lambda} = \frac{\upsilon}{c} = R_H \cdot \left(\frac{1}{n_1^2} - \frac{1}{n_2^2} \right) \qquad (3.4)$$

en què: $\overline{\upsilon}$ = nombre d'ones;

λ = longitud d'ona;

υ = freqüència;

c = velocitat de la llum en el buit;

R_H = constant de Rydberg per a l'àtom d'hidrogen = $1,097 \cdot 10^7$ m^{-1};

n_1 i n_2 són nombres enters : $n_1 = 1, 2, 3, \ldots \quad n_2 = 2, 3, 4, 5, \ldots$

Noms de les sèries: Lyman $\begin{cases} n_1 = 1 \\ n_2 = 2,3,4,\ldots \end{cases}$ Balmer $\begin{cases} n_1 = 2 \\ n_2 = 3,4,5,\ldots \end{cases}$ Paschen $\begin{cases} n_1 = 3 \\ n_2 = 4,5,6,\ldots \end{cases}$

Brackett $\begin{cases} n_1 = 4 \\ n_2 = 5,6,7,\ldots \end{cases}$ Pfund $\begin{cases} n_1 = 5 \\ n_2 = 6,7,8,\ldots \end{cases}$

Exemples

Exemple 7

Calculeu la freqüència, l'energia i la longitud d'ona de la primera ratlla de la sèrie de Balmer de l'espectre de l'àtom d'hidrogen.

[Solució]

Freqüència (υ):

Apliquem la fórmula (3.4):

$$\overline{\upsilon} = R_H \cdot \left(\frac{1}{n_1^2} - \frac{1}{n_2^2} \right) = 1,0973 \cdot 10^7 \text{ m}^{-1} \left(\frac{1}{2^2} - \frac{1}{3^2} \right) = 0,15241 \cdot 10^7 \text{ m}^{-1}$$

$$\upsilon = \frac{c}{\lambda} = \overline{\upsilon} \cdot c = 0,15241 \cdot 10^7 \text{ m}^{-1} \cdot 2,9979 \cdot 10^8 \text{ m} \cdot \text{s}^{-1} = 0,45690 \cdot 10^{15} \text{ s}^{-1}$$

Energia (E):

$$E = h \cdot \upsilon = 6,6261 \cdot 10^{-34} \text{ J} \cdot \text{s} \cdot 0,45890 \cdot 10^{15} \text{ s}^{-1} = 3,0274 \cdot 10^{-19} \text{ J}$$

Longitud d'ona (λ):

$$\overline{\upsilon} = \frac{1}{\lambda} = 0,15241 \cdot 10^7$$

$$\lambda = \frac{1}{0,15241 \cdot 10^7} = 6,5612 \cdot 10^{-7} \text{ m}$$

3.4 Model atòmic de Bohr

Niels Bohr, a partir de l'acceptació de la teoria quàntica, va formular unes hipòtesis que li van permetre donar una explicació plausible de l'espectre de l'àtom d'hidrogen. Aquestes hipòtesis (*postulats de Bohr*) són les següents:

1) L'electró es mou en òrbites circulars al voltant del nucli sense emetre energia radiant.

2) Només són permeses les òrbites en les quals el moment angular de l'electró és múltiple enter de $h/2\pi$.

$$m \cdot v \cdot r = n \cdot \frac{h}{2 \cdot \pi} \tag{3.5}$$

en què: $m =$ massa de l'electró; $v =$ velocitat de l'electró; $r =$ radi de l'òrbita;

$n =$ nombre enter; $h =$ constant de Planck

3) Si l'electró passa d'una òrbita d'energia E_2 a una altra d'energia E_1 (suposant que $E_2 > E_1$), emet una radiació de freqüència:

$$\upsilon = \frac{E_2 - E_1}{h} = \frac{\Delta E}{h} \tag{3.6}$$

en què: $\upsilon =$ freqüència de la radiació; $h =$ constant de Planck

A partir d'aquests postulats es poden deduir fàcilment els valors dels radis r_n de les diferents òrbites possibles de l'electró i les energies E_n d'aquest electró en cada òrbita. Resulten:

$$r_n = 5,29 \cdot 10^{-11} \cdot n^2 \quad (r \text{ en metres}; \; n = 1, 2, 3, 4 \dots) \tag{3.7}$$

$$E_n = -2,179 \cdot 10^{-18} \cdot \frac{1}{n^2} \quad \left(E_n \text{ en J} \cdot \text{àtom}^{-1}\right) \tag{3.8}$$

$$E_n = -13,6 \cdot \frac{1}{n^2} \quad \left(E \text{ en eV} \cdot \text{àtom}^{-1}\right) \tag{3.9}$$

I l'energia emesa (o absorbida) en passar l'electró d'una òrbita a una altra és:

$$|\Delta E| = 2,179 \cdot 10^{-18} \left(\frac{1}{n_1^2} - \frac{1}{n_2^2}\right); \quad \left(|\Delta E| \text{ en J} \cdot \text{àtom}^{-1}\right) \tag{3.10}$$

Exemples

Exemple 8

a) Trobeu l'energia de la transició que correspon a la línia de la sèrie de Lyman que té la longitud d'ona més alta.

b) Calculeu el valor d'aquesta longitud d'ona.

[Solució]

a) L'energia de l'electró en l'estat fonamental de l'àtom d'hidrogen es calcula aplicant la fórmula (3.8) per a $n = 1$:

$$E_1 = -2,179 \cdot 10^{-18} \left(\frac{1}{1^2}\right) = -2,179 \cdot 10^{-18} \text{ J} \cdot \text{àtom}^{-1}$$

A partir de la reacció entre l'energia de la transició ΔE i la longitud d'ona correponent:

$$\Delta E = h \cdot v = h \cdot \frac{c}{\lambda} \quad \Rightarrow \quad \lambda = \frac{h \cdot c}{\Delta E}$$

Podem veure que la λ serà la més alta quan ΔE sigui la més baixa. ΔE és la més baixa en la transició de $n = 2$ a $n = 1$.

$$E_2 = -2{,}179 \cdot 10^{-15} \frac{1}{2^2} = -0{,}5447 \cdot 10^{-18} \text{ J}$$

$$\Delta E = E_2 - E_1 = -0{,}5447 \cdot 10^{-18} \text{ J} - (-2{,}179 \cdot 10^{-18} \text{ J}) = 1{,}634 \cdot 10^{-18} \text{ J}$$

b)
$$\lambda = \frac{h \cdot c}{\Delta E} = \frac{6{,}6261 \cdot 10^{-34} \text{ J} \cdot \text{s} \cdot 2{,}9979 \cdot 10^8 \text{ m} \cdot \text{s}^{-1}}{1{,}634 \cdot 10^{-18} \text{ J}} = 12{,}15 \cdot 10^{-8} \text{ m}$$

Exemple 9

L'electró de l'àtom d'hidrogen té, en una òrbita determinada, una energia de $0{,}544$ eV.

a) Calculeu el nombre quàntic principal correponent a aquesta òrbita.

b) Si aquest electró torna a un nivell inferior, s'emet una radiació electromagnètica que té una energia de $13{,}064$ eV. Deduïu a quina sèrie pertany la ratlla de l'espectre correponent a aquesta transició.

Dades: Potencial d'ionització de l'hidrogen: $13{,}595$ eV; 1 eV $= 1{,}602 \cdot 10^{-19}$ J.

[Solució]

a) $13{,}595$ eV $\cdot \dfrac{1{,}602 \cdot 10^{-19} \text{ J}}{1 \text{ eV}} = 21{,}78 \cdot 10^{-19} \text{ J}$

$0{,}544$ eV $\cdot \dfrac{1{,}602 \cdot 10^{-19} \text{ J}}{1 \text{ eV}} = 0{,}871 \cdot 10^{-19} \text{ J}$

$0{,}871 \cdot 10^{-19} \text{ J} = 21{,}78 \cdot 10^{-19} \text{ J} \cdot \dfrac{1}{n^2} \quad \Rightarrow \quad n = 5$

b) $13{,}064$ eV $\cdot \dfrac{1{,}602 \cdot 10^{-19} \text{ J}}{1 \text{ eV}} = 21{,}77 \cdot 10^{-19} \cdot \left(\dfrac{1}{n_1^2} - \dfrac{1}{5^2} \right)$

Aïllem n_1 i resulta: $n_1 = 1$.

Es tracta de la quarta ratlla de la sèrie de Lyman.

3.5 Nombres quàntics

Nombre quàntic principal (n)

Amb la intervenció d'aquests postulats s'obté que el radi i l'energia total de l'electró en cada òrbita depenen del valor del nombre enter n. És per aquest motiu que aquest nombre n s'anomena *nombre quàntic principal* i pot tenir els valors

$$n = 1, 2, 3, 4, 5, \ldots$$

El model atòmic de Bohr va ser ampliat amb èxit a àtoms hidrogenoides (que tenen un sol electró), com per exemple els ions He^+ o Li^{+2}, però no va resultar adient per explicar els espectres d'elements amb àtoms polielectrònics, i això feia preveure més quantitzacions i, en conseqüència, més nombres quàntics.

Nombre quàntic secundari (o azimutal) (l)

Els anys posteriors al de la formulació de la teoria de Bohr, es va ampliar aquesta teoria considerant que l'electró podia descriure òrbites el·líptiques i que la seva massa variava amb la seva velocitat, d'acord amb la teoria de la relativitat. Tenint en compte aquests dos factors, els nivells d'energia donats per n es desdoblen en *subnivells* definits pel *nombre quàntic secundari l*, els valors possibles del qual poden ser:

$$l = 0, 1, 2, \ldots (n-1)$$

Nombre quàntic magnètic (m)

Si sotmetem un àtom a la influència d'un camp magnètic, el nombre de ratlles de l'espectre augmenta. Aquest fenomen rep el nom d'efecte Zeeman. Es pot explicar suposant que el pla de l'òrbita de l'electró només pot tenir certes orientacions respecte a la direcció del camp magnètic. Aquestes orientacions venen definides pel *nombre quàntic magnètic m*, que pot prendre els valors:

$$m = -l, -(l-1), \ldots -2, -1, 0, 1, 2, \ldots (l-1), l$$

És a dir, $(2l + 1)$ orientacions possibles del pla de l'òrbita.

Nombre quàntic de spin (s)

Utilitzant espectroscopis d'alta resolució s'observà que les ratlles de l'espectre dels metalls alcalins eren dobles. Aquesta duplicitat es va explicar suposant que l'electró, a més del gir al voltant del nucli, també gira sobre si mateix, i crea un camp magnètic que interacciona amb el creat pel moviment orbital, al qual incrementa o redueix. Això origina dos nivells d'energia molt pròxims i dóna lloc a la duplicitat de ratlles. Aquests dos girs queden definits pel *nombre quàntic de spin* (s), els valors del qual poden ser:

$$s = {}^1\!/_2, \quad -{}^1\!/_2$$

Exemple 10

Quines de les sèries següents de quatre nombres quàntics són aplicables a electrons desaparellats del crom en el seu estat fonamental?

	n	l	m	s
a)	4	0	0	$\frac{1}{2}$
b)	3	1	0	$-\frac{1}{2}$
c)	4	1	1	$-\frac{1}{2}$
d)	3	2	-1	$-\frac{1}{2}$

Dada: nombre atòmic del Cr: 24

La configuració electrònica del Cr és:

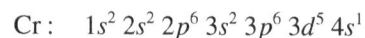

$$Cr: \quad 1s^2 \, 2s^2 \, 2p^6 \, 3s^2 \, 3p^6 \, 3d^5 \, 4s^1$$

[Solució]

- La sèrie *a* és aplicable a un electró desaparellat situat en $4s^1$.
- La sèrie *b* correspondria a un electró situat en un subnivell p del nivell $n = 3$, en el qual no hi ha electrons desaparellats.
- La sèrie *c* no seria aplicable a cap electró del crom, perquè no hi ha subnivell p en el nivell $n = 4$.
- L'electró de la sèrie *d* pertanyeria a un subnivell $3d$ on, per la regla de Hund, tots són desaparellats.

Mecànica ondulatòria

El fracàs en l'explicació dels espectres dels àtoms polielectrònics va portar a la formulació de la mecànica ondulatòria, una teoria molt més general per comprendre l'estructura de l'àtom. Aquesta teoria es basa en dues hipòtesis fonamentals: la hipòtesi de De Broglie i el principi d'incertesa de Heisenberg.

3.6 Dualitat ona-partícula. Hipòtesi de De Broglie

De Broglie va ampliar a tota la matèria la suposició, avalada per l'efecte fotoelèctric, que la llum tenia comportament dual ona/corpuscle. En aquest sentit, va postular que tota partícula en moviment tenia una ona associada (ona de matèria), la longitud d'ona de la qual venia donada per l'expressió:

$$\lambda = \frac{h}{m \cdot v} \tag{3.11}$$

en què: h = constant de Planck; m = massa partícula; v = velocitat partícula

Aquesta ona únicament adquireix importància a l'hora d'explicar el comportament de la partícula quan les longituds d'ona es poden detectar experimentalment. En les partícules atòmiques és essencial. En canvi, és irrellevant en els objectes del nostre entorn, en la vida quotidiana.

Exemples

Exemple 11

Calculeu la longitud d'ona associada a una partícula de massa 10^{-6} g que es mou amb una velocitat de 10^{-6} m/s.

[Solució]

Segons l'expressió de De Broglie:

$$\lambda = \frac{h}{m \cdot v} = \frac{6,6261 \cdot 10^{-34} \text{ J} \cdot \text{s}}{10^{-9} \text{ kg} \cdot 10^{-6} \text{ m} \cdot \text{s}^{-1}} = 6,6261 \cdot 10^{-19} \text{ m}$$

Exemple 12

Calculeu la longitud d'ona associada als electrons accelerats per una diferència de potencial de $4,0 \cdot 10^4$ V.

[Solució]

Tenint en compte el principi de conservació de l'energia, el treball realitzat pel camp elèctric serà igual a l'energia cinètica adquirida:

$$\frac{1}{2} \cdot m \cdot v^2 = e \cdot V \quad \Rightarrow \quad v = \sqrt{\frac{2 \cdot e \cdot V}{m}}$$

i la longitud d'ona serà:

$$\lambda = \frac{h}{m \cdot v} = \frac{h}{\sqrt{2 \cdot e \cdot V \cdot m}} =$$

$$= \frac{6,6261 \cdot 10^{-34} \text{ J} \cdot \text{s}}{\sqrt{2 \cdot 1,602 \cdot 10^{-19} \text{ C} \cdot 4,0 \cdot 10^4 \text{ V} \cdot 9,109 \cdot 10^{-31} \text{ kg}}} = 6,1 \cdot 10^{-12} \text{ m}$$

3.7 Principi d'incertesa de Heisenberg

Aquest principi formula que no es pot conèixer alhora i d'una manera absolutament precisa la posició i la quantitat de moviment $(p = m \cdot v)$ d'una partícula. Aquesta incertesa és expressada per la relació:

$$\Delta x \cdot \Delta p \cong h \quad (h = \text{constant de Planck}) \tag{3.12}$$

en què Δx és la incertesa en la coordenada x de la posició de la partícula i Δp és la incertesa en la quantitat de moviment. Relacions idèntiques es poden aplicar a les coordenades y i z.

Exemples

Exemple 13

Suposant una incertesa de $\pm 5,0\%$ en la mesura de la velocitat (i, conseqüentment, de la quantitat de moviment) d'un automòbil la massa del qual és d'$1,0 \cdot 10^6$ g, i que es mou a 30 m/s, i d'un electró la velocitat del qual és de $1,0 \cdot 10^6$ m/s, calculeu la incertesa en les seves posicions respectives.

[Solució]

Per a l'automòbil:

Es calcula Δp (incertesa en la mesura de la quantitat de moviment).

$$30 \text{ m/s}^{-1} \cdot (\pm 0,050) = \pm 1,5 \text{ m} \cdot \text{s}^{-1}$$

$$\Delta v = 1,5 \text{ m} \cdot \text{s}^{-1} - (-1,5 \text{ m} \cdot \text{s}^{-1}) = 3,0 \text{ m} \cdot \text{s}^{-1}$$

$$\Delta p = 1,0 \cdot 10^3 \text{ kg} \cdot 3,0 \text{ m} \cdot \text{s}^{-1} = 3,0 \cdot 10^3 \text{ kg} \cdot \text{m} \cdot \text{s}^{-1}$$

$$\Delta x = \frac{h}{\Delta p} = \frac{6,6261 \cdot 10^{-34} \text{ J} \cdot \text{s}}{3,0 \cdot 10^3 \text{ kg} \cdot \text{m} \cdot \text{s}^{-1}} = 2,2 \cdot 10^{-37} \text{ m}$$

Per a l'electró:

$$1,0 \cdot 10^6 \text{ m} \cdot \text{s}^{-1} \cdot (\pm 0,050) = \pm 5,0 \cdot 10^4 \text{ m} \cdot \text{s}^{-1}$$

$$\Delta v = 5,0 \cdot 10^4 \text{ m} \cdot \text{s}^{-1} - (-5,0 \cdot 10^4 \text{ m} \cdot \text{s}^{-1}) = 1,0 \cdot 10^5 \text{ m} \cdot \text{s}^{-1}$$

$$\Delta x = \frac{h}{\Delta p} = \frac{6,6261 \cdot 10^{-34} \text{ J} \cdot \text{s}}{9,109 \cdot 10^{-31} \text{ kg} \cdot 1,0 \cdot 10^5 \text{ m} \cdot \text{s}^{-1}} = 7,2 \cdot 10^{-9} \text{ m}$$

3.8 Equació d'ona de Schrödinger

La mecànica ondulatòria no solament confirma les prediccions de Bohr sobre els nivells estables d'energia en l'àtom d'hidrogen, sinó que, utilitzant tècniques matemàtiques més potents, s'aplica a la descripció i la comprensió dels àtoms polielectrònics. Tenint en compte la naturalesa dual (ona-corpuscle) de l'electró, confirmada experimentalment per la difracció electrònica, es pot suposar que els moviments dels electrons en l'àtom poden ser descrits per una equació d'ones (equació d'ones de Schrödinger):

$$\nabla^2 \Psi + \frac{8 \cdot \pi^2 \cdot m_e}{h^2} \cdot (E - V) \cdot \Psi = 0 \tag{3.13}$$

en què: Ψ = funció d'ona (psi); E = energia total de l'electró;

V = energia potencial de l'electró; h = constant de Planck;

m_e = massa de l'electró ∇^2 = operador laplaciana $= \dfrac{\partial^2}{\partial x^2} + \dfrac{\partial^2}{\partial y^2} + \dfrac{\partial^2}{\partial z^2}$

La resolució d'aquesta equació diferencial dóna les funcions d'ona $\Psi(x,y,z)$ (expressades en coordenades cartesianes) o $\Psi(r,\Theta,\Phi)$ (expressades en coordenades esfèriques).

Per a un electró que es pot moure en les tres dimensions de l'espai, la funció $\Psi(x,y,z)$ no té cap mena de significat físic. En canvi, $|\Psi(x,y,z)|^2$ representa la probabilitat (P) de trobar un electró en un element dv, centrat en el punt (x,y,z), dividida per aquest element dv (també es costum anomenar aquest quocient *densitat* de *probabilitat*):

$$|\Psi(x,y,z)|^2 = \frac{dP}{dv}$$

Per tant, la probabilitat que l'electró es trobi a l'interior d'un volum determinat V serà:

$$P = \int_v |\Psi(x,y,z)|^2 \cdot dv$$

Imposant unes condicions determinades (derivades de la lògica simple) sobre la naturalesa i la forma de Ψ, en el sentit que $|\Psi(x,y,z)|^2$ ha de ser *contínua*, *unívoca* i *finita*, s'obtenen les funcions d'ona *pròpies* i els valors *propis* de l'energia de l'electró en l'àtom.

També s'ha de complir que $\int_v |\Psi(x,y,z)|^2 \cdot dv = 1$.

Condició que equival a expressar que l'electró s'ha de trobar en algun lloc de l'espai en l'entorn del nucli.

Les funcions pròpies que compleixen aquesta condició s'anomenen *funcions normalitzades*.

Cal fer notar que en aquesta teoria els nombres quàntics i la quantització dels nivells energètics sorgeixen de la imposició de les condicions anteriors i no pas d'una manera arbitrària, com passava en la teoria de Bohr respecte a l'àtom d'hidrogen.

La funció d'ona $\Psi(x,y,z)$ que descriu el comportament de l'electró en un àtom rep el nom d'*orbital atòmic*.

3.9 Orbitals i nombres quàntics

En resoldre l'equació de Schrödinger per a l'electró situat en l'àtom d'hidrogen, s'observa que els valors permesos de l'energia depenen d'un nombre quàntic n de valors possibles $n = 1, 2, 3, \ldots$, i s'arriba a la mateixa expressió trobada en el model de Bohr (fórmula (3.8)). D'altra banda, veiem que els valors permesos del moment angular i l'orientació de l'orbital depenen, respectivament, de dos nombres quàntics: l i m. D'aquesta manera, un orbital queda definit per una combinació dels tres nombres quàntics: n, l, m. Podem dir que un orbital atòmic és una zona de l'espai on és altament probable de trobar-hi l'electró. Aquest concepte substitueix el d'òrbita, que representa una trajectòria fixa de l'electró. El quart nombre quàntic, s (o de spin) apareix en la mecànica ondulatòria pel fet de tenir en compte efectes relativistes i està relacionat amb el moviment de gir de l'electró sobre si mateix. Així, els quatre nombres quàntics defineixen un *estat quàntic*. Utilitzant la notació tradicional dels espectres, els valors del nombre quàntic secundari l es designen per lletres:

$$l = 0 \dots\dots\dots \text{orbital } s \text{ (sharp)}$$
$$l = 1 \dots\dots\dots \text{orbital } p \text{ (principal)}$$
$$l = 2 \dots\dots\dots \text{orbital } d \text{ (diffuse)}$$
$$l = 3 \dots\dots\dots \text{orbital } f \text{ (fundamental)}$$

És fonamental fer notar que en la mecànica ondulatòria s'han substituït les òrbites fixes i de trajectòries definides per orbitals que corresponen a una funció d'ona determinada, el quadrat del valor de la qual ens dóna únicament la probabilitat de trobar l'electró en una certa regió de l'espai, sense oferir-nos cap descripció de la seva trajectòria (d'acord amb el principi d'incertesa de Heisenberg).

3.10 Àtoms polielectrònics. Principi d'exclusió de Pauli i regla de Hund

L'aplicació de l'equació d'ona de Schrödinger a àtoms polielectrònics s'ha de fer tenint en compte l'energia de repulsió dels electrons entre ells. Això fa que l'equació sigui difícil de resoldre. A causa d'aquesta dificultat s'utilitzen mètodes d'aproximació prenent com a guia els resultats obtinguts per a l'àtom d'hidrogen. Caldrà, però, tenir present que a mesura que augmenta el nombre atòmic de l'àtom es fa més difícil treure'n un electró. I també, que la càrrega nuclear efectiva ja no vindrà donada pel nombre de protons, sinó que serà menor per l'efecte d'apantallament exercit pels electrons interns de l'àtom. Així, per obtenir la configuració electrònica de l'àtom en l'estat fonamental, i perquè les freqüències espectrals observades estiguessin d'acord amb la teoria, Pauli va postular el 1925 el seu *principi d'exclusió*, l'enunciat del qual és:

"En un mateix àtom, dos electrons no poden tenir els mateixos quatre nombres quàntics".

Estudiant amb més detall els espectres atòmics, Hund va deduir una regla empírica molt útil, la *regla de Hund* o de la màxima multiplicitat. Aquesta regla diu:

" En un conjunt d'orbitals de la mateixa energia, els electrons es distribueixen de manera que es mantinguin desaparellats, mentre sigui possible".

Aquesta regla té una justificació lògica. En efecte, dos electrons situats en orbitals *p* diferents es repel·leixen menys que si es trobessin en el mateix orbital. Això fa que, desaparellats, donin una configuració més estable. En particular, un conjunt d'orbitals d'idèntica energia semiplens constitueixen una configuració especialment estable.

Exemple

Exemple 14

Quina de les combinacions següents dels nombres quàntics representa una solució permesa de l'equació d'ona de Schrödinger per a l'àtom d'hidrogen?

[Solució]

	n	l	m	s
a)	3	0	1	$-\frac{1}{2}$
b)	2	2	0	$+\frac{1}{2}$
c)	4	3	-4	$-\frac{1}{2}$
d)	5	2	2	$+\frac{1}{2}$
e)	3	2	-2	$-\frac{3}{2}$

Segons els valors possibles dels nombres quàntics:

a) No, perquè m no pot valer 1.

b) No, perquè l no pot valer 2.

c) No, perquè m no pot valer -4.

d) Combinació correcta.

e) No, perquè ha de ser $s = \pm\dfrac{1}{2}$.

3.11 Configuració electrònica

Tenint en compte tant el principi d'exclusió de Pauli (que implica que un orbital atòmic només pot contenir un màxim de dos electrons) com la regla de Hund, es procedeix a obtenir la configuració electrònica de l'àtom polielectrònic d'un element ocupant els orbitals disponibles seguint un ordre de menys a més energia. Aquest és el *procés de construcció* (o Aufbau). Podem memoritzar aquest ordre amb el diagrama següent:

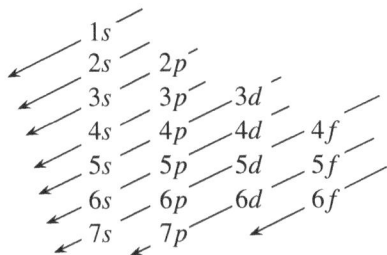

El fet que el comportament químic d'un element depèn en bona part del nombre i la situació dels electrons del nivell més extern (anomenats *electrons de valència*) dels seus àtoms, permet trobar una *llei periòdica* en moltes de les seves propietats químiques, reflectida en la situació d'aquest element en la taula periòdica.

Exemple

Exemple 15

Si l'últim electró afegit per completar la configuració electrònica dels elements A, B, C i D té els nombres quàntics següents:

A: 3 2 0 $-1/2$;   B: 4 0 0 $+1/2$;   C: 4 1 -1 $-1/2$,   i   D: 4 2 1 $-1/2$

es pot assegurar que:

1) B i D pertanyen al mateix grup de la taula periòdica
2) B, C i D pertanyen al mateix període de la taula periòdica
3) A, B i C pertanyen al mateix període de la taula periòdica
4) B i C pertanyen al mateix grup de la taula periòdica.

[Solució]

L'electró de l'element A pertany a l'orbital 3*d*.
L'electró de l'element B pertany a l'orbital 4*s*.
L'electró de l'element C pertany a l'orbital 4*p*.
L'electró de l'element D pertany a l'orbital 4*d*.

Atès que en el quart període de la taula periòdica es completen els subnivells 3*d*, 4*s* i 4*p*. Els elements A, B i C pertanyen al mateix període.

La resposta correcta és la (3).

3.12 Radi atòmic

Malgrat que el núvol electrònic situat al voltant del nucli faci difícil d'aplicar el concepte de volum d'un àtom, sovint resulta útil referir-se als radis atòmics mitjans, determinats mesurant experimentalment distàncies d'enllaç entre moltes molècules en les quals intervenen aquests àtoms.

En general, s'observa que *dins un grup* de la taula periòdica el radi *augmenta* amb el nombre atòmic, pel fet que es van afegint nous nivells electrònics. I *dins un període* el radi *disminueix* en augmentar el nombre atòmic, ja que la càrrega nuclear es fa més gran i els electrons es van incorporant al mateix nivell extern, la qual cosa fa augmentar l'atracció entre nucli i capes electròniques i, en conseqüència, produeix una contracció. En els metalls de transició i en els de transició interna aquesta contracció encara és més accentuada, a causa del fet que els electrons es van afegint als nivells interns de l'àtom.

3.13 Energia d'ionització (EI)

La reactivitat d'un element està relacionada en gran manera amb la facilitat o la dificultat de perdre, guanyar o compartir electrons.

Una mesura quantitativa de la tendència d'un àtom X a cedir un electró és el càlcul de l'*energia de la primera ionització* (EI_1) definida com l'energia que acompanya el procés:

$$X\,(g) + EI_1 \longrightarrow X^+\,(g) + e^-$$

L'energia d'ionització es mesura en $energia/mol$ d'àtoms. També es pot mesurar en $energia/àtom$ (en aquest cas, habitualment rep el nom *de potencial d'ionització*).

La tendència general (explicable per la variació de l'atracció entre nucli i electró en funció de la seva distància i per la neutralització parcial de la càrrega nuclear deguda als electrons de les capes internes de l'àtom) és la següent:

1) Dins d'un grup de la taula periòdica, la EI_1 disminueix en augmentar el nombre atòmic.

2) Dins d'un període de la taula periòdica, la EI_1 augmenta en augmentar el nombre atòmic.

3) Per a un àtom donat, l'energia de la segona ionització, EI_2 (energia que acompanya el procés $X^+\,(g) + EI_2 \longrightarrow X^{++}\,(g) + e^-$) és més gran que l'energia de la primera; l'energia de la tercera, més gran que l'energia de la segona, etc.

$$EI_1 \;<\; EI_2 \;<\; EI_3 \;<\; \cdots$$

3.14 Afinitat electrònica (AE)

Algunes de les característiques químiques dels elements es relacionen amb la seva poca o molta capacitat per a captar un electró i formar un ió amb una sola càrrega negativa. Aquesta capacitat es mesura segons el valor que pren l'energia que acompanya el procés:

$$X\,(g) + e^- \longrightarrow X^-\,(g) + AE$$

La AE es mesura en $energia/mol$ d'àtoms (o en $energia/àtom$).

Si la AE és positiva, aquest procés desprèn energia. En canvi, si necessita aportació d'energia, la AE és negativa.

En un període de la taula periòdica la *AE augmenta d'esquerra a dreta* (els halògens tenen les *AE* més altes), i en un *grup* la *AE disminueix* amb l'augment del nombre atòmic. Aquests fets es justifiquen per l'efecte d'apantallament produït pels electrons dels nivells interns i la distància al nucli de l'àtom de l'electró incorporat.

3.15 Electronegativitat. Coeficient de Pauling (K)

L'electronegativitat és una mesura quantitativa de la *tendència d'un àtom a atreure els electrons que formen part d'un enllaç*. Pauling va calcular valors de *coeficients d'electronegativitat* d'alguns elements (coeficients de Pauling, K) a partir de les *energies d'enllaç* en molècules en les quals intervenen àtoms d'aquests elements, i va confeccionar, d'aquesta manera, una escala d'electronegativitats utilitzada per a calcular el grau de polarització (o caràcter iònic parcial) d'un enllaç determinat, atès que aquest grau és proporcional a la diferència de coeficients d'electronegativitat dels àtoms que hi intervenen.

En general, *en cada grup*, l'electronegativitat *disminueix* en augmentar el nombre atòmic, i en *cada període augmenta* en augmentar el valor d'aquest nombre.

Exemple 16

Sabem que les configuracions electròniques següents corresponen a àtoms neutres (no ionitzats)

A:	$1s^2$	$2s^2$	$2p^3$
B:	$1s^2$	$1s^2$	$2p^5$
C:	$1s^2$	$1s^2$	$2p^6$
D:	$1s^2$	$1s^2$	$2p^6$ $3s^1$
E:	$1s^2$	$1s^2$	$2p^6$ $3s^2$

Quina de les afirmacions següents és la correcta?

a) L'element d'afinitat electrònica més alta és el B.

b) El segon potencial d'ionització de A és més alt que el segon de D.

c) L'afinitat electrònica de A és més baixa que la de C.

d) L'element amb més caràcter metàl·lic és el C.

a) Guanyant un electró completa nivell i subnivell ⇨ alta afinitat electrònica ⇨ **afirmació correcta.**

b) En tots dos casos arrencarien un electró situat en subnivell p. Però en el cas de D destruïm una configuració molt estable ⇨ **afirmació incorrecta.**

c) L'afinitat electrònica de C és molt petita, perquè hauríem d'aportar molta energia per tal que una configuració estable com $2s^2 2p^6$ guanyés un electró. La AE seria negativa. No passa el mateix en A ⇨ **afirmació incorrecta.**

d) La configuració electrònica de C és la d'un gas noble ⇨ **afirmació incorrecta.**

Problemes resolts

Problema 3.1

Trobeu la velocitat amb què sortiran els electrons emesos per una superfície metàl·lica sabent que la longitud d'ona corresponent a l'energia llindar és de 600,00 nm i que la superfície s'il·lumina amb una radiació electromagnètica monocromàtica de 400,00 nm de longitud d'ona.

[Solució]

Apliquem la fórmula (3.3)

$$\frac{1}{2} \cdot m_e \cdot v^2 = h \cdot v - h \cdot v_0 = h \cdot \left(\frac{c}{\lambda} - \frac{c}{\lambda_0} \right) = h \cdot c \cdot \left(\frac{1}{\lambda} - \frac{1}{\lambda_0} \right)$$

$$\frac{1}{2} \cdot 9{,}10 \cdot 10^{-31} \text{ kg} \cdot v^2 = 6{,}62 \cdot 10^{-34} \text{ J} \cdot \text{s} \cdot 2{,}99 \cdot 10^8 \text{ m} \cdot \text{s}^{-1} \cdot \left(\frac{1}{4{,}00 \cdot 10^{-7} \text{ m}} - \frac{1}{6{,}00 \cdot 10^{-7} \text{ m}} \right)$$

Aïllem la v i calculem: $v = 6{,}03 \cdot 10^5 \text{ m} \cdot \text{s}^{-1}$

Problema 3.2

Quan s'irradien els àtoms d'un element metàl·lic A amb una llum monocromàtica de $6,280 \cdot 10^{-8}$ m de longitud d'ona es produeix una emissió de fotoelectrons amb una velocitat igual a $1,210 \cdot 10^6$ m $\cdot$ s^{-1}. Calculeu l'energia llindar de l'element A.

[Solució]

Energia fotó incident : E_i

Energia cinètica dels electrons emesos : E_c

Energia llindar de l'element A : E_0

$$E_i = h \cdot \upsilon = h \cdot \frac{c}{\lambda} = 6,626 \cdot 10^{-34} \text{ J} \cdot \text{s} \cdot \frac{2,997 \cdot 10^8 \text{ m} \cdot \text{s}^{-1}}{6,280 \cdot 10^{-8} \text{ m}} = 3,162 \cdot 10^{-18} \text{ J}$$

$$E_0 = E_i - E_c = E_i - \frac{1}{2} \cdot m_e \cdot v^2 = 3,162 \cdot 10^{-18} \text{ J} - \frac{1}{2} \cdot 9,109 \cdot 10^{-31} \text{ kg} \cdot (1,210 \cdot 10^6)^2 \text{ m}^2 \cdot \text{s}^{-2}$$

$$E_0 = 2,495 \cdot 10^{-18} \text{ J}$$

Problema 3.3

El voltatge necessari per evitar l'emissió de fotoelectrons d'una placa de cesi (potencial de frenada) és d'1,22 V quan sobre la placa incideix una radiació monocromàtica de 400,00 nm de longitud d'ona. Calculeu:

a) La longitud d'ona llindar del cesi.

b) La longitud d'ona de la radiació que hauria d'incidir sobre la placa de cesi per produir electrons d'una energia cinètica que fos tres vegades la produïda per la radiació de longitud d'ona de 400,00 nm.

[Solució]

a) Per evitar l'emissió de fotoelectrons, el treball elèctric (W_e) ha de ser igual a l'energia cinètica dels fotoelectrons (E_c):

$$W_e = 1,22 \text{ V} \cdot 1,602 \cdot 10^{-19} \text{ C} = 1,95 \cdot 10^{-19} \text{ J} = E_c$$

$$h \cdot \upsilon = h \cdot \frac{c}{\lambda} = 6,62 \cdot 10^{-34} \text{ J} \cdot \text{s} \cdot \frac{2,99 \cdot 10^8 \text{ m} \cdot \text{s}^{-1}}{4,00 \cdot 10^{-7}} = 4,96 \cdot 10^{-19} \text{ J}$$

Atès que:
$$E_c = h \cdot \upsilon - h \cdot \upsilon_0 \ \Rightarrow \ h \cdot \upsilon_0 = h \cdot \upsilon - E_c$$

$$h \cdot \upsilon_0 = 4,96 \cdot 10^{-19} \text{ J} - 1,95 \cdot 10^{-19} \text{ J} = 3,01 \cdot 10^{-19} \text{ J}$$

$$h \cdot \upsilon_0 = h \cdot \frac{c}{\lambda_0} \ \Rightarrow \ \lambda_0 = \frac{h \cdot c}{h \cdot \upsilon_0} = \frac{6,62 \cdot 10^{-34} \text{ J} \cdot \text{s} \cdot 2,99 \cdot 10^8 \text{ m} \cdot \text{s}^{-1}}{3,01 \cdot 10^{-19} \text{ J}} = 6,59 \cdot 10^{-7} \text{ m}$$

b)
$$E'_c = 3 \cdot 1,95 \cdot 10^{-19} \text{ J} = 5,85 \cdot 10^{-19} \text{ J} = h \cdot \upsilon - h \cdot \upsilon_0$$

$$h \cdot \upsilon = E'_c + h \cdot \upsilon_0 = 5,85 \cdot 10^{-19} \text{ J} + 3,01 \cdot 10^{-19} \text{ J} = 8,86 \cdot 10^{-19} \text{ J}$$

$$h \cdot \upsilon = h \cdot \frac{c}{\lambda} \ \Rightarrow \ \lambda = \frac{h \cdot c}{h \cdot \upsilon} = \frac{6,62 \cdot 10^{-34} \text{ J} \cdot \text{s} \cdot 2,99 \cdot 10^8 \text{ m} \cdot \text{s}^{-1}}{8,86 \cdot 10^{-19} \text{ J}} = 2,23 \cdot 10^{-7} \text{ m}$$

Problema 3.4

En un experiment d'efecte fotoelèctric s'observa que, quan sobre una placa metàl·lica incideix una llum de $8,20 \cdot 10^{14}$ s^{-1} de freqüència, cal un potencial d'1,48 V per frenar els electrons emesos, mentre que per a una llum de $6,10 \cdot 10^{14}$ s^{-1} el potencial és de 0,620 V. A partir d'aquestes dades, calculeu:

a) La constant de Planck.

b) La longitud d'ona llindar del metall que emet els electrons.

c) La relació entre les longituds d'ona associades als electrons emesos en ambdós casos, en el cas que no es frenessin.

[Solució]

a)
$$\frac{1}{2} \cdot m_e \cdot v^2 = e \cdot V = h \cdot \upsilon - h \cdot \upsilon_0$$

$$\left. \begin{array}{l} 1,60 \cdot 10^{-19} \text{ C} \cdot 1,48 \text{ V} = h \cdot 8,20 \cdot 10^{14} \text{ m} \cdot \text{s}^{-1} - h \cdot \upsilon_0 \\ 1,60 \cdot 10^{-19} \text{ C} \cdot 0,620 \text{ V} = h \cdot 6,10 \cdot 10^{14} \text{ m} \cdot \text{s}^{-1} - h \cdot \upsilon_0 \end{array} \right\}$$

Restem membre a membre aquestes expressions i aïllem la h obtinguda:

$$h = 6,55 \cdot 10^{-34} \text{ J} \cdot \text{s}$$

b)
$$\frac{\frac{1}{2} \cdot m_e \cdot v^2}{h} = \frac{e \cdot V}{h} = \upsilon - \upsilon_0 \quad \Rightarrow \quad \frac{1,60 \cdot 10^{-19} \text{ C} \cdot 1,48 \text{ V}}{6,55 \cdot 10^{-34} \text{ J} \cdot \text{s}} = \upsilon - \upsilon_0$$

$$0,361 \cdot 10^{15} \text{ s}^{-1} = \upsilon - \upsilon_0 \quad \Rightarrow \quad \upsilon_0 = \upsilon - 0,361 \cdot 10^{15} \text{ s}^{-1}$$

$$\upsilon_0 = 8,20 \cdot 10^{14} \text{ s}^{-1} - 0,361 \cdot 10^{15} \text{ s}^{-1} = 4,59 \cdot 10^{14} \text{ s}^{-1}$$

$$\lambda_0 = \frac{c}{\upsilon_0} = \frac{2,99 \cdot 10^8 \text{ m} \cdot \text{s}^{-1}}{4,59 \cdot 10^{14} \text{ s}^{-1}} = 6,51 \cdot 10^{-7} \text{ m}$$

Problema 3.5

Considereu dues superfícies de potassi: A i B. Sobre A incideix 1 mol de fotons d'una radiació electromagnètica A' de 300 nm de longitud d'ona, i sobre B, 10 mol de fotons de radiació B' de freqüència $1,00 \cdot 10^{13}$ s^{-1}.

a) Determineu:

   1) L'energia d'1 mol de fotons A'.

   2) L'energia de 10 mol de fotons B'.

b) En quina o quines superfícies de potassi hi haurà emissió d'electrons?

c) Quina serà la velocitat dels electrons emesos?

Energia llindar del potassi: $3,588 \cdot 10^{-19}$ J

a) 1) Per a 1 fotó:

$$E = h \cdot \frac{c}{\lambda} = 6{,}62 \cdot 10^{-34} \text{ J} \cdot \text{s} \cdot \frac{2{,}99 \cdot 10^{8} \text{ m} \cdot \text{s}^{-1}}{300 \cdot 10^{-9} \text{ m}} = 6{,}59^{-19} \text{ J/fotó}$$

Per a 1 mols de fotons:

$$E = 1\text{mol} \cdot \frac{6{,}02 \cdot 10^{23} \text{ fotons}}{\text{mol de fotons}} \cdot 6{,}59 \cdot 10^{-19} \text{ J/fotó} = 3{,}96 \cdot 10^{5} \text{ J}$$

2) Per a 1 fotó:

$$E = h \cdot \upsilon = 6{,}62 \cdot 10^{-34} \text{ J} \cdot \text{s} \cdot 1{,}0 \cdot 10^{13} \text{ s}^{-1} = 6{,}62 \cdot 10^{-21} \text{ J/fotó}$$

Per a 10 mol de fotons:

$$E = 10 \text{ mol} \cdot \frac{6{,}02 \cdot 10^{23} \text{ fotons}}{\text{mol de fotons}} \cdot 6{,}62 \cdot 10^{-21} \text{ J/fotó} = 3{,}98 \cdot 10^{4} \text{ J}$$

b) En la superfície A:

$$h \cdot \upsilon - h \cdot \upsilon_0 = \frac{1}{2} \cdot m_e \cdot v^2$$

$$6{,}626 \cdot 10^{-21} \text{ J} - 3{,}588 \cdot 10^{-19} \text{ J} = \frac{1}{2} \cdot m_e \cdot v^2$$

Com que es compleix que $h \cdot \upsilon < h \cdot \upsilon_0$, no hi haurà emissió d'electrons.

En la superfície **B**:

Atès que $6{,}626 \cdot 10^{-19} > 3{,}588 \cdot 10^{-19}$, hi haurà emissió d'electrons.

c)
$$6{,}626 \cdot 10^{-19} \text{ J} - 3{,}588 \cdot 10^{-19} \text{ J} = \frac{1}{2} \cdot 9{,}109 \cdot 10^{-31} \text{ K} \cdot v^2$$

$$v = 8{,}167 \cdot 10^{5} \text{ m} \cdot \text{s}^{-1}$$

Problema 3.6

a) Calculeu el nombre quàntic principal de l'òrbita corresponent a la transició energètica de nombre d'ona $\overline{\upsilon} = 9\,749\,220{,}8 \text{ m}^{-1}$ en la sèrie espectral de Lyman de l'àtom d'hidrogen.

b) Determineu el valor de la màxima longitud d'ona de les radiacions corresponents a les transicions energètiques de la sèrie espectral de Paschen en el cas del mateix àtom.

Dada: Constant de Rydberg de l'hidrogen $= 1{,}097 \cdot 10^{7} \text{ m}^{-1}$ [Solució]

a) Apliquem la fórmula (3.4): $$\overline{\upsilon} = R_H \left(\frac{1}{n_1^2} - \frac{1}{n_2^2} \right)$$

$$9\,749\,220{,}8 \text{ m}^{-1} = 1{,}097 \cdot 10^{7} \text{ m}^{-1} \cdot \left(\frac{1}{1^2} - \frac{1}{n_2^2} \right)$$

ja que $n_1 = 1$, perquè es tracta de la sèrie de Lyman. Aïllem n_2 i calculem, i resulta: $n_2 = 3$.

b) En la sèrie de Paschen, $n_1 = 3$:

$$\bar{\upsilon} = \frac{1}{\lambda} = 1{,}097 \cdot 10^7 \text{ m}^{-1} \cdot \left(\frac{1}{3^2} - \frac{1}{4^2} \right) \quad \Rightarrow \quad \lambda = 1{,}875 \cdot 10^{-6} \text{ m}$$

Aquesta serà la λ més alta, perquè observem que com més creix n_2, més petita es fa la λ.

Problema 3.7

En l'espectre atòmic d'absorció de l'hidrogen, la ratlla corresponent a la transició entre l'estat fonamental i el nivell $n = 3$ té una freqüència de $2{,}926 \cdot 10^{15} \text{ s}^{-1}$.

a) Calculeu el valor de la constant de Rydberg.

b) Quin és el potencial d'ionització de l'hidrogen?

c) Si en un experiment fotoelèctric es volen obtenir electrons amb una velocitat de $2{,}000 \cdot 10^6 \text{ m} \cdot \text{s}^{-1}$, quina freqüència hauran de tenir els fotons per a aconseguir-ho?

[Solució]

a)
$$\bar{\upsilon} = \frac{\upsilon}{c} = \frac{2{,}926 \cdot 10^{15} \text{ s}^{-1}}{2{,}997 \cdot 10^8 \text{ m} \cdot \text{s}^{-1}} = 9{,}763 \cdot 10^6 \text{ m}^{-1}$$

Apliquem la fórmula (3.4):

$$\bar{\upsilon} = 9{,}7533 \cdot 10^6 \text{ m}^{-1} = R_H \cdot \left(1 - \frac{1}{3^2} \right) \quad \Rightarrow \quad R_H = 1{,}098 \cdot 10^7 \text{ m}^{-1}$$

b)
$$\bar{\upsilon} = R_H \cdot \left(\frac{1}{1^2} - 0 \right) \quad \Rightarrow \quad \bar{\upsilon} = 1{,}098 \cdot 10^7 \text{ m}^{-1}$$

$$E = h \cdot \upsilon = h \cdot \frac{c}{\lambda} = h \cdot c \cdot \bar{\upsilon} = 6{,}6261 \cdot 10^{-34} \text{ J} \cdot \text{s} \cdot 2{,}997 \cdot 10^8 \text{ m} \cdot \text{s}^{-1} \cdot 1{,}097 \cdot 10^7 \text{ m}^{-1} =$$

$$= 2{,}180 \cdot 10^{-18} \text{ J}$$

c) Segons la llei de l'efecte fotoelèctric:

energia del fotó = potencial d'ionització + energia cinètica

$$\text{Energia cinètica} = \frac{1}{2} \cdot m_e \cdot v^2 = \frac{1}{2} \cdot 9{,}109 \cdot 10^{-31} \text{ kg} \cdot \left(2{,}000 \cdot 10^6 \right)^2 \text{ m}^2 \cdot \text{s}^{-2} = 1{,}822 \cdot 10^{-18} \text{ J}$$

$$\text{Energia fotó} = (2{,}180 + 1{,}822) \cdot 10^{-18} \text{ J} = 4{,}002 \cdot 10^{-18} \text{ J}$$

$$\upsilon = \frac{E}{h} = \frac{4{,}002 \cdot 10^{-18} \text{ J}}{6{,}6261 \cdot 10^{-34} \text{ J} \cdot \text{s}} = 6{,}039 \cdot 10^{15} \text{ s}^{-1}$$

Problema 3.8

a) Calculeu la longitud d'ona de De Broglie associada a un àtom d'heli a $300{,}000$ K.

b) Amb quina precisió es pot mesurar la velocitat, tant de l'àtom d'heli, com d'un dels seus electrons situats en l'estat fonamental, si considerem que per a les dues espècies la precisió amb què es pot mesurar la seva posició és d'1 nm?

c) Compareu aquests resultats amb els valors de la velocitat calculada en les dues espècies.

Dades: Massa molecular **He**, constant R dels gasos, $e =$ càrrega electró $= 4{,}803 \cdot 10^{-10}$ ues.

[Solució]

a)
$$v_{\text{He}} = \sqrt{\frac{3 \cdot R \cdot T}{M}} = \sqrt{\frac{3 \cdot 8{,}31447 \text{ J/kg} \cdot \text{mol} \cdot 300{,}000 \text{ K}}{0{,}004026 \text{ J/kg} \cdot \text{mol}}} = 1.367{,}71 \text{ m} \cdot \text{s}^{-1}$$

Apliquem la fórmula (3.11):

$$\lambda = \frac{h}{m \cdot v} = \frac{6{,}625 \cdot 10^{-34} \text{ J} \cdot \text{s}}{\dfrac{0{,}004026 \text{ kg}}{6{,}023 \cdot 10^{23} \text{ àtom}} \cdot 1.367{,}71 \text{ m} \cdot \text{s}^{-1}} = 7{,}290 \cdot 10^{-11} \text{ m}$$

b) Apliquem el principi d'incertesa: $\quad \dfrac{h}{\Delta x} = \Delta p = m \cdot \Delta v$

En el cas de l'heli:

$$\Delta v = \frac{h}{m \cdot \Delta x} = \frac{6{,}625 \cdot 10^{-34} \text{ J} \cdot \text{s}}{\dfrac{4{,}0026 \cdot 10^{-3} \text{ kg}}{6{,}023 \cdot 10^{23} \text{ àtom}} \cdot 10^{-9} \text{ m}} = 99{,}7 \text{ m} \cdot \text{s}^{-1}$$

En el cas de l'electró en l'estat fonamental:

$$\Delta v = \frac{h}{m_e \cdot \Delta x} = \frac{6{,}625 \cdot 10^{-34} \text{ J} \cdot \text{s}}{9{,}109 \cdot 10^{-31} \text{ kg} \cdot 10^{-9} \text{ m}} = 7{,}300 \cdot 10^{5} \text{ m} \cdot \text{s}^{-1}$$

c) La força centrífuga ha de ser igual a la força d'atracció coulombiana entre nucli i electró.

$$\frac{m_e \cdot v^2}{r} = \frac{2 \cdot e \cdot e}{r^2} \quad \Rightarrow \quad r = \frac{2 \cdot e^2}{m_e \cdot v^2}$$

Apliquem un dels postulats de Bohr:

$$m_e \cdot v \cdot 2 \cdot \pi \cdot r = n \cdot h \quad \Rightarrow \quad r = \frac{n \cdot h}{2 \cdot \pi \cdot m_e \cdot v}$$

Igualem les dues expressions de r:

$$\frac{2 \cdot e^2}{m_e \cdot v^2} = \frac{n \cdot h}{2 \cdot \pi \cdot m_e \cdot v} \quad \Rightarrow \quad v = \frac{2 \cdot e^2 \cdot 2 \cdot \pi}{n \cdot h} = \frac{4 \cdot \pi \cdot e^2}{n \cdot h}$$

$$v = \frac{4 \cdot 3{,}1416 \cdot (4{,}880 \cdot 10^{-10} \text{ ues})^2}{1 \cdot 6{,}625 \cdot 10^{-34} \text{ J} \cdot \text{s} \cdot \dfrac{1 \text{ erg}}{10^{-7} \text{ J}}} = 45{,}17 \cdot 10^{7} \text{ cm} \cdot \text{s}^{-1}$$

$$v = 4{,}517 \cdot 10^{6} \text{ m} \cdot \text{s}^{-1}$$

Problema 3.9

Una radiació electromagnètica procedent de l'espectre atòmic d'emissió de l'hidrogen es fa incidir sobre una placa de liti, de la qual surt un corrent de fotoelectrons que són aturats aplicant una diferència de potencial de 4,80 V. Calculeu:

a) La velocitat dels electrons emesos pel liti.

b) La longitud d'ona associada a aquests fotoelectrons.

c) La incertesa en la mesura de la posició dels fotoelectrons si en la determinació experimental de la seva velocitat es produeix un error del 0,1 %.

d) El nivell quàntic del qual procedeix l'electró de l'hidrogen quan emet la radiació electromagnètica esmentada, que pertany a la sèrie de Lyman ($n_1 = 1$).

Dades: h, m_e, e; potencial d'ionització de l'hidrogen $= 2,179 \cdot 10^{-18}$ J/àtom; energia llindar del liti $= 8,59 \cdot 10^{-19}$ J/àtom.

[Solució]

a) Per aturar els electrons, el treball elèctric ha de ser igual a la seva energia cinètica.

$$\frac{1}{2} \cdot m \cdot v^2 = e \cdot V$$

$$\frac{1}{2} \cdot 9,109 \cdot 10^{-31} \text{ kg} \cdot v^2 = 1,602 \cdot 10^{-19} \text{ C} \cdot 4,80 \text{ V} \quad \Rightarrow \quad v = 1,29 \cdot 10^6 \text{ m} \cdot \text{s}^{-1}$$

b)

$$\lambda = \frac{h}{m \cdot v} = \frac{6,62 \cdot 10^{-34} \text{ J} \cdot \text{s}}{9,109 \cdot 10^{-31} \text{ kg} \cdot 1,29 \cdot 10^6 \text{ m} \cdot \text{s}^{-1}} = 5,63 \cdot 10^{-10} \text{ m}$$

c)

$$\Delta x \cdot \Delta p = h$$

$$\Delta p = m \cdot \Delta v = 9,109 \cdot 10^{-31} \text{ kg} \cdot 1,29 \cdot 10^6 \cdot \frac{0,1}{100} \text{ m} \cdot \text{s}^{-1}$$

$$\Delta x = \frac{h}{\Delta p} = \frac{6,62 \cdot 10^{-34} \text{ J} \cdot \text{s}}{9,109 \cdot 10^{-31} \text{ kg} \cdot 1,29 \cdot 10^6 \cdot \frac{0,1}{100} \text{ m} \cdot \text{s}^{-1}} = 5,63 \cdot 10^{-7} \text{ m}$$

d) Es calcula l'energia de la radiació incident:

$$h \cdot \upsilon = \frac{1}{2} \cdot m \cdot v^2 + E_0 = e \cdot V + E_0$$

$$h \cdot \upsilon = 1,602 \cdot 10^{-19} \text{ C} \cdot 4,80 \text{ V} + 8,59 \cdot 10^{-19} \text{ J} = 1,62 \cdot 10^{-18} \text{ J}$$

D'altra banda:

$$E = E_i \cdot \left(\frac{1}{1^2} - \frac{1}{n^2} \right) \quad E_i \text{ és l'energia d'ionització de l'hidrogen}$$

$$1,62 \cdot 10^{-18} \text{ J} = 2,179 \cdot 10^{-18} \cdot \left(1 - \frac{1}{n^2} \right)$$

Aïllem *n* i calculem $\quad \Rightarrow \quad n = 2$

Problema 3.10

a) Si es produeix una transició de l'electró situat en el nivell $n = 4$ fins al nivell $n = 3$, la radiació electromagnètica emesa es trobarà dins la regió del visible de l'espectre de l'hidrogen? Les longituds d'ona de la llum visible es troben entre 400 nm i 700 nm.

b) Quina serà la incertesa previsible en la coordenada x en el càlcul de la posició de l'electró de l'apartat a) situat en l'òrbita de $n = 5$ suposant que es comet un error del $\pm 5 \%$ en la determinació de la seva velocitat?

[Solució]

a)

$$\bar{v} = \frac{1}{\lambda} = 1{,}0973 \cdot 10^7 \text{ m}^{-1} \cdot \left(\frac{1}{3^2} - \frac{1}{4^2} \right)$$

$$\lambda = 1{,}8756 \cdot 10^{-6} \text{ m} \cdot \frac{1 \text{ nm}}{10^{-9} \text{ m}} = 1{,}875 \cdot 10^3 \text{ nm}$$

Com que aquesta λ no està compresa entre 400 nm i 700 nm, *no es trobarà en el visible*.

b)

$$\frac{m \cdot v^2}{r} = \frac{e^2}{r^2} \ \Rightarrow \ r = \frac{e^2}{m \cdot v^2}$$

$$m \cdot v \cdot 2 \cdot \pi \cdot r = n \cdot h \ \Rightarrow \ r = \frac{n \cdot h}{2 \cdot \pi \cdot m \cdot v} \Biggr\} \quad v = \frac{e^2 \cdot 2 \cdot \pi}{n \cdot h}$$

$$v_5 = \frac{2 \cdot \pi \cdot e^2}{5 \cdot h} = \frac{2 \cdot 3{,}141 \cdot (4{,}880 \cdot 10^{-10} \text{ ues})^2}{5 \cdot 6{,}626 \cdot 10^{-27}} \cdot \frac{\text{cm}}{\text{s}} = 4{,}515 \cdot 10^5 \text{ m} \cdot \text{s}^{-1}$$

$$\Delta v = 2 \cdot 4{,}515 \cdot 10^5 \text{ m} \cdot \text{s}^{-1} \cdot \frac{5}{100} = 0{,}4515 \cdot 10^5 \text{ m} \cdot \text{s}^{-1}$$

$$\Delta p = m_e \cdot \Delta v = 9{,}1 \cdot 10^{-31} \text{ kg} \cdot (0{,}4515 \cdot 10^5) \text{ m} \cdot \text{s}^{-1}$$

$$\Delta x = \frac{h}{\Delta p} = \frac{6{,}626 \cdot 10^{-34} \text{ J} \cdot \text{s}}{9{,}109 \cdot 10^{-31} \text{ kg} \cdot (0{,}4515 \cdot 10^5) \text{ m} \cdot \text{s}^{-1}} = 1{,}611 \cdot 10^{-8} \text{ m}$$

Problema 3.11

S'il·lumina una certa superfície metàl·lica amb llum de diverses longituds d'ona i es mesuren les diferències de potencial capaces de frenar el moviment dels fotoelectrons emesos. Així, per a una llum monocromàtica de longitud d'ona $3{,}66 \cdot 10^{-7}$ m es necessiten 1,48 V, i per a una de longitud d'ona de $4{,}92 \cdot 10^{-7}$ m es necessiten 0,620 V. Calculeu a partir d'aquestes dades:

a) La constant de Planck.

b) La freqüència llindar de la superfície metàl·lica.

c) Quina seria la relació entre les longituds d'ona dels fotoelectrons emesos si no apliquéssim aquestes diferències de potencial.

[Solució]

$$\lambda_1 = 3{,}66 \cdot 10^{-7} \text{ m} \longrightarrow 1{,}48 \text{ V}; \quad \lambda = 4{,}92 \cdot 10^{-7} \text{ m} \longrightarrow 0{,}62 \text{ V}$$

a)

$$\frac{1}{2} \cdot m_e \cdot v^2 = e \cdot V = h \cdot v - h \cdot v_0 = h \cdot \frac{c}{\lambda} - h \cdot \frac{c}{\lambda_0}$$

$$\begin{cases} 1{,}60 \cdot 10^{-19} \text{ C} \cdot 1{,}48 \text{ V} = h \cdot \dfrac{2{,}99 \cdot 10^8 \text{ m} \cdot \text{s}^{-1}}{3{,}66 \cdot 10^{-7} \text{ m}} - h \cdot \dfrac{c}{\lambda_0} \\[3ex] 1{,}60 \cdot 10^{-19} \text{ C} \cdot 0{,}62 \text{ V} = h \cdot \dfrac{2{,}99 \cdot 10^8 \text{ m} \cdot \text{s}^{-1}}{4{,}92 \cdot 10^{-7} \text{ m}} - h \cdot \dfrac{c}{\lambda_0} \end{cases}$$

Restem les dues expressions anteriors:

$$1{,}48 \text{ V} \cdot 1{,}60 \cdot 10^{-19} \text{ C} - 0{,}620 \text{ V} \cdot 1{,}60 \cdot 10^{-19} \text{ C} = h \cdot \left(\frac{2{,}99 \cdot 10^8 \text{ m} \cdot \text{s}^{-1}}{3{,}66 \cdot 10^{-7} \text{ m}} - \frac{2{,}99 \cdot 10^8 \text{ m} \cdot \text{s}^{-1}}{4{,}92 \cdot 10^{-7} \text{ m}} \right)$$

Aïllem la h i calculem: $\quad h = 6{,}55 \cdot 10^{-34} \text{ J} \cdot \text{s}$

b)

$$e \cdot V = h \cdot (v - v_0)$$

$$1{,}60 \cdot 10^{-19} \text{ C} \cdot 1{,}48 \text{ V} = 6{,}55 \cdot 10^{-34} \text{ J} \cdot \text{s} \cdot \left(\frac{2{,}99 \cdot 10^8 \text{ m} \cdot \text{s}^{-1}}{3{,}66 \cdot 10^{-7} \text{ m}} - v_0 \right)$$

Aïllem v_0 i calculem: $\quad v_0 = 4{,}58 \cdot 10^{14} \text{ s}^{-1}$

c) Tenint en compte la fórmula (3.11):

$$\frac{\lambda_1}{\lambda_2} = \frac{\dfrac{h}{m_e \cdot v_1}}{\dfrac{h}{m_e \cdot v_2}} = \frac{v_2}{v_1}$$

Sabent que:

$$\frac{1}{2} \cdot m_e \cdot v_1^2 = e \cdot V_1$$

$$\frac{1}{2} \cdot m_e \cdot v_2^2 = e \cdot V_2$$

resulta:

$$\frac{\lambda_1}{\lambda_2} = \frac{v_2}{v_1} = \frac{\sqrt{\dfrac{2 \cdot e \cdot V_2}{m_e}}}{\sqrt{\dfrac{2 \cdot e \cdot V_1}{m_e}}} = \sqrt{\frac{V_2}{V_1}} = \sqrt{\frac{0{,}620 \text{ V}}{1{,}48 \text{ V}}} = 0{,}647$$

Problema 3.12

L'energia corresponent a la tercera ratlla de la sèrie de Lyman ($n_1 = 1$) per a l'espectre d'emissió de l'àtom d'hidrogen és de $12{,}75$ eV.

a) Calculeu el valor de la constant de Planck.

b) Quina serà l'energia d'ionització de l'hidrogen?

c) Si s'utilitza radiació electromagnètica els fotons de la qual tenen una energia de 12,75 eV per irradiar una placa de cesi. Aquest metall té una longitud d'ona llindar de 6.600 Å, quina serà la longitud d'ona associada als electrons emesos per la placa de cesi?

[Solució]

a)
$$\overline{\upsilon} = \frac{1}{\lambda} = \frac{\upsilon}{c} = 1{,}097 \cdot 10^7 \text{ m}^{-1} \cdot \left(\frac{1}{1^2} - \frac{1}{4^2}\right) = 1{,}097 \cdot 10^7 \text{ m}^{-1} \cdot \left(\frac{15}{16}\right)$$

$$\upsilon = c \cdot \overline{\upsilon} = 2{,}998 \cdot 10^8 \text{ m} \cdot \text{s}^{-1} \cdot 1{,}097 \cdot 10^7 \text{ m}^{-1} \cdot \left(\frac{15}{16}\right)$$

$$E = h \cdot \upsilon = 12{,}75 \text{ eV} \cdot \frac{1{,}602 \cdot 10^{-19} \text{ J}}{1 \text{ eV}} = h \cdot 2{,}998 \cdot 10^8 \text{ m} \cdot \text{s}^{-1} \cdot 1{,}097 \cdot 10^7 \text{ m}^{-1} \cdot \left(\frac{15}{16}\right)$$

Aïllem h i calculem: $h = 6{,}624 \cdot 10^{-34} \text{ J} \cdot \text{s}$

b) L'energia d'ionització correspondrà a $n_2 = \infty$:

$$E_i = h \cdot \upsilon = h \cdot \overline{\upsilon} = 6{,}624 \cdot 10^{-34} \text{ J} \cdot \text{s} \cdot 2{,}998 \cdot 10^8 \text{ m} \cdot \text{s}^{-1} \cdot 1{,}097 \cdot 10^7 \text{ m}^{-1} \cdot \left(\frac{1}{1^2} - \frac{1}{\infty}\right)$$

Calculem E_i i resulta: $E_i = 21{,}78 \cdot 10^{-19} \text{ J}$

$$E_i = 21{,}78 \cdot 10^{-19} \text{ J} \cdot \frac{1 \text{ eV}}{1{,}602 \cdot 10^{-19} \text{ J}} = 13{,}59 \text{ eV}$$

c)
$$6.600 \text{ Å} \cdot \frac{10^{-10} \text{ m}}{1 \text{ Å}} = 6.600 \cdot 10^{10} \text{ m}$$

Apliquem la fórmula (3.3): $h \cdot \upsilon - h\upsilon_0 = \dfrac{1}{2} \cdot m_e \cdot v^2$ $h \cdot \upsilon = 12{,}75 \text{ eV}$

$$12{,}75 \text{ eV} \cdot \frac{1{,}602 \cdot 10^{-19} \text{ J}}{1 \text{ eV}} - 6{,}624 \cdot 10^{-34} \text{ J} \cdot \text{s} \cdot \frac{2{,}995 \cdot 10^8 \text{ m} \cdot \text{s}^{-1}}{6.600 \cdot 10^{-10} \text{ m}} = \frac{1}{2} \cdot 9{,}109 \cdot 10^{-31} \text{ kg} \cdot v^2$$

Aïllem v i fem operacions: $v = 1{,}955 \cdot 10^6 \text{ m} \cdot \text{s}^{-1}$

La longitud d'ona associada serà:
$$\lambda = \frac{h}{m_e \cdot v} = \frac{6{,}624 \cdot 10^{-34} \text{ J} \cdot \text{s}}{9{,}109 \cdot 10^{-31} \text{ kg} \cdot 1{,}955 \cdot 10^6 \text{ m} \cdot \text{s}^{-1}} = 3{,}719 \cdot 10^{-10} \text{ m}$$

Problema 3.13

L'electró de l'àtom d'hidrogen que es troba en una òrbita d'energia de 0,377 eV passa a una altra òrbita, de nombre quàntic principal n inferior, emetent una radiació electromagnètica de freqüència $\upsilon = 7{,}290 \cdot 10^{14} \text{ s}^{-1}$. Sabent que el potencial d'ionització de l'hidrogen val 13,59 eV, calculeu:

a) El nombre quàntic principal n corresponent a l'òrbita d'energia 0,377 eV.

b) La sèrie a la qual pertany la ratlla corresponent a la transició de freqüència $7{,}290 \cdot 10^{14} \text{ s}^{-1}$.

c) Si la radiació electromagnètica de freqüència $7{,}290 \cdot 10^{14}$ s^{-1} es fa incidir sobre una placa de potassi, s'observa que s'emeten electrons amb una longitud d'ona associada de $13{,}94 \cdot 10^{-10}$ m. Quina serà la freqüència llindar del potassi?

[Solució]

a)

$$13.59 \text{ eV} \cdot \frac{1{,}602 \cdot 10^{-19} \text{ J}}{1 \text{ eV}} = 2{,}180 \cdot 10^{-18} \text{ J}$$

$$0{,}377 \text{ eV} \cdot \frac{1{,}60 \cdot 10^{-19} \text{ J}}{1 \text{ eV}} = 0{,}604 \cdot 10^{-19} \text{ J}$$

Apliquem la fórmula (3.8):

$$E_n = -2{,}18 \cdot 10^{-18} \cdot \frac{1}{n^2}$$

i prenent el valor absolut de l'energia:

$$0{,}604 \cdot 10^{-19} \text{ J} = 2{,}18 \cdot 10^{-18} \text{ J} \cdot \frac{1}{n^2} \quad \Rightarrow \quad n = 6$$

b) Es calcula l'energia de la radiació electromagnètica de freqüència $7{,}290 \cdot 10^{14}$ s^{-1}:

$$h \cdot \upsilon = 6{,}626 \cdot 10^{-34} \text{ J} \cdot \text{s} \cdot 7{,}290 \cdot 10^{14} \text{ s}^{-1} = 48{,}30 \cdot 10^{-20} \text{ J}$$

Apliquem la fórmula (3.10):

$$|\Delta E| = 2{,}18 \cdot 10^{-18} \cdot \left(\frac{1}{n_1^2} - \frac{1}{6^2} \right)$$

$$48{,}30 \cdot 10^{-20} \text{ J} = 2{,}18 \cdot 10^{-18} \cdot \left(\frac{1}{n_1^2} - \frac{1}{6^2} \right)$$

Aïllem n_1 i calculem: $\quad n_1 = 2$, que correspon a la sèrie de Balmer.

c) L'energia que incideix sobre la placa de potassi és: $48{,}30 \cdot 10^{-20}$ J

La velocitat (v) dels electrons emesos per la placa de potassi es calcula aplicant la fórmula (3.13):

$$\lambda = \frac{h}{m_e \cdot v} = \frac{6{,}626 \cdot 10^{-34} \text{ J} \cdot \text{s}}{9{,}109 \cdot 10^{-31} \text{ kg} \cdot v} = 13{,}94 \cdot 10^{-10} \text{ m}$$

Aïllem v i calculem: $\quad v = 5{,}218 \cdot 10^5$ m $\cdot$ s^{-1}

Apliquem la fórmula (3.3): $\quad \frac{1}{2} \cdot m \cdot v^2 = h \cdot \upsilon - h \cdot \upsilon_0$

$$\frac{1}{2} \cdot 9{,}109 \cdot 10^{-31} \text{ kg} \cdot \left(5{,}218 \cdot 10^5 \right)^2 \text{ m}^2 \cdot \text{s}^{-2} = 48{,}30 \cdot 10^{-20} \text{ J} - 6{,}626 \cdot 10^{-34} \text{ J} \cdot \text{s} \cdot \upsilon_0$$

Aïllem υ_0 i calculem: $\quad \upsilon_0 = 5{,}418 \cdot 10^{14}$ s^{-1}

Problemes proposats

(Les dades a utilitzar consten al final del capítol)

☐ Problema 3.14

Fem incidir sobre una superfície metàl·lica una radiació electromagnètica monocromàtica de 3.000 Å. L'energia llindar del metall en qüestió és de $3,319 \cdot 10^{-19}$ J.

a) Quina és la longitud d'ona llindar d'aquest metall?

b) Hi haurà emissió d'electrons? Quina serà la seva velocitat?

c) Quina serà la longitud d'ona associada als electrons emesos?

Dades: h, m_e i c.

[Solució] a) 6.000 Å ; b) $8,5 \cdot 10^5$ m $\cdot$ s^{-1}
c) 8,5 Å

☐ Problema 3.15

Per produir l'efecte fotoelèctric a l'àtom de wolframi es necessita una longitud d'ona llindar de $2,60 \cdot 10^3$ Å. Calculeu:

a) L'energia d'un quàntum expressada en joules i en electronvolts.

b) La longitud d'ona necessària per produir fotoelectrons a partir de wolframi amb una energia cinètica doble de la que tindrien els produïts amb una longitud d'ona de $2,20 \cdot 10^3$ Å.

c) El voltatge que pot impedir l'emissió dels fotoelectrons originats amb la longitud d'ona de $2,20 \cdot 10^3$ Å.

Dades : h, c i e.

[Solució] a) $7,65 \cdot 10^{-19}$ J $= 4,78$ eV ; b) $1,91 \cdot 10^{-7}$ m
c) 0,868 V

☐ Problema 3.16

La constant de Rydberg per a l'hidrogen és $1,09737 \cdot 10^7$ m^{-1}. Calculeu:

a) El potencial d'ionització de l'hidrogen.

b) La velocitat dels electrons emesos quan sobre els àtoms d'hidrogen incideixen fotons amb una freqüència de $4,80 \cdot 10^{15}$ s^{-1}.

c) Si la llum incident hagués tingut una longitud d'ona de $9,497 \cdot 10^{-8}$ m, s'hauria produït alguna transició electrònica? En cas afirmatiu, entre quins nivells?

Dades : h, c i m_e.

[Solució] a) $E = 2,18 \cdot 10^{-18}$ J/àtom b) $v = 1,5 \cdot 10^6$ m $\cdot$ s^{-1}
c) Sí, entre $n_1 = 1$ i $n_2 = 5$

Problema 3.17

Calculeu: *a)* La freqüència; *b)* L'energia, i *c)* La longitud d'ona, de la primera ratlla de la sèrie de Balmer de l'espectre de l'hidrogen.

Dades: R_H, h

a) $\upsilon = 0{,}456 \cdot 10^{15} \text{ s}^{-1}$; *b)* $E = 3{,}025 \cdot 10^{-19} \text{ J}$
c) $\lambda = 6{,}564 \cdot 10^{-7} \text{ m}$

Problema 3.18

La longitud d'ona de la radiació corresponent a la ratlla groga de la sèrie espectral del sodi és $5{,}896 \cdot 10^{-7} \text{ m}$. 'A quina energia cinètica un electró tindria la mateixa longitud d'ona associada de De Broglie?

Dades: h, c, m_e

[Solució] $6{,}550 \cdot 10^{-25} \text{ J}$

Problema 3.19

El radi és un element radioactiu que emet partícules α (ions He^{+2}) amb una energia de 7,68 J. Calculeu la longitud d'ona associada a una partícula α.

Dades: h, massa partícula $\alpha = 6{,}6 \cdot 10^{-27} \text{ K}$

[Solució] $6{,}6 \cdot 10^{-15} \text{ m}$

Problema 3.20

Sabent que l'energia llindar del liti és $5{,}36 \text{ eV}/$àtom, calculeu:

a) L'energia necessària per produir 1,40 g d'ions liti (Li^{+1}) en estat gasós.
b) L'energia cinètica dels electrons emesos quan, per ionitzar un àtom de liti, utilitzem una radiació electromagnètica de longitud d'ona 200 nm.
c) La longitud d'ona associada a aquests electrons emesos.

Dades: N_A, h, c, m_e

[Solució] *a)* $1{,}03 \cdot 10^5 \text{ J}$; *b)* $1{,}28 \cdot 10^{-19} \text{ J}$
c) 1,37 nm

Problema 3.21

En un experiment fotoelèctric es fa incidir llum monocromàtica de 3.000 Å de longitud d'ona sobre una placa de sodi. El potencial necessari per frenar els electrons emesos és d'1,85 V. Quan la longitud d'ona de la radiació incident és de 4.000 Å, el potencial de frenada dels electrons és de 0,820 V.

a) Calculeu, a partir d'aquestes dades, el valor de la constant de Planck.
b) Calculeu l'energia llindar del sodi.

c) Calculeu la freqüència llindar del sodi.

Dades: c i *e*.

[Solució]   a) $h = 5,55 \cdot 10^{-34}$ J · s ;   b) $3,59 \cdot 10^{-19}$ J/àtom
c) $5,48 \cdot 10^{14}$ s^{-1}

Problema 3.22

En un experiment realitzat per estudiar l'efecte fotoelèctric, s'han mesurat les energies que tenen els electrons extrets d'un cert metall per radiacions incidents de freqüències diverses. Els resultats obtinguts són els següents:

Energia cinètica (10^{-19} J)	Freqüència (10^{15} s^{-1})
3,500	0,975
2,724	0,858
2,452	0,817
1,955	0,742
1,458	0,667
0,404	0,508

Calculeu:

a) El valor de la constant de Planck.
b) La freqüència llindar.
c) L'energia llindar.
d) L'energia dels electrons extrets del metall quan hi incideix una llum monocromàtica de 150 nm de longitud d'ona.

Dada: c.

[Solució]   b) $4,5 \cdot 10^{14}$ s^{-1} ;   c) $3 \cdot 10^{-19}$ J/àtom
d) $1,4 \cdot 10^{-18}$ J

Problema 3.23

L'energia corresponent a la segona ratlla de la sèrie de Balmer ($n_1 = 2$) per a l'espectre d'emissió de l'àtom d'hidrogen és de 2,550 eV.

a) Calculeu el valor de la constant de Rydberg.
b) Quina serà l'energia necessària per arrencar l'electró de l'àtom d'hidrogen del seu estat fonamental?
c) Si s'utilitza una radiació electromagnètica els fotons de la qual tenen una energia de 2,550 eV per irradiar una placa de potassi, els electrons emesos tenen una longitud d'ona associada de 22,75 Å. Calculeu el valor de la longitud d'ona llindar del potassi.

Dades: e, h, c i *m$_e$*.

[Solució]   b) $2,180 \cdot 10^{-18}$ J/àtom ;   c) 5.487 Å

Problema 3.24

Si sobre una placa de potassi incideix una radiació electromagnètica determinada, els electrons emesos tenen una velocitat de $8,00 \cdot 10^5$ m $\cdot$ s^{-1}. Si l'energia llindar del potassi val $2,24$ eV, calculeu:

a) La longitud d'ona que té la radiació electromagnètica que incideix sobre el potassi.

b) Si es fa incidir sobre una placa de cesi una radiació de la mateixa longitud d'ona que la utilitzada per al potassi, amb quina velocitat sortiran els electrons de la placa de cesi?

c) Quina és la relació entre les longituds d'ona de De Broglie associades al potassi i al cesi?

Dades: m_e, e, h, c i la funció treball del cesi és $1,81$ eV.

[Solució] a) $3,06 \cdot 10^{-7}$ m ; b) $8,90 \cdot 10^5$ m $\cdot$ s^{-1}
c) $\lambda_K / \lambda_{Cs} = 1,1$

Problema 3.25

Un feix de fotons, en incidir sobre una superfície de cesi, provoca l'emissió d'electrons; la longitud d'ona de De Broglie associada a aquests electrons és de $0,800$ nm. Si l'energia llindar del cesi és de 175 kJ/mol, calculeu:

a) L'energia cinètica dels electrons emesos pel cesi.

b) La freqüència dels fotons que originen l'emissió d'electrons.

c) Quin efecte produiria un augment de l'amplitud dels fotons en l'emissió d'electrons?

Dades: h, c i m_e.

[Solució] a) $3,76 \cdot 10^{-19}$ J ; b) $1,00 \cdot 10^{15}$ s^{-1}

Problema 3.26

Fem incidir sobre una superfície metàl·lica una radiació electromagnètica monocromàtica. Si l'energia llindar del metall en qüestió és de $3,310 \cdot 10^{-19}$ J/àtom, i la longitud d'ona associada als electrons emesos és de $8,500$ Å, calculeu:

a) La velocitat dels electrons emesos.

b) La longitud d'ona llindar corresponent a aquest metall.

c) La longitud d'ona necessària perquè es produeixi l'emissió d'electrons amb la velocitat calculada en l'apartat a).

Dades: h, m_e i c.

[Solució] a) $8,550 \cdot 10^5$ m $\cdot$ s^{-1} ; b) 6.000 Å ; c) 3.000 Å

Problema 3.27

Si fem incidir sobre un metall radiacions electromagnètiques de 950 Å i 400 Å de longituds d'ona, en ambdós casos s'alliberen electrons. Es pot comprovar que el corrent electrònic s'anul·la per a potencials oposats de $7,67$ V i $25,6$ V, respectivament. A partir d'aquestes dades, calculeu:

a) La constant de Planck.

b) El valor de l'energia llindar del metall.

c) La velocitat dels fotoelectrons emesos en irradiar el metall amb fotons de 950 Å de longitud d'ona.

d) La indeterminació en la coordenada x de la posició dels electrons emesos a l'apartat anterior, sabent que s'estima un possible error del $\pm 5\%$ en la determinació de la seva velocitat.

Dades: m_e, e i c.

[Solució]   a) $6,61 \cdot 10^{-34}$ J $\cdot$ s ; b) $8,60 \cdot 10^{-19}$ J/àtom
c) $1,60 \cdot 10^6$ m $\cdot$ s^{-1} ; d) $4,40 \cdot 10^{-9}$ m

■ Problema 3.28

Les energies llindar del liti i del potassi són, respectivament, 2,42 eV i 2,24 eV. Quan sobre una placa de liti incideixen fotons d'$1,50 \cdot 10^{15}$ s^{-1} de freqüència, es produeix una emissió d'electrons de $6,060 \cdot 10^{-19}$ J d'energia cinètica.

a) Calculeu la constant de Planck.

b) Si amb els mateixos fotons ($1,5 \cdot 10^{15}$ s^{-1}) es bombardeja una placa de potassi, amb quina velocitat sortiran els electrons?

c) Quina longitud d'ona de De Broglie té associada aquest electró?

d) Si en la mesura experimental d'aquesta velocitat es produeix un error del 0,1 % i en el mateix instant es vol localitzar l'electró, quin seria l'error en la determinació de la seva posició? Es pot considerar "important" aquest error? El radi de l'electró és de l'ordre de 10^{-21} m.

Dades: e i m_e.

[Solució]   b) $1,20 \cdot 10^6$ m $\cdot$ s^{-1} ; c) $6,20 \cdot 10^{-10}$ m
d) $\Delta x = 6,2 \cdot 10^{-7}$ m

■ Problema 3.29

En un experiment fotoelèctric es fa incidir sobre una superfície de cesi una radiació electromagnètica de 3.000 Å de longitud d'ona i sobre una superfície de wolframi, una radiació de longitud d'ona de 1.000 Å. Si es troba que la relació entre les longituds d'ona dels electrons emesos per les dues plaques és $\lambda_{Cs}/\lambda_W = 1,84$ i que el voltatge necessari per evitar l'emissió de fotoelectrons de la placa de cesi és de 2,25 V, calculeu:

a) La velocitat dels electrons emesos per les dues plaques.

b) Les longituds d'ona llindars del cesi i del wolframi.

c) La incertesa en la determinació de la coordenada x en el cas del cesi si l'error en la mesura de la velocitat és de $\pm 5\%$.

Dades: m_e, c, e i h.

[Solució]   a) $v_{Cs} = 8,90 \cdot 10^5$ m $\cdot$ s^{-1}, $v_W = 1,60 \cdot 10^6$ m $\cdot$ s^{-1}
b) 6.581 Å i 2.589,6 Å ; c) $\Delta x = 0,820$ Å

Dades:

Velocitat de la llum: $c = 2,9979 \cdot 10^8 \text{ m} \cdot \text{s}^{-1} \cong 3 \cdot 10^8 \text{ m} \cdot \text{s}^{-1}$

Constant de Planck: $h = 6,6261 \cdot 10^{-34} \text{ J} \cdot \text{s}$

Massa de l'electró: $m_e = 9,109 \cdot 10^{-31} \text{ kg}$

Càrrega de l'electró: $e = 1,602 \cdot 10^{-19} \text{ C} = 4,880 \cdot 10^{-10} \text{ ues}$

$1 \text{ Å} = 10^{-10} \text{ m}$

$1 \text{ nm} = 10^{-9} \text{ m}$

$1 \text{ eV} = 1,602 \cdot 10^{-19} \text{ J}$

Constant de Rydberg per a l'hidrogen $= 1,0973 \cdot 10^7 \text{ m}^{-1}$

Constant d'Avogadro$(N_A) = 6,0221 \cdot 10^{23} \text{ mol}^{-1}$

Constant R dels gasos $= 8,314 \text{ J} \cdot \text{K}^{-1}$

4 Gasos

4.1 Introducció

Què és un gas?

És un dels estats en què es pot trobar la matèria.

En un sòlid les partícules estan en contacte les unes amb les altres, atrapades en les seves posicions, en molts casos ordenades, i amb un moviment que només és vibratori. Un sòlid conserva la forma independentment de la del recipient que el conté.

En un líquid les partícules estan en contacte les unes amb les altres; tenen un moviment aleatori. L'estat líquid és un estat fluid limitat per una superfície ben definida. La matèria ocupa la part inferior del recipient que la conté.

En un gas les partícules estan desordenades i hi ha grans distàncies entre una partícula i una altra. Tenen un moviment ràpid i aleatori. L'estat gasós és un estat fluid en què la matèria ocupa tot el recipient que la conté.

Propietats d'un gas

Per descriure les propietats físiques macroscòpiques d'un gas calen quatre paràmetres:

La quantitat de gas: la quantitat de matèria en estat gasós. La unitat més comuna per expressar la quantitat d'un gas és el nombre de mol de gas.

Altres unitats: g, kg

El volum del gas: és el volum del recipient que el conté. Les unitats més comunes de volum són:

SI: m^3

La pressió del gas: és la força per unitat de superfície que fan les partícules del gas sobre les parets del recipient que el conté. Les unitats més comunes per expressar la pressió són:

SI: $1 \text{ Pa} = \dfrac{1 \text{ N}}{m^2}$; *Múltiples:* $1 \text{ kPa} = 10^3 \text{ Pa}$; $1 \text{ MPa} = 10^6 \text{ Pa}$

Altres unitats: $1 \text{ bar} = 10^5 \text{ Pa}$ $1 \text{ atm} = 101.325 \text{ Pa} = 1,01325 \text{ bar}$

$1 \text{ mmHg} = 1 \text{ Torr};$ $1 \text{ atm} = 760 \text{ Torr}$

La temperatura del gas

És una propietat d'un sistema, en aquest cas un gas, que determina la direcció del flux de calor quan aquest sistema es posa en contacte amb un altre que està a temperatura diferent. El flux de calor es produeix sempre des del sistema que té la temperatura més alta cap al sistema de temperatura més baixa i continua fins que els dos sistemes tenen la mateixa temperatura. Aleshores, el flux de calor s'atura i es diu que s'ha arribat a l'equilibri tèrmic.

La temperatura és una magnitud independent que no pot ser definida en termes de massa, longitud o temps.

Hi ha tres escales de temperatura amb les seves unitats corresponents:

Escala Celsius, °C: basada en les propietats de l'aigua pura. S'assigna el valor de $0\,°C$ al punt de fusió de l'aigua pura i el valor de $100\,°C$ al punt d'ebullició de l'aigua pura, mesurats a la pressió d'1 atm.

Escala Fahrenheit, °F: assigna el valor de $0\,°F$ al punt de fusió d'una dissolució d'aigua-gel-sal (amb la quantitat màxima de sal dissolta) i el valor de $98,6\,°F$ a la temperatura normal del cos humà. Actualment, s'agafen els valors de $32\,°F$ i de $212\,°F$ per als punts de fusió i ebullició respectius de l'aigua mesurats a la pressió d'1 atm.

Escala absoluta/Kelvin, K: Assigna el valor de 0 K a la temperatura més baixa possible, que és $-273,15\,°C$; en aquest llibre s'aproxima aquest valor a $-273\,°C$, i per tant $0\,°C = 273\text{ K}$. És la unitat del SI.

4.2 Gas ideal

Lleis empíriques dels gasos ideals

Una *llei empírica* és una llei enunciada després d'haver portat a terme una sèrie d'experiments repetitius que posen de manifest que hi ha una regularitat de comportament.

Llei de Boyle. Robert Boyle va estudiar la relació entre el *volum* i la *pressió* per a una quantitat constant de gas a una temperatura constant.

Aquesta llei estableix que hi ha una relació inversament proporcional entre el volum que ocupa una massa de gas i la pressió que exerceix aquest gas a temperatura constant.

$$\text{Per a } n \text{ mol de gas a } T \text{ constant:} \quad V \propto \frac{1}{P} \tag{4.1}$$

Llei de Charles. Estudia la relació entre el *volum* i la *temperatura* per a una quantitat constant de gas a una pressió constant.

Estableix que hi ha una relació directament proporcional entre el volum que ocupa una massa de gas i la temperatura absoluta del gas a pressió constant.

$$V = \frac{V_0}{273} \cdot T \quad \Rightarrow \quad V \propto T. \quad \text{Per a } n \text{ mol de gas a } P \text{ constant} \tag{4.2}$$

Llei d'Avogadro. Va establir la hipòtesi que volums iguals de gasos diferents, en les mateixes condicions de pressió i temperatura, contenen el mateix nombre de partícules.

$$V \propto n. \quad \text{Per a } P \text{ i } T \text{ constants} \tag{4.3}$$

Equació d'estat d'un gas ideal

A partir de les lleis enunciades anteriorment, en les equacions 4.1, 4.2 i 4.3:

Llei de Boyle	Llei de Charles	Llei d'Avogadro
$V \propto \dfrac{1}{P}$	$V \propto T$	$V \propto n$
T i n constants	P i n constants	P i T constants

$$V = f\left(\frac{n \cdot T}{P}\right) \quad \Rightarrow \quad V = \frac{R \cdot n \cdot T}{P}$$

S'obté l'equació d'estat d'un gas ideal:

$$P \cdot V = n \cdot R \cdot T \tag{4.4}$$

i si s'expressa per a 1 mol de gas:

$$P \cdot \overline{V} = R \cdot T \tag{4.5}$$

en què $\overline{V}$ és el volum ocupat per 1 mol de gas.

Segons Avogadro, el valor de $\overline{V}$, per a les mateixes condicions de P i T ha de ser el mateix per a gasos diferents. Es defineixen *les condicions estàndard* o *condicions normals*, de pressió i temperatura, **CN**, per a un gas ideal, com: $P = 1$ atm i $T = 273$ K. En aquestes condicions, per a qualsevol gas: $\overline{V} = 22,41$ L.

Es pot determinar el valor de R:

$$R = \frac{P \cdot V}{T} = \frac{1 \text{ atm} \cdot 22,41 \text{ L} \cdot \text{mol}^{-1}}{273 \text{ K}} = 0,08206 \text{ atm} \cdot \text{L} \cdot (\text{K} \cdot \text{mol})^{-1}$$

R és la *constant molar dels gasos*, que té els valors que es donen a continuació segons les unitats que es considerin:

$$0,08206 \text{ atm} \cdot \text{L} \cdot (\text{K} \cdot \text{mol})^{-1}; \quad 8,3145 \text{ J} \cdot (\text{K} \cdot \text{mol})^{-1} \quad \text{i} \quad 1,9872 \text{ cal} \cdot (\text{K} \cdot \text{mol})^{-1}$$

A partir de l'equació d'estat d'un gas ideal es pot arribar a una altre equació molt útil. Sigui un gas en *l'estat 1* (amb P_1, V_1, T_1 i n_1) que passa a *l'estat 2* (amb P_2, V_2, T_2 i n_2). Segons les condicions en les quals es trobi el gas en els dos estats l'equació d'estat del gas ideal es pot escriure així:

$$\frac{P_1 \cdot V_1}{n_1 \cdot T_1} = \frac{P_2 \cdot V_2}{n_2 \cdot T_2} \tag{4.6}$$

L'equació anterior és la llei general dels gasos ideals.

Densitat d'un gas i massa molar

L'equació general dels gasos ideals l'hem expressada com $P \cdot V = n \cdot R \cdot T$, o sigui en funció del nombre de mol de gas. Atès que hi ha una relació entre el nombre de mol i la massa de gas:

$$\text{nombre de mols de gas} = \frac{\text{massa de gas}}{\text{massa molar del gas}} \quad \Rightarrow \quad n = \frac{m}{M} \tag{4.7}$$

Substituint l'equació 4.7 en 4.4 s'obté l'equació:

$$P \cdot M = d \cdot R \cdot T \tag{4.8}$$

En què $d = \dfrac{m}{V}$ és la densitat del gas.

Exemple 1

Quina serà la pressió, en $mmHg$, que faran 14,6 mmol d'un gas si el seu volum és de 750 mL i la temperatura és de $23,0\,°C$?

[Solució]

Apliquem l'equació d'estat d'un gas ideal i per això reescriurem les variables que ens donen en les unitats adequades:

$R = 0,0821 \text{ atm} \cdot L \cdot (K \cdot mol)^{-1} \qquad n = 14,6 \text{ mmol} = 0,0146 \text{ mol}$

$V = 750 \text{ mL} = 0,750 \text{ L} \qquad\qquad T = (273 + 23,0)\,K = 296\,K$

$$P \cdot V = n \cdot R \cdot T; \quad P \cdot 0,750 \text{ L} = 0,0146 \text{ mol} \cdot 0,0821 \text{ atm} \cdot L \cdot (K \cdot mol)^{-1} \cdot 296\,K;$$

$$P = 0,473 \text{ atm}; \quad P = 0,473 \text{ atm} \cdot 760 \text{ mmHg} \cdot \text{atm}^{-1} = 360 \text{ mmHg}$$

Exemple 2

Una mostra d'un determinat gas ocupa un volum de 48,87 L a 0,500 atm de pressió i $25\,°C$. Quin volum ocuparia si es trobés en les condicions estàndard?

[Solució]

Estat inicial del gas: $\quad V_1 = 48,87 \text{ L}; \quad P_1 = 0,500 \text{ atm}; \quad n_1 = \text{mols de gas inicials} \quad T_1 = 298\,K$

Estat final del gas: $\quad V_2 = \text{incògnita}; \quad P_2 = 1 \text{ atm}; \qquad n_2 = n_1 \qquad\qquad\qquad T_2 = 273\,K$

Si s'aplica la llei general dels gasos ideals, tenint en compte que el nombre de mol de gas és constant:

$$\frac{V_1 \cdot P_1}{T_1} = \frac{V_2 \cdot P_2}{T_2}; \quad \frac{48,87 \text{ L} \cdot 0,500 \text{ atm}}{298\,K} = \frac{V_2 \cdot 1,00 \text{ atm}}{273\,K} \quad \Rightarrow \quad V_2 = 22,4 \text{ L}$$

Mescla de gasos. Llei de Dalton

La Llei de Dalton ens dóna la relació que hi ha entre la pressió d'una mescla de gasos i la pressió de cadascun dels gasos de la mescla, en les mateixes condicions de temperatura i volum, i estableix que: la pressió total, P_T, de la mescla és igual a la suma de les pressions individuals de cadascun dels gasos.

$$P_T = \sum P_i \tag{4.9}$$

en què P_i és la pressió de cada gas individualment i s'anomena *pressió parcial.*

Fixeu-vos que la pressió parcial de cada gas en la mescla és independent de la quantitat i de la naturalesa dels altres gasos.

A partir de l'aplicació de la llei de Dalton, es pot arribar a obtenir una altra expressió per a la pressió parcial d'un gas en una mescla.

Per a una mescla de gasos, per al *gas i* es compleix:

$$P_i = \chi_i \cdot P_T \tag{4.10}$$

on χ_i i P_i són la fracció molar i la pressió parcial, respectivament, del *gas i*.

Exemple 3

S'omple un globus de goma amb heli fins a un volum de $10,0$ L i una pressió d'$1,0$ atm. A continuació s'hi afegeix oxigen fins a tenir un volum de $30,0$ L a una pressió total d'$1,0$ atm. Si la temperatura és d'$12,2\,°C$, quina és la composició volumètrica d'heli dins del globus i quina és la pressió parcial de cada gas?

[Solució]

La composició volumètrica és el tant per cent en volum:

$$\% \, V_{He} = \frac{V_{He}}{V_{total}} \cdot 100 = \frac{10,0 \text{ L}}{30,0 \text{ L}} \cdot 100 = 33,3\,\%$$

La pressió parcial de cada gas es pot determinar a partir de la fracció molar de cada gas i la pressió total, tenint en compte que la fracció molar és el tant per u en nombre de mols i que multiplicada per 100 coincideix amb el tant per cent en volum.

Per a l'heli: $\chi_{He} = 3,3 \cdot 10^{-1}$ i $P_T = 1,0$ atm

$\qquad\qquad P_{He} = \chi_{He} \cdot P_T$

$\qquad\qquad P_{He} = 3,3 \cdot 10^{-1} \cdot 1,0 \text{ atm} = 3,3 \cdot 10^{-1} \text{ atm}$

Per a l'oxigen: si la pressió total en una mescla de gasos és la suma de les pressions parcials de cada gas, en el nostre exemple:

$$P_T = P_{He} + P_{O_2}; \quad 1,0 \text{ atm} = 3,3 \cdot 10^{-1} \text{ atm} + P_{O_2}; \quad P_{O_2} = 6,7 \cdot 10^{-1} \text{ atm}$$

Mesura de la pressió parcial d'un gas. Recollida d'un gas sobre aigua

En una reacció química en què es produeixin gasos, es poden recollir sobre aigua per mesurar-ne la quantitat a partir de la pressió exercida.

Suposem la reacció de descomposició del clorat de potassi en escalfar-lo:

$$2\,KClO_3 \text{ (s)} \longrightarrow 2\,KCl \text{ (s)} + 3\,O_2 \text{ (g)}$$

La quantitat d'oxigen obtingut es pot mesurar recollint-lo sobre aigua mitjançant el dispositiu de la figura. L'oxigen que es produeix en escalfar $KClO_3$ passa a través del tub i de l'aigua i finalment va a parar al flascó col·lector. Mesurant la pressió en el flascó col·lector podrem conèixer la pressió parcial de l'oxigen.

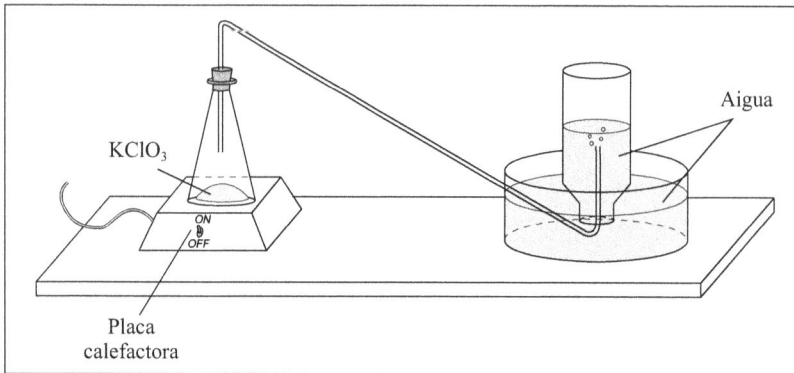

Figura de la recollida d'un gas sobre aigua

Quins gasos hi ha en el flascó col·lector? En el flascó hi ha oxigen, produït a la reacció, i vapor d'aigua, com a conseqüència de l'evaporació de l'aigua líquida.

La pressió en el flascó col·lector és:

$$P = P_{O_2} + P_{H_2O}^{\circ}$$

en què P_{O_2} és la pressió parcial de l'oxigen i $P_{H_2O}^{\circ}$ és la pressió de vapor de l'aigua líquida a la temperatura de mesura. (Per a mes informació, vegeu el capítol 5. Aquests valors estan tabulats.)

Relació entre l'energia cinètica d'un gas i la temperatura

Per a 1 mol de gas es compleix:

$$P \cdot V = \frac{2}{3} \cdot \overline{E_c} \tag{4.11}$$

en què $\overline{E_c}$ és l'energia cinètica mitjana de les partícules de gas.

Igualant l'expressió 4.4 i la 4.11 ens queda:

$$\overline{E_c} = \frac{3}{2} \cdot R \cdot T \tag{4.12}$$

Aquesta equació expressa la relació entre l'energia cinètica mitjana i la temperatura. Així, doncs, la temperatura d'un gas és una mesura de l'energia cinètica mitjana de les seves partícules.

Velocitat de les partícules d'un gas

Es defineix l'arrel de la velocitat quadràtica mitjana com:

$$v_{rqm} = \sqrt{\overline{v^2}} = \sqrt{\frac{3 \cdot R \cdot T}{M}} \tag{4.13}$$

en què $\overline{v^2}$ és la mitjana dels quadrats de les velocitats de cadascuna de les partícules de gas.

v_{rqm} representa la velocitat mitjana de les partícules d'un gas a una temperatura determinada.

Exemple 4

Determineu l'arrel de la velocitat quadràtica mitjana de les molècules de nitrogen a $0\,°C$.

[Solució]

Quan es parla de nitrogen ens estem referint al N_2, que té una massa molar de $28,0\ g \cdot mol^{-1}$.

$$v_{rqm} = \sqrt{\frac{3 \cdot R \cdot T}{M}} = \sqrt{\frac{3 \cdot 8,314\ J \cdot (K \cdot mol)^{-1} \cdot 273,0\ K}{28,00 \cdot 10^{-3}\ kg \cdot mol^{-1}}} = 493,1\ m \cdot s^{-1}$$

Fixeu-vos que s'ha d'expressar la massa molar del gas en $kg \cdot mol^{-1}$ per a obtenir la velocitat en $m \cdot s^{-1}$.

Aquest mètode té l'avantatge que permet determinar la velocitat de les partícules d'un gas a partir de paràmetres macroscòpics, sense haver de mesurar les velocitats reals de cadascuna de les partícules.

Difusió i efusió d'un gas. Llei de Graham

La difusió d'un gas és el pas d'aquest gas a través d'un altre. L'efusió d'un gas és el pas del gas a través d'un orifici.

Thomas Graham va comprovar que la velocitat de difusió i la velocitat d'efusió d'un gas són inversament proporcionals a l'arrel quadrada de la densitat del gas en unes condicions determinades de pressió i temperatura.

$$v_{difusió/efusió} = constant \cdot \frac{1}{\sqrt{d}} \qquad (4.14)$$

Si es disposa de dos gasos, el *gas* A amb una velocitat de difusió/efusió v_A, i el *gas* B amb una velocitat de difusió/efusió v_B, la relació entre les dues velocitats ve donada per l'expressió:

$$\frac{v_A}{v_B} = \frac{\sqrt{d_B}}{\sqrt{d_A}} \qquad (4.15)$$

Una altra forma d'expressar la llei de Graham és en funció de la massa molar del gas. En el cas de disposar dels mateixos gasos A i B, podem aplicar l'equació dels gasos ideals expressada en funció de la densitat, $d : P \cdot M = d \cdot R \cdot T$, en què M és la massa molar del gas. Substituint en l'equació 4.15, s'obté l'expressió:

$$\frac{v_A}{v_B} = \frac{\sqrt{M_B}}{\sqrt{M_A}} \qquad (4.16)$$

A partir de la llei de Graham és possible determinar la massa molar d'un gas desconegut.

Exemple 5

Un gas desconegut es difon al llarg d'un tub, amb una velocitat de $14,0\ mL/min$; en les mateixes condicions, el nitrogen gas es difon amb una velocitat de $29,9\ mL/min$. Sabem que la massa molar del nitrogen és $28,0\ g \cdot mol^{-1}$.

a) Quin serà el temps de difusió del gas respecte al del nitrogen?

La velocitat amb què es difon un gas es pot expressar com:

$$v = \frac{\text{volum difós}}{\text{temps}}$$

i per a aquests dos gasos:

$$\frac{v_{N_2}}{v_g} = \frac{t_g}{t_{N_2}}; \quad \frac{29,9 \text{ mL}}{14,0 \text{ mL}} = \frac{t_g}{t_{N_2}}; \quad \frac{t_g}{t_{N_2}} = 2,14$$

b) Quina serà la densitat del gas respecte a la del nitrogen?

Aplicant la llei de Graham, que relaciona les velocitats de difusió dels gasos amb la seva densitat:

$$\frac{v_{N_2}}{v_g} = \sqrt{\frac{d_g}{d_{N_2}}}; \quad \frac{d_g}{d_{N_2}} = \left(\frac{29,9 \text{ mL} \cdot \text{min}^{-1}}{14,0 \text{ mL} \cdot \text{min}^{-1}}\right)^2 = 4,56$$

c) Quina és la massa molar del gas?

Aplicant la llei de Graham, que relaciona les velocitats de difusió dels gasos amb les seves masses molars:

$$\frac{v_{N_2}}{v_g} = \sqrt{\frac{M_g}{M_{N_2}}}; \quad \frac{M_g}{28 \text{ g} \cdot \text{mol}^{-1}} = \left(\frac{29,9 \text{ mL} \cdot \text{min}^{-1}}{14,0 \text{ mL} \cdot \text{min}^{-1}}\right)^2; \quad M_g = 128 \text{ g} \cdot \text{mol}^{-1}$$

Reaccions químiques en l'estat gasós

Quan tenim una reacció química igualada en la qual totes les substàncies que intervenen ho fan en l'estat gasós, els coeficients estequiomètrics de la reacció ens indiquen la proporció en volum dels gasos que hi participen a una temperatura i una pressió fixes. Per exemple, suposeu la reacció següent:

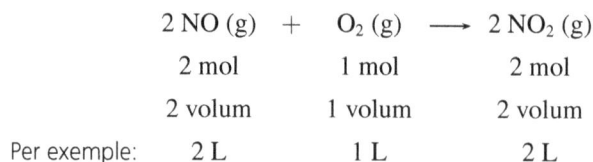

$$2 \text{ NO (g)} \quad + \quad O_2 \text{ (g)} \quad \longrightarrow \quad 2 \text{ NO}_2 \text{ (g)}$$

	2 mol	1 mol	2 mol
	2 volum	1 volum	2 volum
Per exemple:	2 L	1 L	2 L

això permet fer els càlculs utilitzant els volums dels gasos en comptes de les masses o els mols.

Exemple 6

En un reactor es mesclen 35,0 L de clor amb 50,0 L d'hidrogen que es troben a la temperatura de 80 °C i a la pressió de 5,00 atm. Aquests gasos reaccionen per donar clorur d'hidrogen gasós. Si la temperatura del sistema resta constant, trobeu la quantitat en litres i en grams que s'obtindrà de clorur d'hidrogen.

La reacció que es produeix en el reactor és:

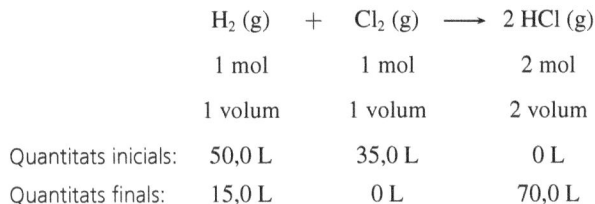

$$H_2 \text{ (g)} \quad + \quad Cl_2 \text{ (g)} \quad \longrightarrow \quad 2 \, HCl \text{ (g)}$$

1 mol	1 mol	2 mol
1 volum	1 volum	2 volum

Quantitats inicials:	50,0 L	35,0 L	0 L
Quantitats finals:	15,0 L	0 L	70,0 L

Així, doncs s'obtenen 70,0 L de clorur d'hidrogen.

Per calcular quina serà la massa de clorur d'hidrogen que s'obtindrà s'han de calcular els mols de clorur obtingut i passar-los a grams. S'ha de tenir en compte que la pressió final del sistema serà la mateixa que la inicial, ja que en aquesta reacció no hi ha un canvi net en el nombre de mols entre reactius i productes, o sigui, la pressió final serà de 5,00 atm.

Aplicant l'equació dels gasos ideals 4.4:

$$P \cdot V = n \cdot R \cdot T$$

$$5{,}00 \text{ atm} \cdot 70{,}0 \text{ L} = n_{HCl} \cdot 0{,}0821 \text{ atm} \cdot \text{L} \cdot (\text{K} \cdot \text{mol})^{-1} \cdot (273 + 80) \, \text{K}$$

$$n_{HCl} = 12{,}1 \text{ mol}; \quad m_{HCl} = 12{,}1 \text{ mol} \cdot \frac{36{,}5 \text{ g}}{1 \text{ mol}} = 442 \text{ g}$$

En moltes reaccions químiques pot aparèixer un o més reactius o productes en l'estat gasós; en aquest cas, per determinar el nombre de mols de les espècies en estat gasós, es pot utilitzar l'equació d'estat dels gasos ideals o les expressions que se'n deriven.

Exemple 7

Calculeu el volum d'oxigen, en condicions normals, necessari per a la combustió de 55,0 L de butà, C_4H_{10}, mesurats a $30\,°C$ i 4,00 atm de pressió.

La reacció de combustió del butà és: $\quad C_4H_{10} \text{ (g)} + \dfrac{13}{2} \, O_2 \text{ (g)} \longrightarrow 4 \, CO_2 \text{ (g)} + 5 \, H_2O \text{ (l)}$

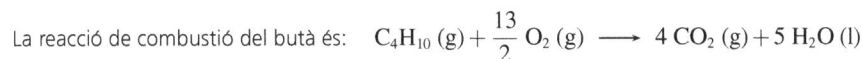

A partir de les dades corresponents al butà es calculen els mols d'aquest gas:

$$P \cdot V = n \cdot R \cdot T$$

$$4{,}00 \text{ atm} \cdot 55{,}0 \text{ L} = n_{C_4H_{10}} \cdot 0{,}0821 \text{ atm} \cdot \text{L} \cdot (\text{K} \cdot \text{mol})^{-1} \cdot (273 + 30) \, \text{K}$$

$$n_{C_4H_{10}} = 8{,}84 \text{ mol } C_4H_{10}$$

Per l'estequiometria de la reacció veiem que el nombre de mols d'oxigen necessaris és:

$$8{,}84 \text{ mol } C_4H_{10} \cdot \frac{\dfrac{13}{2} \text{ mol } O_2}{1 \text{ mol } C_4H_{10}} = 57{,}6 \text{ mol } O_2$$

El volum que ocuparan aquests mols en condicions normals es calcula així:

$$P \cdot V = n \cdot R \cdot T$$

$$1,00 \text{ atm} \cdot V_{O_2} = 57,6 \text{ mol} \cdot 0,0821 \text{ atm} \cdot \text{L} \cdot (\text{K} \cdot \text{mol})^{-1} \cdot 273 \text{ K}$$

$$V_{O_2} = 1,29 \text{ L } O_2$$

4.3 Gas real

Definició

Les característiques d'una gas ideal són:

- Compleix l'equació següent: $P \cdot V = n \cdot R \cdot T$ que es pot escriure com $\dfrac{P \cdot \overline{V}}{R \cdot T} = 1$.

  - A la temperatura de 0 K el volum val 0 L.
  - Quan la pressió tendeix a ∞ el volum tendeix a 0 L.

- L'equació es compleix a molt baixa pressió, pressions al voltant de la pressió atmosfèrica, i a temperatures molt per sobre de la temperatura de liqüefacció del gas.

- Segons la teoria cinètica dels gasos, un gas ideal està format per *partícules puntuals amb un volum negligible* enfront del volum del recipient que les conté, i la major part del volum ocupat pel gas és volum buit.

  Les forces d'interacció entre les partícules del gas (forces intermoleculars) són nul·les.

Per a valors de la pressió alts i a temperatures baixes es té: $\dfrac{P \cdot \overline{V}}{R \cdot T} \neq 1$

En aquestes condicions es parla del comportament real d'un gas o d'un gas real.

Les característiques d'un gas real són:

- No compleix l'equació $P \cdot V = n \cdot R \cdot T$.

- Les partícules de gas ocupen un volum determinat i, per tant, es compleix

$$\overline{V}_{T=0\,K} \neq 0 \quad \text{i} \quad \overline{V}_{P\rightarrow\infty} \neq 0$$

- Condensa i forma un líquid. Apareixen forces intermoleculars entre les partícules del gas.

- Presenta comportament crític.

Desviació del comportament ideal. Factor de compressibilitat

A pressions molt baixes, $(P \leq 1 \text{ atm})$ tots els gasos tendeixen a acostar-se al comportament ideal.

En augmentar la pressió, els gasos es desvien del comportament de gas ideal. Aquesta desviació del comportament ideal, a una temperatura i a una pressió determinades, es pot contrarestar introduint un factor de correcció anomenat factor de compressibilitat, Z, que es defineix com:

$$Z = \frac{P \cdot \overline{V}}{R \cdot T} \tag{4.17}$$

També es pot expressar així:

$$Z = \frac{\overline{V_R}}{\overline{V_I}} \tag{4.18}$$

en què el volum molar real és: $\quad \overline{V_R} = \dfrac{Z \cdot R \cdot T}{P}$ i el volum molar ideal és: $\quad \overline{V_I} = \dfrac{R \cdot T}{P}$

Atenent al valor del factor de compressibilitat, Z, el gas real pot presentar dos tipus de desviacions:

- Desviacions negatives, es compleix: $\quad Z < 1 \text{ o } \overline{V_R} < \overline{V_I}$
- Desviacions positives, es compleix: $\quad Z > 1 \text{ o } \overline{V_R} > \overline{V_I}$

Equació de Van der Waals

Atès que en les condicions esmentades anteriorment els gasos no segueixen l'equació d'estat, $P \cdot V = n \cdot R \cdot T$, cal trobar una nova equació que s'ajusti millor al comportament real i que tingui en compte el volum propi de les partícules i l'existència de forces d'atracció entre elles.

Les equacions proposades per aproximar el comportament real d'un gas són diverses. Nosaltres ens centrarem en l'equació de Van der Waals:

$$\left(P + \frac{a \cdot n^2}{V^2}\right) \cdot (V - n \cdot b) = n \cdot R \cdot T \tag{4.19}$$

També es pot expressar en funció del volum molar:

$$\left(P + \frac{a}{\overline{V}^2}\right) \cdot (\overline{V} - b) = R \cdot T \tag{4.20}$$

en què a és una constant relacionada amb les forces entre les partícules del gas i b és una constant relacionada amb el volum propi d'aquestes partícules del gas.

La taula següent mostra els valors d'aquestes constants per a alguns gasos:

Valors de les constants a i b de Van der Waals[1]					
Gas	$a\,(\text{atm} \cdot \text{L}^2 \cdot \text{mol}^{-2})$	$b\,(\text{L} \cdot \text{mol}^{-1})$	Gas	$a\,(\text{atm} \cdot \text{L}^2 \cdot \text{mol}^{-2})$	$b\,(\text{L} \cdot \text{mol}^{-1})$
He	0,03412	0,02370	Ne	0,2107	0,01709
Ar	1,345	0,03219	Kr	2,318	0,03978
Xe	4,194	0,05105	H_2	0,2444	0,02661
N_2	1,390	0,03913	O_2	1,360	0,03183
Cl_2	6,493	0,05622	CO_2	3,592	0,04267
CH_4	2,253	0,04278	NH_3	4,170	0,03707
H_2O	5,464	0,03049	SO_2	6,714	0,05636

(1) Valors extrets del *Handbook of Chemistry and Physics, 73RD*. Ed. CR Press. (1993)

Exemple 8

Dins d'un recipient de 10,00 L hi ha 20,00 g d'hidrogen. Calculeu la temperatura a la qual es pot escalfar el recipient si les seves parets poden suportar una pressió màxima de 100,0 atm. En aquestes condicions l'hidrogen no es comporta idealment. Suposeu que segueix l'equació de Van der Waals.

Dades: constants de Van der Waals per l'hidrogen: $a = 0,2444$ atm $\cdot$ L$^2 \cdot$ mol^{-2}; $b = 0,02661$ L $\cdot$ mol^{-1}.

[Solució]

Calculem el nombre de mols d'hidrogen que hi ha en el recipient:

$$\frac{20,00 \text{ g H}_2}{2,000 \text{ g} \cdot \text{mol}^{-1}} = 10,00 \text{ mol H}_2$$

Apliquem l'equació 4.19:

$$\left(P + \frac{a \cdot n^2}{V^2}\right) \cdot (V - n \cdot b) = n \cdot R \cdot T$$

$$\left(100,0 \text{ atm} + \frac{0,2444 \text{ atm} \cdot \text{L}^2 \cdot \text{mol}^2 \cdot 10,00 \text{ mol}}{10,00^2 \text{ L}^2}\right) \cdot \left(10,00 \text{ L} - 10,00 \text{ mol} \cdot 0,02661 \text{ L} \cdot \text{mol}^{-1}\right) =$$

$$= 10,00 \text{ mol} \cdot 0,08206 \text{ atm} \cdot \text{L} \cdot (\text{K} \cdot \text{mol})^{-1} \cdot T$$

$$T = 1.189 \text{ K}$$

Problemes resolts

Problema 4.1

S'injecta una gota d'aigua $(0,0500 \text{ cm}^3)$ en un recipient d'un litre completament buit. Si es manté la temperatura del sistema a $27\,°\text{C}$, quants cm^3 d'aigua restaran en estat líquid després que s'hagi restablert l'equilibri?

Dades: densitat H_2O (l) a $27\,°\text{C}$: $0,9965$ g $\cdot$ mL^{-1}; pressió de vapor H_2O a $27\,°\text{C}$: $26,7$ mmHg.

[Solució]

Es parteix d'un estat inicial, que es reflecteix en la figura següent:

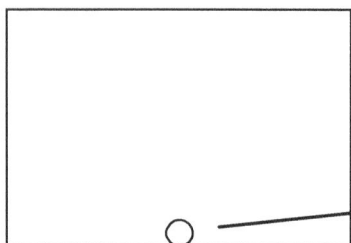

$$V_1 = 1,00 \text{ L}$$
$$T_1 = 273 + 27 = 300 \text{ K}$$

$$H_2O \text{ (l)} \begin{cases} (V_{H_2O})_1 = 0,0500 \text{ mL} \\ (d_{H_2O})_1 = 0,9965 \text{ g} \cdot \text{mL}^{-1} \end{cases}$$

A partir de les dades de l'aigua líquida es pot conèixer la massa d'aigua líquida inicial, $(m_{H_2O})_1$:

$$(d_{H_2O})_1 = \frac{(m_{H_2O})_1}{(V_{H_2O})_1}; \quad 0{,}9965 \text{ g} \cdot \text{mL}^{-1} = \frac{(m_{H_2O})_1}{0{,}0500 \text{ mL}}$$

$$(m_{H_2O})_1 = 4{,}98 \cdot 10^{-2} \text{ g}$$

Aquest sistema evoluciona cap a un estat final d'equilibri, en el qual una part de l'aigua líquida haurà passat a aigua en estat gasós. Aquesta quantitat és la que correspon a la pressió de vapor de l'aigua a aquesta temperatura.

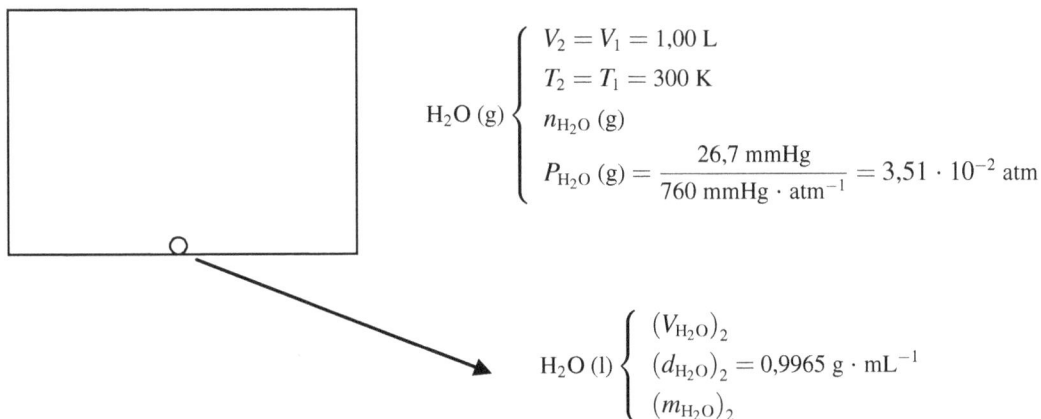

$$H_2O \text{ (g)} \begin{cases} V_2 = V_1 = 1{,}00 \text{ L} \\ T_2 = T_1 = 300 \text{ K} \\ n_{H_2O} \text{ (g)} \\ P_{H_2O} \text{ (g)} = \dfrac{26{,}7 \text{ mmHg}}{760 \text{ mmHg} \cdot \text{atm}^{-1}} = 3{,}51 \cdot 10^{-2} \text{ atm} \end{cases}$$

$$H_2O \text{ (l)} \begin{cases} (V_{H_2O})_2 \\ (d_{H_2O})_2 = 0{,}9965 \text{ g} \cdot \text{mL}^{-1} \\ (m_{H_2O})_2 \end{cases}$$

A partir de les dades de l'aigua en estat gasós, es determina el nombre de mols i la massa de l'aigua en l'estat gasós:

$$P_{H_2O} \text{ (g)} \cdot V_2 = n_{H_2O} \text{ (g)} \cdot R \cdot T_2$$

$$3{,}51 \cdot 10^{-2} \text{ atm} \cdot 1{,}00 \text{ L} = n_{H_2O} \text{ (g)} \cdot 0{,}0821 \text{ atm} \cdot \text{L} \cdot (\text{K} \cdot \text{mol})^{-1} \cdot 300 \text{ K}$$

$$n_{H_2O} \text{ (g)} = 1{,}43 \cdot 10^{-3} \text{ mol}$$

$$m_{H_2O} \text{ (g)} = 1{,}43 \cdot 10^{-3} \text{ mol } H_2O \text{ (g)} \cdot 18{,}0 \text{ g} \cdot \text{mol}^{-1} = 2{,}57 \cdot 10^{-2} \text{ g } H_2O \text{ (g)}$$

La massa de l'aigua líquida és:

$$(m_{H_2O})_2 = (m_{H_2O})_1 - m_{H_2O} \text{ (g)} = 4{,}98 \cdot 10^{-2} \text{ g} - 2{,}57 \cdot 10^{-2} \text{ g} = 2{,}41 \cdot 10^{-2} \text{ g } H_2O \text{ (l)}$$

I el volum de l'aigua líquida és:

$$(d_{H_2O})_2 = \frac{(m_{H_2O})_2}{(V_{H_2O})_2}; \quad 0{,}9965 \text{ g} \cdot \text{mL}^{-1} = \frac{2{,}41 \cdot 10^{-2} \text{ g}}{(V_{H_2O})_2}$$

$$(V_{H_2O})_2 = 2{,}42 \cdot 10^{-2} \text{ mL} = 0{,}0242 \text{ cm}^3$$

Problema 4.2

Dins d'un recipient tancat de 40,0 L hi ha 103,63 g de butà, C_4H_{10}, a una pressió i una temperatura determinades. S'escalfa el recipient a una temperatura 25 graus superior a l'inicial, i per a mantenir la pressió constant es deixa escapar gas butà fins que la quantitat de gas és de 94,940 g.

a) Quines seran la pressió i la temperatura finals del butà?

Es vol preparar una mescla, en el mateix recipient, i en les condicions finals esmentades, que tingui aquesta composició en volum: 20,0 % butà, 20,0 % argó i 60,0 % neó. Per dur a terme la mescla es disposa d'un dipòsit que conté una mescla d'argó-neó en la proporció argó-neó en volum de 25,0 % i 75,0 % respectivament i que es troba a una pressió de 10,0 atm i a la mateixa temperatura final del butà.

b) Determineu el volum de la mescla d'argó-neó que cal afegir al butà per obtenir la composició final indicada.

[Solució]

a) Fem un esquema de l'evolució del sistema segons l'enunciat del problema:

ESTAT 1	ESTAT 2
$V_1 = 40,0 \text{ L}$	$V_2 = V_1 = 40,0 \text{ L}$
P_1	$P_2 = P_1$
T_1	$T_2 = (T_1 + 25) \text{ K}$
$n_1 = \dfrac{103,63 \text{ g}}{M_{C_4H_{10}} \text{ g} \cdot \text{mol}^{-1}}$	$n_2 = \dfrac{94,940 \text{ g}}{M_{C_4H_{10}} \text{ g} \cdot \text{mol}^{-1}}$

On $M_{C_4H_{10}}$ és la massa molar del butà, i val $58,1 \text{ g} \cdot \text{mol}^{-1}$.

Apliquem la llei general dels gasos ideals, equació 4.6:

$$\frac{\cancel{P_1} \cdot \cancel{V_1}}{n_1 \cdot T_1} = \frac{\cancel{P_2} \cdot \cancel{V_2}}{n_2 \cdot T_2}; \quad n_1 \cdot T_1 = n_2 \cdot T_2$$

$$\frac{103,63 \text{ g}}{M_{C_4H_{10}} \text{ g} \cdot \text{mol}^{-1}} \cdot T_1 = \frac{94,940 \text{ g}}{M_{C_4H_{10}} \text{ g} \cdot \text{mol}^{-1}} \cdot (T_1 + 25) \text{ K}$$

$$T_1 = 273,13 \text{ K}$$

La temperatura final T_2 serà: $T_2 = 273,13 \text{ K} + 25 \text{K} = 298,13 \text{ K}$

Per a calcular la pressió final del butà, com que aquest paràmetre és constant, es pot aplicar l'equació d'estat d'un gas ideal, equació 4.4, tant en l'estat 1 com en l'estat 2. Agafant les dades de l'estat final:

$$P_2 \cdot V_2 = n_2 \cdot R \cdot T_2$$

$$P_2 \cdot 40,0 \text{ L} = \frac{94,940 \text{ g}}{58,1 \text{ g} \cdot \text{mol}^{-1}} \cdot 0,0821 \text{ atm} \cdot \text{L} \cdot (\text{K} \cdot \text{mol})^{-1} \cdot 298,13 \text{ K}$$

$$P_2 = 1,00 \text{ atm}$$

b) Escrivim les condicions en les quals es troba el butà en el recipient de l'estat 2:

$$V_2 = 40,0 \text{ L}$$

$$P_2 = 1,00 \text{ atm}$$

$$T_2 = 298,13 \text{ K}$$

$$n_2 = \frac{94,940 \text{ g}}{58,1 \text{ g} \cdot \text{mol}^{-1}} = 1,63 \text{ mol}$$

En aquest recipient s'introdueix una mescla de Ar i Ne de manera que les proporcions finals dins del recipient siguin: 20,0 % de C_4H_{10}, 20,0 % de Ar i 60,0 % de Ne.

Si el nombre de mols de butà és d'1,63 mol, i això ha de representar el 20,0 % de la mescla, aleshores el nombre de mols que hi haurà de Ar i Ne dins de la mescla serà:

$$n_{Ar} = 1,63 \text{ mol Ar}$$
$$n_{Ne} = 3 \cdot 1,63 = 4,90 \text{ mol Ne}$$

Aquests mols de Ar i Ne surten d'un recipient en el qual hi ha una mescla de Ar-Ne a la pressió de 10,0 atm i a la temperatura de 298,13 K; per determinar el volum de Ar-Ne que s'introdueix en el recipient del butà, apliquem l'equació d'estat dels gasos ideals, equació 4.4, per a la mescla de Ar-Ne:

$$P_{Ar-Ne} \cdot V_{Ar-Ne} = (n_{Ar} + n_{Ne}) \cdot R \cdot T$$
$$10,0 \text{ atm} \cdot V_{Ar-Ne} = (1,63 + 4,90) \text{ mol} \cdot 0,0821 \text{ atm} \cdot L \cdot (K \cdot \text{mol})^{-1} \cdot 298,13 \text{ K}$$
$$V_{Ar-Ne} = 16,0 \text{ L}$$

Problema 4.3

a) Calculeu l'arrel de la velocitat quadràtica mitjana de les molècules d'oxigen a $15,0\,°C$ i 770 mmHg de pressió.

b) Trobeu la relació que hi ha entre la velocitat calculada en a) i la velocitat de les molècules d'hidrogen en les mateixes condicions.

c) Calculeu els **grams** de gel que es poden fondre a $0\,°C$ amb l'energia que conté 1 mol d'oxigen a $0\,°C$.

Dada: calor de fusió del gel: $79,00 \text{ cal} \cdot g^{-1}$

[Solució]

a) Es disposa de O_2 en les condicions següents:

$$T = 15 + 273 = 288,0 \text{ K}$$
$$M_{O_2} = 32,0 \text{ g} \cdot \text{mol}^{-1}$$

En què M_{O_2} és la massa molar de l'oxigen.

Apliquem l'equació 4.13 per calcular l'arrel de la velocitat quadràtica mitjana d'un gas:

$$v_{rqm} = \sqrt{\frac{3 \cdot R \cdot T}{M}} = \sqrt{\frac{3 \cdot 8,314 \text{ J} \cdot (K \cdot \text{mol})^{-1} \cdot 288,0 \text{ K}}{32,0 \cdot 10^{-2} \text{ kg} \cdot \text{mol}^{-1}}} = 474 \text{ m} \cdot s^{-1}$$

b) Apliquem l'equació 4.13 per als dos gasos i dividim les dues expressions:

$$\frac{[v_{rqm}]_{O_2}}{[v_{rqm}]_{H_2}} = \sqrt{\frac{\dfrac{3 \cdot R \cdot T}{M_{O_2}}}{\dfrac{3 \cdot R \cdot T}{M_{H_2}}}} = \sqrt{\frac{M_{H_2}}{M_{O_2}}}$$

$$\frac{[v_{rqm}]_{O_2}}{[v_{rqm}]_{H_2}} = \sqrt{\frac{2{,}0 \cdot 10^{-3} \text{ kg} \cdot \text{mol}^{-1}}{32{,}0 \cdot 10^{-3} \text{ kg} \cdot \text{mol}^{-1}}} = 0{,}25$$

$$[v_{rqm}]_{H_2} = 4 \cdot [v_{rqm}]_{O_2}$$

c) Per a calcular l'energia que tindrà 1 mol de O_2 apliquem l'expressió 4.12:

$$\overline{E_c} = \frac{3}{2} \cdot R \cdot T$$

$$\overline{E_c} = \frac{3}{2} \cdot 8{,}314 \text{ J} \cdot (\text{K} \cdot \text{mol})^{-1} \cdot 288{,}0 \text{ K} = 3.592 \text{ J}$$

Expressem el resultat en calories:

$$\overline{E_c} = 3.952 \text{ J} \cdot \frac{1 \text{ cal}}{4{,}18 \text{ J}} = 859{,}3 \text{ cal}$$

La calor de fusió del gel, 79 cal $\cdot$ g^{-1}, ens indica que per fondre 1,000 g de gel a 0 °C fan falta 79,00 cal; aleshores, la massa de gel fos a 0 °C serà:

$$m_{gel} = 859{,}3 \text{ cal} \cdot \frac{1 \text{ g gel}}{79{,}00 \text{ cal}} = 10{,}88 \text{ g gel}$$

Problema 4.4

S'infla un globus de goma amb hidrogen fins a un volum de 5 L, a una temperatura de 27 °C.

a) Calculeu l'arrel de la velocitat quadràtica mitjana de les molècules d'hidrogen dins del globus.

b) En les condicions indicades anteriorment, el globus triga 30 hores a desinflar-se per difusió gasosa a través de la seva paret. Quant de temps trigaria a desinflar-se si s'hagués omplert d'heli?

[Solució]

a) Disposem de H_2 en les condicions següents:

$$V = 5 \text{ L}$$

$$T = 27 + 273 = 300 \text{ K}$$

$$M_{H_2} = 2{,}00 \text{ g} \cdot \text{mol}^{-1}$$

En què M_{H_2} és la massa molar de l'oxigen.

Apliquem l'equació 4.13 per calcular l'arrel de la velocitat quadràtica mitjana d'un gas:

$$v_{rqm} = \sqrt{\frac{3 \cdot R \cdot T}{M_{H_2}}}$$

$$v_{rqm} = \sqrt{\frac{3 \cdot 8{,}314 \text{ J} \cdot (\text{K} \cdot \text{mol})^{-1} \cdot 300 \text{ K}}{2{,}00 \cdot 10^{-3} \text{ kg} \cdot \text{mol}^{-1}}} = 1{,}93 \cdot 10^3 \text{ m} \cdot \text{s}^{-1}$$

b) Apliquem l'equació 4.16 per a la difusió dels gasos:

$$\frac{v_{He}}{v_{H_2}} = \sqrt{\frac{M_{H_2}}{M_{He}}}$$

D'altra banda:

$$\left.\begin{array}{l} v_{H_2} = \dfrac{V_{globus}}{t_{H_2}} \\[2ex] v_{He} = \dfrac{V_{globus}}{t_{He}} \end{array}\right\} \quad \frac{v_{He}}{v_{H_2}} = \frac{t_{H_2}}{t_{He}}$$

Igualem les dues expressions:

$$\sqrt{\frac{M_{H_2}}{M_{He}}} = \frac{t_{H_2}}{t_{He}}$$

$$\sqrt{\frac{2,00 \cdot 10^{-3} \text{ kg} \cdot \text{mol}^{-1}}{4,0 \cdot 10^{-3} \text{ kg} \cdot \text{mol}^{-1}}} = \frac{30 \text{ h}}{t_{He}}$$

$$t_{He} = 42,4 \text{ h}$$

Problema 4.5

Es disposa de dos contenidors A i B connectats amb una clau de pas de volum negligible. El contenidor A, de 250 mL, conté NO a 800 mmHg i 220 K; el contenidor B, de 100 mL, conté O_2 a 600 mmHg i 220 K. Si s'obre la clau de pas entre A i B, els dos gasos reaccionen per donar N_2O_4 sòlid.

a) Negligint la pressió de vapor del sòlid, determineu la pressió i la composició finals dels gasos presents a 220 K una vegada completada la reacció.

b) Quina massa de N_2O_4 s'ha obtingut?

[Solució]

Fem un esquema del problema diferenciant l'estat inicial, 1, i l'estat final, 2:

ESTAT 1

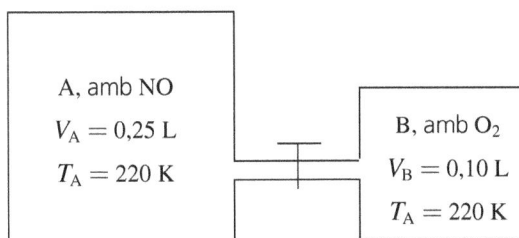

$$(P_{NO})_1 = \frac{800 \text{ mmHg}}{760 \text{ mmHg} \cdot \text{atm}^{-1}} = 1,05 \text{ atm} \ ; \ (P_{O_2})_1 = \frac{600 \text{ mmHg}}{760 \text{ mmHg} \cdot \text{atm}^{-1}} = 0,789 \text{ atm}$$

en obrir la clau de pas

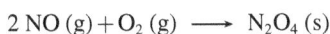

$$2 \text{ NO (g)} + O_2 \text{ (g)} \longrightarrow N_2O_4 \text{ (s)}$$

ESTAT 2

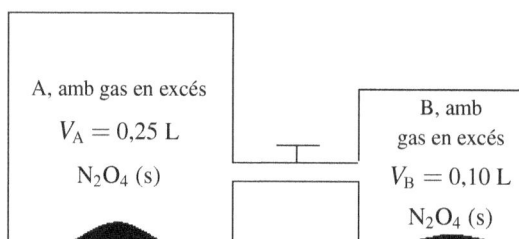

$$T_A = T_B = 220 \text{ K}$$

$(P_A)_2 = (P_B)_2 :$ *pressió exercida pel reactiu que es troba en excés*

a) Calculem els mols inicials en els dos contenidors:

$$(P_{NO})_1 \cdot V_A = (n_{NO})_1 \cdot R \cdot T_A$$

$$1,05 \text{ atm} \cdot 0,250 \text{ L} = (n_{NO})_1 \cdot 0,0821 \text{ atm} \cdot \text{L} \cdot (\text{K} \cdot \text{mol})^{-1} \cdot 220 \text{ K}$$

$$(n_{NO})_1 = 1,46 \cdot 10^{-2} \text{ mol}$$

$$(P_{O_2})_1 \cdot V_B = (n_{O_2})_1 \cdot R \cdot T_B$$

$$0,789 \text{ atm} \cdot 0,100 \text{ L} = (n_{O_2})_1 \cdot 0,0821 \text{ atm} \cdot \text{L} \cdot (\text{K} \cdot \text{mol})^{-1} \cdot 220 \text{ K}$$

$$(n_{O_2})_1 = 4,37 \cdot 10^{-3} \text{ mol}$$

En obrir-se la clau de pas es produeix la reacció:

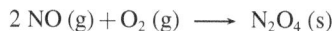

$$2 \text{ NO (g)} + O_2 \text{ (g)} \longrightarrow N_2O_4 \text{ (s)}$$

El reactiu limitant és el O_2 i el gas que fa la pressió en els dos contenidors és el **NO**. Els mols finals de **NO** seran:

$$(n_{NO})_2 = (n_{NO})_1 - (n_{NO} \text{ que han reaccionat})$$

Els mols de **NO** que han reaccionat seran:

$$2 \cdot (n_{O_2})_1 = 2 \cdot 4,37 \cdot 10^{-3} \text{ mol} = 8,74 \cdot 10^{-3} \text{ mol}$$

$$(n_{NO})_2 = 1,46 \cdot 10^{-2} \text{ mol} - 8,74 \cdot 10^{-3} \text{ mol} = 5,86 \cdot 10^{-3} \text{ mol}$$

La pressió final de **NO** serà:

$$(P_{NO})_2 \cdot V = (n_{NO})_2 \cdot R \cdot T$$

$$(P_{NO})_2 \cdot (0,250 + 0,100) \text{ L} = 5,86 \cdot 10^{-3} \text{ mol} \cdot 0,0821 \text{ atm} \cdot \text{L} \cdot (\text{K} \cdot \text{mol})^{-1} \cdot 220 \text{ K}$$

$$(P_{NO})_2 = 0,302 \text{ atm}$$

b) Els mols de N_2O_4 (s) obtinguts són els mateixos que els mols de O_2 consumits.

$$n_{N_2O_4} = n_{O_2} = 4,37 \cdot 10^{-3} \text{ mol}$$

Ja que la massa molar del N_2O_4 és $92,0 \text{ g} \cdot \text{mol}^{-1}$.

$$m_{N_2O_4} = 4,37 \cdot 10^{-3} \text{ mol} \cdot 92,0 \text{ g} \cdot \text{mol}^{-1} = 0,402 \text{ g}.$$

Problema 4.6

En unes condicions en les que tant reactius com productes són gasos es fa reaccionar clor amb amoníac per donar clorur d'hidrogen i triclorur de nitrogen. Quan es fa aquesta reacció amb un excés de clor, a una temperatura constant de $210\,°C$ i en un volum de $27,0\,L$, el rendiment és del $100\,\%$. En completar-se la reacció, la pressió total és de $2,3\,atm$ i s'observa que hi ha $0,290\,mol$ de triclorur de nitrogen.

a) Determineu la pressió parcial del clor en excés.

b) Aquest clor que no ha reaccionat es tracta amb una dissolució d'hidròxid de potassi, i s'obtenen clorat de potassi, clorur de potassi i aigua. Calculeu el volum de la dissolució d'hidròxid de potassi de concentració $3,80\,mol \cdot L^{-1}$ necessària per a reaccionar amb tot el clor.

[Solució]

a) La reacció que es produeix és:

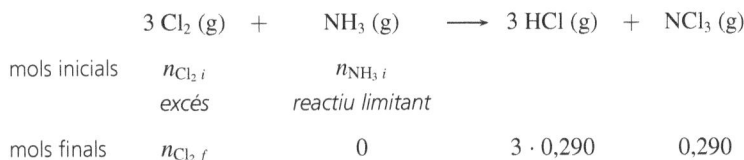

$$3\,Cl_2\,(g) \;+\; NH_3\,(g) \;\longrightarrow\; 3\,HCl\,(g) \;+\; NCl_3\,(g)$$

mols inicials	$n_{Cl_2\,i}$	$n_{NH_3\,i}$		
	excés	reactiu limitant		
mols finals	$n_{Cl_2\,f}$	0	$3 \cdot 0,290$	0,290

$$V = 27,0\,L$$
$$T = 210 + 273 = 483\,K$$
$$P_f = 2,3\,atm$$

La pressió final serà: $\quad P_f = P_{Cl_2\,f} + P_{HCl} + P_{NCl_3}$

Per trobar P_{HCl} i P_{NCl_3}:

$$(P_{HCl} + P_{NCl_3}) \cdot V = (n_{HCl} + n_{NCl_3}) \cdot R \cdot T$$

$$(P_{HCl} + P_{NCl_3}) \cdot 27,0\,L = (3 \cdot 0,290 + 0,290)\,mol \cdot 0,0821\,atm \cdot L \cdot (K \cdot mol)^{-1} \cdot 483\,K$$

$$P_{HCl} + P_{NCl_3} = 1,70\,atm$$

$$2,3\,atm = P_{Cl_2\,f} + 1,70\,atm$$

$$P_{Cl_2\,f} = 0,60\,atm$$

b) Escrivim la reacció i la igualem pel mètode de l'ió-electró:

$$Cl_2\,(g) + KOH\,(aq) \;\longrightarrow\; KClO_3\,(aq) + KCl\,(aq) + 6\,H_2O\,(l)$$

Semireacció de reducció: $\qquad (Cl_2 + 2\,e^- \longrightarrow 2\,Cl^-) \cdot 5$

Semireacció d'oxidació: $\qquad (Cl_2 + 6\,H_2O \longrightarrow 2\,ClO_3^- + 12\,H^+ + 10\,e^-)$

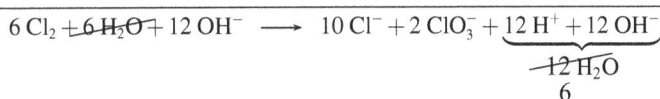

$$6\,Cl_2 + \cancel{6\,H_2O} + 12\,OH^- \longrightarrow 10\,Cl^- + 2\,ClO_3^- + \underset{\displaystyle \cancel{12\,H_2O} \atop 6}{\underbrace{12\,H^+ + 12\,OH^-}}$$

La reacció igualada és:

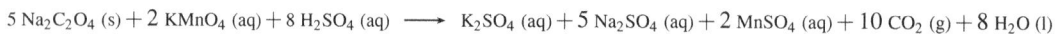

$$3 \, Cl_2 \, (g) + 6 \, KOH \, (aq) \longrightarrow KClO_3 \, (aq) + 5 \, KCl \, (aq) + 3 \, H_2O \, (l)$$

Calculem els mols de Cl_2 en excés:

$$P_{Cl_2} \cdot V = n_{Cl_2} \cdot R \cdot T$$

$$0,60 \, atm \cdot 27,0 \, L = n_{Cl_2} \cdot 0,0821 \, atm \cdot L \cdot (K \cdot mol)^{-1} \cdot 483 \, K$$

$$n_{Cl_2} = 0,41 \, mol$$

Apliquem factors de conversió:

$$0,41 \text{ mol } Cl_2 \cdot \frac{6 \text{ mol KOH}}{3 \text{ mol } Cl_2} \cdot \frac{1 \text{ L diss.}}{3,80 \text{ mol KOH}} = 0,22 \text{ L diss.}$$

Problema 4.7

L'oxalat de sodi en presència de permanganat de potassi en medi àcid s'oxida a diòxid de carboni segons la reacció:

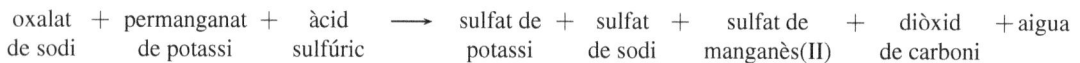

oxalat + permanganat + àcid $\longrightarrow$ sulfat de + sulfat + sulfat de + diòxid + aigua
de sodi · · · de potassi · · · sulfúric · · · · · · · potassi · · · de sodi · · · manganès(II) · · · de carboni

a) Igualeu la reacció.

b) Quina quantitat d'oxalat de sodi del 85,0 % de puresa es necessita per obtenir 5,00 L de diòxid de carboni, recollits sobre aigua a 23 °C i a una pressió de 800 mmHg? La pressió de vapor de l'aigua a 23 °C és de 21,1 mmHg.

c) Quina és la densitat de l'àcid utilitzat si la seva concentració és del 55,0 % i es necessiten 19,61 mL d'àcid per obtenir els 5,00 L de diòxid de carboni assenyalats a l'apartat b?

[Solució]

a) Escrivim i igualem la reacció pel mètode de l'ió-electró:

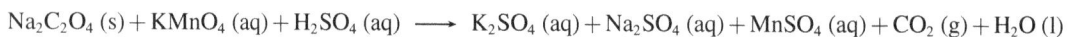

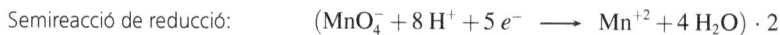

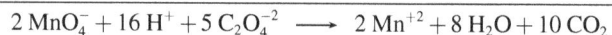

$$Na_2C_2O_4 \, (s) + KMnO_4 \, (aq) + H_2SO_4 \, (aq) \longrightarrow K_2SO_4 \, (aq) + Na_2SO_4 \, (aq) + MnSO_4 \, (aq) + CO_2 \, (g) + H_2O \, (l)$$

Semireacció de reducció: $\quad (MnO_4^- + 8 \, H^+ + 5 \, e^- \longrightarrow Mn^{+2} + 4 \, H_2O) \cdot 2$

Semireacció d'oxidació: $\quad \dfrac{(C_2O_4^{-2} \longrightarrow 2 \, CO_2 + 2 \, e^-) \cdot 5}{2 \, MnO_4^- + 16 \, H^+ + 5 \, C_2O_4^{-2} \longrightarrow 2 \, Mn^{+2} + 8 \, H_2O + 10 \, CO_2}$

La reacció igualada és:

$$5 \, Na_2C_2O_4 \, (s) + 2 \, KMnO_4 \, (aq) + 8 \, H_2SO_4 \, (aq) \longrightarrow K_2SO_4 \, (aq) + 5 \, Na_2SO_4 \, (aq) + 2 \, MnSO_4 \, (aq) + 10 \, CO_2 \, (g) + 8 \, H_2O \, (l)$$

b) Les dades que coneixem a partir de l'enunciat del problema són:

$$V_{CO_2} = 5,00 \, L$$

$$T = 23 + 273 = 296 \, K$$

$$P_{CO_2} + P_{H_2O\,(g)} = 800 \text{ mmHg}$$

$$P^\circ_{H_2O}(23\,^\circ C) = 21{,}1 \text{ mmHg}$$

Calculem els mols de CO_2 obtinguts:

$$P_{CO_2} \cdot V_{CO_2} = n_{CO_2} \cdot R \cdot T$$

$$\frac{(800 - 21{,}1) \text{ mmHg}}{760 \text{ mmHg} \cdot atm^{-1}} \cdot 5{,}00 \text{ L} = n_{CO_2} \cdot 0{,}0821 \text{ atm} \cdot L \cdot (K \cdot mol)^{-1} \cdot 296 \text{ K}$$

$$n_{CO_2} = 0{,}211 \text{ mol}$$

Apliquem factors de conversió, tenint en compte que la massa molar de l'oxalat de sodi és:

$$M_{Na_2C_2O_4} = 134{,}0 \text{ g} \cdot mol^{-1}$$

$$0{,}211 \text{ mol } CO_2 \cdot \frac{5 \text{ mol } Na_2C_2O_4}{10 \text{ mol } CO_2} \cdot \frac{134{,}0 \text{ g } Na_2C_2O_4}{1 \text{ mol } Na_2C_2O_4} \cdot \frac{100 \text{ g } Na_2C_2O_4 \text{ impurs}}{85 \text{ g } Na_2C_2O_4} = 16{,}6 \text{ g } Na_2C_2O_4 \text{ impurs}$$

c) La densitat de la dissolució d'àcid sulfúric té l'expressió següent:

$$d = \frac{\text{massa dissolució } H_2SO_4}{\text{Volum dissolució } H_2SO_4}$$

Sabent el volum de dissolució d'àcid sulfúric, que és de 19,6 mL, s'ha de calcular la massa de dissolució que correspon a aquest volum i que contindrà la quantitat de l'àcid que ha reaccionat per donar els 5,00 L de CO_2.

En l'apartat b) s'ha trobat que en 5,00 L de CO_2 hi ha 0,211 mol de CO_2 per a les condicions donades en el problema. Apliquem factors de conversió:

$$0{,}211 \text{ mol } CO_2 \cdot \frac{8 \text{ mol } H_2SO_4}{10 \text{ mol } CO_2} \cdot \frac{98{,}1 \text{ g } H_2SO_4}{1 \text{ mol } H_2SO_4} \cdot \frac{100 \text{ g diss. } H_2SO_4}{55{,}0 \text{ g } H_2SO_4} = 30{,}1 \text{ g diss. } H_2SO_4$$

$$d = \frac{30{,}1 \text{ g diss. } H_2SO_4}{19{,}6 \text{ mL diss. } H_2SO_4} = 1{,}54 \text{ g} \cdot mL^{-1}$$

Problema 4.8

El factor de compressibilitat per al diòxid de carboni és de 0,8829 a 321 K i 26,41 atm de pressió.

a) Quin serà el volum molar del diòxid de carboni en aquestes condicions de pressió i temperatura?

b) Calculeu el volum molar del diòxid de carboni suposant que el gas adopta un comportament ideal.

c) Calculeu el volum molar del gas suposant que segueix l'equació de Van der Waals.

d) Calculeu l'error relatiu que es fa en mesurar el volum molar del diòxid de carboni utilitzant l'equació dels gasos ideals i l'equació de Van der Waals i comenteu aquests valors.

Dades: constants de Van der Waals per al diòxid de carboni: $a = 3{,}952 \text{ atm} \cdot L^2 \cdot mol^{-2}$;

$$b = 0{,}04267 \text{ L} \cdot mol^{-1}$$

[Solució]

a) Apliquem l'equació 4.17 per calcular el volum molar del CO_2: $\quad \dfrac{P \cdot \overline{V}_R}{R \cdot T} = Z$

$$\frac{26{,}41 \text{ atm} \cdot \overline{V}_R}{0{,}0821 \text{ atm} \cdot \text{L} \cdot (\text{K} \cdot \text{mol})^{-1} \cdot 321 \text{ K}} = 0{,}8829$$

$$\overline{V}_R = 0{,}881 \text{ L}$$

b) Apliquem l'equació dels gasos ideals, 4.4:

$$P \cdot \overline{V}_I = R \cdot T$$

$$26{,}41 \text{ atm} \cdot \overline{V}_I = 0{,}0821 \text{ atm} \cdot \text{L} \cdot (\text{K} \cdot \text{mol})^{-1} \cdot 321 \text{ K}$$

$$\overline{V}_I = 0{,}998 \text{ L}$$

c) Apliquem l'equació de Van der Waals, 4.20:

$$\left(P + \frac{a}{\overline{V}^2}\right) \cdot (\overline{V} - b) = R \cdot T$$

$$\left(26{,}41 \text{ atm} + \frac{3{,}952 \text{ atm} \cdot \text{L}^2 \cdot \text{mol}^{-2}}{\overline{V}^2}\right) \cdot (\overline{V} - 0{,}04267 \text{ L} \cdot \text{mol}^{-1}) =$$

$$0{,}0821 \text{ atm} \cdot \text{L} \cdot (\text{K} \cdot \text{mol})^{-1} \cdot 321 \text{ K}$$

Aquesta és una equació de tercer grau i per a resoldre-la s'aplica el mètode iteratiu que consisteix a expressar l'equació de Van der Waals en la forma:

$$\overline{V} = \frac{R \cdot T}{\left(P + \frac{a}{\overline{V}^2}\right)} + b$$

Es comença substituint $\overline{V}^2$ pel valor obtingut aplicant l'equació d'estat d'un gas ideal i que en el nostre cas és el valor obtingut en b). Obtenim $\overline{V}_1$:

$$\overline{V}_1 = \frac{0{,}0821 \text{ atm} \cdot \text{L} \cdot (\text{K} \cdot \text{mol})^{-1} \cdot 321 \text{ K}}{\left(26{,}41 \text{ atm} + \frac{3{,}952 \text{ atm} \cdot \text{L}^2 \cdot \text{mol}^{-2}}{0{,}998^2 \text{ L}^2 \cdot \text{mol}^{-2}}\right)} + 0{,}04267 \text{ L} \cdot \text{mol}^{-1} = 0{,}910 \text{ L} \cdot \text{mol}^{-1}$$

El valor $\overline{V}_1$ es torna a substituir en l'equació i s'obté $\overline{V}_2$:

$$\overline{V}_2 = \frac{0{,}0821 \text{ atm} \cdot \text{L} (\text{K} \cdot \text{mol})^{-1} \cdot 321 \text{ K}}{\left(26{,}41 \text{ atm} + \frac{3{,}952 \text{ atm} \cdot \text{L}^2 \cdot \text{mol}^{-2}}{0{,}910^2 \text{ L}^2 \cdot \text{mol}^{-2}}\right)} + 0{,}04267 \text{ L} \cdot \text{mol}^{-1} = 0{,}887 \text{ L} \cdot \text{mol}^{-1}$$

El valor $\overline{V}_2$ es torna a substituir en l'equació anterior i s'obté el valor $\overline{V}_3$. Aquest procés es fa fins que, en substituir per un valor numèric el $\overline{V}$ del denominador de l'equació, s'obté com a resultat el mateix valor numèric. Apliquem aquest mètode en el nostre problema:

$$\overline{V}_3 = \frac{0{,}0821 \text{ atm} \cdot \text{L} \cdot (\text{K} \cdot \text{mol})^{-1} \cdot 321 \text{ K}}{\left(26{,}41 \text{ atm} + \frac{3{,}952 \text{ atm} \cdot \text{L}^2 \cdot \text{mol}^{-2}}{0{,}887^2 \text{ L}^2 \cdot \text{mol}^{-2}}\right)} + 0{,}04267 \text{ L} \cdot \text{mol}^{-1} = 0{,}881 \text{ L} \cdot \text{mol}^{-1}$$

$$\overline{V}_4 = \frac{0,0821 \text{ atm} \cdot \text{L} \cdot (\text{K} \cdot \text{mol})^{-1} \cdot 321 \text{ K}}{\left(26,41 \text{ atm} + \dfrac{3,952 \text{ atm} \cdot \text{L}^2 \cdot \text{mol}^{-2}}{0,881^2 \text{ L}^2 \cdot \text{mol}^{-2}}\right)} + 0,04267 \text{ L} \cdot \text{mol}^{-1} = 0,879 \text{ L} \cdot \text{mol}^{-1}$$

$$\overline{V}_5 = \frac{0,0821 \text{ atm} \cdot \text{L} \cdot (\text{K} \cdot \text{mol})^{-1} \cdot 321 \text{ K}}{\left(26,41 \text{ atm} + \dfrac{3,952 \text{ atm} \cdot \text{L}^2 \cdot \text{mol}^{-2}}{0,879^2 \text{ L}^2 \cdot \text{mol}^{-2}}\right)} + 0,04267 \text{ L} \cdot \text{mol}^{-1} = 0,879 \text{ L} \cdot \text{mol}^{-1}$$

Per tant: $\overline{V} = 0,879 \text{ L} \cdot \text{mol}^{-1}$

d) Calculem el tant per cent d'error a partir del volum molar obtingut en l'apartat b):

$$\% \text{ ERROR}_I = \frac{(0,998 - 0,881) \text{ L} \cdot \text{mol}^{-1}}{0,881 \text{ L} \cdot \text{mol}^{-1}} \cdot 100 = 13,3 \%$$

Calculem el tant per cent d'error a partir del volum molar obtingut en l'apartat c):

$$\% \text{ ERROR}_{\text{VdW}} = \frac{(0,881 - 0,879) \text{ L} \cdot \text{mol}^{-1}}{0,881 \text{ L} \cdot \text{mol}^{-1}} \cdot 100 = 0,23 \%$$

S'observa que en les condicions esmentades en el problema, l'equació de Van der Waals s'ajusta molt millor al comportament real que té el CO_2.

Problemes proposats

Problema 4.9

Determineu el volum de:

a) 3 mol d'oxigen a 650 mmHg i 22 °C.
b) 3 mol d'oxigen que passen a 760 mmHg a temperatura constant.
c) L'oxigen de a) s'escalfa fins a 30 °C a pressió constant.
d) Si s'eliminen 2 mol d'oxigen en les condicions esmentades en a).

[Solució]   a) 84,9 L ; b) 72,6 L ; c) 88,2 L ; d) 28,3 L

Problema 4.10

Calculeu la pressió en atm i en mmHg de:

a) 0,30 mol d'un gas a 0 °C que ocupa un volum de 10 L.
b) $5,95 \cdot 10^{23}$ molècules de nitrogen a 28 °C i que ocupen un volum de 5,00 L.

[Solució]   a) 0,67 atm; $5,10 \cdot 10^2$ mmHg ; b) 4,88 atm; $3,71 \cdot 10^3$ mmHg

Problema 4.11

Trobeu el nombre de molècules de diòxid de carboni presents en un volum de 0,50 L a 0,60 atm i 15 °C

[Solució] $7,64 \cdot 10^{21}$

Problema 4.12

a) A quina temperatura 5,00 g de monòxid de nitrogen ocuparan un volum de 10,00 L a 2,000 atm de pressió?

b) Si aquest gas es contrau, a temperatura constant, fins a un volum d'1,0 L, quina serà la nova pressió dins del recipient?

[Solució]   a) $1.186\,°C$;   b) 20 atm

Problema 4.13

Trobeu la densitat de:

a) L'amoníac gasós a 1,20 atm i 50,0 °C.

b) L'hidrogen a $-200\,°C$ i 0,80 atm.

c) El sulfur d'hidrogen gasós en condicions normals.

[Solució]   a) $0,769\ g \cdot L^{-1}$;   b) $0,267\ g \cdot L^{-1}$;   c) $1,52\ g \cdot L^{-1}$

Problema 4.14

Quina serà la massa molar d'un gas si en un volum de 250 mL d'aquest gas, en condicions normals, hi ha 0,670 g de gas?

[Solució] $60,1\ g \cdot mol^{-1}$

Problema 4.15

Calculeu la temperatura a la qual s'ha d'escalfar un recipient obert perquè en surti 1/3 de la massa d'aire que conté a 0 °C.

[Solució]   409,5 K

Problema 4.16

Un recipient obert, que es troba a 10 °C, s'escalfa a pressió constant fins a 400 °C. Calculeu la fracció de la massa d'aire contingut inicialment en el recipient que n'és expulsat.

[Solució]   58 %

Problema 4.17

Un recipient conté igual nombre de molècules de dos gasos A i B. Se sap que el pes molecular del gas A és doble que el del gas B i que la pressió a l'interior del recipient és de 3,0 atm. Si eliminem el gas B, quina és la pressió total dins del recipient?

[Solució]   1,5 atm

Problema 4.18

Quina serà la pressió d'un sistema en el qual hi ha 0,40 g d'hidrogen, 2,00 g de nitrogen i 10,5 g de dióxid de carboni, si el volum és de 10,0 L i la temperatura de 273 K?

[Solució]   1,02 atm

Problema 4.19

Una mescla d'oxigen i nitrogen té una densitat d'1,38 g · L^{-1} en condicions normals. Quina és la pressió parcial de cadascun dels gasos?

[Solució] $P_{O_2} = 0,72$ atm ; $P_{N_2} = 0,28$ atm

Problema 4.20

L'aire sec té, aproximadament, la composició volumètrica següent: 21,0 % d'oxigen, 78,0 % de nitrogen i 1 % d'argó. Determineu la densitat del gas en condicions normals.

[Solució]   1,29 g · L^{-1}

Problema 4.21

Un tanc per emmagatzemar gasos és ple de gas a una pressió de 4,00 atm i a 10,0 °C. Determineu la temperatura a la qual pot arribar el gas perquè salti la seva vàlvula de seguretat si s'ha regulat de manera que la pressió màxima del sistema sigui de 10,0 atm.

[Solució]   434 °C

Problema 4.22

Es recullen sobre aigua 10,0 L d'aire a 40,0 °C i 725 mmHg. Si el sistema es comprimeix fins a 1,25 atm a 30,0 °C, calculeu el volum final de gas.

Dades: pressió de vapor H$_2$O a 40,0 °C i a 30,0 °C : 55,3 mmHg i 31,8 mmHg, respectivament.

[Solució]   7,06 L

Problema 4.23

Quina massa de vapor d'aigua contenen 200 L d'aire mesurats a 20,0 °C i 760 mmHg, si la humitat relativa, HR, és del 60,0 %.

Dades: HR $= \dfrac{P_{H_2O}}{P_{H_2O}^{\circ}}$; pressió de vapor H$_2$O a 20,0 °C : 17,36 mmHg

[Solució]   2,05 g

Problema 4.24

Un dipòsit conté aire saturat de vapor d'aigua a 300 K i 2,43 atm. Si es comprimeix fins que la mescla ocupi un volum de 15,0 L, la pressió arriba a valer 10,16 atm a la temperatura de 310 K.

Calculeu el pes de l'aigua condensada en el dipòsit suposant negligible el volum del líquid. La pressió de vapor d'aigua a 300 K i 310 K és, respectivament, de 26,426 mmHg i 46,556 mmHg. Negligiu la solubilitat de l'aire en l'aigua condensada.

[Solució]   0,905 g

Problema 4.25

Dos recipients esfèrics de vidre, A i B, de 500 cm^3 i 200 cm^3 de volums interiors, respectivament, estan connectats per un tub estret (C) de volum negligible. L'aparell s'omple d'aire i es tanca; en aquestes condicions, la temperatura és de $17,0\,^\circ C$ i la pressió és de 750 mmHg. El recipient de volum més petit, B, se submergeix en glaç que s'està fonent, i l'altre recipient, A, en aigua que bull.

a) Calculeu la pressió d'aire en els dos recipients.

b) Deduïu en quin sentit $(A \longrightarrow B \text{ o } B \longrightarrow A)$ transvasarà aire i el nombre de grams d'aire transvasats una vegada s'hagi estabilitzat la pressió.

Suposeu negligible la dilatació del vidre. Considereu que l'aire està format per una mescla del $80,0\,\%$ de nitrogen i del $20,0\,\%$ d'oxigen (percentatges en volum), i que es comporta com a gas ideal.

[Solució]   a) $1,15 \text{ atm}$;   b) $0,0543 \text{ g}$

Problema 4.26

Si tenim $1,00 \text{ mol}$ d'oxigen a $25,0\,^\circ C$ i 770 mmHg de pressió, calculeu:

a) La seva densitat absoluta en $g \cdot L^{-1}$.

b) L' arrel de la velocitat quadràtica mitjana d'agitació de les seves molècules.

c) El nombre d'àtoms d'oxigen que hi haurà.

[Solució]   a) $1,325 \text{ g} \cdot L^{-1}$;   b) $482 \text{ m} \cdot s^{-1}$;   c) $12,0 \cdot 10^{23}$

Problema 4.27

Si es disposa d'una quantitat de molècules de gas a $-33\,^\circ C$ i es vol augmentar la seva velocitat mitjana en un $10\,\%$, a quina temperatura s'haurà d'escalfar?

[Solució] $17\,^\circ C$

Problema 4.28

Es disposa d'un recipient d'argila de 250 cm^3. Si el recipient s'omple d'un cert gas, aquest gas triga 150 s a difondre's a través de les parets del recipient, i si s'omple d'oxigen, només triga 125 s. Calculeu:

a) La massa molar del gas.

b) La densitat del gas respecte a la de l'hidrogen.

[Solució]   a) $46,1 \text{ g} \cdot mol^{-1}$;   b) 23

Problema 4.29

Un dels components aromàtics dels pins és el butirat d'etil, de fórmula empírica C_3H_6O. Els seus vapors triguen $162,0 \text{ s}$ a travessar certs porus de les fulles. D'altra banda, el mateix nombre de molècules, però de diòxid de carboni, triguen $100,0 \text{ s}$ (en les mateixes condicions). Quina és la massa molar del compost?

[Solució] $115,5 \text{ g} \cdot mol^{-1}$

Problema 4.30

En un recipient de $10,0$ L es barregen $10,0$ g d'hidrogen amb $64,0$ g d'oxigen, es tanca i s'escalfa fins a $300\,°C$.

a) Quina serà la pressió de la mescla gasosa?

b) Si es fa saltar una guspira de manera que es cremi el gas, quina serà la pressió final de la mescla si l'aigua formada es troba en estat de vapor a $300\,°C$?

[Solució]   a) $32,9$ atm ;   b) $23,5$ atm

Problema 4.31

Disposem d'una mescla de gasos formada per metà, CH_4, i propà, C_3H_8, de la qual volem conèixer les pressions relatives dels dos gasos; per això cremem la mescla amb un excés d'oxigen i recullim el diòxid de carboni i l'aigua formats en la reacció. Quina serà la relació entre les pressions del metà i del propà, si s'obtenen $1,090$ g de diòxid de carboni i $0,606$ g d'aigua?

[Solució] $\dfrac{P_{CH_4}}{P_{C_3H_8}} = 0,126$

Problema 4.32

El metà reacciona amb l'oxigen i s'obtenen monòxid de carboni i aigua. Dins d'un reactor tancat s'introdueixen $0,0100$ mol de metà i $0,0300$ mol d'oxigen a la pressió total d'1 atm i a 383 K.

a) Si la temperatura es manté constant durant la reacció, quina serà la pressió dins del reactor al final de la reacció a 383 K?

b) A quina temperatura s'haurà de refredar el reactor, després de produir-se la reacció, perquè la pressió a l'interior del recipient sigui de $0,46$ atm?

[Solució]   a) $1,13$ atm ;   b) 157 K

Problema 4.33

En un reactor tancat de 30 L a $210\,°C$, l'amoníac reacciona amb clor i dóna clorur d'hidrogen i triclorur de nitrogen (tant reactius com productes són gasos). En aquestes condicions i amb clor en excés (el rendiment és del $100\,\%$), en acabar la reacció tenim $0,114$ mol de triclorur de nitrogen amb una pressió total en el reactor d'$1,5$ atm.

a) Determineu la fracció molar de clor que hi havia en excés.

b) Per eliminar l'excés de clor, es fa reaccionar amb l'hidròxid de potassi, i s'obtenen clorat de potassi, clorur de potassi i aigua. Calculeu el volum de la dissolució d'hidròxid de potassi de concentració $4,0$ mol $\cdot$ L^{-1} necessari perquè reaccioni tot el clor.

[Solució]   a) $0,6$;   b) $0,34$ L

Problema 4.34

S'introdueixen en un reactor $2,4$ L d'aire, amb una composició en pes del $23,12\,\%$ d'oxigen i el $76,88\,\%$ de nitrogen i 200 mL d'una mescla gasosa formada per metà, heli (gas inert) i un gas A. Es provoca la combustió de la mescla i en els gasos resultants se sap que 40 mL són d'heli i 20 mL d'oxigen.

Totes les mesures dels gasos abans i després de la combustió s'han fet a pressió i temperatura ambientals.

Se sap que el gas A és un compost orgànic format per carboni, hidrogen i oxigen, amb la composició centesimal següent: 62 % de carboni i 10,4 % d'hidrogen, i que la seva densitat a 0 °C i 1,5 atm és de 3,8391 g/L. Calculeu:

a) La fórmula molecular del gas A.

b) La composició volumètrica de l'aire.

c) La composició en fraccions molars dels 200 mL de la mescla inicial.

[Solució] a) C_3H_6O ; b) 79,2 % N_2, 20,8 % O_2

c) $\chi(CH_4) = \chi(C_3H_6O) = 0,4$, $\chi(He) = 0,2$

Problema 4.35

Dins d'un recipient tancat de 5,00 L ple d'aire en condicions normals, s'introdueix una certa quantitat de nitrat de bari de volum negligible. Si s'escalfa el recipient i es deixa refredar fins a la temperatura inicial, la nova pressió és de 1.100 mmHg. La reacció que ha tingut lloc és:

$$2\,Ba(NO_3)_2\,(s) \longrightarrow 2\,BaO\,(s) + 4\,NO_2\,(g) + O_2\,(g)$$

Calculeu la massa de nitrat de bari que ha reaccionat.

[Solució] 10,4 g

Problema 4.36

L'àcid clorhídric pot reduir el crom del dicromat de potassi a ió crom(III), i el clor de l'àcid clorhídric passa a clor gas.

a) Plantegeu aquesta reacció i igualeu-la pel mètode de l'ió-electró.

b) Quina ha de ser la concentració d'àcid clorhídric, en percentatge en pes, si es necessiten 19,3 mL de l'àcid d'una densitat d'1,18 g/mL perquè reaccioni amb 5,00 g de dicromat de potassi del 93,0 % de puresa?

c) Quin és el volum dels gasos obtinguts en la reacció si, recollits sobre aigua a 25 °C, la pressió observada és de 750 mmHg? La pressió de vapor de l'aigua a 25,0 °C és de 23,8 mmHg.

[Solució] b) 35,5 % ; c) 1,21 L

Problema 4.37

Una mescla de 5,00 g constituïda per clorat de potassi i clorat de liti es descompon a 600 °C en els clorurs respectius i oxigen. La mescla de clorurs es dissol en aigua i es fa reaccionar amb nitrat de plata i s'obtenen 6,685 g de clorur de plata.

a) Quin és el percentatge de clorat de liti en la mostra inicial?

b) Quin volum d'oxigen s'obtindrà si es recull sobre aigua a 25 °C i exerceix una pressió de 750 mmHg.

Dada: Pressió de vapor H_2O a 25 °C = 23,8 mmHg.

[Solució] a) 40,6 % ; b) 1,79 mL

Problema 4.38

Al laboratori es prepara tetrahidroxoaluminat de sodi, $Na[Al(OH)_4]$, a partir de la reacció següent:

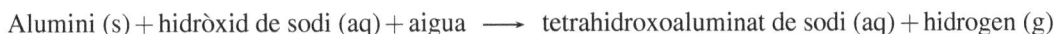

Alumini (s) + hidròxid de sodi (aq) + aigua $\longrightarrow$ tetrahidroxoaluminat de sodi (aq) + hidrogen (g)

a) Formuleu i igualeu la reacció.

Per dur a terme aquesta reacció necessitem preparar una dissolució d'hidròxid de sodi.

b) Quin és el pes d'hidròxid de sodi del 97,0 % de puresa necessari per preparar 250 mL de dissolució 1,00 mol · L^{-1} d'hidròxid de sodi.

Es mesclen els 250 mL de la dissolució 1,00 mol · L^{-1} d'hidròxid de sodi amb 13,5 g d'alumini i prou aigua per dur a terme la reacció.

c) Quin és el volum d'hidrogen (recollit sobre aigua) obtingut a 25,0 °C i 758,6 mmHg.

Dada: Pressió de vapor de l'aigua a 25 °C : 23,8 mmHg

[Solució] *b)* 10,31 g NaOH ; *c)* 9,50 L

Problema 4.39

Un procés industrial d'obtenció de sofre utilitza la reacció entre el diòxid de sofre i el sulfur d'hidrogen.

a) Escriviu les semireaccions de reducció i oxidació, i també la reacció completa igualada.

Basant-se en el procés esmentat, s'introdueix en un reactor de 30,00 L una mescla gasosa de diòxid de sofre i sulfur d'hidrogen que conté un 55,00 % de volum del diòxid, fins a una pressió de 10,00 atm a 150,0 °C.

b) Quin pes de sofre s'obtindrà, sabent que el rendiment del procés és del 80 %?

c) Quina serà la pressió del reactiu en excés sabent que la temperatura es manté constant.

[Solució] *b)* 149,7 g ; *c)* 3,24 atm

Problema 4.40

Un recipient metàl·lic de 20,00 L conté 1.600 g d'oxigen. Calculeu la temperatura a la qual es pot escalfar el recipient si les seves parets poden suportar una pressió màxima de 150,0 atm. En aquestes condicions, l'oxigen no es comporta idealment. Suposeu que segueix l'equació de Van der Waals.

Dades: constants de Van der Waals per l'oxigen: $a = 1,360$ atm · L^2 · mol^{-2};
$$b = 0,03183 \text{ L} \cdot \text{mol}^{-1}$$

[Solució]   710,8 K

Problema 4.41

Calculeu el volum d'1,000 mol d'hidrogen a 500,0 atm i 273,0 K, segons l'equació de Van der Waals.

Dades: constants de Van der Waals per l'hidrogen: $a = 0,2444$ atm · L^2 · mol^{-2};
$$b = 0,02661 \text{ L} \cdot \text{mol}^{-1}$$

[Solució]   0,06702 L

Problema 4.42

El factor de compressibilitat del monòxid de carboni a 298,0 K és de 0,9920 a la pressió de 75,00 atm i de 1,7412 a la pressió de 800,0 atm.

a) Calculeu el volum d'1,000 mol de monòxid de carboni a les pressions de 75,00 atm i 800,0 atm.

b) Calculeu el volum (a les dues pressions) suposant que el comportament del gas fos ideal, i compareu els resultats amb els de a).

c) Calculeu el volum (a les dues pressions) suposant que el gas segueix l'equació de Van der Waals, i compareu els resultats amb els de a).

Dades: constants de Van der Waals per al monòxid de carboni: $a = 1,485 \text{ atm} \cdot \text{L}^2 \cdot \text{mol}^{-2}$;
$$b = 0,03985 \text{ L} \cdot \text{mol}^{-1}$$

[Solució]   *a)* $V_{75,00}^{\text{R}} = 0,3234 \text{ L}$; $V_{800,00}^{\text{R}} = 0,04322 \text{ L}$;

b) $V_{75,00}^{\text{I}} = 0,3261 \text{ L}$; $V_{800,00}^{\text{I}} = 0,03047 \text{ L}$

c) $V_{75,00}^{\text{VdW}} = 0,3103 \text{ L}$; $V_{800,00}^{\text{VdW}} = 0,06002 \text{ L}$

Problema 4.43

Disposem d'un recipient tancat amb metanol a una temperatura de 543 K i amb una densitat de 0,0900 g $\cdot$ mL^{-1}. En aquestes condicions, el valor de la pressió, mesurada experimentalment, és de 81,9 atm.

a) Calculeu quin seria el valor de la pressió del gas si el seu comportament en aquestes condicions fos ideal, i compareu el resultat obtingut amb el mesurat experimentalment.

b) Calculeu el valor de la pressió del gas suposant que segueix l'equació de Van der Waals, i compareu-lo amb el valor trobat experimentalment.

Dades: constants de Van der Waals per al metanol: $a = 9,523 \text{ atm} \cdot \text{L}^2 \cdot \text{mol}^{-2}$;
$$b = 0,06702 \text{ L} \cdot \text{mol}^{-1}$$

[Solució]   *a)* 125 atm ;   *b)* 79,2 atm

Propietats de dissolucions

5

Una dissolució és una mescla homogènia de dos components o més. S'anomena **solut** el component minoritari, i **dissolvent** el component majoritari.

Els components d'una dissolució es barregen a nivell molecular, iònic o atòmic.

Perquè això sigui possible, les forces de cohesió en els diferents components han de ser similars. Així, es dissolen bé substàncies polars amb substàncies polars (aigua i etanol); polars amb iòniques (aigua i $NaCl$), i no polars amb no polars (benzè i toluè).

5.1 Tipus de dissolucions

Segons la quantitat de solut dissolt en el dissolvent

Saturada: conté la màxima quantitat d'un solut en un dissolvent determinat a una temperatura determinada.

Per exemple, a $25\,°C$ una dissolució saturada de nitrat de potassi conté $38,0$ g de KNO_3 en 100 g d'aigua. També es diu que la solubilitat del nitrat de potassi en aigua a $25\,°C$ és de $38,0$ g de KNO_3 en 100 g d'aigua.

No saturada o insaturada: conté una quantitat de solut inferior que la dissolució saturada.

Seguint amb l'exemple anterior, una dissolució, a $25\,°C$, que contingui $12,3$ g de KNO_3 en 100 g d'aigua és insaturada.

Sobresaturada: conté més solut que el que hi pot haver en una dissolució saturada. No són dissolucions gaire estables, i amb el temps, una part del solut se separa de la dissolució en forma de cristalls. Pot cristal·litzar de manera semblant a com succeeix en la formació de precipitats, però els sòlids formats tenen aparences diferents: els precipitats estan formats per partícules petites (polsim), mentre que els cristalls poden ser grans i amb formes geomètriques.

Exemple 1

La solubilitat del $KClO_3$ és de $0,58$ mol per litre d'aigua a $20\,°C$. Es prepara una dissolució amb $5,43$ g de $KClO_3$ en 250 g d'aigua. Indiqueu quin tipus de dissolució és. Considereu que la densitat de les dissolucions és d'1 $g \cdot mL^{-1}$).

S'han d'expressar les quantitats de la dissolució en mol de $KClO_3$ per litre d'aigua. Així es poden comparar amb el valor de la solubilitat.

$$\frac{5,43 \text{ g } KClO_3}{100 \text{ g aigua}} \cdot \frac{1 \text{ mol } KClO_3}{122,6 \text{ g } KClO_3} \cdot \frac{1 \text{ g aigua}}{1 \text{ mL aigua}} \cdot \frac{1.000 \text{ mL aigua}}{1 \text{ L aigua}} = 0,443 \text{ mol} \cdot \text{L}^{-1}$$

La dissolució és insaturada, conté menys mols (0,44) que la saturada (0,58).

Segons l'estat físic de la dissolució

Gas: dissolució de gas en gas. Per exemple, l'aire.

Líquid: Gas en líquid. Per exemple, O_2 dissolt en aigua, O_2 dissolt en sang.

Líquid en líquid. Per exemple, aigua i etanol.

Sòlid en líquid. Per exemple, glucosa, sucre, en aigua.

Sòlid: Gas en sòlid. Per exemple, H_2 en platí, que s'utilitza com a catalitzador.

Sòlid en sòlid. Per exemple, llautons, Cu/Zn.

En aquest capítol considerarem les dissolucions en estat líquid. El solut podrà ser un gas, un altre líquid o bé un sòlid. En la majoria dels casos el dissolvent serà l'aigua.

5.2 Dissolució d'un gas en un líquid. Llei de Henry

La concentració del gas (solut) en el líquid (dissolvent) és directament proporcional a la pressió que aquest gas exerceix sobre el líquid a una temperatura determinada.

$$P_{gas} = k_H \cdot \chi_{gas} \tag{5.1}$$

P_{gas} :   pressió del gas sobre el líquid

k_H :   constant de Henry del gas en el líquid

χ_{gas} :   fracció molar del gas dissolt en el líquid

El valor de k_H és propi de cada sistema gas/líquid i varia amb la temperatura.

En la taula següent es donen els valors de la constant de Henry a 25 °C, per a diferents gasos (hidrogen, nitrogen i metà) en dos dissolvents diferents: aigua i benzè:

Gas	En aigua (mmHg)	En benzè (mmHg)
Hidrogen (H_2)	$5,34 \cdot 10^7$	$2,75 \cdot 10^6$
Nitrogen (N_2)	$6,51 \cdot 10^7$	$1,79 \cdot 10^6$
Metà (CH_4)	$3,14 \cdot 10^5$	$4,27 \cdot 10^5$

Es dedueix, per exemple, que a 25 °C l'hidrogen és més soluble en benzè que en aigua, ja que la seva fracció molar serà més gran en benzè. Així mateix, la solubilitat del metà en aigua és més gran que la del nitrogen, també en aigua.

Exemple 2

Calculeu la fracció molar de N_2 dissolt en aigua a $1,0\,°C$, sabent que la pressió del gas N_2 sobre la dissolució és de $6,34$ atm. La constant de Henry a $1,0\,°C$ per al N_2 en aigua és de $5,55 \cdot 10^4$ atm.

[Solució]

S'aplica la llei de Henry per trobar la concentració de N_2 com a fracció molar:

$$P_{N_2} = k_H \cdot \chi_{N_2}$$
$$6,34 \text{ atm} = 5,55 \cdot 10^4 \text{ atm} \cdot \chi_{N_2}$$
$$\chi_{N_2} = 1,14 \cdot 10^{-4}$$

5.3 Dissolució d'un líquid en un líquid. Llei de Raoult

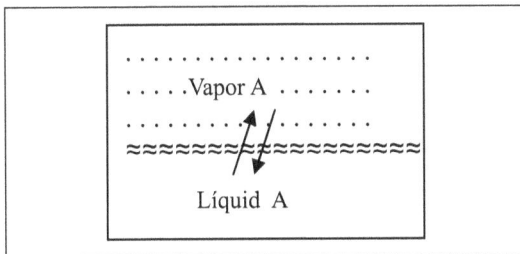

Fig. 5.1 Equilibri líquid-vapor d'un líquid, A, a una temperatura T. Es tracta d'un sistema de dues fases (líquid i vapor) d'un sol component, A.

En primer lloc recordem què és la pressió de vapor d'un líquid: quan un líquid s'evapora, les molècules que passen a la fase gasosa fan una pressió, que és la **pressió de vapor**. En augmentar la temperatura, el nombre de molècules que passen a la fase gasosa augmenta i, per tant, augmenta la pressió de vapor. A la temperatura a la qual la pressió de vapor del líquid s'iguala a la pressió atmosfèrica d'1 atm ($760,0$ mmHg), s'anomena **temperatura** o **punt normal d'ebullició del líquid**.

Per exemple, per a l'aigua:

Temperatura ($°C$)	Pressió de vapor (kPa)	Pressió de vapor (mmHg)
0	0,61129	4,59
20	2,3388	17,5
25	3,1690	23,8
50	12,344	92,6
100	101,32	760,0

En aquest cas, la temperatura normal d'ebullició de l'aigua és de $100\,°C$ quan la seva pressió de vapor és de $760,0$ mmHg.

La pressió de vapor de substàncies diferents, a la mateixa temperatura, té valors diferents.

Per exemple, a $25\,°C$:

	Pressió de vapor (kPa)	Pressió de vapor (mmHg)
Aigua (H_2O)	3,1690	23,8
Etanol (CH_3CH_2OH)	7,9	59,3
Benzè (C_6H_6)	12,7	95,3
Cloroform ($CHCl_3$)	26	195
Acetona (CH_3COCH_3)	31	232

(Dades recomanades per la IUPAC per a la calibració de la pressió de vapor:

$$1 \text{ kPa} = 0,098692 \text{ atm} = 7,5006 \text{ mmHg})$$

El líquid més volàtil és el que té la pressió de vapor més alta a la mateixa temperatura: l'acetona. També tindrà el punt d'ebullició més baix, bullirà a temperatura més baixa.

Disminució de la pressió de vapor d'una dissolució

La pressió de vapor disminueix quan s'hi afegeix un altre compost, tant si és líquid com si és sòlid: és el cas de les dissolucions.

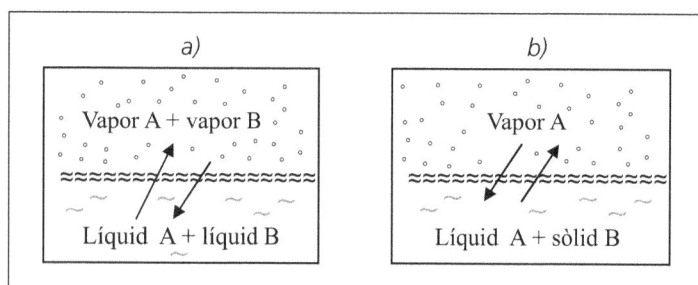

Fig. 5.2 Equilibri líquid-vapor d'una mescla de dos líquids, A i B, a una temperatura T.
a) Es tracta d'un sistema de dues fases (líquid i vapor) amb dos components (A i B) cada una.
b) També és un sistema de dues fases (líquid i vapor), però la fase vapor només té un component, A,
mentre que la fase líquida en té dos, A i B.

La pressió de vapor de cada component, (i) disminueix proporcionalment a la seva concentració:

$$P_i = P_i^{\circ} \cdot \chi_i \tag{5.2}$$

P_i : pressió de vapor del component (i) en la dissolució

P_i° : pressió de vapor del component (i), pur

X_i : fracció molar del component (i)

Aquesta és la llei de Raoult.

La pressió total de la dissolució serà la suma de les pressions de vapor de cada component:

$$P_T = \sum P_i \tag{5.3}$$

Exemple 3

Es prepara una mescla de metanol i etanol barrejant **9,9 g** del primer i **24,8 g** del segon a $20\,°C$. Calculeu la pressió parcial de cadascun i la pressió total de la dissolució.

A $20\,°C$, les pressions de vapor del metanol i de l'etanol són, respectivament, **94 mmHg** i **44 mmHg**.

Les pressions de vapor de cada component es calculen per la llei de Raoult (5.2):

$$P_i = P_i^{\circ} \cdot \chi_i$$

Primer s'han de calcular les fraccions molars:

$$\text{mescla} \begin{cases} 9,9 \text{ g metanol } CH_3OH \\ 24,8 \text{ g etanol } CH_3CH_2OH \end{cases}$$

Calculem els mols:

$$9,9 \text{ g } CH_3OH \cdot \frac{1 \text{ mol}}{32,0 \text{ g } CH_3OH} = 0,31 \text{ mol } CH_3OH$$

$$24,8 \text{ g } CH_3CH_2OH \cdot \frac{1 \text{ mol}}{46,0 \text{ g } CH_3CH_2OH} = 0,54 \text{ mol } CH_3CH_2OH$$

$$\chi_{metanol} = \frac{n_{metanol}}{n_{metanol} + n_{etanol}}$$

$$\chi_{metanol} = \frac{0,31}{0,31 + 0,54} = 0,365$$

$$\chi_{etanol} = 1 - \chi_{metanol} = 0,635$$

Ara ja es pot aplicar l'equació (5.2):

$$P_{metanol} = 94 \text{ mmHg} \cdot 0,365 = 34,31 \text{ mmHg}$$
$$P_{etanol} = 44 \text{ mmHg} \cdot 0,635 = 27,94 \text{ mmHg}$$

La pressió total és la suma $P_{metanol} + P_{etanol}$:

$$P_T = 34,31 + 27,94 = 62,25 \text{ mmHg}$$

5.4 Dissolució d'un sòlid en un líquid. Propietats col·ligatives

Els soluts són sòlids no volàtils (no tenen pressió de vapor). Estudiarem dos tipus de dissolucions segons que el solut sigui no iònic o iònic (electròlit). Ambdós tipus de dissolucions tenen propietats diferents de les del dissolvent en estat pur.

Aquestes propietats són:

- Disminució de la pressió de vapor.
- Augment del punt d'ebullició.
- Descens del punt de congelació.
- Pressió osmòtica.

Totes depenen del nombre de partícules (molècules, àtoms o ions) del solut en el dissolvent, però no de la naturalesa d'aquestes partícules de solut. S'anomenen **propietats col·ligatives.**

5.4.1 Dissolucions de sòlids no iònics

5.4.1.1 Disminució de la pressió de vapor

En afegir-hi un solut, la pressió de vapor del dissolvent disminueix (considerant que el solut no és volàtil, no té pressió de vapor). Per tant, la pressió de vapor de la dissolució és inferior a la del dissolvent pur i proporcional a la seva concentració. Es calcula amb la llei de Raoult (5.2) aplicada al dissolvent:

$$P_{dció} = P_{dt}^\circ \cdot \chi_{dt}$$

$P_{dció}$ = pressió de vapor de la dissolució

P_{dt}° = pressió de vapor del dissolvent pur

χ_{dt} = fracció molar del dissolvent (component volàtil de la dissolució)

Exemple 4

Calculeu la pressió de vapor d'una dissolució aquosa a 25 °C que conté un 1 % en mols de glicerina (compost no iònic i no volàtil).

La pressió de vapor de l'aigua a 25 °C és de 23,8 mmHg.

[Solució]

$$P_{\text{vap aigua}} = P_{H_2O}^\circ \cdot \chi_{H_2O}$$

Si conté un 1 % en mols de solut, el 99 % en mols és l'aigua, és a dir:

$$\chi_{H_2O} = 0,99$$
$$P_{H_2O} = 23,8 \text{ mmHg} \cdot 0,99 = 23,6 \text{ mmHg}$$

En la dissolució, la pressió de vapor és inferior a la del dissolvent pur $(23,6 < 23,8)$.

5.4.1.2 Descens del punt de congelació, ΔT_c

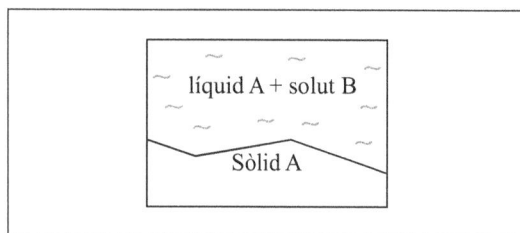

Fig. 5.3 Congelació d'una dissolució. És un sistema de dues fases (sòlida i líquida). La fase sòlida té un sol component, A, el líquid de la dissolució que s'ha congelat. La fase líquida té dos components, és la dissolució del líquid A i el solut B.

La temperatura de congelació d'una dissolució, T_c, és inferior a la temperatura de congelació del dissolvent pur, T_c°. Aquesta diferència de temperatures és proporcional a la concentració del solut. El descens ΔT_c és la diferència entre el punt de congelació del dissolvent pur (T_c°) i el punt de congelació de la dissolució (T_c). El resultat és una quantitat positiva.

$$\Delta T_c = k_c \cdot m \qquad (5.4)$$

k_c = constant crioscòpica molal del dissolvent

m = concentració molal del solut

Exemple 5

Una dissolució de glucosa en aigua es congela a −4,3 °C. Calculeu la concentració molal d'aquesta dissolució. La constant crioscòpica molal de l'aigua és d'1,86 °C · kg · mol⁻¹.

El descens del punt de congelació és $\Delta T_c = 4{,}3$ graus, ja que l'aigua pura es congela a $0\,°C$.

Apliquem la fórmula (5.4):
$$\Delta T_c = k_c \cdot m$$
$$4{,}3\,°C = 1{,}86\ \text{kg} \cdot \text{mol}^{-1} \cdot °C \cdot m$$
$$m = 2{,}31\ \text{mol etanol} \cdot \text{kg}^{-1}\ \text{aigua}$$

5.4.1.3 Augment del punt d'ebullició ΔT_e

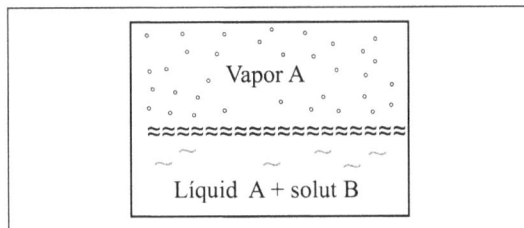

Fig. 5.4 Ebullició d'una dissolució. És un sistema de dues fases (gasosa i líquida). La fase gasosa té un sol component, A. La fase líquida té dos components, és la dissolució del líquid A i el solut B.

És el punt d'ebullició de la dissolució, T_e, menys el punt d'ebullició del dissolvent pur, T_e°. Aquest augment en la temperatura d'ebullició és proporcional a la concentració molal

$$\Delta T_e = k_e \cdot m \qquad (5.5)$$

k_e = constant ebullioscòpica molal

m = concentració molal del solut

Exemple 6

Quina és la temperatura d'ebullició de la dissolució d'etanol de l'exemple 5? Constant ebullioscòpica de l'aigua $= 0{,}53\,°C \cdot \text{kg} \cdot \text{mol}^{-1}$

$$\Delta T_e = k_e \cdot m$$
$$\Delta T_e = 0{,}53\,°C \cdot \text{kg} \cdot \text{mol}^{-1} \cdot 2{,}31\ \text{mol} \cdot \text{kg}^{-1}$$
$$\Delta T_e = 11{,}22\,°C$$

Aquest augment s'ha de sumar a la temperatura d'ebullició normal de l'aigua ($100{,}0\,°C$) per saber a quina temperatura bullirà la dissolució d'etanol:

$$100{,}0\,°C + 11{,}22\,°C = 111{,}2\,°C$$

5.4.1.4 Pressió osmòtica, Π

L'òsmosi és el pas selectiu de les molècules de dissolvent a través d'una membrana semipermeable (no deixa passar molècules del solut) des d'una dissolució diluïda fins a una altra de concentració superior. La pressió osmòtica d'una dissolució és la pressió necessària per aturar l'òsmosi.

$$\Pi = c \cdot R \cdot T \qquad (5.6)$$

c = concentració molar de la dissolució R = constant dels gasos

T = temperatura en kelvins

S'anomenen **dissolucions isotòniques** les que tenen la mateixa pressió osmòtica.

Exemple 7

La pressió osmòtica del mar és aproximadament 30 atm. Calculeu la quantitat de sacarosa ($C_{12}H_{22}O_{11}$) que s'ha de dissoldre en 500 mL d'aigua per obtenir una dissolució isotònica amb l'aigua de mar a la mateixa temperatura.

[Solució]

Perquè les dues dissolucions tinguin la mateixa pressió osmòtica, s'ha de complir:

$$\Pi_{\text{aigua mar}} = \Pi_{\text{dissolució sacarosa}}$$
$$c_{\text{aigua mar}} \cdot R \cdot T = c_{\text{dissolució sacarosa}} \cdot R \cdot T$$
$$c_{\text{aigua mar}} = c_{\text{dissolució sacarosa}}$$

A partir de la pressió osmòtica es calcula la concentració aplicant la fórmula (5.6):

$$29,36 \text{ atm} = c \cdot 0,0821 \text{ atm} \cdot L \cdot (\text{mol} \cdot K)^{-1}$$
$$c = 1,20 \text{ mol} \cdot L^{-1}$$

A partir d'aquesta concentració, es calcula la massa de sacarosa, $C_{12}H_{22}O_{11}$, en 500 mL d'aigua:

$$1,20 \frac{\text{mol sacarosa}}{L} \cdot \frac{342,0 \text{ g sacarosa}}{1 \text{ mol sacarosa}} \cdot 0,500 \text{ L} = 205,2 \text{ g sacarosa}$$

5.4.2 Dissolucions de sòlids iònics (electròlits)

El solut és un sòlid iònic i quan es dissol es dissocia en ions. És a dir, una molècula d'un electròlit se separa en dues partícules o més carregades elèctricament. Per això, les fórmules de les propietats col·ligatives anteriors s'han de multiplicar per un factor, i, anomenat **factor de Van't Hoff**, que és el nombre de partícules que hi ha en la dissolució a partir d'1 mol de solut. Si el solut no es dissocia, $i = 1$.

Els electròlits forts es dissocien totalment. Per exemple:

$$NaCl + H_2O \longrightarrow Na^+ (aq) + Cl^- (aq)$$

S'observa que una partícula, NaCl, dóna lloc a dues partícules, una de Na^+ i una altra de Cl^-. Per tant, en aquest cas, el factor de Van't Hoff és 2.

Els electròlits dèbils es dissocien parcialment. El tant per u de dissociació s'anomena **grau de dissociació** o **grau d'ionització** i es representa per α. Per un electròlit donat, α depèn de la concentració. En augmentar la dilució (és a dir, en disminuir la concentració) tendeix a 1, a estar totalment dissociat.

Per exemple, el grau de dissociació, α, d'una dissolució d'àcid acètic indica que a partir d'1 mol d'àcid es formen α mols de ions positius, H_3O^+, i α mols d'ions negatius, CH_3COO^- (acetat):

$$CH_3COOH \text{ (aq)} \ + \ H_2O \ \rightleftharpoons \ CH_3COO^- \text{ (aq)} \ + \ H_3O^+ \text{ (aq)}$$
$$1 - \alpha \qquad\qquad\qquad\qquad\qquad \alpha \qquad\qquad\qquad \alpha$$

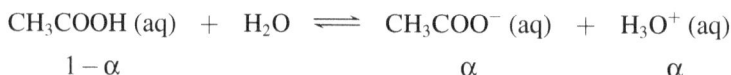

Segons això, a partir d'1 mol d'àcid acètic es formen: $(1 - \alpha)$ partícules $CH_3COOH + \alpha$ partícules $CH_3COO^- + \alpha$ partícules H_3O^+, és a dir:

$$i = 1 - \alpha + \alpha + \alpha = 1 + \alpha$$

La relació entre el factor i i el grau de dissociació depèn de cada electròlit. Per exemple:

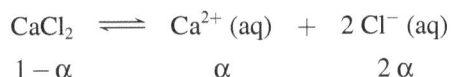

$$CaCl_2 \rightleftharpoons Ca^{2+} (aq) + 2 Cl^- (aq)$$

$$1 - \alpha \qquad\qquad \alpha \qquad\qquad 2\,\alpha$$

$$i = ((1 - \alpha) + \alpha + 2\,\alpha) = 1 + 2\,\alpha$$

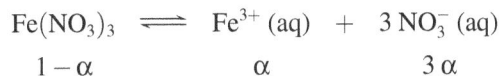

$$Fe(NO_3)_3 \rightleftharpoons Fe^{3+} (aq) + 3 NO_3^- (aq)$$

$$1 - \alpha \qquad\qquad \alpha \qquad\qquad 3\,\alpha$$

$$i = ((1 - \alpha) + \alpha + 3\alpha) = 1 + 3\alpha$$

Exemple 8

Una dissolució de clorur de coure(II) de concentració $0{,}92$ mol $\cdot$ L^{-1} està dissociada en un $3{,}9\,\%$. Quina serà la seva pressió osmòtica a $20\,°C$?

[Solució]

Escrivim l'equilibri de dissociació del $CuCl_2$:

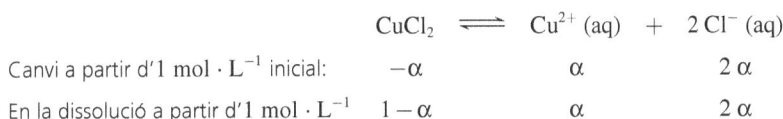

$$CuCl_2 \rightleftharpoons Cu^{2+} (aq) + 2 Cl^- (aq)$$

Canvi a partir d'1 mol $\cdot$ L^{-1} inicial:	$-\alpha$	α	$2\,\alpha$
En la dissolució a partir d'1 mol $\cdot$ L^{-1}	$1 - \alpha$	α	$2\,\alpha$

Per tant, el factor de Van't Hoff, i val:

$$i = ((1 - \alpha) + \alpha + 2\,\alpha) = 1 + 2\,\alpha$$

En aquest cas, $\alpha = 0{,}039$:

$$i = 1 + 2 \cdot 0{,}039 = 1{,}078$$

La pressió osmòtica d'aquesta dissolució a $20\,°C$ és:

$$\Pi = c \cdot i \cdot R \cdot T$$
$$\Pi = 0{,}92 \text{ mol} \cdot \text{L}^{-1} \cdot 1{,}078 \cdot 0{,}0821 \text{ atm} \cdot \text{L} \cdot \text{K}^{-1} \cdot 293 \text{ K}$$
$$\Pi = 23{,}86 \text{ atm}$$

5.5 Dissolucions reals

Hi ha dissolucions que no segueixen les lleis esmentades fins ara, és a dir, els valors calculats amb aquestes fórmules no coincideixen amb els valors determinats experimentalment. Són les anomenades **dissolucions reals** o **no ideals**.

En aquests casos, s'introdueix un factor de correcció: el **coeficient d'activitat**, representat per la lletra *gamma*, γ. El producte d'aquest factor per la concentració dóna l'**activitat** de la dissolució, que és la seva concentració efectiva. Per a dissolucions ideals, $\gamma = 1$.

Per exemple, per a una dissolució aquosa d'una concentració χ_{H_2O} :

$$P_{H_2O} = P^{\circ}_{H_2O} \cdot \chi_{H_2O} \cdot \gamma, \qquad a_{H_2O} = \chi_{H_2O} \cdot \gamma_{H_2O}$$

$$P_{H_2O} \text{ ideal} = P^{\circ}_{H_2O} \cdot \chi_{H_2O}$$

Per tant: $\quad \gamma = \dfrac{P_{real}}{P_{ideal}}$

Pel mateix sistema solut/dissolvent, el factor γ varia amb la concentració. Per a dissolucions molt diluïdes, γ tendeix a 1, és a dir, la dissolució tendeix a seguir un comportament ideal.

Exemple 9

Una dissolució que conté 1 mol de solut no volàtil i no iònic en 4,56 mol d'aigua té una pressió de vapor de 4,47 mmHg a 15 °C. A aquesta temperatura la pressió de vapor de l'aigua és de 12,79 mmHg. Calculeu el coeficient d'activitat i l'activitat de l'aigua en aquesta dissolució.

[Solució]

Calculem la fracció molar de l'aigua:

$$\chi_{H_2O} = \frac{n_{H_2O}}{n_{H_2O} + n_{solut}} = \frac{4,56}{4,56 + 1,00} = 0,820$$

La pressió de vapor, segons la llei de Raoult, és:

$$P_{H_2O} = P^{\circ}_{H_2O} \cdot \chi_{H_2O}$$
$$P_{H_2O} = 12,79 \text{ mmHg} \cdot 0,820 = 10,49 \text{ mmHg}$$

Aquest valor no coincideix amb la pressió de l'enunciat del problema, que és de 4,47 mmHg. El coeficient d'activitat és:

$$\gamma = \frac{P_{real}}{P_{ideal}} = \frac{4,41 \text{ mmHg}}{10,49 \text{ mmHg}} = 0,426$$

Calculem l'activitat:

$$a = \chi \cdot \gamma = 0,820 \cdot 0,426 = 0,349$$

És a dir, tot i que la concentració és de 0,820 mol d'aigua per a cada mol de dissolució, l'efecte real sobre la pressió de vapor ha estat el corresponent a 0,349 mol d'aigua per mol de dissolució.

Problemes resolts

Problema 5.1

La quantitat d'oxigen dissolta en aigua necessària per a la vida aquàtica és d'uns $4 \text{ mg} \cdot L^{-1}$. Quina és la pressió parcial de l'oxigen de l'aire mínima per a aconseguir aquesta concentració?

Dades: Constant de Henry per a l'oxigen en aigua a $20 °C = 3,3 \cdot 10^7$ mm

Per la llei de Henry, es calcula la pressió de O_2 que correspon a una concentració de 4 mg O_2 dissolts en 1 L d'aigua:

$$P_{O_2} = k_H \cdot \chi_{O_2}$$

La concentració s'ha d'expressar com a fracció molar:

$$\chi_{O_2} = \frac{n_{O_2}}{n_{O_2} + n_{H_2O}}$$

Calculem n_{O_2} : $\quad 4 \cdot 10^{-3} \text{ g } O_2 \cdot \dfrac{1 \text{ mol } O_2}{32{,}0 \text{ g } O_2} = 1{,}25 \cdot 10^{-4} \text{ mol } O_2$ dissolts en H_2O

Calculem n_{H_2O} tenint en compte que 1 L H_2O = 1 kg H_2O:

$$1 \text{ L } H_2O \cdot \frac{1.000 \text{ g } H_2O}{1 \text{ L } H_2O} \cdot \frac{1 \text{ mol } H_2O}{18{,}0 \text{ g } H_2O} = 55{,}55 \text{ mol } H_2O$$

$$\chi_{O_2} = \frac{1{,}25 \cdot 10^{-4}}{1{,}25 \cdot 10^{-4} + 55{,}55} = 2{,}25 \cdot 10^{-6}$$

Per tant, la pressió mínima de O_2 és:

$$P_{O_2} = 3{,}3 \cdot 10^7 \text{ mmHg} \cdot 2{,}25 \cdot 10^{-6} = 74{,}25 \text{ mmHg}$$

Problema 5.2

Una partida d'etanol s'ha contaminat amb un altre líquid desconegut. A 36 °C es mesura la pressió de vapor de la dissolució i és de 83,52 mmHg. Es determina la composició en etanol, que és el 64 % molar. Suposem comportament ideal.

a) Quina és la pressió de vapor del líquid desconegut a 36 °C?

b) Quina composició té el vapor en equilibri amb la dissolució?

Dades: A 36 °C la pressió de vapor de l'etanol és de 108 mmHg.

a) La pressió de vapor de la dissolució és deguda al vapor de l'etanol més el del líquid, X, desconegut, P_X:

$$P_{\text{dissolució}} = P_{\text{etanol}} + P_X$$

La pressió de l'etanol en la dissolució es calcula amb la llei de Raoult (5.4), sabent que la seva fracció molar és 0,64:

$$P_{\text{etanol}} = 0{,}64 \cdot 108 \text{ mmHg} = 69{,}1 \text{ mmHg}$$

A partir de la primera equació i substituint valors:

$$83{,}52 \text{ mmHg} = 69{,}1 \text{ mmHg} + P_X$$

$$P_X = 14{,}4 \text{ mmHg}$$

Aquesta és la pressió del líquid desconegut en la dissolució. La seva fracció molar és:

$$\chi_X = 1 - 0,64 = 0,36$$

Per tant, la pressió de vapor en la dissolució és:

$$P_X = P_X^\circ \cdot \chi_X$$
$$14,4 \text{ mmHg} = P_X^\circ \cdot 0,36$$
$$P_X^\circ = 40,0 \text{ mmHg}$$

b) Es tracta d'una mescla de gasos: el vapor d'etanol i el vapor de X. La pressió que exerceixen és de 83,52 mmHg en total. La que fa l'etanol és de 69,12 mmHg. Si designem per Y la fracció molar del vapor d'etanol i apliquem la llei de Dalton:

$$P_{\text{etanol}} = P_T \cdot Y_{\text{etanol}}$$
$$69,12 \text{ mmHg} = 83,52 \text{ mmHg} \cdot Y_{\text{etanol}}$$
$$Y_{\text{etanol}} = 0,83$$

Problema 5.3

Dissolem 150 mg d'una mostra de polièxid d'etilè, un polímer sintètic de fórmula $HO(CH_2CH_2O)_nH$ en 5,0 mL d'aigua. En aquest cas, n és 180. La dissolució resultant té un volum de 5,1 mL.

a) Calculeu el descens de la temperatura de congelació i la pressió osmòtica a 293 K d'aquesta dissolució i comenteu la utilitat dels dos resultats en la determinació de la massa molar del polímer.

Dades: k_c aigua $= 1,86\,°C \cdot kg \cdot mol^{-1}$

[Solució]

Calculem la massa molar i els mols del polímer:

$$1,0 + 16,0 + (12,0 + 2 \cdot 1,0 + 12,0 + 2 \cdot 1,0 + 16,0) \cdot 180 + 1,0 = 7,95 \cdot 10^3 \text{ g} \cdot mol^{-1}$$

$$150 \text{ mg} \cdot \frac{1 \text{ g}}{1.000 \text{ mg}} \cdot \frac{1 \text{ mol}}{7,95 \cdot 10^3 \text{ g}} = 1,89 \cdot 10^{-5} \text{ mol polímer}$$

Per calcular el descens del punt de congelació, primer s'ha de buscar la concentració molal:

$$\text{Dissolució} \begin{cases} \text{Solut:} \quad 1,89 \cdot 10^{-5} \text{ mol polímer} \\ \text{Dissolvent:} \quad 5 \text{ mL } H_2O \cdot \dfrac{1 \text{ g } H_2O}{1 \text{ mL } H_2O} \cdot \dfrac{1 \text{ kg } H_2O}{1.000 \text{ g } H_2O} = 5 \cdot 10^{-3} \text{ kg } H_2O \end{cases}$$

$$m = \frac{1,89 \cdot 10^{-5} \text{ mol solut}}{5 \cdot 10^{-3} \text{ kg dissolvent}} = 3,78 \cdot 10^{-3} \text{ molal}$$

$$\Delta T_c = k \cdot m = 1,86\,°C \cdot kg \cdot mol^{-1} \cdot 3,78 \cdot 10^{-3} \text{ mol} \cdot kg^{-1} = 7,03 \cdot 10^{-3}\,°C$$

És a dir, el descens és de 7 mil·ligraus, difícil de mesurar.

Ara calcularem la pressió osmòtica. En primer lloc trobem la concentració molar:

$$\text{Dissolució} \begin{cases} \text{Solut:} \quad 1,89 \cdot 10^{-5} \text{ mol polímer} \\ \text{Dissolució:} \quad 5,1 \text{ mL} = 5,1 \cdot 10^{-3} \text{ L} \end{cases}$$

$$M = \frac{1,89 \cdot 10^{-5} \text{ mol solut}}{5,1 \cdot 10^{-3} \text{ L dissolució}} = 3,70 \cdot 10^{-3} \text{ mol} \cdot \text{L}^{-1}$$

La pressió osmòtica a 293 K és:

$$\Pi = c \cdot R \cdot T$$

$$\Pi = = 3,70 \cdot 10^{-3} \text{ mol} \cdot \text{L}^{-1} \cdot 0,0821 \text{ atm} \cdot \text{L} \cdot \text{K}^{-1} \cdot \text{mol}^{-1} \cdot 293 \text{ K}$$

$$\Pi = 0,089 \text{ atm}$$

$$0,089 \text{ atm} \cdot \frac{760 \text{ mmHg}}{1 \text{ atm}} = 67,64 \text{ mmHg}$$

Aquest valor és més fàcil de mesurar que el descens en el punt de congelació, per tant la pressió osmòtica serà un mètode millor, més fiable, per calcular la massa molar del polímer.

Problema 5.4

Una mescla de sal, $NaCl$, i sucre, $C_{12}H_{22}O_{11}$, amb una massa de 12,90 g es dissol en aigua fins a 300 mL. A 25 °C, la pressió osmòtica de la dissolució és de 7,82 atm.

a) Calculeu el % en pes de $NaCl$ en la mescla.

b) A quina temperatura es congelarà aquesta dissolució?

Dades: Masses molars: $NaCl = 58,4 \text{ g} \cdot \text{mol}^{-1}$; $C_{12}H_{22}O_{11} = 342,0 \text{ g} \cdot \text{mol}^{-1}$; constant crioscòpica molal de l'aigua: $k_c = 1,86 \text{ °C} \cdot \text{kg} \cdot \text{mol}^{-1}$; densitat de la dissolució $\approx 1 \text{ g} \cdot \text{mL}^{-1}$.

[Solució]

$$12,90 \text{ g mescla} \begin{cases} x \text{ g NaCl} \\ (12,90 - x) \text{ g } C_{12}H_{22}O_{11} \end{cases}$$

a) Calculem la concentració de la dissolució a partir de la seva pressió osmòtica:

$$\Pi = c \cdot R \cdot T$$

$$7,82 \text{ atm} = c \cdot 0,0821 \text{ atm} \cdot \text{L} \cdot \text{mol}^{-1} \cdot \text{K}^{-1} \cdot 298 \text{ K}$$

$$c = 0,32 \text{ mol} \cdot \text{L}^{-1}$$

Aquesta concentració és de partícules, en general, independentment de la seva naturalesa. En aquest cas, són ions Na^+, ions Cl^- i molècules $C_{12}H_{22}O_{11}$. El $NaCl$ és un electròlit fort i, per tant, està totalment dissociat; el factor de Van't Hoff és 2. El sucre, $C_{12}H_{22}O_{11}$, no és electròlit, no està dissociat. A partir d'aquí es busca el nombre de mols de partícules que hi ha en els 300 mL, és a dir, la concentració 0,32 M:

$$\frac{x \text{ g NaCl} \cdot \dfrac{1 \text{ mol NaCl}}{58,4 \text{ g NaCl}} \cdot 2 + (12,90 - x) \text{ g } C_{12}H_{22}O_{11} \cdot \dfrac{1 \text{ mol } C_{12}H_{22}O_{11}}{342,0 \text{ g } C_{12}H_{22}O_{11}}}{0,300 \text{ L}} = 0,32 \text{ mol} \cdot \text{L}^{-1}$$

Resolem l'equació: $x = 1,86$ g NaCl.

El percentatge en la mescla és:

$$\frac{1,86 \text{ g NaCl}}{12,90 \text{ g } C_{12}H_{22}O_{11}} \cdot 100 = 14,4 \text{ % NaCl}$$

b) Si la densitat es pot considerar $1 \text{ g} \cdot \text{mL}^{-1}$, la concentració molal és igual a la concentració molar, és a dir: 0,32 molal.

Per calcular el punt de congelació, apliquem:

$$\Delta T_c = 1{,}86\,°\text{C} \cdot \text{kg} \cdot \text{mol}^{-1} \cdot 0{,}32 \text{ mol} \cdot \text{L}^{-1}$$
$$\Delta T_c = 0{,}59\,°\text{C}$$

Com que l'aigua es congela a $0\,°\text{C}$ i el descens del punt de congelació és $0{,}59\,°\text{C}$, la temperatura de congelació d'aquesta dissolució és:

$$T_c = -0{,}59\,°\text{C}$$

Com es pot observar, tant la pressió osmòtica, com el descens de la temperatura de congelació, que són propietats col·ligatives, depenen del nombre de partícules de solut que hi ha a la dissolució, sense distinció entre ions (positius i negatius) o molècules d'un tipus o un altre.

Problema 5.5

El grau de dissociació del nitrat de calci en una dissolució que conté 1,20 mol en 30,0 L d'aigua val 0,76. Calculeu el descens crioscòpic.

Dades: Constant crioscòpica molal de l'aigua: $k_c = 1{,}86\,°\text{C} \cdot \text{kg} \cdot \text{mol}^{-1}$

[Solució]

La concentració d'aquesta dissolució és:

$$\frac{1{,}20 \text{ mol Ca(NO}_3)_2}{30{,}0 \text{ kg aigua}} = 0{,}04 \text{ mol} \cdot \text{kg}^{-1}$$

Aquesta sal està dissociada parcialment: de cada mol se'n dissocien 0,76.

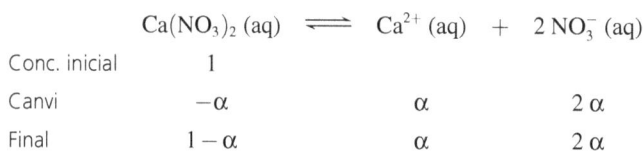

$$\text{Ca(NO}_3)_2 \text{ (aq)} \rightleftharpoons \text{Ca}^{2+} \text{ (aq)} + 2\,\text{NO}_3^- \text{ (aq)}$$

Conc. inicial	1		
Canvi	$-\alpha$	α	$2\,\alpha$
Final	$1-\alpha$	α	$2\,\alpha$

Calculem el factor de Van't Hoff: $\quad i = ((1-\alpha)+\alpha+2\,\alpha) = 1+2\,\alpha$

$$i = ((1-\alpha)+\alpha+2\,\alpha) = 1+2\,\alpha = 1+2\cdot 0{,}76 = 2{,}52$$

La concentració de partícules, entre molècules sense dissociar de $\text{Ca(NO}_3)_2$, ions Ca^{2+} i ions NO_3^-, s'obté multiplicant la concentració, $0{,}04 \text{ mol} \cdot \text{kg}^{-1}$, pel factor i. Aplicant la fórmula, s'obté el descens crioscòpic:

$$\Delta T_c = k_c \cdot m \cdot i$$
$$\Delta T_c = 1{,}86\,°\text{C} \cdot \text{kg} \cdot \text{mol}^{-1} \cdot 0{,}04 \text{ mol} \cdot \text{kg}^{-1} \cdot 2{,}52$$
$$\Delta T_c = 0{,}2 \text{ graus}$$

La temperatura de congelació ha disminuït 0,2 graus o 0,2 K.

Problemes proposats ■■■■■■■■■■■■■■■■■■■■■■■■■■■■■■■■■■■■■

☐ **Problema 5.6**

Una dissolució formada per 3,24 g d'un solut no electròlit i no volàtil bull a 100,14 °C. Calculeu la massa molar del solut.

Dades: Constant ebullioscòpica molal de l'aigua: $0,52$ °C $\cdot$ kg $\cdot$ mol^{-1}

[Solució]   64,8 g/mol

☐ **Problema 5.7**

Calculeu la massa molar del solut, sabent que una dissolució de 6,35 g d'aquest solut dissolts en 500 g d'aigua, solidifica a $-0,465$ °C.

Dades: Constant crioscòpica molal de l'aigua: $1,86$ °C $\cdot$ kg $\cdot$ mol^{-1}

[Solució]   50,8 g/mol

☐ **Problema 5.8**

A 37 °C la sang humana té una pressió osmòtica de 7,65 atm. Quants grams de glucosa, $C_6H_{12}O_6$, es necessiten per preparar 1 L de dissolució per a injeccions intravenoses que han de ser isotòniques amb la sang.

[Solució]   54,3 g

☐ **Problema 5.9**

A una temperatura determinada, un gas a 1 atm es dissol en aigua fins a una concentració de $0,02$ mol/dm^3. Calculeu la concentració de gas dissolt, si la pressió d'aquest gas en equilibri amb la dissolució fos de $3,308 \cdot 10^6$ N/m^2.

[Solució]   0,65 mol/dm^3

☐ **Problema 5.10**

a) Calculeu la pressió osmòtica a 27 °C d'una dissolució formada per 40,0 g d'urea (de massa molar $60,0$ g $\cdot$ mol^{-1}) en 550 mL d'aigua.

b) Quina és la pressió de vapor d'aquesta dissolució a 27 °C.

Dades: Pressió de vapor de l'aigua a 27 °C $= 26,74$ mmHg

[Solució]   a) 27,8 atm ; b) 26,17 mm

☐ **Problema 5.11**

La pressió de vapor de l'aigua a 25 °C és de 23,76 mmHg. Sabent que la pressió de vapor d'una dissolució que conté 5,40 g d'una substància no volàtil en 90,00 g d'aigua és de 23,28 mmHg, calculeu la massa molar del solut.

[Solució]   54,00 g/mol

Problema 5.12

A 35 °C les pressions de vapor de l'etanol i de l'aigua són, respectivament, 100,0 mmHg i 41,9 mmHg.

a) Quina és la pressió total d'una dissolució formada per 2 mol d'etanol i 6 mol d'aigua? Suposeu comportament ideal.

[Solució] 56,4 mm

Problema 5.13

A 80 °C la pressió de vapor del 1,2-dibrometà és de 173,0 mmHg i la del 1,2-dibrompropà és de 128,0 mmHg. Calculeu la pressió de vapor d'una mescla dels dos líquids formada per 60,1 g del primer compost i 49,9 g del segon.

[Solució] 156,1 mmHg

Problema 5.14

Es dissolen 0,300 g d'una substància B de massa molar 70,0 g $\cdot$ mol^{-1} en 2,00 mol d'un dissolvent A no volàtil. La dissolució resultant té una pressió de vapor de 2,50 mmHg. Calculeu la constant de la llei de Henry per a B dissolt en A.

[Solució] 1.169,2 mmHg

Problema 5.15

La dissolució de 0,24 g de sofre en 100,0 g de tetraclorur de carboni (CCl_4) disminueix en 0,28 K el punt de congelació. Calculeu:

a) La molalitat de la dissolució.
b) La massa molar del sòlid.
c) La fórmula molecular del sòlid.

Dades: Constant crioscòpica molal del $CCl_4 = 29,8$ °C $\cdot$ kg $\cdot$ mol^{-1}; massa molar del S $= 32,0$ g $\cdot$ mol^{-1}

[Solució] a) $9,39 \cdot 10^{-3}$ mol $\cdot$ kg^{-1} ; b) 255,6 g $\cdot$ mol^{-1}
c) S_8

Problema 5.16

Una dissolució de clorur de potassi que conté 0,99 g de sal en 1,00 L d'aigua, a 14 °C té una pressió osmòtica de 456 mm Hg. Calculeu-ne el grau de dissociació.

[Solució] 0,96

Problema 5.17

L'aigua de mar (a la seva superfície) conté els ions següents en la concentració indicada en ppm en massa:

Cl^-	Na^+	SO_4^{2-}	Mg^{2+}	Ca^{2+}	K^+	HCO_3^-	Br^-
18.980	10.560	2.700	1.270	400	380	140	65

Calculeu:

a) Les concentracions iòniques en molalitat.

b) La temperatura de congelació i la temperatura d'ebullició de l'aigua de mar.

Dades: constant ebullioscòpica molal de l'aigua, $k_e = 0,51\,°C \cdot kg \cdot mol^{-1}$; constant crioscòpica molal de l'aigua $= 1,86\,°C \cdot kg \cdot mol^{-1}$

> **[Solució]** *a)* $[Cl^-] = 0,554$; $[Na^+] = 0,475$; $[SO_4^{2-}] = 0,029$; $[Mg^{2+}] = 0,054$
> $[Ca^{2+}] = 0,010$; $[K^+] = 0,010$; $[HCO_3^-] = 0,002$; $[Br^-] = 0,001$
> *b)* $t_c = -2,11\,°C$; $t_e = 100,58\,°C$

☐ Problema 5.18

Una dissolució en aigua del 7,43 % en sulfat d'alumini es congela a $-0,91\,°C$. Calculeu-ne el grau de dissociació.

Dades: Constant crioscòpica molal de l'aigua $= 1,86\,°C \cdot kg \cdot mol^{-1}$

> **[Solució]** 0,27

◼ Problema 5.19

Una dissolució aquosa d'urea té una pressió de vapor de 598,04 mmHg a 30 °C.

a) Calculeu la pressió osmòtica d'aquesta dissolució a 15 °C.

b) A quina temperatura es congelarà?

Dades: Constant crioscòpica molal de l'aigua: $1,86\,°C \cdot kg \cdot mol^{-1}$; densitat de la dissolució: 1,023 g · mL^{-1}.

> **[Solució]** *a)* 38,9 atm ; *b)* $-3\,°C$

◼ Problema 5.20

Les pressions de vapor a 85 °C del bromur d'etilè, $C_2H_4Br_2$, i del 1,2-dibromopropà, $C_3H_6Br_2$, són 173,0 mmHg i 127,0 mmHg, respectivament.

a) Si es dissolen 10 g del primer compost en 80 g del segon, calculeu la pressió parcial de cada component i la pressió total a 85 °C.

b) Calculeu la composició del vapor en equilibri amb la dissolució, expressada com a fracció molar del bromur d'etilè.

> **[Solució]** *a)* 20,5 mmHg ; 112,0 mmHg ; 132,5 mmHg ; *b)* 0,155

◼ Problema 5.21

El sèrum de la sang humana es congela a $-0,56\,°C$. Calculeu la pressió osmòtica de la sang a 37 °C, suposant que 1 mL de sèrum conté 1 g d'aigua.

> **[Solució]** 7,65 atm

Problema 5.22

100 g d'una dissolució de sacarosa ($C_{12}H_{24}O_{11}$) es refreden fins a $-1\,^\circ C$. Quina quantitat de gel es formarà si la temperatura de congelació d'aquesta dissolució era de $-0,38\,^\circ C$.

Dades: Constant crioscòpica molal de l'aigua $= 1,86\,^\circ C \cdot kg \cdot mol^{-1}$

[Solució]   57,96 g

Problema 5.23

Dues dissolucions A i B són isotòniques. La dissolució A conté $40,0\ g \cdot L^{-1}$ de glucosa ($C_6H_{12}O_6$). La B, $21,9$ g d'una substància orgànica B desconeguda, en 100 cm^3. A $27\,^\circ C$, calculeu:

a) La pressió osmòtica de les dissolucions.

b) La massa molar de la substància B.

c) La molaritat de les dues dissolucions.

d) La molalitat de la dissolució de glucosa, sabent que la seva densitat és d'$1,021\ g \cdot mL^{-1}$.

[Solució]   a) 5,46 atm ; b) 986 g · mol
c) 0,222 M ; 0,222 M ; d) 0,226 m

Problema 5.24

A $40\,^\circ C$ les pressions de vapor del metanol i de l'etanol són, respectivament, $260,0$ mmHg i $135,0$ mmHg. Calculeu la composició d'una mescla líquida d'aquests dos alcohols en equilibri amb una mescla gasosa que conté un $70\,\%$ en pes de metanol.

[Solució]   54,4 % metanol

Problema 5.25

El punt normal d'ebullició del benzè és de $80\,^\circ C$. A aquesta temperatura, la pressió de vapor del toluè és de $350,0$ mmHg.

a) Calculeu les pressions parcials i la pressió total a $80\,^\circ C$ d'una dissolució que suposem ideal que conté un $20\,\%$ en mol de benzè.

b) Per quina composició de la dissolució el punt d'ebullició serà de $80\,^\circ C$ a la pressió reduïda de 500 mmHg?

c) Calculeu la composició del vapor en equilibri amb cadascuna de les dissolucions anteriors.

[Solució]   a) $P_{benzè} = 152$ mmHg ; $P_{toluè} = 280$ mmHg
$P_{total} = 432$ mmHg
b) $\chi_{benzè} = 0,366$; c) $\chi'_{benzè} = 0,560$

Problema 5.26

A $20\,^\circ C$, les pressions de vapor de l'etanol, C_2H_5OH, i de l'aigua sobre les dissolucions d'aquests dos components són les següents:

% pes de C_2H_5OH	P_{etanol} (mm)	P_{aigua} (mm)
0	0	17,5
20,0	12,6	15,9
40,0	20,7	14,7
80,0	31,2	11,3
100,0	43,6	0

a) Indiqueu les pressions de vapor dels dos components purs.

b) Calculeu l'activitat i el coeficient d'activitat de l'etanol en les dissolucions donades.

c) A quins fets es pot atribuir el comportament no ideal d'aquestes dissolucions?

[Solució] a) $P_{etanol}^\circ = 43,6$ mmHg ; $P_{aigua}^\circ = 17,5$ mmHg

b) coeficients d'activitat: 0 ; 3,37 ; 2,29 ; 1,17 i 1

activitats: 0 ; 0,290 ; 0,475 ; 0,715 i 1

Problema 5.27

A 20 °C la P_{aigua}° i la P_{etanol}° són, respectivament, 17,5 mmHg i 43,6 mm Hg.

a) Construïu la gràfica de la pressió de vapor de la dissolució, que suposem ideal, formada per aquests dos líquids respecte a la fracció molar de l'aigua. Assenyaleu a la gràfica el punt que indica la pressió de vapor d'una dissolució que conté un 40 % en mol d'aigua.

b) Calculeu la pressió de vapor de l'aigua en aquesta dissolució.

c) A 20 °C les pressions de vapor de l'etanol i de l'aigua sobre la dissolució anterior són $P_{etanol} = 31,2$ mmHg i $P_{aigua} = 11,3$ mmHg. Quin tipus de desviació respecte al comportament ideal presenta la dissolució?

d) Calculeu l'activitat i el coeficient d'activitat de l'etanol en la dissolució anterior.

[Solució]   b) 7 mmHg ; c) positives ; d) 0,715 i 1,19

Problema 5.28

Una mescla de 0,2 mol d'acetat de propil (AP) i 0,5 mol d'acetat d'isopropil (AIP) té una pressió de vapor total de 34,7 mmHg a 17 °C. Suposeu que té un comportament ideal.

a) Calculeu la pressió de vapor de l'AIP (P_{AIP}°) a aquesta temperatura.

b) Calculeu la composició del vapor sobre la dissolució.

Dades: P_{AP}° a 17 °C $= 21,5$ mmHg

[Solució]   a) $P_{AIP}^\circ = 40,0$ mmHg ; b) 0,179 i 0,821

Problema 5.29

Sabent que la constant de la llei de Henry per a l'hidrogen en aigua és de $5,51 \cdot 10^7$ mmHg a 30 °C, calculeu els mL d'hidrogen mesurats a 30 °C i 1 atm que es dissoldran en 1 mL d'aigua.

[Solució]   0,0191 mL H_2/mL aigua

Problema 5.30

La constant de Henry per a la dissolució de l'oxigen en aigua a 20 °C i a 55 °C és, respectivament, $3,55 \cdot 10^4$ i $8,68 \cdot 10^4$ atm.

a) El procés de dissolució de l'oxigen en aigua, és exotèrmic o endotèrmic? Justifiqueu breument la vostra resposta.

En una piscifactoria, a conseqüència d'una fallada tècnica en el control de la temperatura de l'aigua, aquesta augmenta des de 20 °C fins a 55 °C.

b) Expresseu en % el canvi que presenta la solubilitat de l'oxigen en aigua a causa d'aquesta contaminació tèrmica. $(P_{O_2} = 0,202 \text{ atm})$

c) Calculeu la solubilitat de l'oxigen en $mg \cdot L^{-1}$ a 55 °C. Pot causar algun problema aquesta contaminació tèrmica de l'aigua.

Considereu la dissolució molt diluïda i tingueu en compte que la quantitat mínima d'oxigen dissolt que necessiten els peixos es de $4 \text{ mg} \cdot L^{-1}$.

[**Solució**]   a) Exotèrmic ;   b) 59,10 % ;   c) 4,137 mg $\cdot L^{-1}$

Problema 5.31

a) Si el radiador d'un automòbil conté 12 L d'aigua i s'hi addicionen 5 kg d'etilenglicol, $C_2H_4(OH)_2$, quant disminuirà la temperatura de congelació?

b) Si es fes servir metanol, CH_3OH, com a anticongelant, quants kg s'hi haurien d'afegir per obtenir el mateix efecte?

c) Comenteu els resultats.

Dades: Constant crioscòpica molal de l'aigua $= 1,86 °C \cdot kg \cdot mol^{-1}$

[**Solució**]   a) 12,5 ;   b) 2,58 kg

Problema 5.32

Per determinar la massa molecular i el grau de polimerització, n, per osmometria, d'una mostra de polïoxid d'etilè, $HO(CH_2CH_2O)_nH$, es fan servir 10 mL d'una dissolució aquosa que conté 200 mg del polímer. A 26 °C, la pressió osmòtica és de 56,31 mmHg.

a) Calculeu-ne la massa molecular i el grau de polimerització.

b) Quina serà la pressió de vapor d'aquesta dissolució?

Dades: $P_{\text{vapor H}_2\text{O}}$ a 26 °C $= 25,21$ mmHg; densitat de la dissolució $= 1 \text{ g} \cdot mL^{-1}$

[**Solució**]   a) 6.618,25 g $\cdot mol^{-1}$; $n = 150$;   b) 25,18 mmHg

Problema 5.33

Per baixar la temperatura de congelació de l'aigua d'un dipòsit, es dissol una substància no iònica en un 3 % en pes. Això fa disminuir la pressió de vapor en 0,209 mmHg, a 20 °C.

a) Calculeu la massa molecular del solut.

b) Determineu la temperatura de congelació d'aquesta dissolució.

c) Per aconseguir el mateix efecte en la temperatura de congelació, però amb una concentració inferior al 3 %, quines característiques hauria de tenir el solut?

Dades: Constant crioscòpica molal de l'aigua $= 1,86 °C \cdot kg \cdot mol^{-1}$; $P_{\text{vapor H}_2\text{O}}$ a 20 °C $= 17,54$ mmHg

[**Solució**]   a) 46,72 g $\cdot mol^{-1}$;   b) $-1,23 °C$

Problema 5.34

La solubilitat del Li_2CO_3 és d'1,33 g/100 g H_2O a 20 °C, i de 0,85 g/100 g H_2O a 80 °C.

a) El procés de dissolució és exotèrmic o endotèrmic?

b) Quants mil·limols de Li_2CO_3 precipitaran quan 15,0 g d'una solució saturada a 20 °C s'escalfin a 80 °C.

[Solució]   b) 0,96 mmol

Problema 5.35

Una dissolució aquosa 2,0 M de clorur de calci és isotònica amb una dissolució 4,2 M d'un no electròlit. Calculeu el grau de dissociació de la dissolució i la concentració d'ions clorur.

[Solució]   55 % ; 2,20 mol/L

Problema 5.36

S'ha determinat la composició d'una mostra d'aigua: $[Na_2SO_4] = 0,01$ mol $\cdot$ L^{-1}, $[MgCl_2] = 0,02$ mol $\cdot$ L^{-1}. Calculeu:

a) La pressió osmòtica a 25 °C.

b) El punt de congelació, suposant que la densitat de la mostra és d'1,00 g $\cdot$ mL^{-1}.

c) Quina concentració d'un no electròlit hauria de tenir una dissolució perquè fos isotònica amb la del problema a la mateixa temperatura?

Dades: Constant crioscòpica molal de l'aigua = 1,86 °C $\cdot$ kg $\cdot$ mol^{-1}

[Solució]   a) 2,19 atm ; b) −0,17 °C ; c) 0,09 mol $\cdot$ L^{-1}

Problema 5.37

L'aigua de mar conté diverses sals dissoltes, majoritàriament $NaCl$, però també $MgCl_2$, KCl, $CaCl_2$, etc. Això equival a una concentració aproximada de 0,7 mol $NaCl$ per kg d'aigua.

En una prova pilot per dessalinitzar aigua de mar per congelació parcial, es prepara una dissolució de $NaCl$ 0,7 molal.

a) Quina serà la seva temperatura de congelació?

b) Per obtenir aigua sense sal, es refreda aquesta dissolució fins a −4 °C. Quina quantitat (en forma de gel) s'obtindrà?

Suposeu que el $NaCl$ està totalment dissociat i que el gel format no conté sal.

Dades: Constant crioscòpica molal de l'aigua = 1,86 °C $\cdot$ kg $\cdot$ mol^{-1}

[Solució]   a) −2,604 °C ; b) 0,349 kg gel

Problema 5.38

L'aigua d'una piscifactoria té una concentració en sals equivalent a 0,67 mol $\cdot$ L^{-1} de clorur de sodi.

a) Si a l'hivern s'arriba a $-2\,°C$, es podria congelar aquesta aigua?

b) Per evitar canvis tèrmics, s'hi ha instal·lat un sistema de control de temperatura que la manté a $20\,°C$. Però, a causa d'una avaria, la temperatura puja fins a $55\,°C$. Com haurà variat la quantitat d'oxigen dissolt en l'aigua i per què? Hi haurà prou oxigen per als peixos, si necessiten **4 mg** d'oxigen per L d'aigua?

Considereu que l'aire conté un $20\,\%$ en volum d'oxigen i que la pressió atmosfèrica és de $756\,\mathrm{mmHg}$.

Dades: Constant crioscòpica molal de l'aigua $= 1,86\,°C \cdot \mathrm{kg} \cdot \mathrm{mol}^{-1}$; constant de Henry per a l'oxigen en aigua a $55\,°C = 6,40 \cdot 10^{-4}\,\mathrm{mol} \cdot \mathrm{L}^{-1} \cdot \mathrm{atm}^{-1}$.

Masses atòmiques (en $\mathrm{g} \cdot \mathrm{mol}^{-1}$): $Cl = 35,5$; $Na = 23,0$; $O = 16,0$; $R = 0,0821\,\mathrm{atm} \cdot \mathrm{L} \cdot \mathrm{K}^{-1} \cdot \mathrm{mol}^{-1}$

[Solució] *a)* No. Es congela a $-2,5\,°C$; *b)* Sí

Problema 5.39

Una dissolució aquosa conté un $18\,\%$ en pes d'un solut no iònic i no volàtil, i té una densitat de $1,20\,\mathrm{g} \cdot \mathrm{mL}^{-1}$. S'ha determinat que la seva pressió de vapor a $27\,°C$ és $26,11\,\mathrm{mmHg}$.

a) Calculeu la massa molecular del solut.

b) Quina serà la pressió osmòtica d'aquesta dissolució?

c) L'anàlisi elemental del solut ha donat: $40,00\,\%$ de carboni; $6,67\,\%$ d'hidrogen i $53,33\,\%$ d'oxigen. Calculeu-ne les fórmules empírica i molecular.

Dades: Massa molecular: $C = 12,0$; $H = 1,0$; $O = 16,0\,\mathrm{g} \cdot \mathrm{mol}^{-1}$

Pressió de vapor aigua a $27\,°C = 26,7\,\mathrm{mmHg}$; $R = 0,0821\,\mathrm{atm} \cdot \mathrm{L} \cdot (\mathrm{mol} \cdot \mathrm{K})^{-1}$.

[Solució] *a)* $180,0\,\mathrm{g} \cdot \mathrm{mol}^{-1}$; *b)* $6,50\,\mathrm{atm}$; *c)* CH_2O i $C_6H_{12}O_6$

Problema 5.40

El carbonat de sodi s'utilitza en la fabricació de vidres. Es troba a la naturalesa i també es pot preparar calcinant sulfat de sodi amb carbó i pedra calcària (carbonat de calci) i s'obté el carbonat de sodi, sulfur de calci i diòxid de carboni.

a) Igualeu la reacció pel mètode de l'ió-electró.

b) Per determinar el percentatge de carbonat de calci de la pedra calcària utilitzada, s'agafa una mostra d'aquesta pedra de $9,34\,\mathrm{g}$; un cop ben triturada, es fa reaccionar amb àcid clorhídric del $35\,\%$ en pes i densitat $1,18\,\mathrm{g} \cdot \mathrm{mL}^{-1}$. S'obtenen $6,67\,\mathrm{g}$ de clorur de calci. També es formen diòxid de carboni i aigua.

　　b.1) Quin és el percentatge de puresa de la pedra calcària?

　　b.2) Quin és el volum mínim d'àcid clorhídric necessari en aquesta reacció?

c) Si a $20\,°C$ una dissolució saturada de sulfat de sodi té una pressió osmòtica de $45,8\,\mathrm{atm}$, quin és el grau de dissociació d'aquesta sal?

Dades: Solubilitat del sulfat de sodi a $20\,°C = 10,9\,\mathrm{g}$ en $100\,\mathrm{g}$ d'aigua; $R = 0,0821\,\mathrm{atm} \cdot \mathrm{L}\,(\mathrm{mol} \cdot \mathrm{K})^{-1}$.

Masses atòmiques: $H = 1,0$; $Na = 23,0$; $S = 32,0$; $O = 16,0$; $Ca = 40,1$; $Cl = 35,5$; $C = 12,0\,\mathrm{g} \cdot \mathrm{mol}^{-1}$.

[Solució] *b.1)* $64,3\,\%$; *b.2)* $10,6\,\mathrm{mL}$; *c)* $0,875$

Termoquímica

6.1 Significat d'alguns termes bàsics ▬▬▬▬▬▬▬▬▬▬▬▬▬▬▬▬▬

6.1.1 Sistema, entorn i univers

S'anomena **sistema** aquella part material de l'univers que seleccionem arbitràriament per portar a terme un estudi, un càlcul o un experiment. Tot el que hi ha al voltant d'un sistema constitueix el seu **entorn**. L'**univers** és el sistema més el seu entorn.

6.1.2 Energia. Energia interna

S'entén per **energia** la capacitat per realitzar un treball o transferir calor.

De manera general l'energia pot ser cinètica o potencial. La cinètica és la que té un cos pel fet d'estar en moviment. La potencial és la que té un sistema en virtut de la seva posició o composició.

Es poden considerar altres formes d'energia: l'elèctrica, la radiant (llum), la química i la nuclear, però aquestes, quan passem a nivells atòmics o moleculars, no són altra cosa que accepcions diverses d'energia cinètica i/o potencial.

L'**energia interna** (U) és el total d'energia de formes diverses associades a una quantitat determinada d'una substància.

6.1.3 Sistemes tancats, oberts i aïllats

Un sistema **tancat** és el que no intercanvia matèria amb l'entorn, però sí energia.

Un sistema **obert** és el que intercanvia matèria i energia amb l'entorn.

Un sistema **aïllat** és el que no intercanvia ni matèria ni energia amb l'entorn.

6.1.4 Estat d'un sistema. Variables i funcions d'estat

Quan cadascuna de les propietats d'un sistema té un valor definit, es diu que el sistema es troba en un **estat** determinat.

Les variables que fixen l'estat d'un sistema (usualment pressió, temperatura i volum) són les **variables d'estat**, les quals defineixen les **funcions d'estat**, que són les propietats d'un sistema que tenen un valor determinat per a cada estat, independentment del camí recorregut per aquest sistema en el procés de canvi.

6.1.5 Calor i treball

Tant la calor com el treball són formes de transferir energia d'un sistema a un altre. El treball és l'energia transferida per l'acció d'una força al llarg d'un desplaçament, mentre que la calor és l'energia transferida com a resultat d'una diferència de temperatura. Ni un ni l'altra són funcions d'estat, perquè els seus valors depenen del camí seguit en el procés de canvi del sistema. Altrament, l'energia d'un sistema és una funció d'estat.

6.1.6 Termoquímica

És la part de la termodinàmica que estudia les relacions entre l'energia i els canvis químics que tenen lloc en un sistema.

6.1.7 Reaccions exotèrmiques i endotèrmiques

Són **exotèrmiques** les reaccions que, en produir-se, alliberen energia en forma de calor. Són **endotèrmiques** aquelles que, quan es produeixen, absorbeixen energia del seu entorn en forma de calor.

6.2 Primer principi de la termodinamica

No és altra cosa que el principi de conservació de l'energia:

L' energia total de l'univers (sistema + entorn) és constant.

O d'una altra manera:

L'energia no es pot crear ni destruir, únicament es pot transformar d'una forma a una altra.

Es pot formular amb la relació següent: si un sistema absorbeix una quantitat de calor Q del seu entorn i, alhora, realitza sobre aquest entorn un treball W, el canvi d'energia interna (ΔU) que experimenta és:

$$\Delta U = Q - W \qquad (6.1)$$

6.3 Criteris de signes

Convencionalment, els signes algebraics per als valors de Q i W són els següents:

$Q > 0$ si el sistema absorbeix calor.
$Q < 0$ si el sistema cedeix calor.
$W > 0$ si el sistema realitza un treball sobre l'entorn.
$W < 0$ si el treball és fet per l'entorn sobre el sistema.

Segons els criteris anteriors, tenint en compte la fórmula 6.1:

$\Delta U > 0$ si l'energia del sistema augmenta.

$\Delta U < 0$ si l'energia del sistema disminueix.

6.4 Treball pressió-volum ($W_{\text{P-V}}$)

En els processos químics en què intervenen gasos, sovint tenen llocs canvis de volum i/o pressió. Aquests canvis provoquen un treball que es coneix com a **treball pressió-volum**, el més usual en les reaccions químiques. Es pot calcular mitjançant l'expressió següent:

$$W = \int_{V_1}^{V_2} P_{\text{ext}} \cdot dV \tag{6.2}$$

en què: P_{ext} = pressió externa; V_2 = volum final; V_1 = volum inicial

En un procés en què té lloc una expansió $(V_2 > V_1)$ el treball W tindrà signe positiu: el sistema realitza un treball sobre l'entorn. En un procés en què té lloc una compressió $(V_2 < V_1)$ el treball és negatiu: és l'entorn qui realitza un treball sobre el sistema.

En el cas que el procés s'efectuï mantenint-se constant la pressió externa, l'expressió del treball queda així:

$$W = P_{\text{ext}} \cdot \int_{V_1}^{V_2} dV = P_{\text{ext}} \cdot \Delta V \tag{6.3}$$

Atès que la relació entre la P_{ext} i el volum V depèn de la forma en què és realitza el procés de canvi, el treball no és una funció d'estat.

6.5 La funció entalpia (H)

L'**entalpia** (H) és una funció definida per la relació següent:

$$H = U + PV \tag{6.4}$$

Es tracta d'una funció d'estat, pel fet que les variables de les quals depèn (U, P, V) també ho són.

És impossible conèixer l'entalpia absoluta d'un sistema en un estat determinat. Únicament es poden arribar a mesurar variacions d'entalpia entre els estats inicial i final quan el sistema experimenta un procés de canvi:

$$\Delta H = H_{\text{final}} - H_{\text{inicial}}$$

En una reacció química:

$$\Delta H = H_{\text{productes}} - H_{\text{reactius}} \tag{6.5}$$

6.6 Calors de reacció

S'entén per calor de reacció l'energia en forma de calor absorbida o alliberada en una reacció química a una temperatura determinada. Es pot relacionar aquesta calor amb les funcions d'estat definides anteriorment: energia interna (U) i entalpia (H).

En efecte, en una reacció química que transcorre a volum constant (per exemple, en un recipient tancat) resulta evident que el treball (W) serà nul perquè no hi ha variació de volum $(\Delta V = 0)$. Aplicant el primer principi de la termodinàmica s'obte:

$$Q_V = \Delta U \qquad (6.6)$$

És a dir: la calor de reacció a volum constant (Q_V) és igual a la variació d'energia interna del sistema.

Ara bé, la gran majoria de reaccions tenen lloc a pressió constant (habitualment l'atmosfèrica). Si trobem el diferencial de l'entalpia a partir de la relació (6.4), obtenim:

$$dH = dU + PdV + VdP$$

Si s'integra aquesta expressió entre els estats (1) i (2) del sistema, resulta:

$$\int_{H_1}^{H_2} dH = \int_{U_1}^{U_2} dU + \int_{V_1}^{V_2} PdV + \int_{P_1}^{P_2} VdP$$

I com que el terme $\int_{P_1}^{P_2} VdP = 0$, perquè la pressió és constant, s'obté:

$$\Delta H = \Delta U + \int_{V_1}^{V_2} PdV \qquad (6.7)$$

D'acord amb el primer principi:

$$\Delta U = Q_P - \int_{V_1}^{V_2} PdV$$

$(Q_P = $ calor de reacció a pressió constant, tal com transcorre el procés)

Substituint aquest valor de ΔU en la fórmula (6.7), resulta:

$$\Delta H = Q_P - \int_{V_1}^{V_2} PdV + \int_{V_1}^{V_2} PdV$$

Simplificant:

$$Q_P = \Delta H \qquad (6.8)$$

És a dir: la calor de reacció a pressió constant (Q_P) és igual a variació d'entalpia del sistema.

Tenint en compte el criteri de signes enunciat abans, les reaccions exotèrmiques presenten variacions d'entalpia de signe negatiu, i les endotèrmiques, de signe positiu.

6.7 Relació entre ΔH i ΔU

En un procés determinat la variació d'entalpia serà: $\Delta H = \Delta U + \Delta(PV)$. Si el procés té lloc entre substàncies que evolucionen en fases condensades (sòlides i/o líquides), el valor de $\Delta(PV)$ serà zero, perquè aquestes substàncies es poden considerar incompressibles. En aquest cas, $\Delta H = \Delta U$.

Si, en canvi, es tracta de gasos, el terme $\Delta(PV)$ no es pot negligir. Si aquests gasos són ideals i la reacció transcorre a temperatura constant:

$$\Delta(PV) = \Delta n_g \cdot R \cdot T$$

En què Δn_g és la variació en el nombre de mols entre productes i reactius, tots ells en estat gasós.

Per tant, es dedueix que:

$$\Delta H = \Delta U + \Delta n_g \cdot R \cdot T \tag{6.9}$$

Exemple 1

En la reacció:

$$CO\ (g) + \tfrac{1}{2}O_2\ (g) \longrightarrow CO_2\ (g)$$

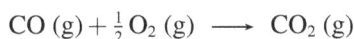

se sap que $\Delta U = -281,75$ kJ quan s'efectua a $25,0\,°C$ i 1 atm de pressió. Calculeu el valor de ΔH per al mateix procés realitzat en les mateixes condicions.

[Solució]

Es calcula la variació en el nombre de mols:

$$\Delta n_g = 1 - \left(1 + \frac{1}{2}\right) = -0,5$$

Apliquem la fórmula (6.9):

$$
\begin{aligned}
\Delta H &= \Delta U + \Delta n_g \cdot R \cdot T \\
\Delta H &= -281,75\ \text{kJ} + (-0,5)\,\text{mol} \cdot 8,314 \cdot 10^{-3}\ \text{kJ} \cdot \text{K}^{-1} \cdot \text{mol}^{-1} \cdot 298,0\ \text{K} \\
\Delta H &= -282,98\ \text{kJ}
\end{aligned}
$$

6.8 Capacitats calorífiques molars (C_V i C_P)

Quan s'escalfa una substància (sense que experimenti un canvi de fase), la seva temperatura augmenta. S'entén per **capacitat calorífica molar** d'una substància la calor necessària per augmentar $1\,°C$ (o un K) la temperatura d'un **mol** d'aquesta substància.

Segons que el procés sigui a volum constant o a pressió constant, es designa per C_V i C_P, respectivament.

A volum constant, la calor absorbida (Q_V) per n mols de substància a fi d'incrementar la seva temperatura en ΔT és:

$$Q_V = n \cdot C_V \cdot \Delta T = \Delta U \quad \text{(si } C_V \text{ no varia amb la temperatura)} \tag{6.10}$$

I a pressió constant:

$$Q_P = n \cdot C_P \cdot \Delta T = \Delta H \quad \text{(si C_P no varia amb la temperatura)} \tag{6.11}$$

C_P i C_V es relacionen segons l'expressió de Mayer:

$$C_P = C_V + R \quad (R = \text{constant dels gasos ideals}) \tag{6.12}$$

La capacitat calorífica per gram de substància és habitual anomenar-la **calor específica**.

Exemple 2

3 mols d'un gas ideal s'escalfen a pressió constant de 2,00 atm des de 127,0 K fins a 227,0 K. Trobeu els valors de la variació d'energia interna (ΔU), el treball (W), la calor (Q) i la variació d'entalpia (ΔH) que corresponen a aquest procés.

Se sap que la capacitat calorífica molar a volum constant (C_V) d'aquest gas és de 4,900 cal · mol^{-1} · K^{-1}

[Solució]

Es calcula ΔU aplicant la fórmula (6.10):

$$\Delta U = n \cdot C_V (T_2 - T_1) = 3 \text{ mol} \cdot 4{,}900 \text{ cal} \cdot \text{K}^{-1} \cdot \text{mol}^{-1} (227{,}0 - 127{,}0) \text{ J} = 1.470 \text{ cal}$$

En escalfar-se el gas a pressió constant hi haurà un increment de volum i el treball que efectuarà el sistema serà $W = P \cdot \Delta V$

Per calcular ΔV es procedeix a obtenir el volum que ocuparà el gas en cadascuna de les temperatures, aplicant l'equació dels gasos ideals:

$$P \cdot V = n \cdot R \cdot T$$
$$2{,}00 \text{ atm} \cdot V_1 = 3 \text{ mol} \cdot 0{,}0820 \text{ atm} \cdot \text{L} \cdot \text{K}^{-1} \cdot \text{mol}^{-1} \cdot 127{,}0 \text{ K}$$
$$V_1 = 15{,}6 \text{ L}$$

$$2{,}00 \text{ atm} \cdot V_2 = 3 \text{ mol} \cdot 0{,}0820 \text{ atm} \cdot \text{L} \cdot \text{K}^{-1} \cdot \text{mol}^{-1} \cdot 227{,}0 \text{ K}$$
$$V_2 = 27{,}9 \text{ L}$$

I ara es calcula el treball W:

$$\Delta V = V_2 - V_1 = 27{,}9 \text{ L} - 15{,}6 \text{ L} = 12{,}3 \text{ L}$$

$$W = P \cdot \Delta V = 2{,}00 \text{ atm} \cdot 12{,}3 \text{ L} = (24{,}6 \text{ atm} \cdot \text{L}) \cdot (0{,}101325 \text{ kJ} \cdot \text{atm}^{-1} \cdot \text{L}^{-1}) = 2{,}49 \text{ kJ}$$

Seguidament es pot trobar la calor Q a partir del primer principi de la termodinàmica:

$$Q = \Delta U + W = 1.470 \text{ cal} + 595{,}1 \text{ cal} = 2.065{,}1 \text{ cal}$$

I, finalment, tenint en compte que el procés és a pressió constant, es calcula l'increment d'entalpia a partir de la relació (6.8):

$$Q_P = \Delta H = 2.065 \text{ cal}$$

6.9 Estats i entalpies estàndard

6.9.1 Estat estàndard d'una substància

L'estat estàndard d'una substància correspon a la seva forma més estable a 1 atm de pressió (usualment, a una temperatura de $25\,°C$).

6.9.2 Entalpia estàndard de reacció ($\Delta H°$)

S'entén per entalpia estàndard d'una reacció ($\Delta H°$) la calor intercanviada quan els reactius en estat estàndard evolucionen fins a convertir-se en els productes en estat estàndard.

6.9.3 Entalpia estàndard de formació ($\Delta H_f°$)

És l'entalpia que correspon a la formació d'1 mol d'un compost a partir dels seus elements en els seus estats estàndard.

S'estableix convencionalment que l'entalpia estàndard de formació d'un element és zero, ja que la formació d'un element en el seu estat estàndard a partir d'ell mateix no implica cap mena de reacció.

6.10 Càlcul de l'entalpia estàndard de reacció ($\Delta H°$)

Segons la definició anterior i d'acord amb l'expressió (6.5), és possible calcular l'entalpia estàndard de qualsevol reacció sabent les entalpies de formació estàndard de tots els productes i reactius que intervenen en el procés:

$$\Delta H°_{reacció} = \sum \Delta H°_{f(productes)} - \sum \Delta H°_{f(reactius)} \tag{6.13}$$

en què $\Delta H_f°$ és l'entalpia de formació estàndard.

Exemple 3

Troba l'entalpia estàndard de la reacció següent, efectuada a $25\,°C$:

$$Fe_2O_3\ (s) + 3\ H_2\ (g) \longrightarrow 2\ Fe\ (s) + 3\ H_2O\ (l)$$

Dedueix si es tracta d'un procés exotèrmic o endotèrmic.

Dades: Entalpia estàndard de formació de $H_2O\ (l) = -285,8\ kJ \cdot mol^{-1}$; entalpia estàndard de formació de $Fe_2O_3\ (s) = -822,2\ kJ \cdot mol^{-1}$

[Solució]

Apliquem la fórmula (6.13), tenint en compte que tant l'hidrogen com el ferro són elements i, per tant, les seves $\Delta H_f°$ són zero:

$$\Delta H°_{(reacció)} = 3 \cdot \Delta H_f° (H_2O\ (l)) - \Delta H_f° (Fe_2O_3\ (s)) =$$
$$= 3 \cdot (-285,8\ kJ \cdot mol^{-1}) - (-822,2\ kJ \cdot mol^{-1}) = -35,20\ kJ \cdot mol^{-1}$$

Com que $\Delta H°$ té signe negatiu, es tracta d'una reacció exotèrmica.

6.11 Llei de Hess

És una conseqüència directa del fet que l'entalpia és una funció d'estat. La podem expressar segons l'enunciat següent:

La variació d'entalpia d'una reacció només depèn de la naturalesa dels reactius i els productes i és independent del camí seguit en la transformació.

Per exemple, si A reacciona amb B i es transforma en C pel camí (1), o si ho fa passant abans per D seguint el camí ($2 \longrightarrow 3$):

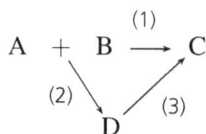

$$A \; + \; B \xrightarrow{(1)} C$$

(amb els camins (2) i (3) passant per D)

es compleix que: $\Delta H_1 = \Delta H_2 + \Delta H_3$

Aquesta llei resulta molt útil per determinar calors de reacció difícils d'obtenir experimentalment.

Exemple 4

Es vol determinar l'entalpia estàndard de reacció a $25\,°C$ de la reacció de l'etè C_2H_4 amb aigua per obtenir alcohol etílic, CH_3CH_2OH, segons l'equació termoquímica següent:

$$C_2H_4 \,(g) + H_2O \,(l) \longrightarrow CH_3CH_2OH \,(l) \quad \Delta H° = ?$$

Dades: Se saben les entalpies estàndard de les reaccions següents:

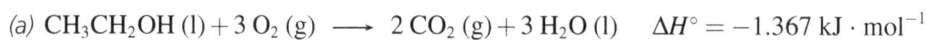

(a) $CH_3CH_2OH \,(l) + 3\,O_2 \,(g) \longrightarrow 2\,CO_2 \,(g) + 3\,H_2O \,(l) \quad \Delta H° = -1.367 \text{ kJ} \cdot \text{mol}^{-1}$

(b) $C_2H_4 \,(g) + 3\,O_2 \,(g) \longrightarrow 2\,CO_2 \,(g) + 2\,H_2O \,(l) \quad\quad\quad \Delta H° = -1.411 \text{ kJ} \cdot \text{mol}^{-1}$

[Solució]

S'aplica la llei de Hess. Observem que multiplicant l'equació *(a)* per (-1) i sumant-la a l'equació *(b)* obtenim la reacció de la qual es vol calcular l'entalpia estàndard.

Aleshores:

$$\Delta H° = (-1) \cdot (-1.367 \text{ kJ} \cdot \text{mol}^{-1}) + (-1.411 \text{ kJ} \cdot \text{mol}^{-1}) = -44,00 \text{ kJ} \cdot \text{mol}^{-1}$$

Exemple 5

Trobeu:

a) La variació d'entalpia estàndard del procés de combustió del gas butà (C_4H_{10})
b) La calor alliberada en cremar $8,00$ L d'aquest gas a $25\,°C$ i a $1,00$ atm de pressió. L'aigua s'obté en estat líquid.

Dades: Entalpies de formació estàndard: $C_4H_{10} \,(g) = -124,72$ kJ; $CO_2 \,(g) = -393,50$ kJ; $H_2O \,(l) = -285,80$ kJ

a) Reacció de combustió del C_4H_{10} (procés directe)

$$C_4H_{10} \text{ (g)} + \tfrac{13}{2} O_2 \text{ (g)} \longrightarrow 4\,CO_2 \text{ (g)} + 5\,H_2O \text{ (l)} \quad \Delta H^\circ = ?$$

Un altre camí podria ser el que passa per les etapes parcials següents:

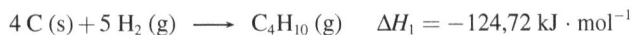

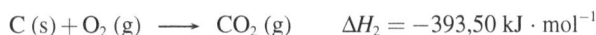

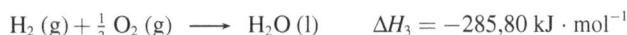

$$4\,C \text{ (s)} + 5\,H_2 \text{ (g)} \longrightarrow C_4H_{10} \text{ (g)} \quad \Delta H_1 = -124{,}72 \text{ kJ} \cdot \text{mol}^{-1}$$
$$C \text{ (s)} + O_2 \text{ (g)} \longrightarrow CO_2 \text{ (g)} \quad \Delta H_2 = -393{,}50 \text{ kJ} \cdot \text{mol}^{-1}$$
$$H_2 \text{ (g)} + \tfrac{1}{2} O_2 \text{ (g)} \longrightarrow H_2O \text{ (l)} \quad \Delta H_3 = -285{,}80 \text{ kJ} \cdot \text{mol}^{-1}$$

Multiplicant la primera primera per (-1), la segona per (4), la tercera per (5) i sumant-les totes, es reprodueix la reacció directa.

Aplicant la llei de Hess, resulta:

$$\Delta H^\circ = (-1) \cdot \Delta H_1 + (4) \cdot (\Delta H_2) + (5) \cdot (\Delta H_3) =$$
$$= (-1) \cdot (-121{,}72) \text{kJ} \cdot \text{mol}^{-1} + (4) \cdot (-393{,}5) \text{kJ} \cdot \text{mol}^{-1} + (5) \cdot (-285{,}80 \text{ kJ} \cdot \text{mol}^{-1})$$
$$\Delta H^\circ = -2.878{,}28 \text{ kJ} \cdot \text{mol}^{-1}$$

b) Calculem els mols de butà mitjançant l'equació dels gasos ideals:

$$n = \frac{P \cdot V}{R \cdot T} = \frac{1{,}00 \text{ atm} \cdot 8{,}00 \text{ L}}{0{,}0820 \cdot \dfrac{\text{atm} \cdot \text{L}}{\text{K} \cdot \text{mol}} \cdot 298 \text{ K}} = 0{,}327 \text{ mol } C_4H_{10}$$

La calor alliberada serà:

$$0{,}327 \text{ mol } C_4H_{10} \cdot \frac{2.878{,}28 \text{ kJ}}{1 \text{ mol } C_4H_{10}} = 941 \text{ kJ}$$

6.12 Entalpia d'enllaç

L'entalpia d'enllaç (o energia de dissociació) entre dos àtoms és l'energia necessària per trencar un mol $(6{,}022 \cdot 10^{23})$ dels enllaços que formen entre ells. Habitualment, les entalpies d'enllaç es prenen amb signe positiu.

Tant les molècules com els àtoms han d'estar en fase gasosa, de manera que no hi intervingui l'energia que seria necessària per trencar els enllaços intermoleculars i/o interatòmics.

Les energies d'un enllaç present en diverses molècules poliatòmiques poden variar segons la molècula on es trobi l'enllaç. Aleshores cal estimar valors mitjans, que són els que figuren habitualment en les taules de dades.

6.13 Calors de reacció i entalpies d'enllaç

En tot procés químic es produeixen una sèrie de trencaments i formacions d'enllaços entre els àtoms que hi intervenen. Es pot imaginar que la reacció té lloc en dues etapes: 1) trencament de tots els enllaços dels reactius, i 2) formació de tots els enllaços dels productes; aleshores, la calor de reacció (entalpia estàndard de reacció) ΔH_R° és:

$$\Delta H_R^\circ = \sum \text{Energia enllaços trencats} - \sum \text{Energia enllaços formats} \qquad (6.14)$$

Exemple 6

Calculeu l'energia de l'enllaç $H-Cl$, sabent que l'entalpia estàndard de reacció corresponent al procés:

$$CH_4\,(g) + Cl_2\,(g) \longrightarrow CH_3Cl\,(g) + HCl\,(g)$$

és: $\Delta H_R^\circ = -104\ \text{kJ} \cdot \text{mol}^{-1}$ i que les energies dels enllaços $C-H$, $Cl-Cl$ i $C-Cl$ són, respectivament: $413\ \text{kJ} \cdot \text{mol}^{-1}$, $243\ \text{kJ} \cdot \text{mol}^{-1}$ i $328\ \text{kJ} \cdot \text{mol}^{-1}$

[Solució]

Apliquem la fórmula (6.14):

$$\Delta H_R^\circ = \sum E\,(\text{enllaços trencats}) - \sum E\,(\text{enllaços formats})$$
$$\Delta H_R^\circ = 4 \cdot E\,(C-H) + E\,(Cl-Cl) - (3 \cdot E\,(C-H) + E\,(C-H) + E\,(H-Cl))$$
$$-104 = 4 \cdot (413) + 243 - (3 \cdot 413 + 328 + E\,(H-Cl))\ (\text{valors en kJ} \cdot \text{mol}^{-1})$$

Aïllem $E\,(H-Cl)$ i calculem: $\quad E\,(H-Cl) = 432\ \text{kJ} \cdot \text{mol}^{-1}$

Exemple 7

Calculeu l'entalpia estàndard de la reacció:

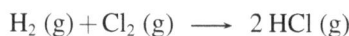

$$H_2\,(g) + Cl_2\,(g) \longrightarrow 2\,HCl\,(g)$$

Dades: les energies dels enllaços $H-H$, $Cl-Cl$ i $H-Cl$ són 436,4, 243,0 i 432,0, respectivament (en kJ/mol)

[Solució]

Reacció: $\quad H-H + Cl-Cl \longrightarrow H-Cl + H-Cl$

Apliquem la fórmula (6.14):

$$\Delta H_R^\circ = \sum E\,(\text{enllaços trencats}) - \sum E\,(\text{enllaços formats})$$
$$\Delta H_R^\circ = (436,4 + 243,0 - 2 \cdot 432,0)\,\text{kJ} \cdot \text{mol}^{-1}$$
$$\Delta H_R^\circ = -184,6\ \text{kJ} \cdot \text{mol}^{-1}$$

Problemes resolts ▬▬▬▬▬▬▬▬▬▬▬▬▬▬▬▬▬▬▬▬▬▬▬▬▬▬▬▬▬▬

Problema 6.1

Les entalpies estàndard de combustió a $25,0\,^\circ C$ del benzè líquid (C_6H_6) i del ciclohexà líquid (C_6H_{12}) són, respectivament, $-3.300,0\ \text{kJ} \cdot \text{mol}^{-1}$ i $-3.951,0\ \text{kJ} \cdot \text{mol}^{-1}$; l'entalpia estàndard de formació de l'aigua líquida és de $-285,8\ \text{kJ} \cdot \text{mol}^{-1}$. A partir d'aquestes dades, calculeu:

a) Les variacions d'entalpia estàndard i d'energia interna de la reacció d'hidrogenació del benzè en la qual s'obté ciclohexà:

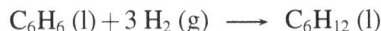

$$C_6H_6 \ (l) + 3 \ H_2 \ (g) \ \longrightarrow \ C_6H_{12} \ (l)$$

b) L'energia en forma de calor obtinguda en la combustió d'1 L de benzè de 800,00 g/L de densitat si el procés es realitza a pressió constant i a $25{,}0\,°C$.

c) La massa de ciclohexà que caldrà cremar, a pressió constant i $25{,}0\,°C$, per escalfar 100 L d'aigua des de $10\,°C$ fins a $60\,°C$, suposant que el rendiment tèrmic és del 80 %.

Dades: Calor específica de l'aigua: $1 \ cal \cdot (g \cdot grau)^{-1}$

[Solució]

a) Partint de les dades:

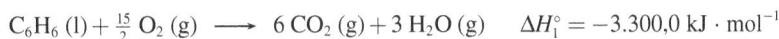

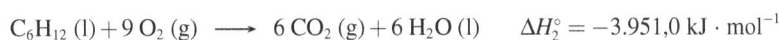

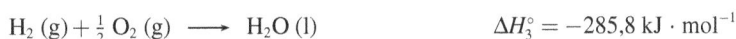

$$C_6H_6 \ (l) + \tfrac{15}{2} \ O_2 \ (g) \ \longrightarrow \ 6 \ CO_2 \ (g) + 3 \ H_2O \ (g) \qquad \Delta H_1^° = -3.300{,}0 \ kJ \cdot mol^{-1}$$

$$C_6H_{12} \ (l) + 9 \ O_2 \ (g) \ \longrightarrow \ 6 \ CO_2 \ (g) + 6 \ H_2O \ (l) \qquad \Delta H_2^° = -3.951{,}0 \ kJ \cdot mol^{-1}$$

$$H_2 \ (g) + \tfrac{1}{2} \ O_2 \ (g) \ \longrightarrow \ H_2O \ (l) \qquad \Delta H_3^° = -285{,}8 \ kJ \cdot mol^{-1}$$

La reacció d'hidrogenació del benzè és:

$$C_6H_6 \ (l) + 3 \ H_2 \ (g) \ \longrightarrow \ C_6H_{12} \ (l) \qquad \Delta H^° = ?$$

Apliquem la llei de Hess:

Multiplicant la primera reacció per (1), la segona per (-1) i la tercera per (3), es reprodueix la reacció d'hidrogenació del benzè. Aleshores:

$$\Delta H^° = (1) \cdot \Delta H_1^° + (-1) \cdot \Delta H_2^° + (3) \cdot \Delta H_3^°$$

$$\Delta H^° = (1) \cdot (-3.300{,}0) + (-1) \cdot (-395{,}0) + (3) \cdot (-285{,}8) \ (\text{valors en } kJ \cdot mol^{-1})$$

$$\Delta H^° = -206{,}4 \ kJ \cdot mol^{-1}$$

Per calcular la variació d'energia interna (ΔU) aplicarem la relació:

$$\Delta U = \Delta H - \Delta n \cdot R \cdot T$$

En aquest cas, $\Delta n = -3$.

$$\Delta U = -206{,}4 \ kJ \cdot mol^{-1} - (-3) \cdot 8{,}314 \cdot 10^{-3} \ kJ \cdot mol^{-1} \ K^{-1} \cdot 298{,}0 \ K$$

$$\Delta U = -108{,}9 \ kJ \cdot mol^{-1}$$

b)
$$\frac{800{,}00 \ g \ C_6H_6}{1 \ L} \cdot \frac{1 \ mol \ C_6H_6}{78 \ g \ C_6H_6} \cdot \frac{3.300{,}0 \ kJ}{1 \ mol \ C_6H_6} = 33.846 \ kJ$$

c) La calor de combustió del C_6H_6 ha de ser igual a la calor guanyada per l'aigua.

Com que 100 L de H_2O equivalen a 100 kg de H_2O i la calor específica és la capacitat calorífica per cada gram de substància, s'obté:

$$100 \text{ kg H}_2\text{O} \cdot \frac{10^3 \text{ g H}_2\text{O}}{1 \text{ kg H}_2\text{O}} \cdot 1 \text{ cal} \cdot \text{g}^{-1} \cdot {}^\circ\text{C}^{-1} \cdot (60-10)\,{}^\circ\text{C} \cdot \frac{4{,}18 \text{ J}}{1 \text{ cal}} = 20.900 \text{ kJ}$$

Així, doncs, la massa de ciclohexà que caldrà cremar serà:

$$x \text{ mol} \cdot \text{C}_6\text{H}_{12} \cdot \frac{3.951{,}0 \text{ kJ}}{1 \text{ mol C}_6\text{H}_{12}} \cdot \frac{80}{100} = 20.900 \text{ kJ}$$

$$x = 6{,}6122 \text{ mol C} \cdot \frac{84 \text{ g C}_6\text{H}_{12}}{1 \text{ mol C}_6\text{H}_{12}} = 555{,}42 \text{ g}$$

Problema 6.2

El metanol, CH_3OH, és una substància química que a $25{,}00\,{}^\circ\text{C}$ es troba en estat líquid. En la seva combustió, podem observar experimentalment que per cada mil·lilitre de metanol cremat dins un reactor, a volum constant i a $25{,}00\,{}^\circ\text{C}$, s'obtenen $18{,}00$ kJ en forma de calor despresa. L'aigua s'obté en estat líquid. Calculeu:

a) La variació d'energia interna del procés, indicada per cada mol de metanol.

b) El treball que s'ha produït en la combustió anterior.

c) La calor que s'alliberarà en cremar 1 L de metanol a l'aire lliure (a $25{,}00\,{}^\circ\text{C}$ i 1 atm) i el treball que acompanya aquest procés de combustió en aquestes condicions.

d) L'energia necessària per formar 1 mol de metanol a partir dels seus elements en condicions estàndard.

Dades: Densitat metanol $= 790{,}00$ kg/m^3; entalpies estàndard de formació: CO_2 (g) $= -393{,}5$ kJ $\cdot$ mol; H_2O (l) $= -285{,}8$ kJ $\cdot$ mol^{-1}

[Solució]

a) Reacció de combustió del metanol

$$CH_3OH \text{ (l)} + \tfrac{3}{2} O_2 \text{ (g)} \longrightarrow CO_2 \text{ (g)} + 2 H_2O \text{ (l)}$$

Com que la calor transferida a volum constant és la variació d'energia interna:

$$\Delta U = -\frac{18{,}00 \text{ kJ}}{1 \text{ mL}} \cdot \frac{10^6 \text{ mL}}{1 \text{ m}^3} \cdot \frac{1 \text{ m}^3}{790{,}00 \text{ kg}} \cdot \frac{1 \text{ kg}}{1.000 \text{ g}} \cdot \frac{32 \text{ g CH}_3\text{OH}}{1 \text{ mol CH}_3\text{OH}} = -729{,}11 \text{ kJ} \cdot \text{mol}^{-1}$$

El signe negatiu és degut al fet que la calor és despresa.

b) Treball: $W = 0$, ja que $\Delta V = 0$

c) Es calcula primer la calor alliberada per mol a pressió constant (1 atm), que serà ΔH.

Variació en el nombre de mols (en estat gasós): $\Delta n = 1 - \tfrac{3}{2} = -0{,}5$

Apliquem la fórmula (6.9):

$$\Delta H = \Delta U + \Delta n \cdot R \cdot T = -72.9110 \text{ J} \cdot \text{mol}^{-1} + (-0{,}5) \cdot 8{,}314 \text{ J} \cdot \text{mol}^{-1} \cdot \text{K}^{-1} \cdot 298{,}00 \text{ K}$$

$$\Delta H = -730.348 \text{ J} \cdot \text{mol}^{-1} = -730{,}348 \text{ kJ} \cdot \text{mol}^{-1}$$

I per cada litre:

$$\frac{790{,}00 \text{ g CH}_3\text{OH}}{1 \text{ L}} \cdot \frac{1 \text{ mol CH}_3\text{OH}}{32 \text{ g CH}_3\text{OH}} \cdot \frac{-730{,}348 \text{ kJ}}{1 \text{ mol CH}_3\text{OH}} = -18.030 \text{ kJ} \cdot \text{L}^{-1}$$

El treball que acompanya aquest procés és:

$$W = P \cdot \Delta V = \Delta n \cdot R \cdot T = (-0{,}5) \cdot 8{,}3144 \text{ J} \cdot \text{mol}^{-1} \cdot \text{K}^{-1} \cdot 298{,}00 \text{ K} = -1.238{,}8 \text{ J} \cdot \text{mol}^{-1}$$

I per cada litre:

$$W_{\text{litre}} = -\frac{-1.238{,}8 \text{ J}}{1 \text{ mol CH}_3\text{OH}} \cdot \frac{1 \text{ mol CH}_3\text{OH}}{32 \text{ g CH}_3\text{OH}} \cdot \frac{790{,}00 \text{ g CH}_3\text{OH}}{1 \text{ L}} = -30{,}582 \text{ kJ} \cdot \text{L}^{-1}$$

d) Formació del metanol:

$$\text{C (s)} + \tfrac{1}{2} \text{O}_2 \text{ (g)} + 2 \text{ H}_2 \text{ (g)} \longrightarrow \text{CH}_3\text{OH (l)} \quad \Delta H_f^\circ = ?$$

Per les dades, se sap:

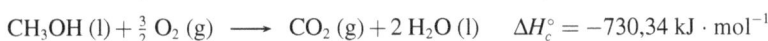

$$\text{C (s)} + \text{O}_2 \text{ (g)} \longrightarrow \text{CO}_2 \text{ (g)} \qquad \Delta H_f^\circ (\text{CO}_2 \text{ (g)}) = -393{,}5 \text{ kJ} \cdot \text{mol}^{-1}$$

$$\text{H}_2 \text{ (g)} + \tfrac{1}{2} \text{O}_2 \text{ (g)} \longrightarrow \text{H}_2\text{O (l)} \qquad \Delta H_f^\circ (\text{H}_2\text{O (l)}) = -285{,}8 \text{ kJ} \cdot \text{mol}^{-1}$$

$$\text{CH}_3\text{OH (l)} + \tfrac{3}{2} \text{O}_2 \text{ (g)} \longrightarrow \text{CO}_2 \text{ (g)} + 2 \text{ H}_2\text{O (l)} \quad \Delta H_c^\circ = -730{,}34 \text{ kJ} \cdot \text{mol}^{-1}$$

Multiplicant la primera per (1), la segona per (2) i la tercera per (-1) i sumant, es reprodueix la reacció de formació del metanol.

Aleshores:

$$\Delta H_f^\circ (\text{CH}_3\text{OH (l)}) = (1) \cdot \Delta H_f^\circ (\text{CO}_2 \text{ (g)}) + 2 \cdot \Delta H_f^\circ (\text{H}_2\text{O(l)}) + (-1) \cdot \Delta H_c^\circ (\text{CH}_3\text{OH (l)})$$

$$\Delta H_f^\circ (\text{CH}_3\text{OH (l)}) = (1) \cdot (-393{,}5) + (2) \cdot (-285{,}8) + (-1) \cdot (-730{,}34) \text{ (valors en kJ} \cdot \text{mol}^{-1})$$

$$\Delta H_f^\circ (\text{CH}_3\text{OH (l)}) = -234{,}7 \text{ kJ}$$

Problema 6.3

L'àcid oxàlic $(\text{C}_2\text{O}_4\text{H}_2)$ és una substància química que a $25{,}00\,°C$ es troba en estat sòlid. En la seva combustió, podem observar experimentalment que per cada gram d'àcid oxàlic cremat dins un reactor a volum constant i a $25{,}00\,°C$ s'obtenen $2.834{,}00 \text{ J}$ en forma de calor despresa. L'aigua s'obté en estat líquid. Calculeu:

a) La variació d'energia interna del procés indicat, per cada mol d'àcid oxàlic.

b) El treball que s'ha produït en la combustió anterior.

c) El calor que s'alliberarà en cremar 1 g d'àcid a l'aire lliure (a $25{,}00\,°C$ i 1 atm) i el treball que acompanya aquest procés de combustió en aquestes condicions.

d) L'energia necessària per formar 1 mol d'àcid oxàlic a partir dels seus elements en condicions estàndard.

Dades: Entalpies estàndard de formació: $\text{CO}_2 \text{ (g)} = -393{,}5 \text{ kJ} \cdot \text{mol}^{-1}$;

$$\text{H}_2\text{O (l)} = -285{,}8 \text{ kJ} \cdot \text{mol}^{-1}$$

a) Reacció de combustió de l'àcid oxàlic

$$C_2O_4H_2 \text{ (s)} + \tfrac{1}{2} O_2 \text{ (g)} \longrightarrow 2\,CO_2 \text{ (g)} + H_2O \text{ (l)}$$

$$\Delta U = \frac{-2.834,00 \text{ J}}{\text{g } C_2O_4H_2} \cdot \frac{90 \text{ g } C_2O_4H_2}{1 \text{ mol } C_2O_4H_2} = -255.060 \text{ J} \cdot \text{mol}^{-1}$$

El signe és negatiu perquè és una calor despresa.

b) $W = 0$, perquè $\Delta V = 0$.

c) S'aplica la fórmula (6.9):

$$\Delta H = \Delta U + \Delta n \cdot R \cdot T \quad \text{en què } \Delta n = 2 - \tfrac{1}{2} = 1,5$$

$$\Delta H = -255.060 \text{ J} \cdot \text{mol}^{-1} + (1,5) \cdot 8,31447 \text{ J} \cdot \text{K}^{-1} \cdot \text{mol}^{-1} \cdot 298,00 \text{ K}$$

$$\Delta H = -251.343 \text{ J} \cdot \text{mol}^{-1}$$

Per cada gram d'àcid:

$$\frac{-251.343 \text{ J} \cdot \text{mol}^{-1}}{90 \text{ g} \cdot \text{mol}^{-1}} = -2.792,7 \text{ J} \cdot \text{g}^{-1} \text{ és la calor alliberada}$$

El treball que acompanya aquest procés és:

$$W = P \cdot \Delta V = \Delta n \cdot R \cdot T = 1,5 \cdot 8,31447 \text{ J} \cdot \text{K}^{-1} \cdot \text{mol}^{-1} \cdot 298,00 \text{ K}$$

$$W = 3.716,56 \text{ J} \cdot \text{mol}^{-1}$$

I per gram d'àcid:

$$\frac{3.716,56 \text{ J} \cdot \text{mol}^{-1}}{90 \text{ g} \cdot \text{mol}^{-1}} = 41,2951 \text{ J} \cdot \text{g}^{-1}$$

d) $2\,C \text{ (s)} + 2\,O_2 \text{ (g)} + H_2 \text{ (g)} \longrightarrow C_2O_4H_2 \text{ (s)} \quad \Delta H_f^{\circ} = $ valor que hem de calcular

Sabem:

$$C \text{ (s)} + O_2 \text{ (g)} \longrightarrow CO_2 \text{ (g)} \qquad \Delta H_1^{\circ} = -393,5 \text{ kJ} \cdot \text{mol}^{-1}$$

$$H_2 \text{ (g)} + \tfrac{1}{2} O_2 \text{ (g)} \longrightarrow H_2O \text{ (l)} \qquad \Delta H_2^{\circ} = -285,8 \text{ kJ} \cdot \text{mol}^{-1}$$

$$C_2O_4H_2 \text{ (s)} + \tfrac{1}{2} O_2 \text{ (g)} \longrightarrow 2\,CO_2 \text{ (g)} + H_2O \text{ (l)} \qquad \Delta H_3^{\circ} = -251,34 \text{ kJ} \cdot \text{mol}^{-1}$$

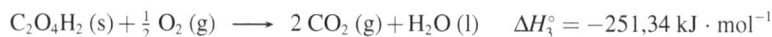

Apliquem la llei de Hess:

$$\Delta H_f^{\circ} = (2) \cdot \Delta H_1^{\circ} + (1) \cdot \Delta H_2^{\circ} + (-1) \cdot \Delta H_3^{\circ}$$

$$\Delta H_f^{\circ} = (2) \cdot (-393,5 \text{ kJ} \cdot \text{mol}^{-1}) + (1) \cdot (-285,8 \text{ kJ} \cdot \text{mol}^{-1}) + (-1) \cdot (-251,34 \text{ kJ} \cdot \text{mol}^{-1})$$

$$\Delta H_f^{\circ} = -821,4 \text{ kJ} \cdot \text{mol}^{-1}$$

Problema 6.4

Per a la reacció d'oxidació de l'etanol a àcid acètic:

$$CH_3CH_2OH \text{ (l)} + O_2 \text{ (g)} \longrightarrow CH_2COOH \text{ (l)} + H_2O \text{ (l)}$$

a) Calculeu l'entalpia de la reacció sabent que en la combustió d'1 g d'etanol i 1 g d'àcid acètic en condicions estàndard es desprenen, respectivament, 29,830 J i 14,50 J. L'aigua queda en estat líquid.

b) Calculeu el volum d'etanol que caldrà cremar per escalfar 1 L d'aigua des de 10 °C fins a 30 °C suposant que el rendiment tèrmic sigui del 75 %.

Dades: Densitat etanol = 0,78900 g · mL^{-1}; calor específica de l'aigua = 4,184 J · g^{-1} · °C^{-1}

[Solució]

Reacció d'oxidació de l'etanol a àcid acètic:

$$CH_3CH_2OH \text{ (l)} + O_2 \text{ (g)} \longrightarrow CH_3COOH \text{ (l)} + H_2O \text{ (l)} \quad \Delta H° = ?$$

a) Combustió de l'etanol:

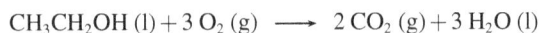

$$CH_3CH_2OH \text{ (l)} + 3\,O_2 \text{ (g)} \longrightarrow 2\,CO_2 \text{ (g)} + 3\,H_2O \text{ (l)}$$

$$-29,830\,\frac{J}{g} \cdot \frac{46,068\,g}{1\,mol} = -1.374,2\,J \cdot mol^{-1} = \Delta H_1°$$

Combustió de l'àcid acètic:

$$CH_3COO \text{ (l)} + 2\,O_2 \text{ (g)} \longrightarrow 2\,CO_2 \text{ (g)} + 2\,H_2O \text{ (l)}$$

$$-14,50\,\frac{J}{g} \cdot \frac{60,05\,g}{1\,mol} = -870,7\,J \cdot mol^{-1} = \Delta H_2°$$

Multiplicant la primera per (1) i la segona per (-1) i sumant, s'obté la reacció directa. Per tant:

$$\Delta H° = -1.374,2\,J \cdot mol^{-1} - (-870,7\,J \cdot mol^{-1})$$
$$\Delta H° = -503,5\,J \cdot mol^{-1}$$

b) Si el rendiment és del 75 %, en la combustió d'1 mol d'etanol s'alliberaran:

$$-1.374,2\,J \cdot \frac{75}{100} = -1.030,65\,J$$

Com que 1 L H$_2$O equival a 1.000 g H$_2$O i $\Delta T = 30\,°C - 10\,°C = 20\,°C$; i la calor específica de l'aigua és 4,184 J · g^{-1} · °C^{-1}, aleshores, la calor necessària per escalfar 1 L d'aigua des de 10 °C fins a 30 °C és:

$$Q = m \cdot C_e \cdot \Delta T = 1.000\,g \cdot 4,184\,J \cdot g^{-1} \cdot °C^{-1} \cdot 20\,°C = 83.680\,J$$

I el volum d'etanol:

$$83.680\,J \cdot \frac{1\,mol\,CH_3CH_2OH}{1.030,65\,J} \cdot \frac{46,068\,g\,CH_3CH_2OH}{1\,mol\,CH_3CH_2OH} \cdot \frac{1\,mL}{0,78900\,g\,CH_3CH_2OH} = 4.740,6\,mL\text{ d'etanol}$$

Problema 6.5

Una partida d'àcid salicílic ($C_7O_3H_6$), que s'ha d'utilitzar en la fabricació comercial de l'aspirina, es creu que s'ha contaminat accidentalment amb òxid bòric (pols blanca igual que l'àcid salicílic). Per comprovar-ho es crema una mostra de 3,556 g d'àcid salicílic contaminat, en una bomba calorimètrica, i s'observa un augment de 4,327 graus de temperatura en la bomba.

La calor de combustió de l'àcid salicílic a $25\,°C$ és $3,02 \cdot 10^3$ kJ $\cdot$ mol^{-1} quan el procés té lloc en una bomba calorimètrica, de capacitat calorífica 13,62 kJ $\cdot$ grau^{-1}. Sabent que l'òxid bòric no crema a la bomba calorimètrica i que l'aigua s'obté en estat líquid, calculeu:

a) El tant per cent en pes d'òxid bòric a la mostra.

b) La calor normal de combustió i la ΔH_f° de l'àcid salicílic a $25\,°C$.

c) Comenteu per què no crema l'òxid bòric a la bomba calorimètrica.

Dades: $\Delta H_f^\circ\, CO_2$ (g) $= -393,5$ kJ $\cdot$ mol^{-1}; $\Delta H_f^\circ\, H_2O$ (l) $= -285,8$ kJ $\cdot$ mol^{-1}

[Solució]

a) Reacció de combustió de l'àcid salicílic:

$$C_7O_3H_6\ (s) + 7\,O_2\ (g) \longrightarrow 7\,CO_2\ (g) + 3\,H_2O\ (l)$$

Si el procés té lloc en una bomba calorimètrica (recipient tancar hermèticament), el volum roman constant. Per tant: $\Delta V = 0$ i $Q_V = \Delta U$

$$\Delta U = Q_V = 13,62 \text{ kJ} \cdot \text{grau}^{-1} \cdot 4,327 \text{ graus} = 58,93 \text{ kJ}$$

Com que l'òxid bòric no crema en la bomba calorimètrica, el resultat anterior ens permet calcular la massa d'àcid salicílic que ha cremat:

$$58,93 \text{ kJ} \cdot \frac{1 \text{ mol } C_7O_3H_6}{3,02 \cdot 10^3 \text{ kJ}} \cdot \frac{138,1 \text{ g } C_7O_3H_6}{1 \text{ mol } C_7O_3H_6} = 2,694 \text{ g } C_7O_3H_6$$

I el tant per cent d'òxid bòric serà:

$$\% \text{ òxid bòric} = \frac{3,556 \text{ g mostra} - 2,694 \text{ g } C_7O_3H_6}{3,556 \text{ g mostra}} = 24,24\,\%$$

b) Entalpia estàndard de combustió (calor normal de combustió)

En la reacció de combustió de l'àcid salicílic, s'observa que Δn (g) $= 0$. Això implica que $\Delta H = \Delta U$:

Aleshores: $\Delta H_{\text{combustió}}^\circ = -3,02 \cdot 10^3$ kJ $\cdot$ mol^{-1}

El signe negatiu és degut al fet que la calor és despresa.

Entalpia de formació estàndard de l'àcid salicílic:

Reacció de formació de l'àcid salicílic:

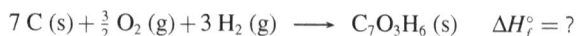

$$7\,C\ (s) + \tfrac{3}{2}\,O_2\ (g) + 3\,H_2\ (g) \longrightarrow C_7O_3H_6\ (s) \quad \Delta H_f^\circ = ?$$

Apliquem la llei de Hess:

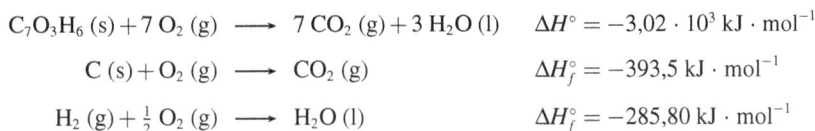

$$C_7O_3H_6 \text{ (s)} + 7\, O_2 \text{ (g)} \longrightarrow 7\, CO_2 \text{ (g)} + 3\, H_2O \text{ (l)} \quad \Delta H° = -3{,}02 \cdot 10^3 \text{ kJ} \cdot \text{mol}^{-1}$$

$$C \text{ (s)} + O_2 \text{ (g)} \longrightarrow CO_2 \text{ (g)} \qquad\qquad \Delta H_f° = -393{,}5 \text{ kJ} \cdot \text{mol}^{-1}$$

$$H_2 \text{ (g)} + \tfrac{1}{2} O_2 \text{ (g)} \longrightarrow H_2O \text{ (l)} \qquad\qquad \Delta H_f° = -285{,}80 \text{ kJ} \cdot \text{mol}^{-1}$$

Multiplicant la primera per (-1), la segona per (7), la tercera per (3) i sumant-les totes, s'obté la reacció de formació de l'àcid salicílic. Aleshores (valors en $\text{kJ} \cdot \text{mol}^{-1}$):

$$\Delta H_f° (C_7O_3H_6) = (-1)(-3{,}02 \cdot 10^3) + (7)(-393{,}5) + (3)(-285{,}80)$$

$$\Delta H_f° (C_7O_3H_6) = -591{,}90 \text{ kJ} \cdot \text{mol}^{-1}$$

c) Tota combustió és una oxidació per a la substància que es crema. En l'òxid bòric (B_2O_3) el bor té un grau d'oxidació $+3$. Per a aquest element no és possible un grau d'oxidació més alt. Així, doncs, no es crema.

Problemes proposats

Problema 6.6

Calculeu el valor de l'entalpia estàndard del procés de combustió de l'àcid acètic, $C_2O_2H_4$, a partir dels valors de les entalpies estàndard de formació de l'àcid acètic, del diòxid de carboni (gas) i de l'aigua en estat líquid, que són $-487{,}0$, $-393{,}5$ i $-285{,}8$, respectivament (en $\text{kJ} \cdot \text{mol}^{-1}$).

En el procés de combustió de l'àcid acètic, els estats físics del diòxid de carboni i de l'aigua formats són, respectivament, gasós i líquid.

[**Solució**] $-871{,}6 \text{ kJ} \cdot \text{mol}^{-1}$

Problema 6.7

En cremar 1 mol d'alcohol metílic (o metanol) a 298 K i volum constant, d'acord amb la reacció:

$$CH_3OH \text{ (l)} + \tfrac{3}{2} O_2 \longrightarrow CO_2 \text{ (g)} + 2\, H_2O \text{ (l)}$$

es desprenen 725,9 kJ.

a) Determineu la variació d'entalpia de la reacció.

b) Calculeu l'entalpia estàndard de formació del metanol líquid a 298 K.

Dades: $\Delta H_f° (CO_2 \text{ (g)}) = -393{,}5 \text{ kJ} \cdot \text{mol}^{-1}$; $\Delta H_f° (H_2O \text{ (l)}) = -285{,}8 \text{ kJ} \cdot \text{mol}^{-1}$

[**Solució**]   a) 727,1 kJ ; b) $-238{,}0 \text{ kJ} \cdot \text{mol}^{-1}$

Problema 6.8

L'entalpia estàndard de combustió del gas propà, C_3H_8, a 25 °C és $-2.218 \text{ kJ} \cdot \text{mol}^{-1}$ quan es forma aigua en estat líquid. Calculeu:

a) L'entalpia estàndard de formació del gas propà a 25 °C

b) L'entalpia estàndard de combustió del gas propà a 25 °C suposant que en aquesta reacció l'aigua s'obté en estat gasós.

Dades: entalpia estàndard de formació del CO_2 (g) $= -393{,}5$ kJ $\cdot$ mol^{-1}; entalpia estàndard de formació de H_2O (l) $= -285{,}8$ kJ $\cdot$ mol^{-1}. Entalpia estàndard de formació de H_2O (g) $= -241{,}7$ kJ $\cdot$ mol^{-1}

[Solució]   *a)* $-105{,}7$ kJ $\cdot$ mol^{-1} ; *b)* $-2.041{,}6$ kJ

☐ Problema 6.9

Per a la reacció d'oxidació del metanol a àcid fòrmic:

$$CH_3OH\ (l) + O_2\ (g) \longrightarrow HCOOH\ (l) + H_2O\ (l)$$

a) Calculeu l'entalpia de la reacció si en la combustió d'1,00 g de metanol i 1,00 g d'àcid fòrmic en condicions estàndard es desprenen, respectivament, 22,67 kJ i 8,990 kJ. L'aigua formada queda en estat líquid.

b) Calculeu el volum de metanol que caldrà cremar per escalfar 5,00 L d'aigua des de 15 °C fins a 85 °C suposant que el rendiment de l'operació és del 80 %.

Dades: densitat metanol $= 0{,}7920$ g $\cdot$ mL^{-1}; calor específica $= 1{,}00$ cal $\cdot$ (g $\cdot$ grau)$^{-1}$

[Solució]   *a)* $-311{,}9$ kJ $\cdot$ mol^{-1} ; *b)* 101,8 mL

▪ Problema 6.10

En una bomba calorimètrica de 0,8 L, s'han cremat 2,520 g de glucosa $(C_6H_{12}O_6)$ i s'han desprès 39,236 kJ.

a) Calculeu la calor normal de combustió de la glucosa (l'aigua formada està en estat gasós).

b) Quina és l'entalpia estàndard de formació de la glucosa?

c) Per fer aquest experiment s'ha omplert la bomba calorimètrica amb oxigen fins a una pressió de 32,00 atm. Quina és la composició volumètrica dels gasos resultants de la combustió completa dels 2,520 g de glucosa?

d) Calculeu la pressió dins la bomba després de la combustió i a 25 °C.

Dades: entalpies estàndard de formació a 298 K: H_2O (g) $= -241{,}7$ kJ $\cdot$ mol^{-1}; CO_2 (g) $= -393{,}5$ kJ $\cdot$ mol^{-1}

[Solució]   *a)* $\Delta H° = -2.787$ kJ $\cdot$ mol^{-1}
b) $\Delta H_f°$ glucosa $= -1.024$ kJ $\cdot$ mol^{-1}
c) % CO_2 = % H_2O = 7,4 ; % O_2 = 85,2
d) $P = 34{,}64$ atm

▪ Problema 6.11

S'introdueix una certa quantitat d'àcid benzoic sòlid (C_6H_5COOH) dins d'un reactor tancat a 25 °C. Aquest recipient se submergeix dins un bany amb 2 L d'aigua. Si es produeix la reacció de combustió amb un excés d'oxigen dins el reactor, la calor de la combustió que es desprèn per mol d'àcid benzoic sòlid és de 770,5 kcal (l'aigua s'obté en estat líquid).

a) Quina és la quantitat d'àcid benzoic que es crema si l'augment de temperatura que experimenta l'aigua del bany és de $6,320\,°C$?

b) Quina seria l'entalpia de la reacció de combustió de l'àcid benzoic si la reacció hagués transcorregut a $90\,°C$?

Dades: densitat de l'aigua: $1,00$ g/mL; calor específica de l'aigua: 1 cal/$(g \cdot °C)$; capacitats calorífiques en cal/$°C \cdot$ mol (es consideren constants dins l'interval de temperatures del problema):

$$C_p\,(\text{oxigen}) = 7,033 \qquad C_p\,(\text{diòxid de carboni}) = 8,876$$
$$C_p\,(\text{aigua líquida}) = 18,01 \qquad C_p\,(\text{àcid benzoic sòlid}) = 35,01$$

[Solució] *a)* $2,00$ g ; *b)* $-769,0$ kcal

Problema 6.12

La combustió de l'hidrazina (N_2H_4 (g)), molt emprada com a combustible en cohets amb oxigen, produeix nitrogen i aigua (en estat gasós).

En un reactor de 500 mL, ple d'oxigen en excés, s'han cremat $1,600$ g d'hidrazina i s'han desprès $30,88$ kJ en forma de calor. Un cop acabada aquesta combustió i quan la temperatura era de 298 K, la pressió a l'interior del reactor era de $34,21$ atm.

a) Calculeu la calor normal de combustió de l'hidrazina.

b) Determineu l'entalpia estàndard de formació de l'hidrazina.

c) Calculeu el nombre de mols d'oxigen en excés introduïts en el reactor.

d) Calculeu les pressions parcials dels gasos continguts en el reactor després de la combustió completa dels $1,600$ g d'hidrazina.

Dades: entalpia estàndard de formació de l'H_2O (g) $= -241,8$ kJ $\cdot$ mol^{-1}

[Solució] *a)* $-615,1$ kJ $\cdot$ mol^{-1} ; *b)* $131,5$ kJ $\cdot$ mol^{-1}
c) $0,55$ mol
d) $P(N_2) = 2,440$ atm ; $P(H_2O) = 4,887$ atm ; $P(O_2) = 26,88$ atm

Problema 6.13

L'età (CH_3-CH_3) és un gas inodor que s'obté a partir del gas natural. S'utilitza com a font d'altres productes, com a combustible i com a refrigerant. A partir de les dades que figuren al final de l'enunciat:

a) Determineu l'entalpia estàndard de formació de l'età, tenint en compte que l'aigua es forma en estat gasós.

b) Calculeu el treball que s'obté quan es cremen completament dos mols d'età en un recipient obert a l'aire lliure a $25\,°C$.

c) Quin treball s'obtindria si el procés de l'apartat c) fos isocòric (a volum constant)?

d) Determineu l'energia de l'enllaç $C-H$ en l'età.

e) Determineu el volum d'età mesurat a $25\,°C$ i 750 mmHg que s'hauria de cremar per fondre $172,4$ g de gel.

Dades:

Procés	$\Delta H^{\circ}_{298\,K}(\text{kJ} \cdot \text{mol}^{-1})$	Procés	$\Delta H^{\circ}_{298\,K}(\text{kJ} \cdot \text{mol}^{-1})$
Combustió CH_3CH_3	$-1.427,5$	Formació CO_2 (g)	$-393,5$
Formació H_2O (g)	$-241,8$	Vaporització C (grafit)	$716,7$
Dissociació $H_2 \longrightarrow 2\,H$	$436,0$	Energia d'enllaç C—C	$346,6$

Calor latent de fusió del gel $= 80\ \text{cal/g}$

[Solució] *a)* $\Delta H^{\circ}_f = -84,9\ \text{kJ/mol}$; *b)* $W = 2.477,57\ \text{J}$
c) $W = 0$; *d)* $413,28\ \text{kJ}$; *e)* $0,99\ \text{L}$

Problema 6.14

La calor normal de combustió del benzè, C_6H_6 (l) és $-3.268\ \text{kJ} \cdot \text{mol}^{-1}$. A 298 K, 0,4580 g d'aquest compost s'introdueixen en un reactor tancat de 0,4 L de capacitat, prèviament ple de O_2 a 26,00 atm, i es provoca la seva combustió (considereu l'aigua formada en estat líquid). El reactor està submergit en un bany que conté 1.000 g d'aigua a 25,00 °C.

a) Quina serà la temperatura màxima de l'aigua un cop produïda la combustió?

b) Calculeu la fracció molar dels gasos continguts en el reactor després de la combustió.

c) Calculeu la pressió final en el reactor a 298 K.

Dades: capacitat calorífica molar de l'aigua $= 75,4\ \text{J} \cdot \text{mol}^{-1} \cdot {}^{\circ}\text{C}^{-1}$

[Solució] *a)* 29,5 °C;
b) $\chi(CO_2) = 0,084$; $\chi(O_2) = 0,916$
c) 25,47 atm

Problema 6.15

Es cremen 0,5100 g d'etanol, C_2H_5OH (l), en una bomba calorimètrica de 0,50 L de capacitat plena de O_2 a 30 atm i 298 K. Aquesta bomba està submergida en un calorímetre que conté 1.200,0 g d'aigua a 25,01 °C. Aquesta temperatura puja fins a 28,07 °C en produir-se la combustió de la mostra d'etanol (l'aigua formada està en estat líquid).

a) Calculeu ΔH° de la combustió d'un mol d'etanol.

b) Quina serà la pressió final en l'interior de la bomba?

c) Quina serà la composició volumètrica dels gasos després de la combustió?

d) Justifiqueu si aquesta combustió és un procés espontani o no, o bé quines dades necessitaríeu per poder respondre.

Dades: capacitat calorífica molar de l'aigua $= 75,40\ \text{J} \cdot \text{mol}^{-1} \cdot \text{grau}^{-1}$

[Solució] *a)* $-1.400\ \text{kJ} \cdot \text{mol}^{-1}$; *b)* 29,77 atm
c) 3,650 % CO_2 ; 98,35 % O_2

Problema 6.16

S'introdueix dins d'un reactor tancat una certa quantitat de gas metà (CH_4) i oxigen en excés. A $25\,°C$ la pressió total abans de la combustió és de $4,900$ atm. Després de la combustió, la pressió total és de $3,500$ atm; la temperatura és la mateixa i l'aigua es forma en estat líquid.

La calor despresa en aquesta combustió permet escalfar $100,0$ L d'aigua des de $25\,°C$ a $35\,°C$. En el procés només s'aprofita el $80\,\%$ de la calor despresa. Determineu:

a) L'entalpia estàndard de formació del metà gasós.

b) El nombre de mols de metà cremats al reactor.

c) El nombre de mols en excés d'oxigen al reactor.

Dades: densitat de l'aigua $= 1$ g $\cdot$ mL^{-1}; calor específica de l'aigua $= 1$ cal $\cdot$ g^{-1} $\cdot$ °C^{-1}; $\Delta H°_{comb}$ CH_4 (g) $= -890,3$ kJ $\cdot$ mol^{-1}; $\Delta H°_f$ CO_2 (g) $= -393,5$ kJ $\cdot$ mol^{-1}; $\Delta H°_f$ H_2O (l) $= -285,8$ kJ $\cdot$ mol^{-1}

[Solució] a) $\Delta H°_f = -74,80$ kJ $\cdot$ mol^{-1}

b) $5,900$ mol ; c) $23,60$ mol

Problema 6.17

El propà (C_3H_8) és un gas incolor i inodor, més dens que l'aire. Es fa servir com a combustible i en síntesi orgànica. A partir de les dades següents:

Procés	$\Delta H°$ (kJ $\cdot$ mol^{-1})
Combustió C_3H_8	$-2.040,0$
Formació CO_2 (g)	$-393,5$
Formació H_2O (g)	$-241,8$

En el supòsit que l'aigua es formi en estat gasós en la reacció de combustió del propà:

a) Determineu l'entalpia estàndard de formació del propà.

b) Quin treball s'obtindria en cremar 1 mol de propà a $25\,°C$ a pressió constant?

c) Determineu l'energia d'un enllaç $C-H$ en el propà.

Dades: $E_{C-C} = 348,0$ kJ $\cdot$ mol^{-1}; $E_{C=O} = 741,0$ kJ $\cdot$ mol^{-1};

$E_{O-H} = 464,0$ kJ $\cdot$ mol^{-1}; $E_{O=O} = 423,0$ kJ $\cdot$ mol^{-1}

[Solució] a) $-107,7$ kJ $\cdot$ mol^{-1} ; b) $2,480$ kJ

c) $413,4$ kJ $\cdot$ mol^{-1}

Problema 6.18

Un corrent de gas està format per una mescla de CH_4 i C_3H_8. Per determinar-ne la composició, es crema una mostra amb excés d'oxigen i es mesura el CO_2 i el vapor d'aigua que es formen: $114,4$ g de CO_2 per cada $64,80$ g d'aigua.

a) Calculeu la fracció molar de propà en aquesta mescla.

b) Calculeu l'entalpia estàndard de formació del metà.

c) Calculeu l'entalpia estàndard de combustió dels dos gasos de la mescla.

d) Calculeu la calor que s'obtindrà per litre d'aquesta mescla cremada a l'aire lliure a 298 K i 1 atm.

Dades: (en $kJ \cdot mol^{-1}$): ΔH_f° : $CO_2 = -393,5$; H_2O (g) $= -241,8$; C_3H_8 (g) $= -104,0$;
C (grafit) $\longrightarrow$ C (g) $= 716,7$; $E_{H-H} = 436,0$; $E_{C-H} = 413,0$

[Solució] *a)* $\chi(C_3H_8) = 0,8$; *b)* $-63,30 \, kJ \cdot mol^{-1}$

c) $-2.043,7 \, kJ \cdot mol^{-1}$; *d)* $-74,19 \, kJ$

7 Equilibri químic

7.1 Sistema en equilibri

Es diu que un sistema està en *equilibri* quan les variables d'estat que el caracteritzen (temperatura, composició, densitat, etc.) són uniformes en tot el sistema i no varien amb el temps.

7.2 Processos reversibles i irreversibles. Processos espontanis

Un procés és *reversible* quan es realitza per mitjà d'una sèrie continuada d'estats d'equilibri. Un procés d'aquest tipus, en qualsevol moment es pot aturar o es pot invertir el sentit en què es realitza, només que es modifiquin infinitesimalment les condicions externes.

Tot procés que es realitza seguint una successió d'estats que no són d'equilibri és *irreversible*.

Un procés és *espontani* quan té lloc en un sistema sense la intervenció de cap agent extern. Val la pena remarcar que el temps de duració no hi té cap paper: un procés pot ser de realització molt lenta i, alhora, ser espontani.

Un procés és *no espontani* si, perquè tingui lloc, cal que actuï un agent extern al sistema.

En un sistema aïllat, tota reacció que es produeix espontàniament és irreversible.

Contràriament, una reacció és reversible si el sistema ha arribat a l'estat d'equilibri, ja que un petit canvi en les condicions externes pot fer variar el sentit de la reacció.

7.3 Entropia. Segon principi de la termodinàmica

Per poder predir si un procés serà espontani, i també per determinar si un sistema està en equilibri, s'utilitzen unes noves funcions d'estat: l'*entropia* (S) i l'*energia lliure de Gibbs* (G).

Es defineix l'entropia com una funció d'estat, la variació de la qual (ΔS) entre els estats 1 i 2 d'un sistema és:

$$\Delta S = \int_{1}^{2} \frac{dq_{\text{rev}}}{T} \tag{7.1}$$

En què dq és una quantitat diferencial de calor subministrada (o extreta) reversiblement del sistema i T és la seva temperatura absoluta.

La unitat d'entropia és el $J \cdot K^{-1}$.

Segon principi de la termodinàmica

En tot procés espontani hi ha sempre un increment de l'entropia de l'univers (sistema + entorn)

$$\Delta S_{univers} = \Delta S_{sistema} + \Delta S_{entorn} > 0$$

En canvi, en un procés reversible, l'entropia de l'univers roman constant i, per tant:

$$\Delta S_{univers} = 0$$

7.3.1 Significat de la funció entropia. Relació de Boltzmann

Qualsevol propietat macroscòpica (pressió, temperatura, etc.) és conseqüència del moviment, la posició, i l'energia de les partícules que constitueixen el sistema. A cada instant hi correspon una posició i una velocitat determinades d'aquestes partícules, és a dir, un possible *microestat* del sistema.

Un nombre molt gran de microestats pot ser, per tant, compatible amb un sol estat macroscòpic.

Segons Boltzmann, l'entropia és una mesura del nombre de microestats que es poden presentar en un sol estat macroscòpic d'un sistema determinat. La relació entre aquestes magnituds, segons Boltzmann, és:

$$S = (R/N_A) \ln \Omega \qquad \text{(Relació de Boltzmann)} \qquad (7.2)$$

$R = $ constant dels gasos ideals

$N_A = $ Nombre d'Avogadro

$\Omega = $ nombre de microestats possibles

Entropia i desordre

Els gasos tenen entropies més altes que els líquids, perquè les seves molècules tenen més llibertat de moviment i, en conseqüència, estan més desordenats, ja que poden presentar un nombre més gran de microestats. El mateix es pot dir dels líquids respecte dels sòlids.

$$S_{sòlid} < S_{líquid} < S_{gas}$$

Així, doncs, *es pot considerar l'entropia d'un sistema com la magnitud que mesura el seu grau de desordre*.

7.3.2 Entropies absolutes. Tercer principi de la termodinàmica

L'equació de Boltzmann permet determinar entropies absolutes.

En efecte, es pot imaginar un estat de la matèria amb una ordenació màxima corresponent a un únic microestat. En aquest cas, la relació de Boltzmann quedaria així:

$$\frac{R}{N} \ln 1 = S = 0 \qquad \text{(ja que } \ln 1 = 0\text{)}$$

Aquest estat és definit **pel tercer principi de la termodinàmica** en postular que:

L'entropia d'un sòlid cristal·lí, pur, és nul·la en el zero absolut de temperatura (0 K).

Entropia molar absoluta estàndard $(S°)$

És l'entropia absoluta d'una substància en el seu estat estàndard referida a 1 mol d'aquesta substància. A partir dels valors tabulats de les entropies absolutes de les substàncies que intervenen en una reacció, es poden calcular les variacions d'entropia de reacció estàndard dels processos químics. Per exemple, en la reacció:

$$a\,A + b\,B \longrightarrow c\,C + d\,D$$

$$\Delta S°_{\text{reacció}} = (c\,S°_C + d\,S°_D) - (a\,S°_A + b\,S°_B)$$

En general:

$$\Delta S°_{\text{reacció}} = \sum S° \,(\text{productes}) - \sum S° \,(\text{reactius}) \qquad (7.3)$$

en què $\Delta S°_{\text{reacció}}$ és l'entropia de reacció estàndard i $S°$ és l'entropia molar estàndard

Exemples

Exemple 1

Predigueu el signe de la variació d'entropia (ΔS) en els processos següents:

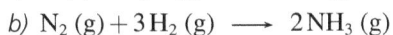

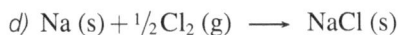

a) $C\,(s) + H_2O\,(g) \longrightarrow CO\,(g) + H_2\,(g)$
b) $N_2\,(g) + 3\,H_2\,(g) \longrightarrow 2\,NH_3\,(g)$
c) $O_2\,(g) \longrightarrow 2\,O\,(g)$
d) $Na\,(s) + \frac{1}{2}\,Cl_2\,(g) \longrightarrow NaCl\,(s)$

[Solució]

Processos a) i c): $\Delta S > 0$, ja que hi ha un increment del nombre de mols de substàncies en estat gasós.

Processos b) i d): $\Delta S < 0$, perquè hi ha una disminució del nombre de mols de les substàncies en estat gasós.

Exemple 2

Calculeu la variació d'entropia estàndard dels processos químics següents. Predigueu prèviament el signe de la variació.

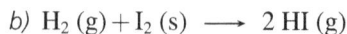

a) $CaCO_3$ (s) $\longrightarrow$ CaO (s) $+ CO_2$ (g)

b) H_2 (g) $+ I_2$ (s) $\longrightarrow$ 2 HI (g)

Dades: $S°(CaCO_3) = 92,79 \text{ J} \cdot \text{K}^{-1} \cdot \text{mol}^{-1}$; $S°(CaO)$ (s) $= 39,71 \text{ J} \cdot \text{K}^{-1} \cdot \text{mol}^{-1}$;

$S°(CO_2)$ (g) $= 213,43 \text{ J} \cdot \text{K}^{-1} \cdot \text{mol}^{-1}$; $S°(H_2)$ (g) $= 130,45 \text{ J} \cdot \text{K}^{-1} \text{mol}^{-1}$;

$S°(I_2)$ (s) $= 116,03 \text{ J} \cdot \text{K}^{-1} \cdot \text{mol}^{-1}$; $S°(HI)$ (g) $= 206,5 \text{ J} \cdot \text{K}^{-1} \cdot \text{mol}^{-1}$

[Solució]

En tots dos processos, $\Delta S°$ serà positiva, atès que hi ha un increment del nombre de mols de substàncies en estat gasós.

a) Apliquem la relació (7.3):

$$\Delta S°_{\text{reacció}} = \sum S°_{\text{(productes)}} - \sum S°_{\text{(reactius)}}$$

$$\Delta S°_{\text{reacció}} = 213,43 \text{ J} \cdot \text{K}^{-1} + 39,71 \text{ J} \cdot \text{K}^{-1} - 92,79 \text{ J} \cdot \text{K}^{-1} = 160,43 \text{ J} \cdot \text{K}^{-1}$$

b) Apliquem la mateixa relació:

$$\Delta S°_{\text{reacció}} = 2 \cdot 206,5 \text{ J} \cdot \text{K}^{-1} - (130,45 \text{ J} \cdot \text{K}^{-1} + 116,03 \text{ J} \cdot \text{K}^{-1}) = 166,03 \text{ J} \cdot \text{K}^{-1}$$

7.4 Energia lliure de Gibbs. Un nou criteri d'espontaneïtat

Tal com hem vist, es compleix que $\Delta S_{\text{univ}} = \Delta S_{\text{sist}} + \Delta S_{\text{ent}}$. És evident, doncs, que per poder utilitzar el criteri d'espontaneïtat d'un procés tenint en compte el signe de ΔS_{univ} caldrà conèixer els valors de ΔS_{sist} i ΔS_{ent}. En general, però, les variacions d'entropia de l'entorn són difícils de calcular. Per aquest motiu s'ha considerat més convenient predir l'espontaneïtat d'un procés exclusivament a partir de les dades corresponents al sistema mateix. És per això que es defineix una nova funció d'estat donada per la relació següent:

$$G = H - TS \tag{7.4}$$

Aquesta funció s'anomena **energia lliure de Gibbs** (o, també, **entalpia lliure**) i és aplicable únicament al sistema. Permet establir el criteri d'espontaneïtat següent:

Si $\Delta G < 0$, el procés és espontani.

Si $\Delta G > 0$, el procés invers és l'espontani.

Si $\Delta G = 0$, el procés està en equilibri.

Per a un procés a temperatura constant, es compleix que:

$$\Delta G = \Delta H - T \cdot \Delta S \tag{7.5}$$

Es pot veure, doncs, que la temperatura té un paper essencial a l'hora de determinar si un procés és espontani o no. Es poden presentar quatre casos:

ΔH	ΔS	Procés
$-$	$+$	Espontani a qualsevol T $(\Delta G < 0)$
$-$	$-$	Espontani a T baixa $(\Delta G < 0)$ .... No espontani a T alta $(\Delta G > 0)$
$+$	$+$	No espontani a T baixa $(\Delta G > 0)$ .... Espontani a T alta $(\Delta G < 0)$
$+$	$-$	No espontani a qualsevol T $(\Delta G > 0)$

7.4.1 ΔG d'una reacció química

Com que no és possible calcular valors absoluts de l'entalpia, no és poden obtenir valors absoluts de G. Ara bé, *assignant convencionalment un valor zero de G a cada element en el seu estat estàndard* (és a dir: quan es troba en el seu estat més estable a 1 atm de pressió i, usualment, a 298 K) l'energia lliure relativa obtinguda no és altra cosa que l'energia lliure de formació ΔG_f°.

Així, disposant dels valors tabulats de ΔG_f° es pot calcular ΔG° per a una reacció, la qual, com que G és una funció d'estat, constitueix una mesura de la variació d'energia lliure de Gibbs entre dos estats perfectament definits: els estats estàndards dels productes i dels reactius:

$$\Delta G_{\text{reacció}}^\circ = \sum \Delta G_{f(\text{productes})}^\circ - \sum \Delta G_{f(\text{reactius})}^\circ \qquad (7.6)$$

7.4.2 Relació entre l'energia lliure de Gibbs i la constant d'equilibri

Tota reacció química tendeix a l'estat d'equilibri, en el qual les concentracions de reactius i productes es mantenen constants (a més de les altres propietats del sistema). En conseqüència, el sistema no evoluciona espontàniament en el sentit de produir més productes ni en el sentit contrari.

En l'estat d'equilibri: $\Delta G = 0$

Cal fer l'observació que no es tracta d'un equilibri estàtic. La reacció es continua produint; ara bé, atès que les velocitats de les reaccions directa i inversa s'han igualat, les concentracions de reactius i productes romanen constants.

Exemple 3

En la reacció de formació del iodur d'hidrogen a partir dels seus elements, disposem de les dades següents:

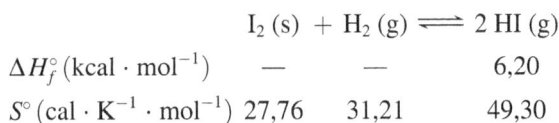

$$I_2 \text{ (s)} + H_2 \text{ (g)} \rightleftharpoons 2\,HI \text{ (g)}$$

	I_2 (s)	H_2 (g)	HI (g)
ΔH_f° (kcal $\cdot$ mol^{-1})	—	—	6,20
S° (cal $\cdot$ K^{-1} $\cdot$ mol^{-1})	27,76	31,21	49,30

a) Deduïu que el procés no serà espontani a 25 °C i 1 atm de pressió total.

b) A partir de quina temperatura ho seria? Considereu que ΔH i ΔS no varien amb la temperatura.

[Solució]

a) Apliquem l'equació següent: $\Delta G^\circ = \Delta H^\circ - T\,\Delta S^\circ$

$\Delta H^\circ = 2\ \text{mol} \cdot (6{,}20\ \text{kcal} \cdot \text{mol}^{-1}) = 12{,}40\ \text{kcal}$

$\Delta S^\circ = 2 \cdot 49{,}3\ \text{cal} \cdot \text{K}^{-1} - 27{,}76\ \text{cal} \cdot \text{K}^{-1} - 31{,}21\ \text{cal} \cdot \text{K}^{-1} = 39{,}63\ \text{cal} \cdot \text{K}^{-1}$

$\Delta G^\circ = 12.400\ \text{cal} - 298\ \text{K} \cdot 39{,}63\ \text{cal} \cdot \text{K}^{-1} = 590{,}26\ \text{cal}$

Per tant, el procés no és espontani.

b) Perquè sigui espontani: $\Delta G^\circ < 0$. Aleshores:

$$\Delta G^\circ = 12.400\ \text{cal} - T \cdot 39{,}63\ \text{cal} \cdot \text{K}^{-1} < 0$$

Resolem la inequació: $T > 39{,}89\ °\text{C}$.

Per a una reacció entre gasos ideals com la següent:

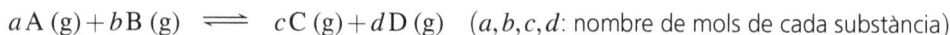

$$a\,\text{A (g)} + b\,\text{B (g)} \;\rightleftharpoons\; c\,\text{C (g)} + d\,\text{D (g)} \quad (a,b,c,d: \text{nombre de mols de cada substància})$$

Si la temperatura T es manté constant durant tot el procés, es compleix:

$$\Delta G = \Delta G^\circ + R \cdot T \cdot \ln Q_p \tag{7.7}$$

ΔG° és la variació d'energia lliure de Gibbs quan reactius i productes es troben a una pressió parcial que és l'estàndard (1 atm).

$$\text{sent:} \quad Q_p = \frac{P_C^c \cdot P_D^d}{P_A^a \cdot P_B^b} \tag{7.8}$$

Q_p s'anomena **quocient de reacció** i no es tracta de la constant d'equilibri (encara que en tingui la forma). Justament, el quocient de reacció va variant quan canvien les pressions parcials a mesura que avança la reacció. Quan s'arriba a l'equilibri, $Q_p = K_p$.

És convenient fer l'observació que Q_p no té dimensions, ja que resulta de la simplificació d'una altra expressió en què cada pressió ha estat dividida per la pressió estàndard, esdevenint un quocient purament numèric.

Quan el sistema ha arribat a l'estat d'equilibri, $\Delta G = 0$ i l'expressió (7.7) queda reduïda a:

$$\Delta G^\circ = -R\,T \ln K_p \tag{7.9}$$

en què K_p és la constant d'equilibri en funció de les pressions parcials, és a dir:

$$K_p = \left(\frac{P_C^c \cdot P_D^d}{P_A^a \cdot P_B^b} \right)_{\text{equil.}} \tag{7.10}$$

sempre que aquestes pressions parcials siguin les dels gasos A, B, C i D una vegada el sistema es troba en la situació d'equilibri.

L'expressió (7.9) ens indica que, com que $\Delta G°$ té un valor determinat per a una certa temperatura, la constant d'equilibri K_p només depèn de la temperatura.

Exemple 4

Calculeu $\Delta G°$ de la reacció de descomposició del peròxid d'hidrogen:

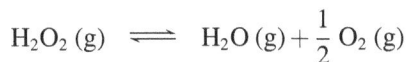

$$H_2O_2 \text{ (g)} \; \rightleftharpoons \; H_2O \text{ (g)} + \frac{1}{2} O_2 \text{ (g)}$$

I determineu la constant d'equilibri K_p d'aquesta reacció a 25 °C.

Dades: $\Delta G_f° (H_2O_2 \text{ (g)}) = -24,70 \text{ kcal} \cdot \text{mol}^{-1}$; $\Delta G_f° (H_2O \text{ (g)}) = -54,64 \text{ kcal} \cdot \text{mol}^{-1}$

[Solució]

$$H_2O_2 \text{ (g)} \; \rightleftharpoons \; H_2O \text{ (g)} + \frac{1}{2} O_2 \text{ (g)}$$

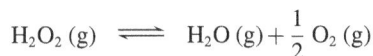

Apliquem la fórmula (7.6):

$$\Delta G°_{\text{reacció}} = \Sigma \Delta G°_{f(\text{productes})} - \Sigma \Delta G°_{f(\text{reactius})}$$
$$\Delta G° = -54,64 \text{ kcal} \cdot \text{mol}^{-1} - (-24,70 \text{ kcal} \cdot \text{mol}^{-1}) = -29,94 \text{ kcal} \cdot \text{mol}^{-1}$$

Amb la fórmula (7.9) calculem K_p:

$$\Delta G° = -RT \ln K_p$$
$$29,94 \cdot 10^3 \text{ cal} \cdot \text{mol}^{-1} = -1,98 \text{ cal} \cdot \text{mol}^{-1} \cdot \text{K}^{-1} \cdot 298 \text{ K} \cdot \ln K_p$$

Aïllem K_p i calculem:

$$K_p = 1,08 \cdot 10^{22}$$

Amb aquest valor de K_p es pot considerar la reacció totalment desplaçada cap als productes.

Exemple 5

Trobeu el valor de $\Delta G°$ i K_p a 298 K per al procés següent:

$$4 \text{ HCl (g)} + O_2 \text{ (g)} \; \rightleftharpoons \; 2 \text{ Cl}_2 \text{ (g)} + 2 \text{ H}_2O \text{ (g)}$$

Dades: $\Delta G_f° (\text{HCl (g)}) = -22,77 \text{ kcal/mol}$; $\Delta G_f° (H_2O \text{ (g)}) = -54,64 \text{ kcal/mol}$

[Solució]

Calculem $\Delta G°$ per la fórmula (7.6):

$$\Delta G° = 2 \cdot (54,64) \text{ kcal} \cdot \text{mol}^{-1} - 4 (-22,77) \text{ kcal} \cdot \text{mol}^{-1}$$
$$= -18,20 \text{ kcal} \cdot \text{mol}^{-1} = 18,20 \cdot 10^3 \text{ cal} \cdot \text{mol}^{-1}$$

Com que:

$$\Delta G^\circ = -RT \ln K_p$$

Aleshores: $-18{,}20 \cdot 10^3 \,\mathrm{cal} \cdot \mathrm{mol}^{-1} = -1{,}98 \,\mathrm{cal} \cdot \mathrm{mol}^{-1} \cdot \mathrm{K}^{-1} \cdot 298 \,\mathrm{K} \cdot \ln K_p$

$$K_p = 2{,}48 \cdot 10^{13}$$

Equilibris heterogenis

En el cas d'equilibris que impliquen espècies en més d'una fase (equilibris heterogenis) no apareixen termes per a sòlids i líquids purs en les expressions de la constant d'equilibri.

7.5 Dependència de la constant d'equilibri respecte de la temperatura. Equació de Van't Hoff

Si igualem les expressions $\Delta G^\circ = \Delta H^\circ - T \cdot \Delta S^\circ$ (fórmula (7.5) per a condicions estàndard) i $\Delta G^\circ = -R \cdot T \cdot \ln K_p$, i derivem respecte a T, podem deduir l'**equació de Van't Hoff**.

$$\frac{d \ln K_p}{dT} = \frac{\Delta H^\circ}{RT} \tag{7.11}$$

Aquesta expressió relaciona la constant d'equilibri K_p i la temperatura.

Integrant aquesta expressió (suposant ΔH° constant) s'arriba a l'*equació integrada de Van't Hoff*:

$$\ln \frac{K_{p_2}}{K_{p_1}} = -\frac{\Delta H^\circ}{R} \left(\frac{1}{T_2} - \frac{1}{T_1} \right) \tag{7.12}$$

Aquesta equació relaciona dues temperatures (T_1 i T_2) amb les constants d'equilibri que els corresponen (K_{p_1} i K_{p_2}), la qual cosa permet calcular qualsevol variable si coneixem les altres.

Altres expressions de la constant d'equilibri

1) En funció de les concentracions (expressades en $\mathrm{mol} \cdot \mathrm{L}^{-1}$)

$$K_c = \frac{(C_C)^c \cdot (C_D)^d}{(C_A)^a \cdot (C_B)^b} \tag{7.12}$$

I es pot deduir que

$$K_p = K_c (RT)^{\Delta n} \tag{7.13}$$

(C_A, C_B, C_C i C_D són les concentracions en l'estat d'equilibri;
Δn és la variació en el nombre de mols de la reacció)

2) En funció de les fraccions molars (χ)

$$K_\chi = \frac{(\chi_C)^c \cdot (\chi_D)^d}{(\chi_A)^a \cdot (\chi_B)^b} \tag{7.14}$$

I es pot deduir que:

$$K_p = K_\chi \cdot P^{\Delta n} \tag{7.15}$$

(χ_A, χ_B, χ_C i χ_D són les fraccions molars de A, B, C i D quan el sistema està en equilibri; Δn és la variació en el nombre de mols de la reacció)

Grau de conversió (α)

El grau de conversió d'un compost és el tant per u dels mols d'aquest compost que han reaccionat en un procés químic.

Quan es tracta de la dissociació d'un sol reactiu, és habitual que α s'anomeni *grau de dissociació*.

Exemple 6

La K_p per a la dissociació següent:

$$PCl_5\ (g) \;\rightleftharpoons\; PCl_3\ (g) + Cl_2\ (g)$$

a 200 °C és $K_p = 0{,}3075$ atm.

L'entalpia estàndard de reacció és $\Delta H° = 17.380$ calories.

Calculeu la temperatura a la qual la dissociació del PCl_5 (g) a una pressió de 3,00 atm és del 50 %.

[Solució]

	PCl_5 (g)	$\rightleftharpoons$	PCl_3 (g)	+	Cl_2 (g)
mols inicials	n		0		0
mols transformats	$-n\alpha$		$n\alpha$		$n\alpha$
mols equilibri	$n - n\alpha$		$n\alpha$		$n\alpha$

mols totals en l'equilibri $= n - n\alpha + n\alpha + n\alpha = n + n\alpha = n(1+\alpha)$

grau de dissociació $= 0{,}500$ \qquad $P =$ pressió total $= 3{,}00$ atm

Es calcula K_{p_2} per la fórmula (7.10), tenint en compte que la pressió parcial d'un gas en una mescla de gasos és:

$$P_{\text{parcial}} = \chi \cdot P_{\text{total}} \qquad \chi = \text{fracció molar}$$

$$K_{p_2} = \frac{P_{PCl_3} \cdot P_{Cl_2}}{P_{PCl_5}} = \frac{\left(\dfrac{n\alpha}{n(1+\alpha)} \cdot P \right) \cdot \left(\dfrac{n\alpha}{n(1+\alpha)} \cdot P \right)}{\dfrac{n(1-\alpha)}{n(1+\alpha)} \cdot P}$$

Simplifiquem:

$$K_{p_2} = \frac{\alpha^2 P}{1 - \alpha^2} = \frac{0{,}500^2 \cdot 3{,}00}{1 - 0{,}500^2} = 1$$

Ara apliquem l'equació de Van't Hoff (7.12)

$$\ln \frac{K_{p_2}}{K_{p_1}} = -\frac{\Delta H^\circ}{R} \left(\frac{1}{T_2} - \frac{1}{T_1} \right)$$

$$\ln \frac{1}{0,3075} = -\frac{17.380 \text{ cal} \cdot \text{mol}^{-1}}{1,98 \text{ cal} \cdot \text{mol}^{-1} \cdot \text{K}^{-1}} \left(\frac{1}{T_2} - \frac{1}{473 \text{ K}} \right)$$

Aïllem i calculem:

$$T_2 = 500,25 \text{ K}$$

7.6 Principi de Le Chatelier

Es pot enunciar de la manera següent: si s'aplica a un sistema químic en equilibri una acció externa capaç d'influir-hi, el sistema evolucionarà tendint a anul·lar els efectes de l'acció aplicada.

Hi ha tres tipus d'acció externa: canvis de concentració, canvis de pressió (canvis de volum a causa de reaccions en fase gasosa) i canvis de temperatura.

Una aplicació important del principi de Le Chatelier és millorar el rendiment d'un procés químic per l'acció d'un factor extern que desplaci l'equilibri en el sentit més convenient.

Exemple 7

A partir del procés que té lloc a 298 K i de les dades relacionades següents:

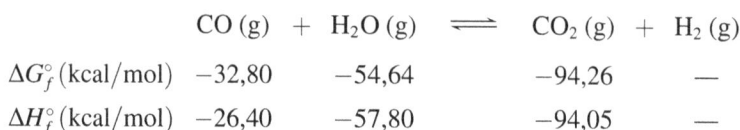

$$CO \text{ (g)} + H_2O \text{ (g)} \rightleftharpoons CO_2 \text{ (g)} + H_2 \text{ (g)}$$

	CO (g)	H$_2$O (g)	CO$_2$ (g)	H$_2$ (g)
ΔG_f° (kcal/mol)	−32,80	−54,64	−94,26	—
ΔH_f° (kcal/mol)	−26,40	−57,80	−94,05	—

a) Deduïu si una mescla de reactius i productes estarà en equilibri o no a les pressions parcials següents i en quin sentit evolucionarà en el cas que no hi estigui:

$$P(CO_2) = 2 \text{ atm}; \quad P(H_2) = 0,5 \text{ atm}; \quad P(CO) = 1 \text{ atm}; \quad P(H_2O) = 2 \text{ atm}$$

b) Calculeu la constant d'equilibri d'aquesta reacció a 298 K i a 673 K.

[Solució]

a) Calculem ΔG° a partir de les dades aplicant la fórmula (7.6):

$$\Delta G_{\text{reacció}}^\circ = \sum \Delta G_f^\circ (\text{productes}) - \sum \Delta G_f^\circ (\text{reactius})$$

$$\Delta G^\circ = -94,26 \text{ kcal} - (-32,80 \text{ kcal}) - (-54,64 \text{ kcal}) = 6,820 \text{ kcal}$$

Tenint en compte la fórmula (7.9):

$$\text{Si} \quad \Delta G^\circ < 0 \implies K_p > 1.$$

Amb les pressions inicials:

$$Q_p = \frac{P_{CO_2} \cdot P_{H_2}}{P_{CO} \cdot P_{H_2O}} = \frac{2 \cdot 0,5}{1 \cdot 2} = 0,5$$

Com que $0,5 < K_p$, el sistema evolucionarà cap a la formació de productes.

b) Calculem $\Delta H°$, amb les dades, utilitzant l'expressió:

$$\Delta H°_{reacció} = \Sigma \Delta H_f° \,(\text{productes}) - \Sigma \Delta H_f° \,(\text{reactius})$$

$$\Delta H° = -94,05 \text{ kcal} - (-57,80 \text{ kcal}) - (-26,41 \text{ kcal}) = -9,84 \text{ kcal} = -9.840 \text{ cal}$$

Apliquem la fórmula (7.9) per calcular K_{p_1}:

$$\Delta G° = -RT \ln K_{p_1}$$

$$-6.820 \text{ cal} = -1,987 \text{ cal} \cdot \text{K}^{-1} \cdot \text{mol}^{-1} \cdot 298 \text{ K} \cdot \ln K_{p_1}$$

$$K_{p_1} = 1,046 \cdot 10^5$$

Finalment calculem K_{p_2} a partir de l'equació integrada de Van't Hoff:

$$\ln \frac{K_{p_2}}{K_{p_1}} = -\frac{\Delta H°}{R} \left(\frac{1}{T_2} - \frac{1}{T_1} \right)$$

$$\ln \frac{K_{p_2}}{1,046 \cdot 10^5} = -\frac{(-9.840 \text{ cal} \cdot \text{mol}^{-1})}{1,987 \text{ cal} \cdot \text{K}^{-1} \cdot \text{mol}^{-1}} \left(\frac{1}{673 \text{ K}} - \frac{1}{298 \text{ K}} \right)$$

$$K_{p_2} = 9,58$$

Problemes resolts

Problema 7.1

En la reacció següent:

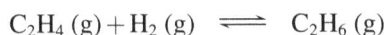

$$C_2H_4 \,(g) + H_2 \,(g) \rightleftharpoons C_2H_6 \,(g)$$

$\Delta G°$ a la temperatura de $1.000\,°C$ val $-12.600 \text{ J} \cdot \text{mol}^{-1}$. Calculeu:

a) La constant d'equilibri K_p a aquesta temperatura.

b) El tant per cent en volum d'età que s'obtindrà a partir d'una mescla que conté un $75,0\%$ en volum d'etilè (C_2H_4) i un $25,0\%$ en volum de H_2 a una pressió total d'$1,00$ atm.

[Solució]

a) Calculem la constant d'equilibri segons l'expressió:

$$\Delta G° = -RT \ln K_p$$

$$-12.600 \text{ J} \cdot \text{mol}^{-1} = -8,31 \text{ J} \cdot \text{K}^{-1} \cdot \text{mol}^{-1} \cdot 1.273 \text{ K} \cdot \ln K_p$$

$$K_p = 3,29$$

b) Considerant que es disposa d'una barreja inicial de $100,0$ L ($75,0$ L de C_2H_4 i $25,0$ L de H_2), la mateixa proporció serà la de mols de cadascun. Aleshores:

$$
\begin{array}{ccccc}
 & C_2H_4\,(g) & + & H_2\,(g) & \rightleftharpoons & C_2H_6\,(g)
\end{array}
$$

	C_2H_4 (g) $+$	H_2 (g) $\rightleftharpoons$	C_2H_6 (g)
mols inicials	75,0	25,0	0
mols que reaccionen	$-x$	$-x$	x
mols en l'equilibri	$75,0-x$	$25,0-x$	x

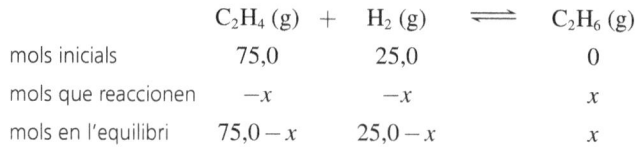

$$\text{mols totals en l'equilibri} = 75,0 - x + 25,0 - x + x = 100 - x$$

D'altra banda, s'ha de complir:

$$K_p = \frac{P_{C_2H_6}}{P_{C_2H_4} \cdot P_{H_2}}$$

Per tant:

$$3,29 = \frac{P_{C_2H_6}}{P_{C_2H_4} \cdot P_{H_2}} = \frac{\dfrac{x}{100-x} \cdot 1,00}{\dfrac{75,0-x}{100-x} \cdot 1,00 \cdot \dfrac{25,0-x}{100-x} \cdot 100}$$

Aïllem x i calculem el percentatge d'età per una proporció simple, i obtenim: $18,6\,\%$ en volum d'età.

Problema 7.2

A $298,0$ K i $1,0$ atm de pressió el N_2O_4 està dissociat en un $18\,\%$ en NO_2. Trobeu el valor de $\Delta G°$ per a aquest procés.

[Solució]

Si n és el nombre de mols inicials de N_2O_4 i α el grau de dissociació:

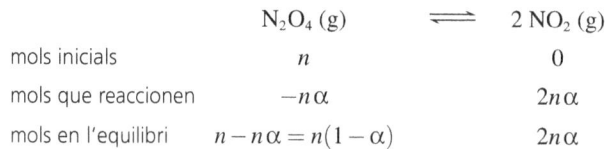

	N_2O_4 (g) $\rightleftharpoons$	$2\,NO_2$ (g)
mols inicials	n	0
mols que reaccionen	$-n\alpha$	$2n\alpha$
mols en l'equilibri	$n - n\alpha = n(1-\alpha)$	$2n\alpha$

$$\text{mols totals en l'equilibri} = n(1-\alpha) + 2n\alpha = n(1+\alpha)$$

$$P_{N_2O_4} = \frac{n(1-\alpha)}{n(1+\alpha)} \cdot P = \frac{1-\alpha}{1+\alpha} \cdot P = \frac{1-0,18}{1+0,18} \cdot 1,0 \text{ atm} = 0,69 \text{ atm}$$

$$P_{NO_2} = \frac{2n\alpha}{n(1+\alpha)} \cdot P = \frac{2\alpha}{1+\alpha} \cdot P = \frac{0,36}{1+0,18} \cdot 1,0 \text{ atm} = 0,31 \text{ atm}$$

Per tant:

$$K_p = \frac{P_{NO_2}^2}{P_{N_2O_4}} = \frac{0,31^2}{0,69} = 0,14$$

I a partir de l'expressió (7.9):

$$\Delta G° = -RT \ln K_p = -8,314 \text{ J} \cdot \text{K}^{-1} \cdot \text{mol}^{-1} \cdot 298,0 \text{ K} \cdot \ln 0,14$$

$$\Delta G° = 4.871 \text{ J} \cdot \text{mol}^{-1}$$

Problema 7.3

A $1.000\,°C$ i una pressió de 30,00 atm, en l'equilibri:

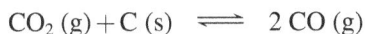

$$CO_2\ (g) + C\ (s) \rightleftharpoons 2\ CO\ (g)$$

hi ha un $17,00\%$ en nombre de mols de CO_2 (g). Si la calor absorbida a pressió constant en la reacció és de $614,58\ kJ \cdot mol^{-1}$:

a) Quin serà el percentatge en volum de CO_2 (g), si a la mateixa temperatura la pressió és de 20 atm?
b) Calculeu la constant d'equilibri a $30,00$ atm i $900\,°C$.
c) Justifiqueu els resultats obtinguts segons el principi de Le Chatelier.

[Solució]

a) A $1.000\,°C$ i $30,00$ atm:

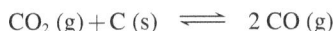

$$CO_2\ (g) + C\ (s) \rightleftharpoons 2\ CO\ (g)$$

Fracció molar del CO_2:   0,1700
Fracció molar del CO: $1 - 0,1700 = 0,8300$

En aquestes condicions i tenint en compte que els sòlids no han d'aparèixer en l'expressió de K_p:

$$K_{p_1} = \frac{P_{CO}^2}{P_{CO_2}} = \frac{(30,00 \cdot 0,8300)^2}{30,00 \cdot 0,1700} = 121,5$$

A $1.000\,°C$ i 20 atm, definim:

$$\chi = \text{fracció molar de CO}$$
$$1 - \chi = \text{fracció molar de } CO_2$$

Es compleix:

$$K_p = \frac{(P_{CO})^2}{P_{CO_2}} = \frac{(20\chi)^2}{20(1-\chi)}$$

Com que la constant K_p ha de ser la mateixa, ja que la temperatura segueix sent de $1.000°\,C$:

$$121,5 = \frac{(20\chi)^2}{20(1-\chi)}$$

Resolem l'equació: $\chi = 0,86$ $1 - \chi = 0,14$

Percentatge de $CO_2 = 14\%$;   percentatge de $CO = 86\%$

b) Apliquem l'equació integrada de Van't Hoff:

$$\ln \frac{K_{p_2}}{K_{p_1}} = -\frac{\Delta H°}{R} \left(\frac{1}{T_2} - \frac{1}{T_1} \right)$$

$$\ln \frac{K_{p_2}}{121,5} = -\frac{614.580\ J \cdot mol^{-1}}{8,314\ J \cdot K^{-1} \cdot mol^{-1}} \left(\frac{1}{1.173\ K} - \frac{1}{1.273\ K} \right)$$

$$K_{p_2} = 0,8603$$

c) Es pot deduir a partir del principi de Le Chatelier amb l'ajuda del concepte de quocient de reacció. En efecte, a $P = 30{,}00$ atm i en l'equilibri, es compleix:

$$K_p = \frac{(\chi_{CO} \cdot P)^2}{\chi_{CO_2} \cdot P} = \frac{\chi_{CO}^2 \cdot P}{\chi_{CO_2}}$$

A $P' = 20$ atm, es complirà:

$$\text{quocient de reacció} = Q_p = \frac{\chi_{CO}^2 \cdot P'}{\chi_{CO_2}}$$

És evident que $Q_p < K_p$, ja que $P' < P$. La reacció evolucionarà cap a la formació de productes, de manera que Q_p tendeixi a créixer fins a K_p, augmentant χ_{CO} i disminuint χ_{CO_2}, d'acord amb el principi de Le Chatelier.

Problema 7.4

El N_2O_4 es descompon segons la reacció:

$$N_2O_4\ (g) \ \rightleftharpoons\ 2\,NO_2\ (g)$$

Se sap que $\Delta G_f^{\circ}(NO_2) = 51{,}3$ kJ $\cdot$ mol^{-1} i $\Delta G_f^{\circ}(N_2O_4) = 98{,}0$ kJ $\cdot$ mol^{-1}. Calculeu:

a) La variació d'energia lliure de Gibbs estàndard d'aquesta reacció.

b) La K_p a 298 K corresponent a aquest equilibri.

c) La pressió total que hi haurà a l'interior d'un recipient de 10,0 L a 298 K sabent que, en aquestes condicions, s'arriba a l'equilibri quan s'han descompost 0,100 mol N_2O_4.

d) La composició de la mescla en percentatge volumètric, en aquest últim cas.

[Solució]

a) Apliquem la relació (7.6):

$$\Delta G_{(reacció)}^{\circ} = 2 \cdot \Delta G_{f(NO_2)}^{\circ} - \Delta G_{f(N_2O_4)}^{\circ}$$
$$\Delta G_{(reacció)}^{\circ} = 2 \cdot 51{,}3 \text{ kJ} \cdot \text{mol}^{-1} - 98{,}0 \text{ kJ} \cdot \text{mol}^{-1} = 4{,}6 \text{ kJ} \cdot \text{mol}^{-1}$$

b) Apliquem la relació $\Delta G^{\circ} = -RT \ln K_p$ per calcular K_p:

$$4.600 \text{ J} \cdot \text{mol}^{-1} = -8{,}314 \text{ J} \cdot \text{mol}^{-1} \cdot \text{K}^{-1} \cdot 298 \text{ K} \cdot \ln K_p$$
$$K_p = 0{,}156$$

c) Segons la reacció:

$$N_2O_4\ (g) \ \rightleftharpoons\ 2\,NO_2\ (g),$$

si s'han descompost 0,100 mol N_2O_4 s'hauran format $2 \cdot 0{,}100$ mol NO_2. Apliquem l'equació dels gasos ideals per calcular la pressió parcial del NO_2:

$$P_{NO_2} = \frac{n_{NO_2} \cdot R \cdot T}{V} = \frac{2 \cdot 0{,}100 \text{ mol} \cdot 0{,}0820 \text{ atm} \cdot \text{L} \cdot \text{K}^{-1} \cdot \text{mol}^{-1} \cdot 298 \text{ K}}{10{,}0 \text{ L}}$$

Resulta: $P_{NO_2} = 0{,}488$ atm

Atesa la reacció, la pressió inicial P_i exercida pel N_2O_4 (g), haurà disminuït en $\dfrac{0,488}{2}$ atm $= 0,244$ atm.

Apliquem l'expressió de la K_p:

$$K_p = \frac{P_{NO_2}^2}{P_{N_2O_4}} = \frac{0,488}{P_i - 0,244} = 0,156 \implies P_i = 1,77 \text{ atm}$$

Aleshores, la pressió parcial exercida pel N_2O_4 serà:

$$P_{N_2O_4} = P_i - 0,244 \text{ atm} = 1,77 \text{ atm} - 0,244 \text{ atm} = 1,52 \text{ atm}$$

Per tant, la pressió total en l'equilibri serà:

$$\text{Pressió total} = 1,52 \text{ atm} + 0,488 \text{ atm} = 2,01 \text{ atm}$$

Com que el percentatge en volum és igual al percentatge de les pressions:

$$\frac{1,52 \text{ atm}}{2,01 \text{ atm}} \cdot 100 = 75,6 \% \text{ N}_2\text{O}_4$$

$$100 - 75,6 = 24,4 \% \text{ NO}_2$$

Problema 7.5

a) Calculeu la constant d'equilibri per a la reacció de descomposició del pentaclorur de fòsfor en triclorur de fòsfor i clor, sabent que a $250\,°C$ i a $2,00$ atm la mescla de gasos en equilibri conté un $19,2\%$ en volum de pentaclorur de fòsfor.

b) Si la mescla es deixa expandir fins a $0,200$ atm a $250\,°C$, calculeu el percentatge de pentaclorur de fòsfor en la mescla en equilibri.

c) Expliqueu la variació en el percentatge de pentaclorur de fòsfor en disminuir la pressió.

[Solució]

a) Si α és el grau de dissociació (tant per u dissociat):

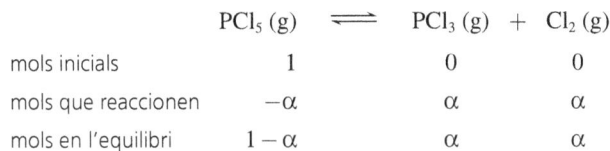

	PCl_5 (g) $\rightleftharpoons$	PCl_3 (g)	$+$	Cl_2 (g)
mols inicials	1	0		0
mols que reaccionen	$-\alpha$	α		α
mols en l'equilibri	$1 - \alpha$	α		α

$$\text{mols totals en l'equilibri} = 1 - \alpha + \alpha + \alpha = 1 + \alpha$$

Es calcula K_p a $250\,°C$ amb l'expressió:

$$K_p = \frac{P_{PCl_3} \cdot P_{Cl_2}}{P_{PCl_5}} = \frac{\dfrac{\alpha}{1+\alpha} \cdot 2,00 \cdot \dfrac{\alpha}{1+\alpha} \cdot 2,00}{\dfrac{1-\alpha}{1+\alpha} \cdot 2,00} = \frac{2,00 \cdot \alpha^2}{1 - \alpha^2}$$

Com que el percentatge en volum correspon al percentatge en nombre de mols:

$$\frac{1-\alpha}{1+\alpha} = 0,192 \implies \alpha = 0,677$$

Per tant:

$$K_p = \frac{2,00 \cdot \alpha^2}{1-\alpha^2} = \frac{2,00 \cdot 0,677^2}{1-0,677^2} = 1,69$$

b) Si la pressió disminueix fins a 0,200 atm i α' és el nou grau de dissociació, apliquem l'expressió de K_p:

$$1,69 = \frac{0,200 \cdot \alpha'^2}{1-\alpha'^2} \implies \alpha' = 0,945$$

El percentatge en volum de PCl_5 serà:

$$\frac{1-\alpha'}{1+\alpha'} \cdot 100 = \frac{1-0,945}{1+0,945} \cdot 100 = 2,82 \implies 2,82\,\%$$

c) Si χ és la fracció molar, la K_p a una pressió $P = 2,00$ atm és:

$$K_p = \frac{(\chi_{PCl_3} \cdot P)\,(\chi_{Cl_2} \cdot P)}{\chi_{PCl_5} \cdot P} = \frac{\chi_{PCl_3} \cdot \chi_{Cl_2} \cdot P}{\chi_{PCl_5}} = \frac{\chi_{PCl_3} \cdot \chi_{Cl_2} \cdot 2,00\ \text{atm}}{\chi_{PCl_5}}$$

A una nova pressió P', el quocient de reacció és:

$$Q_p = \frac{\chi_{PCl_3} \cdot \chi_{Cl_2} \cdot P'}{\chi_{PCl_5}} \qquad (P' = 0,200\ \text{atm})$$

Com que es passa de 2,00 atm a 0,200 atm, $P' < P$ i, per tant, $Q_p < K_p$. Aleshores, la reacció evolucionarà cap a la formació de productes de manera que Q_p tendeixi a créixer fins a K_p. Això vol dir que augmentarà el grau de dissociació, i disminuirà la fracció molar de PCl_5, cosa que equival a la disminució del seu percentatge en volum.

Problema 7.6

Un matràs que conté una certa quantitat d'hidrogencarbonat de sodi, i en el qual s'ha practicat el buit, s'escalfa fins a 100 K. La pressió en l'estat d'equilibri és de 0,962 atm. Calculeu:

a) La constant d'equilibri K_p per la descomposició de l'hidrogencarbonat de sodi segons la reacció:

$$2\,NaHCO_3\ (s) \rightleftharpoons Na_2CO_3\ (s) + CO_2\ (g) + H_2O\ (g)$$

b) La quantitat d'hidrogencarbonat de sodi descompost si el matràs té un volum de 2,00 L.

[Solució]

a) Apliquem la fórmula (7.10), tenint en compte que no apareixen termes per a sòlids i líquids purs en les expressions de K_p (perquè les seves activitats es consideren 1):

$$K_p = P_{H_2O} \cdot P_{CO_2}$$

Com que, segons la reacció, es forma el mateix nombre de mols de H_2O (g) i CO_2 (g), la pressió parcial de cada gas serà la meitat de la pressió en l'equilibri:

$$\frac{0{,}962 \text{ atm}}{2} = 0{,}481 \text{ atm}$$

Aleshores:

$$K_p = P_{H_2O} \cdot P_{CO_2} = 0{,}481 \cdot 0{,}481 = 0{,}231$$

b) Tots els mols de CO_2 obtinguts, procedeixen de la descomposició del $NaHCO_3$. Per tant:

$$\text{mol } CO_2 \text{ obtinguts} = \frac{0{,}481 \text{ atm} \cdot 2{,}00 \text{ L}}{0{,}0821 \dfrac{\text{atm} \cdot \text{L}}{\text{K} \cdot \text{mol}} \cdot 100 \text{ K}} = 0{,}177 \text{ mol } CO_2$$

$$0{,}177 \text{ mol } CO_2 \cdot \frac{2 \text{ mol } NaHCO_3}{1 \text{ mol } CO_2} \cdot \frac{84{,}02 \text{ g } NaHCO_3}{1 \text{ mol } NaHCO_3} = 19{,}7 \text{ g } NaHCO_3$$

Problema 7.7

Per portar a terme la reacció següent en fase gasosa:

$$SO_2Cl_2 \text{ (g)} + CO \text{ (g)} \rightleftharpoons SOCl_2 \text{ (g)} + CO_2 \text{ (g)}$$

s'introdueix dins un recipient a 298 K una mescla equimolecular de CO i SO_2Cl_2 a la pressió total de 10 atm. Una vegada s'ha arribat a l'equilibri es pot comprovar que la pressió parcial de SO_2Cl_2 és d'1,0 atm. Calculeu:

a) El valor de la constant d'equilibri K_p a aquesta temperatura.

b) El valor de ΔG°.

c) El percentatge volumètric dels components de la mescla en l'equilibri a 298 K si en una altra experiència s'introdueixen en el recipient 2,00 mol SO_2Cl_2 i 1,00 mol CO.

[Solució]

a) SO_2Cl_2 (g) + CO (g) $\rightleftharpoons$ $SOCl_2$ (g) + CO_2 (g)

Com que la mescla inicial és equimolecular, les pressions parcials de cadascun dels gasos seran iguals i tindran el valor següent:

$$P_{SO_2Cl_2} = P_{CO} = \frac{10}{2} = 5{,}0 \text{ atm}$$

Escrivim l'equació de l'equilibri amb les pressions corresponents (en atm):

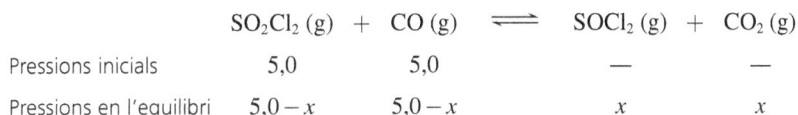

	SO_2Cl_2 (g)	+ CO (g)	$\rightleftharpoons$	$SOCl_2$ (g)	+ CO_2 (g)
Pressions inicials	5,0	5,0		—	—
Pressions en l'equilibri	$5{,}0 - x$	$5{,}0 - x$		x	x

Com que no hi ha hagut canvi en el nombre total de mols, i han reaccionat els mateixos mols de SO_2Cl_2 i CO, es complirà que:

$$P_{SO_2Cl_2} = P_{CO} = 1,0 \text{ atm}$$

Per tant:

$$5,0 - x = 1,0 \text{ atm} \implies x = 4,0 \text{ atm}$$

Aleshores:

$$P_{SO_2Cl_2} = P_{CO_2} = 4,0 \text{ atm}$$

La constant K_p serà:

$$K_p = \frac{P_{SO_2Cl_2} \cdot P_{CO_2}}{P_{SO_2Cl_2} \cdot P_{CO}} = \frac{4,0 \text{ atm} \cdot 4,0 \text{ atm}}{1,0 \text{ atm} \cdot 1,0 \text{ atm}} = 16$$

b) Apliquem la relació $\Delta G° = -RT \ln K_p$ per calcular $\Delta G°$:

$$\Delta G° = -RT \ln K_p = -8,314 \text{ J} \cdot \text{mol}^{-1} \cdot \text{K}^{-1} \cdot 298 \text{ K} \cdot \ln K_p = 6,87 \text{ kJ} \cdot \text{mol}^{-1}$$

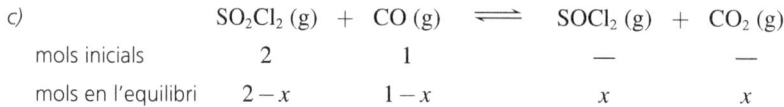

c)

	SO_2Cl_2 (g)	+	CO (g)	$\rightleftharpoons$	$SOCl_2$ (g)	+	CO_2 (g)
mols inicials	2		1		—		—
mols en l'equilibri	$2 - x$		$1 - x$		x		x

$x =$ mols que han reaccionat

En aquesta reacció, $\Delta n = 0$ i, en conseqüència, $K_p = K_c$ (vegeu la fórmula (7.13)).

Si V és el volum del recipient:

$$K_c = \frac{[SOCl_2] \cdot [CO_2]}{[SO_2Cl_2] \cdot [CO]} = \frac{\dfrac{x}{V} \cdot \dfrac{x}{V}}{\dfrac{2,00 - x}{V} \cdot \dfrac{1,00 - x}{V}} = \frac{x^2}{(2,00 - x)(1,00 - x)} = 16$$

Resolent l'equació, resulta: $x = 0,950$ mol.

En l'equilibri:

$$\text{mol } SO_2Cl_2 = 2,00 - 0,950 = 1,05$$
$$\text{mol CO} = 1,00 - 0,950 = 0,0500$$

La fracció molar de cada gas és el tant per u volumètric. Aleshores:

$$\chi_{SO_2Cl_2} = \frac{1,05}{3,00} = 0,350 \implies 35\%$$

$$\chi_{CO} = \frac{0,0500}{3,00} = 0,0166 \implies 1,66\%$$

$$\chi_{SO_2Cl_2} = \chi_{CO_2} = \frac{0,950}{3,00} = 0,316 \implies 31,6\%$$

Problema 7.8

Dins un reactor tancat té lloc la reacció següent:

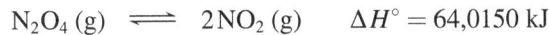

$$N_2O_4 \text{ (g)} \rightleftharpoons 2NO_2 \text{ (g)} \qquad \Delta H^\circ = 64{,}0150 \text{ kJ}$$

A 25 °C, la mescla en equilibri conté un 74 % en volum de N_2O_4, i la pressió dins el reactor és d'1,55 atm.

a) Calculeu el valor de K_p.

b) Si es manté la pressió constant a 1,55 atm i s'augmenta la temperatura fins a 35 °C, quin serà el percentatge de NO_2 en la mescla en equilibri? Justifiqueu el canvi observat.

c) Expliqueu quin efecte tindria un augment de la pressió sobre el grau de dissociació del N_2O_4.

[Solució]

a) Suposant 1 mol inicial de N_2O_4, la reacció amb les quantitats corresponents és:

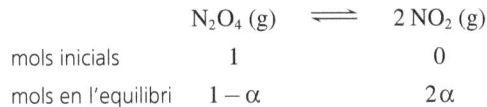

	N_2O_4 (g) $\rightleftharpoons$	2 NO_2 (g)
mols inicials	1	0
mols en l'equilibri	$1 - \alpha$	2α

$\alpha = $ grau de dissociació del N_2O_4

mols en l'equilibri: $1 - \alpha + 2\alpha = 1 + \alpha$

D'altra banda, la fracció molar del $N_2O_4 (\chi_{N_2O_4})$ equival al tant per u volumètric del N_2O_4:

$$\frac{1-\alpha}{1+\alpha} = 0{,}74 \implies \alpha = 0{,}15$$

Apliquem la fórmula (7.10) per calcular la K_p de la reacció:

$$K_p = \frac{P_{NO_2}^2}{P_{N_2O_4}} = \frac{(\chi_{NO_2} \cdot P)^2}{(\chi_{N_2O_4} \cdot P)}$$

$$K_p = \frac{\left(\dfrac{2\alpha}{1+\alpha}\right)^2 \cdot P^2}{\dfrac{1-\alpha}{1+\alpha} \cdot P} = \frac{4\alpha^2}{1-\alpha^2} \cdot P = \frac{4 \cdot 0{,}15^2}{1 - 0{,}15^2} \cdot 1{,}55 \text{ atm} = 0{,}14$$

b) Calculem el valor de K_p a la temperatura de 35 °C aplicant la fórmula de Van't Hoff:

$$\ln \frac{K_{p_2}}{K_{p_1}} = -\frac{\Delta H^\circ}{R}\left(\frac{1}{T_2} - \frac{1}{T_1}\right)$$

$$\ln \frac{K_{p_2}}{0{,}14} = \frac{-64.015 \text{ J} \cdot \text{mol}^{-1}}{8{,}314 \text{ J} \cdot \text{mol}^{-1} \cdot \text{K}^{-1}} \left(\frac{1}{308 \text{ K}} - \frac{1}{298 \text{ K}}\right)$$

Resulta: $K_{p_2} = 0{,}324$

Si α' és el nou grau de dissociació, substituint en l'expressió de K_p a aquesta temperatura resulta:

$$K_p = \frac{4\alpha'^2}{1-\alpha'^2} \cdot P$$

$$0{,}324 = \frac{4 \cdot \alpha'^2}{1-\alpha'^2} \cdot 1{,}55 \implies \alpha' = 0{,}222$$

El percentatge de NO_2 serà:

$$\chi_{NO_2} = \frac{2\alpha'}{1+\alpha'} = \frac{2 \cdot 0{,}222}{1+0{,}222} = 0{,}363$$

El tant per cent de NO_2 és 36,3 %.

c) En aquesta reacció, el valor de K_p en funció del grau de dissociació és:

$$K_p = \frac{4\alpha^2}{1-\alpha^2} \cdot P$$

Un augment en la pressió del sistema farà que la reacció es trobi fora de l'equilibri, amb un quocient de reacció:

$$Q_p = \frac{4\alpha^2}{1-\alpha^2} \cdot P'$$

Com que $P' > P$, aleshores $Q_p > K_p$.

És a dir, el sistema evolucionarà de manera que el quocient de reacció tendeixi al valor de K_p. Per tant, el grau de dissociació disminuirà.

Problema 7.9

La constant d'equilibri de la reacció següent:

$$H_2\,(g) + CO_2\,(g) \; \rightleftharpoons \; H_2O\,(g) + CO\,(g)$$

a 986 °C té un valor d'1,6.

Inicialment, tenim en un recipient una mescla formada per 0,200 mol · L^{-1} H_2, 0,300 mol · L^{-1} CO_2, 0,400 mol · L^{-1} H_2O i 0,400 mol · L^{-1} CO a la temperatura de 986 °C.

a) Comproveu que la mescla no està en equilibri.

b) Si els gasos reaccionen fins a arribar a un estat d'equilibri a la temperatura de 986 °C, calculeu la concentració final, expressada en mols per litre, de cadascun dels gasos que hi intervenen.

c) Calculeu la pressió total inicial i la pressió total final en l'estat d'equilibri de la mescla gasosa.

d) Calculeu la pressió parcial de l'hidrogen en la mescla gasosa en l'estat d'equilibri a 986 °C.

[Solució]

La reacció que estudiarem és: $\quad H_2\,(g) + CO_2\,(g) \; \rightleftharpoons \; H_2O\,(g) + CO\,(g)$

Observem que $\Delta n = 0$ i, per tant, $K_c = K_p$.

a) Concentracions inicials:

$$[H_2] = 0,200 \text{ mol} \cdot L^{-1} \qquad\qquad [H_2O] = 0,400 \text{ mol} \cdot L^{-1}$$

$$[CO_2] = 0,300 \text{ mol} \cdot L^{-1} \qquad\qquad [CO] = 0,400 \text{ mol} \cdot L^{-1}$$

Calculem el quocient de reacció per veure si la reacció està en equilibri:

$$Q_c = \frac{[H_2O] \cdot [CO]}{[H_2] \cdot [CO_2]} = \frac{0,400 \cdot 0,400}{0,200 \cdot 0,300} = 2,60$$

Aquest resultat ens indica que la reacció no està en equilibri, ja que $K_c = 1,6 \neq 2,60$.

b) Com que $Q_c > K_c$, el sistema es desplaçarà cap als reactius.

La reacció amb les concentracions corresponents (en $mol \cdot L^{-1}$) és:

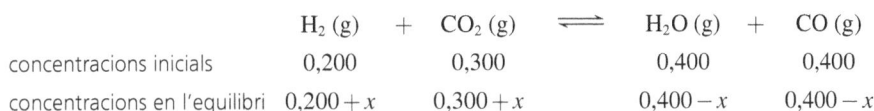

	H_2 (g)	+	CO_2 (g)	$\rightleftharpoons$	H_2O (g)	+	CO (g)
concentracions inicials	0,200		0,300		0,400		0,400
concentracions en l'equilibri	$0,200 + x$		$0,300 + x$		$0,400 - x$		$0,400 - x$

En què x és el canvi de concentracions a causa de la reacció.

Substituint en l'expressió de K_c per a aquesta reacció:

$$K_c = \frac{[H_2O] \cdot [CO]}{[H_2] \cdot [CO_2]}$$

Aleshores:

$$K_c = \frac{(0,400 - x) \cdot (0,400 - x)}{(0,200 + x) \cdot (0,300 + x)} = 1,6$$

Resolem l'equació: $x = 0,0390$.

Les concentracions en l'equilibri seran:

$$[CO] = [H_2O] = (0,400 - 0,0390) \text{ mol} \cdot L^{-1} = 0,360 \text{ mol} \cdot L^{-1}$$

$$[H_2] = (0,200 + 0,0390) \text{ mol} \cdot L^{-1} = 0,240 \text{ mol} \cdot L^{-1}$$

$$[CO_2] = (0,300 + 0,0390) \text{ mol} \cdot L^{-1} = 0,340 \text{ mol} \cdot L^{-1}$$

c) La pressió total inicial es pot calcular aplicant l'equació d'estat dels gasos ideals:

$$P_i = \frac{n}{V} \cdot R \cdot T = cRT; \quad c = \text{concentració total inicial en } mol \cdot L^{-1}$$

$$P_i = (0,200 + 0,300 + 0,400 + 0,400) \text{ mol} \cdot L \cdot 0,0822 \text{ atm} \cdot L \cdot K^{-1} \cdot mol^{-1} \cdot (986 + 273) \text{ K}$$

$$P_i = 134 \text{ atm}$$

La pressió total final serà la mateixa que la inicial perquè no hi ha canvi en el nombre total de mols ($\Delta n = 0$).

d) Apliquem la llei de Dalton de les pressions parcials:

$$P_{H_2} = \text{Pressió total} \cdot \chi_{H_2}$$

En què χ_{H_2} és la fracció molar de l'hidrogen en la mescla gasosa.

$$P_{H_2} = 134 \text{ atm} \cdot \frac{0,239 \text{ mol } H_2}{1,30 \text{ mol totals}} = 24,6 \text{ atm}$$

Problema 7.10

El H_2S es descompon a temperatures elevades segons la reacció:

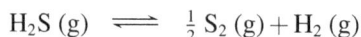

$$H_2S \text{ (g)} \;\rightleftharpoons\; \tfrac{1}{2} S_2 \text{ (g)} + H_2 \text{ (g)}$$

Introduïm 0,0683 mol H_2S en un recipient de 0,769 L a 750 °C. Quan s'estableix l'equilibri s'observa que la pressió total del recipient és de 7,56 atm. Calculeu:

a) La composició volumètrica dels gasos en equilibri.

b) El % de H_2S que ha reaccionat quan s'ha arribat a l'equilibri.

c) La constant d'equilibri, K_p, a 750 °C.

d) Si s'extreu 1 mmol d'hidrogen a la mescla anterior en equilibri, indiqueu les noves concentracions de reactiu i productes quan s'arribi novament a l'equilibri a 750 °C.

(En aquest últim apartat, deixeu les operacions indicades, sense fer els càlculs.)

[Solució]

a) Reacció:

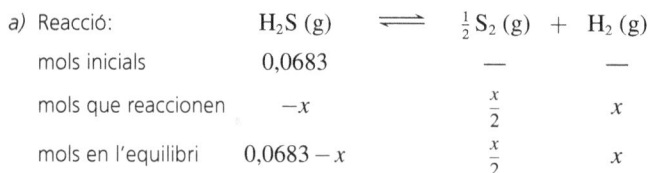

	H_2S (g)	$\rightleftharpoons$	$\tfrac{1}{2} S_2$ (g)	+	H_2 (g)
mols inicials	0,0683		—		—
mols que reaccionen	$-x$		$\dfrac{x}{2}$		x
mols en l'equilibri	$0,0683 - x$		$\dfrac{x}{2}$		x

($x = $ mol H_2S (g) dissociats)

Mols totals en l'equilibri: $n_T = 0,0683 - x + \dfrac{x}{2} + x = 0,0683 + \dfrac{x}{2}$

Apliquem l'equació dels gasos ideals:

$$P \cdot V = n_T \cdot R \cdot T$$
$$7,56 \text{ atm} \cdot 0,769 \text{ L} = n_T \cdot 0,0821 \text{ atm} \cdot \text{L} \cdot \text{K}^{-1} \cdot \text{mol}^{-1} \cdot 1.023 \text{ K}$$
$$n_T = 0,0693$$

Per tant: $n_T = 0,0693 = 0,0683 + \dfrac{x}{2}$

$\qquad\qquad x = 0,00200$

Mols en l'equilibri:

$$\text{mol } H_2S \text{ (g)} = 0,0683 - 0,00200 = 0,0663$$
$$\text{mol } S_2 \text{ (g)} = 0,00100$$
$$\text{mol } H_2 \text{ (g)} = 0,00200$$

Ara calculem ara les fraccions molars de cadascun dels compostos en l'equilibri:

$$\text{Fracció molar } H_2S = \chi_{H_2S} = \frac{0{,}0663 \text{ mol } H_2S}{(0{,}0663 + 0{,}00100 + 0{,}00200)\text{ mol totals}} =$$

$$= \frac{0{,}0663 \text{ mol } H_2S}{0{,}0693 \text{ mol totals}} = 0{,}956 \implies 95{,}6\,\% \; H_2S$$

$$\text{Fracció molar } S_2 = \chi_{S_2} = \frac{0{,}00100 \text{ mol } S_2}{0{,}0693 \text{ mol totals}} = 0{,}0144 \implies 1{,}44\,\% \; S_2$$

$$\text{Fracció molar } H_2 = \chi_{H_2} = \frac{0{,}00200 \text{ mol } H_2}{0{,}0693 \text{ mol totals}} = 0{,}0288 \implies 2{,}88\,\% \; H_2$$

b) Càlcul del % de mols de H_2S que han reaccionat:

$$\frac{0{,}0200 \text{ mol } H_2S \text{ que han reaccionat}}{0{,}0683 \text{ mol inicials de } H_2S} \cdot 100 = 2{,}93\,\% \; H_2S$$

c) Aplicant la fórmula (7.10), tenint present que la pressió parcial d'un gas és la seva fracció molar (χ) multiplicada per la pressió total (P_T), resulta:

$$K_p = \frac{(\chi_{S_2} \cdot P_T)^{1/2} \, (\chi_{H_2} \cdot P_T)}{(\chi_{H_2S} \cdot P_T)}$$

$$K_p = \frac{(0{,}0144 \cdot 7{,}56)^{1/2} \cdot (0{,}0288 \cdot 7{,}56)}{0{,}956 \cdot 7{,}56} = 9{,}93 \cdot 10^{-3}$$

d) Si s'indica per x' el nombre de mols de H_2S que s'hauran dissociat després d'extreure 1 mmol d'hidrogen, quan el sistema hagi arribat a un nou equilibri, el nombre de mols de cada substància serà:

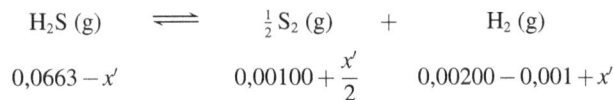

$$\begin{array}{ccccc} H_2S \text{ (g)} & \rightleftharpoons & \tfrac{1}{2}\,S_2 \text{ (g)} & + & H_2 \text{ (g)} \\[4pt] 0{,}0663 - x' & & 0{,}00100 + \dfrac{x'}{2} & & 0{,}00200 - 0{,}001 + x' \end{array}$$

Apliquem ara la relació entre les constants K_c i K_p, tenint en compte que $\Delta n = 1 + \dfrac{1}{2} - 1 = \dfrac{1}{2}$. Aleshores es pot establir que:

$$K_c = \frac{[S_2]^{1/2} \cdot [H_2]}{[H_2S]} = 0{,}0010$$

$$0{,}0010 = \frac{\left(\dfrac{0{,}00100 + \frac{x'}{2} \text{ mol}}{0{,}769 \text{ L}}\right)^{1/2} \cdot \left(\dfrac{0{,}00100 + x' \text{ mol}}{0{,}769 \text{ L}}\right)}{\dfrac{0{,}0663 - x' \text{ mol}}{0.769 \text{ L}}}$$

Aquesta equació, un cop resolta, ens dóna x', que permetrà calcular les concentracions demanades.

Problema 7.11

El gas fosgè ($COCl_2$) es descompon a temperatures elevades i dóna monòxid de carboni i clor. Introduïm 0,6310 g de fosgè en un recipient de 472,0 mL de volum a 1.000 K. Quan s'estableix l'equilibri a aquesta temperatura:

$$COCl_2 \ (g) \ \rightleftharpoons \ CO \ (g) + Cl_2 \ (g)$$

s'observa que la pressió total del recipient és de 2,175 atm. Considerant comportament ideal per a tots els gasos, calculeu:

a) La composició volumètrica dels gasos en equilibri.

b) El percentatge de $COCl_2$ que ha reaccionat quan s'ha arribat a l'equilibri.

c) La constant d'equilibri, K_p, a 1.000 K.

d) Si s'introdueixen 0,25 g de clor a la mescla en equilibri anterior, indiqueu les noves concentracions de reactiu i productes quan s'arribi novament a l'equilibri a 1.000 K.

[Solució]

La reacció que estudiarem és: $COCl_2 \ (g) \ \rightleftharpoons \ CO \ (g) + Cl_2 \ (g)$

a) Calculem els mols inicials de gas fosgè:

$$\text{massa molecular del } COCl_2 = 99 \ g \cdot mol^{-1}$$

$$\text{mols inicials de } COCl_2 = \frac{0,6310 \ g}{99 \ g \cdot mol^{-1}} = 6,373 \cdot 10^{-3} \ mol$$

En la situació d'equilibri (aplicant l'equació dels gasos ideals):

$$P_T \cdot V = n_T \cdot R \cdot T \qquad\qquad P_T = \text{pressió total}$$

$$2,175 \ atm \cdot 0,4720 \ L = n_T \cdot 0,08206 \ \frac{atm \cdot L}{K \cdot mol} \cdot 1.000 \ K \qquad n_T = \text{nombre total de mols}$$

$$n_T = 0,01252 \ \text{mol totals}$$

Per calcular la composició volumètrica en l'equilibri cal trobar el nombre de mols de $COCl_2$ dissociats.

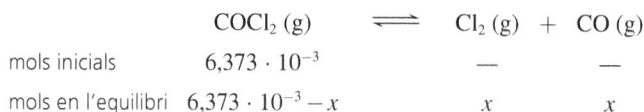

	$COCl_2 \ (g)$	$\rightleftharpoons$	$Cl_2 \ (g)$	+	$CO \ (g)$
mols inicials	$6,373 \cdot 10^{-3}$		—		—
mols en l'equilibri	$6,373 \cdot 10^{-3} - x$		x		x

$x = \text{mol } COCl_2 \text{ dissociats}$

$$\text{mols totals en l'equilibri} = n_T = 0,01252 = 6,373 \cdot 10^{-3} - x + x + x = 6,373 \cdot 10^{-3} + x$$

$$x = 6,147 \cdot 10^{-3} \ \text{mols}$$

El nombre de mols en l'equilibri serà:

$$\text{mol } COCl_2 = 6,373 \cdot 10^{-3} \ mol - 6,147 \cdot 10^{-3} \ mol = 0,2260 \cdot 10^{-3} \ mol$$

$$\text{mol } Cl_2 = \text{mol } CO = x = 6,147 \cdot 10^{-3} \ mol$$

En fraccions molars:

$$\chi_{COCl_2} = \frac{0,2260 \cdot 10^{-3}\,\text{mol}}{(0,2260 \cdot 10^{-3} + 6,147 \cdot 10^{-3} + 6,147 \cdot 10^{-3})\,\text{mols}} = 0,01805$$

$$\chi_{CO} = \chi_{Cl_2} = \frac{6,147 \cdot 10^{-3}\,\text{mol}}{(0,2260 \cdot 10^{-3} + 6,147 \cdot 10^{-3} + 6,147 \cdot 10^{-3})\,\text{mols}} = 0,4909$$

Com que la composició volumètrica equival a la fracció molar:

$$\left\{ \begin{array}{l} 1,805\,\% \;\; COCl_2 \\ 49,09\,\% \;\; CO \\ 49,09\,\% \;\; Cl_2 \end{array} \right.$$

b) Percentatge de $COCl_2$ que haurà reaccionat:

$$\frac{6,147 \cdot 10^{-3}\,\text{mol dissociats}}{6,373 \cdot 10^{-3}\,\text{mol inicials}} \cdot 100 = 96,45\,\%$$

c) Per a calcular K_p apliquem l'expressió (7.10) per a la reacció considerada (tenint en compte la llei de Dalton de les pressions parcials):

$$K_p = \frac{P_{Cl_2} \cdot P_{CO}}{P_{COCl_2}} = \frac{(\chi_{Cl2} \cdot P_T) \cdot (\chi_{CO} \cdot P_T)}{(\chi_{COCl_2} \cdot P_T)}$$

$$K_p = \frac{(0,4909 \cdot 2,175) \cdot (0,490 \cdot 2,175)}{0,01805 \cdot 2,175} = 29,03$$

d) Calculem en primer lloc K_c aplicant l'expressió (7.13):

$$K_c = \frac{K_p}{(R \cdot T)^{\Delta n}}$$

En aquest cas, $\Delta n = 1$:

$$K_c = \frac{29,03}{0,08206\,\dfrac{\text{atm} \cdot \text{L}}{\text{K} \cdot \text{mol}} \cdot 1.000\,\text{K}} = 0,3537$$

En introduir el clor, l'equilibri es desplaçarà cap als reactius, d'acord amb el principi de Le Chatelier. Si x' és el nombre de mols de $COCl_2$ que es produiran en el desplaçament, es tindrà:

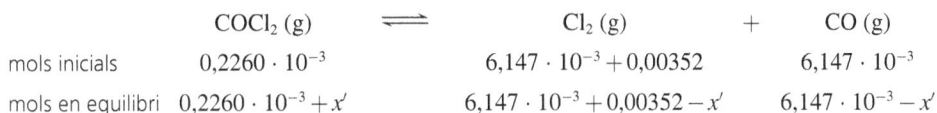

	$COCl_2$ (g)	$\rightleftharpoons$	Cl_2 (g)	+	CO (g)
mols inicials	$0,2260 \cdot 10^{-3}$		$6,147 \cdot 10^{-3} + 0,00352$		$6,147 \cdot 10^{-3}$
mols en equilibri	$0,2260 \cdot 10^{-3} + x'$		$6,147 \cdot 10^{-3} + 0,00352 - x'$		$6,147 \cdot 10^{-3} - x'$

Com que la temperatura no varia, K_c és la mateixa. Per tant:

$$K_c = \frac{[Cl_2] \cdot [CO]}{[COCl_2]}$$

$$K_c = 0,3537 = \frac{\dfrac{(9,667 \cdot 10^{-3} - x')\,\text{mol}}{0,4720\,\text{L}} \cdot \dfrac{(6,147 \cdot 10^{-3} - x')\,\text{mol}}{0,4720\,\text{L}}}{\dfrac{(0,2260 \cdot 10^{-3} + x')\,\text{mol}}{0,4720\,\text{L}}}$$

Aïllem x', calculem i trobem les concentracions: $x' = 1,290 \cdot 10^{-4}$ mol

$$[COCl_2] = \frac{(0,2260 \cdot 10^{-3} + 1,290 \cdot 10^{-4}) \text{ mol COCl}_2}{0,472 \text{ L dissolució}} = 7,52 \cdot 10^{-4} \text{ mol} \cdot \text{L}^{-1}$$

$$[Cl_2] = \frac{(6,147 \cdot 10^{-3} + 0,00352 - 1,290 \cdot 10^{-4}) \text{ mol Cl}_2}{0,472 \text{ L dissolució}} = 2,02 \cdot 10^{-2} \text{ mol} \cdot \text{L}^{-1}$$

$$[CO] = \frac{(6,147 \cdot 10^{-3} - 1,290 \cdot 10^{-4}) \text{ mol CO}}{0,472 \text{ L dissolució}} = 1,27 \cdot 10^{-2} \text{ mol} \cdot \text{L}^{-1}$$

Problema 7.12

En un recipient tancat de 10,0 L s'introdueixen 2,00 mol del compost A i 1,00 mol del compost C. Escalfem fins a 300 °C i s'estableix l'equilibri següent:

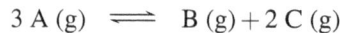

$$3 \text{ A (g)} \rightleftharpoons \text{ B (g)} + 2 \text{ C (g)}$$

en el qual es compleix que el nombre de mols de A és igual al de C. Calculeu:

a) Els mols de cada component en l'equilibri a 300 °C.

b) K_c i K_p.

c) La pressió parcial de cada gas.

d) L'entalpia estàndard de la reacció sabent que si escalfem fins a 500 °C, en el nou estat d'equilibri el gas A exerceix una pressió parcial igual a la quarta part de la que exercia en l'estat d'equilibri anterior (a 300 °C).

[Solució]

a)

	3 A (g)	$\rightleftharpoons$	B (g)	+	2 C (g)
mols inicials	2,00		—		1,00
mols que reaccionen	$-x$		$\frac{1}{3}x$		$\frac{2}{3}x$
mols en l'equilibri	$2,00 - x$		$\frac{1}{3}x$		$1,00 + \frac{2}{3}x$

L'enunciat ens diu que el nombre de mols de A és igual al nombre de mols de C, és a dir:

$$2,00 - x = 1,00 + \frac{2}{3}x$$

Resolem l'equació i obtenim: $x = 0,600$

Per tant, els mols en equilibri seran:

$$\text{mol A} = 2,00 - x = 2,00 - 0,600 = 1,40$$

$$\text{mol B} = \frac{1}{3}x = \frac{0,600}{3} = 0,200$$

$$\text{mol C} = \text{mol A} = 1,40$$

b) L'expressió $K_c = \dfrac{[C]^2 \cdot [B]}{[A]^3}$ permet calcular K_c:

$$K_c = \frac{\left(\dfrac{1,40 \text{ mol}}{10,0 \text{ L}}\right)^2 \cdot \left(\dfrac{0,200 \text{ mol}}{10,0 \text{ L}}\right)}{\left(\dfrac{1,40 \text{ mol}}{10,0 \text{ L}}\right)^3} = 0,143$$

A partir de la relació entre K_c i K_p, es pot calcular K_p:

$$K_c = \frac{K_p}{(R \cdot T)^{\Delta n}} \qquad \Delta n = (2+1) - 3 = 0$$

Aleshores: $\quad K_p = K_c = 0,143$

c) Apliquem l'equació dels gasos ideals:

$$P_A = \frac{n_A \cdot R \cdot T}{V} = \frac{1,40 \text{ mol} \cdot 0,0821 \dfrac{\text{atm} \cdot \text{L}}{\text{K} \cdot \text{mol}} \cdot 573 \text{ K}}{10,0 \text{ L}} = 6,58 \text{ atm}$$

$$P_B = \frac{n_B \cdot R \cdot T}{V} = \frac{0,200 \text{ mol} \cdot 0,0821 \dfrac{\text{atm} \cdot \text{L}}{\text{K} \cdot \text{mol}} \cdot 573 \text{ K}}{10,0 \text{ L}} = 0,940 \text{ atm}$$

$P_C = P_A = 6,58$ (perquè hi ha el mateix nombre de mols de A que de C)

d) En el nou estat d'equilibri, després d'escalfar fins a 773 K, se sap que:

$$P_A = \frac{6,58 \text{ atm}}{4} = 1,64 \text{ atm}$$

El nombre de mols de A serà:

$$n_A = \frac{P_A \cdot V}{R \cdot T} = \frac{1,64 \text{ atm} \cdot 10,0 \text{ L}}{0,0821 \dfrac{\text{atm} \cdot \text{L}}{\text{K} \cdot \text{mol}} \cdot 773 \text{ K}} = 0,259 \text{ mol gas A}$$

Si es planteja novament la reacció, ara a 773 K:

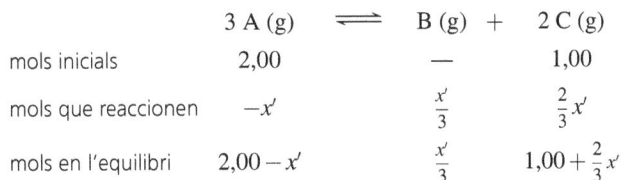

	3 A (g)	$\rightleftharpoons$	B (g)	+	2 C (g)
mols inicials	2,00		—		1,00
mols que reaccionen	$-x'$		$\dfrac{x'}{3}$		$\dfrac{2}{3}x'$
mols en l'equilibri	$2,00 - x'$		$\dfrac{x'}{3}$		$1,00 + \dfrac{2}{3}x'$

En què x' és el nombre de mols de A que hauran reaccionat.

Per al gas A es complirà que:

$$2,00 \text{ mol} - x' = 0,259 \text{ mol}$$
$$x' = 1,74 \text{ mols de A que han reaccionat}$$

Nombre de mols de cada gas en el nou estat d'equilibri:

$$\text{mol A} = 0,259$$

$$\text{mol B} = \frac{1,74}{3} = 0,580$$

$$\text{mol C} = 1 + \frac{2}{3} \cdot 1,74 = 2,16$$

Ara es poden calcular les constants d'equilibri $K_c = K_p$ a 773 K:

$$K_p = K_c = \frac{[C]^2 \cdot [B]}{[A]^3} = \frac{\left(\dfrac{2,16 \text{ mol}}{10,0 \text{ L}}\right)^2 \cdot \left(\dfrac{0,580 \text{ mol}}{10,0 \text{ L}}\right)}{\left(\dfrac{0,259 \text{ mol}}{10,0 \text{ L}}\right)^3} = 155,7$$

L'aplicació de l'equació de Van't Hoff permet calcular $\Delta H°$:

$$\ln \frac{K_{p_2}}{K_{p_1}} = \frac{\Delta H°}{R} \left(\frac{1}{T_1} - \frac{1}{T_2} \right)$$

$$\ln \frac{155,7}{0,143} = \frac{\Delta H°}{8,314 \dfrac{\text{J}}{\text{mol} \cdot \text{K}}} \cdot \left(\frac{1}{573 \text{ K}} - \frac{1}{773 \text{ K}} \right)$$

Resolem l'equació: $\Delta H° = 128,6 \text{ kJ}$

Problema 7.13

Dins un reactor de 2,5 L s'introdueix 1,0 mol de pentaclorur de fòsfor que es descompon en triclorur de fòsfor i clor fins a arribar a l'equilibri a 473 K. A aquesta temperatura, K_c val $7,927 \cdot 10^{-3}$. Tots els productes es poden considerar gasos ideals.

a) Calculeu el grau de dissociació.
b) Si s'hi afegeixen 0,10 mol de clor sense modificar el volum ni la temperatura, quin serà el nou grau de dissociació?
c) Justifiqueu per què augmenta o disminueix el grau de dissociació.
d) Quina serà la pressió total de la mescla en equilibri en cada cas?
e) Sense variar la temperatura, quina modificació es podria fer per augmentar el rendiment de la reacció?

[Solució]

a) La concentració inicial de PCl_5 és: $\dfrac{1,0 \text{ mol}}{2,5 \text{ L}} = 0,40 \text{ M}$

$\alpha = $ grau de dissociació

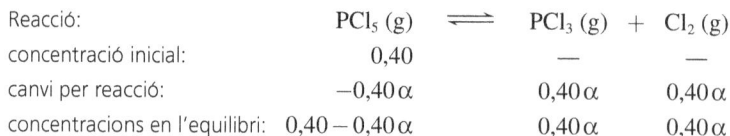

Reacció:	PCl_5 (g)	$\rightleftharpoons$	PCl_3 (g)	+	Cl_2 (g)
concentració inicial:	0,40		—		—
canvi per reacció:	$-0,40\,\alpha$		$0,40\,\alpha$		$0,40\,\alpha$
concentracions en l'equilibri:	$0,40 - 0,40\,\alpha$		$0,40\,\alpha$		$0,40\,\alpha$

Es pot calcular K_c:

$$K_c = \frac{[PCl_3] \cdot [Cl_2]}{[PCl_5]} = \frac{(0,40\,\alpha)^2}{0,40\,(1-\alpha)} = 7,927 \cdot 10^{-3}$$

Resolem l'equació: $\alpha = 0,1312$

b) Si s'hi afegeix gas clor sense variar ni el volum ni la temperatura, l'equilibri es desplaçarà cap als reactius. Això vol dir que disminuirà el grau de dissociació. Si α' és el nou grau de dissociació, com que la temperatura no varia, K_c serà la mateixa. Expressant-la en funció de α', permetrà calcular aquest nou grau de dissociació, α'.

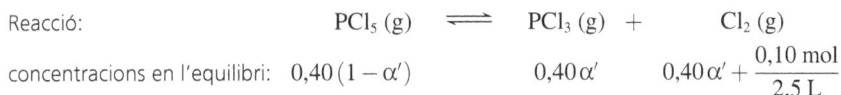

Reacció: $\qquad PCl_5 \ (g) \rightleftharpoons PCl_3 \ (g) \ + \ Cl_2 \ (g)$

concentracions en l'equilibri: $0,40\,(1-\alpha') \qquad 0,40\,\alpha' \qquad 0,40\,\alpha' + \dfrac{0,10 \text{ mol}}{2,5 \text{ L}}$

$$K_c = 7,927 \cdot 10^{-3} = \frac{[PCl_3] \cdot [Cl_2]}{[PCl_5]} = \frac{(0,40\,\alpha') \cdot (0,40\,\alpha' + 0,040)}{0,40\,(1-\alpha')}$$

Resolem l'equació resultant: $\alpha' = 0,093$

c) Si s'hi afegeix gas clor, l'equilibri es desplaça tendint a gastar clor per contrarestar l'acció externa. Per tant, es desplaçarà cap als reactius, i $\alpha' < \alpha$.

d) **1r cas:** concentració total en l'equilibri: $c(1-\alpha) + c\alpha + c\alpha = c(1+\alpha)$

$$P_T = c(1+\alpha) \cdot R \cdot T \qquad (P_T = \text{pressió total})$$

$$P_T = 0,40(1+0,1312)\frac{\text{mol}}{\text{L}} \cdot 0,0821\frac{\text{atm} \cdot \text{L}}{\text{mol} \cdot \text{K}} \cdot 473 \text{ K}$$

$$P_T = 17,54 \text{ atm}$$

2n cas: concentració total en l'equilibri:

$$c(1-\alpha') + c\alpha' + c\alpha' + \frac{0,10 \text{ mol}}{2,5 \text{ L}} =$$

$$= c - c\alpha' + c\alpha' + c\alpha' + 0,04 \text{ mol} \cdot \text{L}^{-1}$$

$$= c + c\alpha' + 0,04 = (0,40 + 0,40 \cdot 0,093 + 0,040)\frac{\text{mol}}{\text{L}} = 0,48\frac{\text{mol}}{\text{L}}$$

$$\text{pressió total} = P_T = 0,48\frac{\text{mol}}{\text{L}} \cdot 0,0821\frac{\text{atm} \cdot \text{L}}{\text{K} \cdot \text{mol}} \cdot 473 \text{ K} = 18,6 \text{ atm}$$

e) • Disminuir la pressió (augmentar el volum).

• Afegir-hi PCl_5.

• Treure'n Cl_2 i PCl_3 a mesura que es van produint.

En tots els casos, el raonament es pot fer a partir del principi de Le Chatelier.

Problemes proposats

Problema 7.14

La reacció de formació de l'età gasós a partir de carboni (grafit) i hidrogen és:

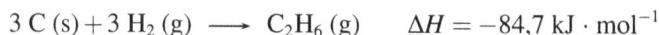

$$3\,C\,(s) + 3\,H_2\,(g) \longrightarrow C_2H_6\,(g) \qquad \Delta H = -84{,}7\ kJ \cdot mol^{-1}$$

A la temperatura del procés, l'entropia del carboni (cristall de grafit) és 5,68 J · mol^{-1} · K^{-1}; la de l'hidrogen gasós, 130,70 J · mol^{-1} · K^{-1}; i la de l'età gasós, 229,5 J · mol^{-1} · K^{-1}. Deduïu, a partir d'aquestes dades numèriques, si la reacció serà espontània.

Problema 7.15

En la reacció

$$I_2\,(g) + H_2\,(g) \;\rightleftharpoons\; 2\,HI\,(g)$$

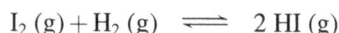

K_p a 700 K té un valor de 55,3. Si en un recipient tancat mesclem les tres substàncies a la temperatura de 700 K, de tal manera que les seves pressions parcials siguin: $P(I_2) = P(H_2) = 0{,}02$ atm i $P(HI) = 0{,}7$ atm, raoneu i calculeu:

a) El sentit en què tindrà lloc la reacció.

b) Les pressions parcials de cada gas quan s'arribi a l'estat d'equilibri.

[Solució] b) $P(I_2) = P(H_2) = 0{,}078$ atm ; $P(HI) = 0{,}58$ atm

Problema 7.16

Mesclem 0,18 mols de PCl$_3$ (g) i 0,84 mols de PCl$_5$ (g) en un recipient d'1,0 L. Una vegada s'ha arribat a la situació d'equilibri, hi trobem 0,72 mols de PCl$_5$ (g). Calculeu el valor de K_c a la temperatura en què té lloc la reacció.

$$PCl_5\,(g) \;\rightleftharpoons\; PCl_3\,(g) + Cl_2\,(g)$$

[Solució] $K_c = 0{,}050$

Problema 7.17

En la reacció:

$$NO\,(g) + \frac{1}{2}\,O_2\,(g) \;\rightleftharpoons\; NO_2\,(g)$$

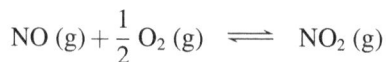

K_p val $1{,}30 \cdot 10^6$ a 25 °C. L'entalpia estàndard de la reacció és $\Delta H° = -56{,}48$ kJ · mol^{-1}. Calculeu la constant d'equilibri K_p per a la mateixa reacció quan transcorre a 325 °C.

[Solució] $K_p = 14{,}12$

Problema 7.18

A $300\,°C$ i 1 atm el diòxid de carboni es troba dissociat en un $40,0\%$ en monòxid de carboni i oxigen molecular segons la reacció:

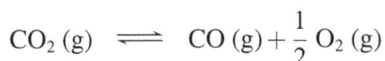

$$CO_2\,(g) \; \rightleftharpoons \; CO\,(g) + \frac{1}{2}\,O_2\,(g)$$

a) Sabent que la reacció és endotèrmica, indiqueu la influència de les variacions de pressió i temperatura sobre aquest procés en l'equilibri.

b) Calculeu les pressions parcials de cada gas en la situació d'equilibri.

c) Trobeu la constant d'equilibri K_p.

[Solució] b) $P(CO_2) = 0,50$ atm ; $P(CO) = 0,33$ atm ; $P(CO_2) = 0,16$ atm
d) $K_p = 0,264$

Problema 7.19

En un matràs de $2,00$ L de capacitat es col·loquen $2,00$ mol de les substàncies A i B, que reaccionen segons:

$$A + B \; \rightleftharpoons \; C$$

Se sap que la $K_c = 5,00$. Quina serà la composició del sistema en equilibri?

[Solució] $0,72$ mol A ; $0,72$ mol B ; $1,28$ mol C

Problema 7.20

En un reactor de 10 L es fan reaccionar a $448\,°C$, $0,50$ mol $H_2\,(g)$ i $0,50$ mol $I_2\,(g)$. A aquesta temperatura, la K_C de la reacció que té lloc:

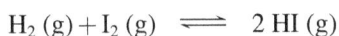

$$H_2\,(g) + I_2\,(g) \; \rightleftharpoons \; 2\,HI\,(g)$$

té un valor de 50. Calculeu:

a) El valor de K_p.

b) La pressió total en el reactor.

c) Els mols de I_2 que queden sense reaccionar en la situació d'equilibri.

d) La pressió parcial de cada component de la mescla un cop establert l'equilibri.

[Solució] a) $K_p = 50$; b) $5,9$ atm ; c) $0,11$ mol I_2 ;
d) Pressió $H_2 = $ Pressió $I_2 = 0,65$ atm ; Pressió $HI = 4,6$ atm

Problema 7.21

La K_p per a la dissociació següent:

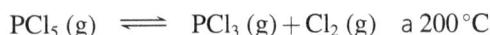

$$PCl_5\,(g) \; \rightleftharpoons \; PCl_3\,(g) + Cl_2\,(g) \quad a\ 200\,°C$$

és $K_p = 0,3075$. L'entalpia estàndard d'aquesta reacció és $72,718$ kJ $\cdot$ mol^{-1}. Calculeu la temperatura a la qual la dissociació del PCl$_5$ (g) a una pressió de 3 atm és del 50,0%.

[Solució]   505 K

☐ Problema 7.22

A $817\,°C$ la constant K_p de la reacció del CO_2 pur i del grafit calent en excés:

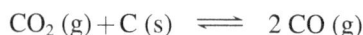

$$CO_2 \text{ (g)} + C \text{ (s)} \rightleftharpoons 2\,CO \text{ (g)}$$

és $K_p = 10$.

a) Quina serà la composició de gasos en l'equilibri, a $817\,°C$ i $4,0$ atm de pressió?
b) Quina serà la pressió parcial del CO_2 en l'equilibri?
c) Per quina pressió donarà en l'anàlisi dels gasos un 6% de CO_2 en volum?

[Solució]   a) 23,0% de CO_2 i 77,0% de CO ; b) 0,920 atm ;
c) 0,679 atm

☐ Problema 7.23

A $200\,°C$, la K_c per a l'equilibri de dissociació del pentaclorur de fòsfor segons:

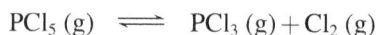

$$PCl_5 \text{ (g)} \rightleftharpoons PCl_3 \text{ (g)} + Cl_2 \text{ (g)}$$

és $K_c = 7,93 \cdot 10^{-3}$. Calculeu:

a) El grau de dissociació del PCl$_5$ a aquesta temperatura si en un matràs d'$1,00$ L de capacitat hi ha inicialment $3,125$ g PCl$_5$.
b) El grau de dissociació del PCl$_5$ si el matràs era prèviament ple de clor a $0\,°C$ i $1,00$ atm.

[Solució]   a) 50,9% ; b) 14,5%

■ Problema 7.24

Es donen les dades següents corresponents al procés:

$$C_4H_8 \text{ (g)} \rightleftharpoons C_4H_6 \text{ (g)} + H_2 \text{ (g)}$$

ΔH_f° (cal $\cdot$ mol^{-1})	280,0	26.750,00	—
S° (cal $\cdot$ K^{-1} $\cdot$ mol^{-1})	73,48	66,62	31,21

Calculeu:

a) La constant d'equilibri K_p a 298 K.
b) La constant d'equilibri K_p a 1.000 K.

c) Les pressions parcials de cada gas quan introduïm 2 mol C_4H_8 (g) en un reactor tancat de 10 L i escalfem fins a una temperatura de 1.000 K.

[Solució]   a) $K_p = 7,21 \cdot 10^{-15}$ (a 298 K) ;   b) $K_p = 0,36$ (a 1.000 K);

c) $P(C_4H_8) = 14,14$ atm ; $P(C_4H_6) = P(H_2) = 2,25$ atm

◼ Problema 7.25

En un recipient tancat de 20,0 L de capacitat es col·loquen 69,0 g N_2O_4, que es descomponen en NO_2. Si en equilibri a 35,0 °C la pressió del sistema és d'1,19 atm, calculeu:

a) El grau de dissociació del N_2O_4 a 35,0 °C.
b) Les constants K_p i K_c a 35,0 °C.
c) En augmentar la temperatura fins a 100 °C, el N_2O_4 es dissocia en un 85,0 %; calculeu K_p a aquesta temperatura i l'entalpia de reacció.

[Solució]   a) $\alpha = 0,25$;   b) $K_p = 0,33$ i $K_c = 0,013$;

c) $K_p = 22,4$; $\Delta H° = 62,4$ kJ $\cdot$ mol^{-1}

◼ Problema 7.26

Es coneixen les dades següents corresponents al procés:

$$CO \ (g) + H_2O \ (g) \ \rightleftharpoons \ CO_2 \ (g) + H_2 \ (g)$$

$\Delta G_f°$ (kcal/mol)	$-32,80$	$-54,64$	$-94,26$	—
$\Delta H_f°$ (kcal/mol)	$-26,41$	$-57,80$	$-94,05$	—

a) Calculeu la constant d'equilibri K_p a 298 K.
b) Deduïu en quin sentit evolucionarà el sistema format per una mescla de reactius i productes, a 298 K i a les pressions següents: $P(CO) = 1,00$ atm, $P(H_2O) = 2,00$ atm, $P(CO_2) = 2,00$ atm i $P(H_2) = 0,500$ atm.
c) Calculeu la constant d'equilibri K_p a 673 K.
d) Calculeu les pressions parcials de cada gas quan introduïm 1 mol CO i 1 mol H_2O en un recipient de 10 L i escalfem fins a una temperatura de 673 K.

[Solució]   a) $K_p = 1,05 \cdot 10^5$ (a 298 K) ;   b) El sistema evolucionarà d'esquerra a dreta

c) $K_p = 9,54$ (a 673 K) ;

d) $P(CO) = P(H_2O) = 1,34$ atm ; $P(CO_2) = P(H_2) = 4,18$ atm

◼ Problema 7.27

A 1.000 °C i una pressió de 30,0 atm, en l'equilibri:

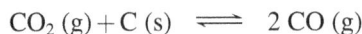

$$CO_2 \ (g) + C \ (s) \ \rightleftharpoons \ 2 \ CO \ (g)$$

hi ha un $17,0\%$ en nombre de mols de CO_2 (g). Si la calor absorbida a pressió constant en la reacció és de $614,58$ kJ $\cdot$ mol^{-1}:

a) Quin serà el percentatge en volum de CO_2 (g), si a la mateixa temperatura la pressió és de $20,0$ atm?
b) Calculeu la constant d'equilibri a $30,0$ atm i $900\,°C$.
c) Justifiqueu els resultats obtinguts segons el principi de Le Chatelier.

[Solució]   a) $12,6\%$ CO_2 ; b) $K_p = 0,86$

Problema 7.28

En un reactor buit, s'introdueix pentaclorur de fòsfor, el qual es descompon en triclorur de fòsfor i clor:

$$PCl_5 \text{ (g)} \rightleftharpoons PCl_3 \text{ (g)} + Cl_2 \text{ (g)}$$

Un cop s'ha arribat a l'equilibri, a $250\,°C$ i $0,200$ atm, s'observa que la mescla de gasos en equilibri conté un $48,6\%$ en volum de clor.

a) Calculeu K_p.
b) Si es comprimeix la mescla fins a $2,00$ atm a la mateixa temperatura $(250\,°C)$, calculeu el percentatge en volum de clor.
c) Justifiqueu el canvi produït en el percentatge de clor en augmentar la pressió.

[Solució]   a) $K_p = 1,69$; b) $40,4\%$ Cl_2

Problema 7.29

Per a la reacció:

$$CO_2 \text{ (g)} + H_2 \text{ (g)} \rightleftharpoons H_2O \text{ (g)} + CO\text{(g)}$$

se sap que, a 1.000 K, $\Delta G° = 3.803,8$ J. Calculeu:

a) El tant per cent en volum d'hidrogen quan es fa reaccionar una mescla equimolecular de diòxid de carboni i hidrogen i s'arriba a l'equilibri a 1.000 K i una pressió total d'1 atm.
b) La densitat de la mescla de gasos en les condicions de l'equilibri anteriors.
c) L'entalpia de la reacció sabent que, refredant la mescla inicial fins a 900 K (mantenint constant la pressió total d'$1,00$ atm), el grau de conversió del diòxid de carboni és de $0,370$.

Podeu considerar que l'entalpia de la reacció no varia amb la temperatura en l'interval entre 1.000 K i 900 K.

[Solució]   a) $27,9\%$; b) $0,28$ g/L ; c) $\Delta H° = 45,9$ kJ

Problema 7.30

La reacció següent:

$$2\,NO_2 \text{ (g)} \rightleftharpoons N_2O_4 \text{ (g)}$$

s'inicia exclusivament amb $2,00 \cdot 10^{-3}$ mol NO_2 (g). A l'equilibri, la pressió, el volum i la temperatura del sistema són 0,131 atm, 0,401 L i 338 K, respectivament. Per a la reacció a aquesta temperatura, $\Delta H° = -57$ kJ i $S°$ $(N_2O_4) = 319$ J $\cdot$ $(K \cdot mol)^{-1}$. Determineu:

a) El valor de $S°$ (NO_2) a 338 K.

b) El valor de K_p a 273 K.

[**Solució**] a) 241 J $\cdot$ K^{-1} $\cdot$ mol^{-1} ; b) $K_p = 59,5$

Problema 7.31

S'han determinat els valors de l'energia lliure de Gibbs estàndard per a la dissociació de dos compostos de trimetilborà:

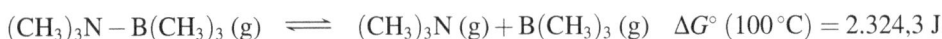

$$(CH_3)_3N - B(CH_3)_3 \text{ (g)} \rightleftharpoons (CH_3)_3N \text{ (g)} + B(CH_3)_3 \text{ (g)} \quad \Delta G° \ (100\,°C) = 2.324,3 \text{ J}$$

$$H_3N - B(CH_3)_3 \text{ (g)} \rightleftharpoons H_3N \text{ (g)} + B(CH_3)_3 \text{ (g)} \quad \Delta G° \ (100\,°C) = -4.737,9 \text{ J}$$

a) Si comencem els experiments introduint 0,100 mol de cada compost en uns balons de reacció de 100 mL, en quin cas obtindrem la màxima pressió parcial de $B(CH_3)_3$ a 100 °C? Quant valdrà aquesta pressió parcial?

b) Quin és el grau de dissociació per a cada experiment?

c) Podríeu preveure el resultat obtingut a b) amb les dades de $\Delta G°$ del problema? Comenteu-ho breument.

[**Solució**] a) en el segon ; $P\,(B(CH_3)_3) = 9,8$ atm ;
b) $\alpha = 0,117$; $\alpha' = 0,32$

Problema 7.32

L'obtenció industrial de l'hidrogen amb un catalitzador de níquel té lloc segons la reacció següent:

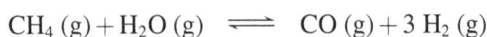

$$CH_4 \text{ (g)} + H_2O \text{ (g)} \rightleftharpoons CO \text{ (g)} + 3\,H_2 \text{ (g)}$$

a) Sabent les energies lliures de formació següents, a 298 K:

$$CH_4 \text{ (g)} = -50,7 \text{ kJ} \cdot \text{mol}^{-1}; \quad H_2O \text{ (g)} = -228,6 \text{ kJ} \cdot \text{mol}^{-1} \quad \text{i} \quad CO \text{ (g)} = -137,2 \text{ kJ} \cdot \text{mol}^{-1}$$

calculeu K_p a 298 K.

b) Calculeu K_p a 1.073 K, tenint en compte que la variació d'entalpia de reacció és de 236,97 kJ i que es pot considerar que es manté constant en l'interval de temperatures considerat.

c) A quina d'aquestes dues temperatures (298 K o 1.073 K) el grau de conversió del metà és més gran? Justifiqueu breument la vostra resposta.

d) A la temperatura que resulta en l'apartat c), s'introdueix en un reactor buit una mescla equimolecular de metà i vapor d'aigua, la qual fa una pressió de 30,0 atm. Un cop ha arribat a l'equilibri, calculeu el grau de conversió de la reacció i la pressió parcial de l'hidrogen.

[**Solució**] a) $K_{p(298 \text{ K})} = 1,23 \cdot 10^{-25}$; b) $K_{p(1.073 \text{ K})} = 1,24 \cdot 10^5$;
c) A 1.073 K (endotèrmica) ; d) $\alpha = 0,84$; $P\,(H_2) = 37,9$ atm

Problema 7.33

Una de les reaccions en la producció industrial de l'àcid sulfúric és la següent:

$$2\ SO_2\ (g) + O_2\ (g) \rightleftharpoons 2\ SO_3\ (g) \qquad \Delta H° = -198\ kJ$$

Una mescla de diòxid de sofre i oxigen amb una relació 2 mol : 1 mol, respectivament, en presència d'un catalitzador, arriba a l'equilibri quan la pressió és de 5,00 atm. En aquest punt, un 33,0 % del diòxid de sofre s'ha convertit en triòxid de sofre. Calculeu:

a) La composició volumètrica de la mescla en equilibri.

b) K_p.

Indiqueu quines de les modificacions següents podrien augmentar la producció de triòxid de sofre (justifiqueu la resposta):

c) Una disminució del volum del reactor (a temperatura constant).

d) Un augment de temperatura.

[Solució] a) 50,2 % SO_2 ; 25,1 % O_2 ; 24,7 % SO_3 ;
b) $K_p = 0,2$

Problema 7.34

La síntesi industrial del metanol es basa en la reacció d'equilibri següent:

$$2\ H_2\ (g) + CO(g) \rightleftharpoons CH_3OH\ (g) + calor$$

En un reactor buit s'introdueixen hidrogen i monòxid de carboni fins que la concentració de cada gas és $0,100\ mol \cdot L^{-1}$. Quan s'arriba a l'equilibri a $400\ °C$, s'observa que ha reaccionat el 60,0 % de l'hidrogen inicial. Calculeu:

a) K_c.

b) La pressió en el reactor quan la mescla està en equilibri i les pressions parcials de cada component.

Indiqueu quines de les modificacions següents augmentarien la producció de metanol (justifiqueu la resposta):

c) Una disminució de pressió.

d) Un augment del volum del reactor (a temperatura constant).

[Solució] a) $K_c = 268$; b) $P_T = 7,73$ atm ; $P(H_2) = 2,21$ atm ;
$P(CO) = 3,86$ atm ; $P(CH_3OH) = 1,65$ atm

Problema 7.35

En una instal·lació industrial s'obté etanol per hidratació catalítica d'etilè:

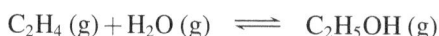

$$C_2H_4\ (g) + H_2O\ (g) \rightleftharpoons C_2H_5OH\ (g)$$

El procés té lloc en un reactor en el que s'introdueix 1,00 mol d'etilè per cada 6,00 mol d'aigua a 600 °C. En aquestes condicions i quan la pressió és de 4,50 atm, el grau de conversió α de l'etilè és 0,960.

a) Calculeu la constant d'equilibri K_p, i la variació d'energia lliure de Gibbs estàndard a 600 °C.

b) A partir de les entalpies estàndard de formació a 298 K se sap que $\Delta H°$ de la reacció és $-45,56$ kJ · mol^{-1}. Determineu la variació d'entalpia a 600 °C.

Dades: Capacitats calorífiques $(J · mol^{-1} · °C^{-1})$ C_p : C_2H_4 (g) $= 42,9$; H_2O (g) $= 33,6$; C_2H_5OH (g) $= 65,4$

c) Quins factors podrien fer disminuir la producció d'etanol? Justifiqueu la resposta.

[**Solució**] a) $K_p = 6,47$; $\Delta G° = -13,6$ kJ · mol^{-1} ;
b) $-51,9$ kJ · mol^{-1}

Problema 7.36

L'hidrogencarbonat de sodi és una de les fonts de diòxid de carboni quan aquest compost s'utilitza en la cocció d'aliments en forns, ja que es descompon a altes temperatures segons la reacció:

$$2\,NaHCO_3\,(s) \;\rightleftharpoons\; Na_2CO_3\,(s) + CO_2\,(g) + H_2O\,(g)$$

A 100 °C s'introdueix una mostra que conté 25,00 g d'hidrogencarbonat de sodi i 22,10 g de carbonat de sodi en un reactor de 2,00 L, en el qual les pressions parcials del diòxid de carboni i de l'aigua són 2,10 atm i 0,940 atm respectivament.

a) Quan s'arriba a l'equilibri, a 100 °C, la pressió parcial del diòxid de carboni serà més gran o més petita que la seva pressió parcial inicial?

b) Calculeu la pressió en el reactor quan s'arriba a l'equilibri.

c) Calculeu els grams d'hidrogencarbonat de sodi en l'equilibri.

d) Sense modificar la temperatura, com es podria arribar a la descomposició completa de l'hidrogencarbonat de sodi.

Dades: K_p a 100 °C $= 0,230$

[**Solució**] b) 1,51 atm ; c) 33,4 g

Problema 7.37

Un tanc conté SO_2Cl_2 (g) a 25 °C. Aquest producte es descompon segons la reacció d'equilibri següent:

Dades: SO_2Cl_2 (g) $\rightleftharpoons$ SO_2 (g) $+ Cl_2$ (g)

	SO_2Cl_2	SO_2	Cl_2
$\Delta H_f°$ (298 K) (kJ · mol^{-1})	$-364,0$	$-296,8$	0
$S_f°$ (298 K) (J · mol^{-1} · K^{-1})	311,8	248,1	223,0

a) Calculeu K_p a 298 K a partir de les dades termodinàmiques.

b) Si en el tanc hi ha una mescla de 2,50 mol SO_2Cl_2, 0,0800 mol SO_2 i 0,0200 mol Cl_2, a 298 K, la pressió és de 3,18 atm. Justifiqueu si està en equilibri i en quin sentit es desplaçarà la reacció si no ho està.

c) Calculeu K_p a la temperatura de 400 K.

d) Justifiqueu quina de les dues temperatures (298 K o 400 K) serà millor per disminuir la descomposició del SO_2Cl_2.

[Solució] a) $3,48 \cdot 10^{-4}$; c) $0,399$

◼ Problema 7.38

En unes proves sobre la descomposició a altes temperatures d'alcohol etílic (C_2H_5OH (g)) en C_2H_4 (g) i H_2O (g) a 600 °C, s'observa que quan la pressió en el reactor és de 16,20 atm el grau de descomposició de l'alcohol és 0,100.

a) Calculeu K_p d'aquesta reacció i la variació de l'energia lliure de Gibbs estàndard a 600 °C.

b) Si la reacció es fes en condicions estàndard a 298 K, absorbiria $45,56$ kJ $\cdot$ mol^{-1} a pressió constant. Determineu la variació d'entalpia a 600 °C.

(Capacitats calorífiques (en J $\cdot$ mol$^{-1} \cdot$ K^{-1}) : C_2H_5OH (g) $= 65,4$; C_2H_4 (g) $= 42,9$; H_2O (g) $= 33,6$

c) Quins factors podrien fer disminuir el grau de descomposició de l'alcohol etílic. Justifiqueu la resposta.

[Solució] a) $0,16$; $\Delta G^{\circ}_{600\,°C} = 13,30$ kJ $\cdot$ mol^{-1} ;

b) $51,94$ kJ $\cdot$ mol^{-1}

◼ Problema 7.39

L'hidrogen que es fa servir en processos d'hidrogenació d'olis, s'obté de la reacció del ferro amb vapor d'aigua a altes temperatures:

$$3\,Fe\,(s) + 4\,H_2O\,(g) \rightleftharpoons Fe_3O_4\,(s) + 4\,H_2\,(g)$$

a) En un reactor de 2,00 L s'introdueixen 21,00 g de ferro i 0,500 mol de vapor d'aigua i es deixa que el sistema arribi a l'equilibri a 600 K. Sabent que la constant d'equilibri a aquesta temperatura val $2,30 \cdot 10^4$, quin serà el percentatge en volum d'hidrogen en l'equilibri? I la pressió total en el reactor?

b) Calculeu l'entalpia de la reacció coneixent les dades termodinàmiques següents (a 298 K):

	Fe (s)	H_2O (g)	Fe_3O_4 (s)	H_2 (g)
S° (J $\cdot$ mol$^{-1} \cdot$ K^{-1})	27,28	188,7	146,4	130,6

c) Com modificaríeu la temperatura perquè el percentatge en volum d'hidrogen fos del 40,0 %? Justifiqueu-ho segons el principi de Le Chatelier.

(*Nota:* considereu que tant l'entalpia com l'entropia no varien amb la temperatura).

[Solució] a) $92,4$ % ; $12,3$ atm ; b) -151 kJ ;

c) Augmenta

Problema 7.40

En el procés d'obtenció de l'àcid sulfúric, té lloc la reacció:

$$SO_2 \text{ (g)} + O_2 \text{ (g)} \; \rightleftharpoons \; 2\,SO_3 \text{ (g)}$$

A $830\,°C$, $K_p = 0,130$.

En unes proves, es fica en un reactor tancat de $10,0$ L, a $830\,°C$ una mescla de $0,190$ mol SO_2, $0,190$ mol O_2 i $0,190$ mol SO_3.

a) Quina serà la pressió en el reactor? En quin sentit evolucionarà la reacció per arribar a l'equilibri? Justifiqueu per què.

b) Calculeu K_p a 298 K (suposeu que tant les entalpies com les entropies no varien amb la temperatura). Com interpreteu el seu valor?

c) Com modificaríeu la pressió i la temperatura per obtenir un millor rendiment en la producció de triòxid de sofre?

Dades: $\Delta H^{\circ}_{f,(298\text{ K})}$ $(kJ \cdot mol^{-1})$: $SO_3 = -396$; $SO_2 = -297$

[Solució]   a) $5,15$ atm ; esquerra ; b) $2,78 \cdot 10^{24}$

Problema 7.41

En uns estudis d'impacte ambiental (EIA) referents als NO_x es considera la reacció següent:

$$2\,NO_2 \text{ (g)} \; \rightleftharpoons \; 2\,NO \text{ (g)} + O_2 \text{ (g)}$$

la qual a 1.000 K té una $K_p = 158$.

En un reactor de $10,0$ L a 1.000 K s'introdueix una mescla de $0,190$ mol NO_2, $0,190$ mol NO i $0,190$ mol O_2.

a) Quina serà la pressió en el reactor? Aquesta mescla, està en equilibri? En quin sentit evolucionarà la reacció per arribar a l'equilibri?

b) Calculeu K_p a 298 K (considereu que tant les entalpies com les entropies no varien amb la temperatura). Com interpreteu el seu valor?

c) Si s'augmentés la pressió en el reactor, en quin sentit es desplaçaria l'equilibri? A la temperatura ambient (uns $25\,°C$), la formació de quin dels dos òxids de nitrogen es veurà afavorida? Per què?

Dades: $\Delta H^{\circ}_{f,(298\text{ K})}$ $(kJ \cdot mol^{-1})$: $NO_2 = 34,0$; $NO = 90,4$

[Solució]   a) $4,67$ atm ; dreta ; b) $2,08 \cdot 10^{-12}$; c) esquerra ; NO_2

Problema 7.42

En un alt forn el ferro es pot obtenir segons la reacció:

$$FeO \text{ (s)} + CO \text{ (g)} \; \rightleftharpoons \; CO_2 \text{ (g)} + Fe \text{ (s)}$$

A 1.100 K la constant d'equilibri val 0,400. En unes proves a petita escala, s'introdueixen en un reactor 100,0 g de FeO i s'introdueix 3,00 mols d'un gas compost d'un 20,0 % de CO i un 80,0 % de N_2 (aquesta composició és similar a la de l'alt forn). Un cop arribat a l'equilibri a 1.100 K:

a) Quina serà la composició de la mescla gasosa en el reactor?

b) Quants grams de ferro es formaran i quants de FeO quedaran?

c) Si considerem que l'entalpia de la reacció és $-10,12$ kJ $\cdot$ mol^{-1}, quina serà la constant d'equilibri a 2.000 K?

d) A quina temperatura (1.100 K o 2.000 K) s'obtindria més ferro? Per què?

Si la reacció hagués pogut arribar fins a esgotar el reactiu limitant, quina quantitat de ferro s'hauria obtingut? Quin és, doncs, el rendiment de la reacció?

[**Solució**] $a)$ CO $= 14,3$ % ; $CO_2 = 5,70$ % ; $N_2 = 80,0$ %

$b)$ 9,49 g Fe ; 87,8 g FeO ;

$c)$ 0,24 ; $d)$ 1.100 K ;

$e)$ 33,5 g Fe ; rendiment $= 28,3$ %

Problema 7.43

Tenim una mescla de SO_2, O_2 i SO_3 en equilibri

$$(2\ SO_2\ (g) + O_2\ (g)\ \rightleftharpoons 2\ SO_3\ (g))$$

a 1.103 K. La pressió parcial de cada gas és de 5,8; 6,2 i 5,2 atm, respectivament.

a) Calculeu K_p a aquesta temperatura.

Hi afegim SO_2 fins que la pressió al reactor es dupliqui i deixem que es restableixi l'equilibri a la mateixa temperatura.

b) Determineu cap a on es desplaçarà l'equilibri i indiqueu, sense fer càlculs, la nova pressió parcial de cada gas.

c) Sabent que en aquesta reacció es desprenen 198 kJ, calculeu K_p a 30 °C. Com interpreteu aquest valor?

d) El SO_2 és un gas que es produeix en la combustió de carbons, gasolines i querosens, i que dóna lloc a episodis de pluja àcida: primer, amb l'oxigen atmosfèric, forma SO_3, el qual, amb l'aigua de la pluja, forma àcid sulfúric. Amb les dades que heu obtingut, us sembla que la temperatura influeix en la formació de la pluja àcida? De quina manera? Justifiqueu la resposta.

Dades: $R = 8,314$ J $\cdot$ mol^{-1} $\cdot$ K^{-1}

[**Solució**] $a)$ 0,13 ; $b)$ dreta ; $p_{SO_2} = (23 - x)$ atm ; $p_{O_2} = (6,2 - 0,5x)$ atm

$p_{SO_3} = (5,2 + x)$ atm ; $c)$ 7,4 $\cdot$ 10^{23} ; $d)$ afavoreix la formació.

Problema 7.44

El gas NO que es produeix en les combustions que tenen lloc en motors de cotxes, avions, etc., reacciona amb l'oxigen atmosfèric segons:

$$2\,NO\,(g) + O_2\,(g) \; \rightleftharpoons \; 2\,NO_2\,(g) + 112,8\,kJ$$

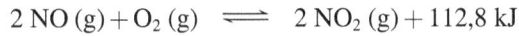

Per estudiar aquesta reacció, en un reactor tancat de 20 L s'introdueixen 0,34 mols de NO, 0,34 mols de O_2 i 0,34 mols de NO_2 a 1.000 K.

a) Calculeu la pressió en el reactor.

La mescla es deixa prou temps perquè arribi a l'equilibri.

b) En quin sentit es desplaçarà la reacció per arribar-hi? Indiqueu, sense fer càlculs, les concentracions de cada gas en l'equilibri.

c) Si la reacció es porta fins $800\,°C$, quin serà el valor de K_p? Interpreteu els valors d'aquestes K_p segons la temperatura.

d) Quin dels dos òxids es formarà preferentment:

d.1) a temperatura ambient (uns $25\,°C$).

d.2) en les capes altes de l'atmosfera, on la pressió disminueix.

Dades: A 1.000 K: $K_p = 6,33 \cdot 10^{-3}$; $R = 8,314\,J \cdot (mol \cdot K)^{-1}$; $0,0821\,atm \cdot L \cdot (mol \cdot K)^{-1}$

[Solució] a) 4,19 atm ; b) esquerra ; c) $2,51 \cdot 10^{-3}$

8 Àcids i bases

En aquest capítol, i en el següent, s'amplien els conceptes de l'equilibri químic a les dissolucions iòniques en fase aquosa.

8.1 Definició d'àcid i base

La definició d'àcid i base ha anat evolucionant amb el temps i aquí s'assenyalen les tres més importants, en l'ordre cronològic en què van ser presentades.

Definició d'Arrhenius (1887)

Un **àcid** és una substància que en dissolució aquosa dóna protons (ions H^+).

Una **base** és una substància que en dissolució aquosa dóna OH^-.

Una dissolució àcida és la que conté H^+, una dissolució bàsica és la que conté OH^- i una dissolució neutra és aquella en la qual les quantitats dels dos ions són iguals.

Definició de Bronsted i Lowry (1923)

Un **àcid** és una substància amb capacitat de donar ions H^+.

Una **base** és una substància amb capacitat d'acceptar ions H^+.

$$\text{Àcid} \longrightarrow \text{Base} + H^+$$

Les millores que introdueix aquesta definició respecte a la d'Arrhenius són:

- Admet que compostos sense ions OH^- presentin propietats bàsiques.
- Fa el concepte d'àcid i base independent de:
  - El dissolvent
  - La càrrega elèctrica
  - La fase en la qual es faci l'experiment

Definició de Lewis (1923)

Un **àcid** és una substància amb un orbital buit que pot acceptar un parell d'electrons per formar un enllaç covalent coordinat.

Una **base** és una substància que pot cedir un parell d'electrons per a formar un enllaç covalent coordinat.

Tot àcid o base de Bronsted i Lowry ho és de Lewis.

El parell àcid-base conjugats

La definició d'àcid i base porta implícit el fet que, si existeix una base amb capacitat per a acceptar protons, hi ha d'haver un àcid que els hi hagi cedit:

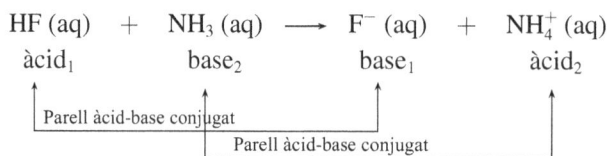

$$\underset{\text{àcid}_1}{HF\,(aq)} + \underset{\text{base}_2}{NH_3\,(aq)} \longrightarrow \underset{\text{base}_1}{F^-\,(aq)} + \underset{\text{àcid}_2}{NH_4^+\,(aq)}$$

Parell àcid-base conjugat

Parell àcid-base conjugat

L'àcid fluorhídric cedeix el seu protó a l'amoníac i es transforma en l'ió fluorur, que és la base conjugada de l'àcid fluorhídric. Per la seva banda, l'amoníac agafa el protó que li cedeix l'àcid fluorhídric i es transforma en l'ió amoni, que és l'àcid conjugat de la base, l'amoníac.

8.2 Força dels àcids i les bases

Classificació dels àcids i les bases en forts o febles

Un **àcid fort** és una espècie química amb una gran tendència a transferir un protó a una altra espècie química.

Una **base forta** és una espècie química amb una gran afinitat pels protons.

Exemple d'un àcid fort: àcid nítric, HNO_3. Escrivim la reacció d'aquest àcid:

$$HNO_3\,(aq) + H_2O\,(l) \longrightarrow NO_3^-\,(aq) + H_3O^+\,(aq)$$

En aquest exemple, la base encarregada d'acceptar el protó que dóna l'àcid és l'aigua.

L'espècie química H_3O^+ rep el nom d'ió hidroni (oxoni segons la IUPAC).

Exemple d'una base forta: hidròxid de sodi, $NaOH$. Escrivim la reacció d'aquesta base:

$$NaOH\,(aq) + H_2O\,(l) \longrightarrow Na^+\,(aq) + H_2O\,(l) + OH^-\,(aq)$$

En aquest exemple, l'aigua actua d'àcid donant un protó al OH^-, que és el que actua de base, per transformar-se en aigua. Simplificant, la reacció es pot rescriure així:

$$NaOH\,(aq) \longrightarrow Na^+\,(aq) + OH^-\,(aq)$$

L'espècie química OH^- rep el nom d'ió hidroxoni.

Una característica tant dels àcids forts com de les bases fortes és que són electròlits forts, és a dir, en dissolució aquosa es troben completament dissociats en els seu ions.

En la taula següent es dóna una llista d'alguns àcids i bases forts.

Àcids forts		Bases fortes	
Fórmula	Nom	Fórmula	Nom
HCl	Àcid clorhídric	LiOH	Hidròxid de liti
HBr	Àcid bromhídric	NaOH	Hidròxid de sodi
HI	Àcid iodhídric	KOH	Hidròxid de potassi
HNO_3	Àcid nítric	RbOH	Hidròxid de rubidi
$HClO_4$	Àcid perclòric	CsOH	Hidròxid de cesi
H_2SO_4	Àcid sulfúric		

Taula 8.1. Alguns àcids i bases forts

Quan la ionització d'un àcid o d'una base és parcial, es parla d'un **àcid** o d'una **base febles**.

Exemple d'un àcid feble: àcid acètic, CH_3COOH. Si escrivim la reacció d'aquest àcid:

$$CH_3COOH\ (aq) + H_2O\ (l) \rightleftharpoons CH_3COO^-\ (aq) + H_3O^+\ (aq)$$

La dissociació d'un àcid feble en dissolució aquosa és una reacció en equilibri i es pot descriure mitjançant la seva constant d'equilibri, que es designa com a K_a:

$$K_a = \frac{[CH_3COO^-]\,[H_3O^+]}{[CH_3COOH]} \tag{8.1}$$

anomenada constant de dissociació de l'àcid o constant d'acidesa.

Exemple d'una base feble: amoníac, NH_3. Escrivim la reacció d'aquesta base:

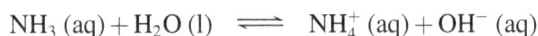

$$NH_3\ (aq) + H_2O\ (l) \rightleftharpoons NH_4^+\ (aq) + OH^-\ (aq)$$

La dissociació d'una base feble en dissolució aquosa és una reacció en equilibri i es pot descriure mitjançant la seva constant d'equilibri, que es designa com a K_b:

$$K_b = \frac{[NH_4^+]\,[OH^-]}{[NH_3]} \tag{8.2}$$

anomenada constant de dissociació de la base o constant de basicitat.

Una altra manera de conèixer la força d'un àcid és comparar alguna propietat característica entre un àcid més fort i un de més feble per a veure'n les diferències:

Propietat	Àcid més fort	Àcid més feble
Posició de la dissociació en l'equilibri	Molt cap a la dreta	Molt cap a l'esquerra
$[H_3O^+]$ en l'equilibri en comparació amb la [àcid] inicial	$[H_3O^+] \approx$ [àcid]	$[H_3O^+] \ll$ [àcid]
Força de la base conjugada comparada amb la de l'aigua	Molt més feble que l'aigua	Molt més forta que l'aigua

En l'annex 8.1 es donen els valors de les constant K_a i K_b d'alguns àcids i bases febles.

Exemple 1

Justifiqueu la força àcida dels compostos següents, i també la relació que hi ha entre els compostos homòlegs.

Àcid	HF	HCl	HBr	HI
K_a	$6,31 \cdot 10^{-4}$	$\approx 10^7$	$\approx 10^9$	$\approx 10^{10}$
Àcid	HClO	HClO$_2$	HClO$_3$	HClO$_4$
K_a	$2,90 \cdot 10^{-8}$	$1,15 \cdot 10^{-2}$	$5,01 \cdot 10^2$	—
Àcid	H_2SO_3	HSO_3^-	H_2SO_4	HSO_4^-
K_a	$2,40 \cdot 10^{-3}$	$5,01 \cdot 10^{-9}$	—	$1,02 \cdot 10^{-2}$

[Solució]

El valor de la constant K_a ens dóna la mesura de la força d'un àcid; escrivim la reacció corresponent a un àcid de fórmula general HA:

$$HA\ (aq) + H_2O\ (l) \rightleftharpoons A^-\ (aq) + H_3O^+\ (aq)$$

Amb una constant d'equilibri, K_a:

$$K_a = \frac{[A^-]\,[H_3O^+]}{[HA]}$$

Com més gran sigui K_a, més protons hi haurà en dissolució i més fort serà l'àcid.

Considerant cada una de les files amb una sèrie d'àcids homòlegs s'observa:

- Àcids hidràcids del grup dels halògens: només és pot considerar com a àcid feble el **HF**. Si ens atenem a les dades, veiem que la força àcida experimenta un augment en créixer el nombre atòmic de l'element que forma l'àcid.

- Àcids oxoàcids derivats del clor: la força àcida augmenta en créixer el nombre d'oxidació del clor (o el nombre d'oxígens de l'àcid).

- Àcids oxoàcids derivats del sofre: igual que en el cas anterior, un augment del nombre d'oxidació del sofre comporta un augment de la força àcida. En tractar-se d'àcids amb més d'un protó, l'àcid que resulta de la pèrdua d'un protó sempre és més feble que l'àcid que conté tots els protons a la seva molècula.

Exemple 2

Una dissolució d'àcid acètic, CH_3COOH, està ionitzada en un 1 %. Si la constant K_a d'aquest àcid val $1,76 \cdot 10^{-5}$, calculeu:

a) La concentració de l'àcid en $mol \cdot L^{-1}$.

b) La concentració de l'ió hidroni present a la dissolució.

[Solució]

Es parteix d'una dissolució d'àcid acètic de concentració desconeguda, que designarem com a c $mol \cdot L^{-1}$, i que està dissociat en un 1,00 %; per tant, el seu grau de dissociació, o de conversió, és $\alpha = 0,0100$.

Escrivim la reacció d'ionització d'aquest àcid amb les concentracions inicials i en equilibri de cada espècie:

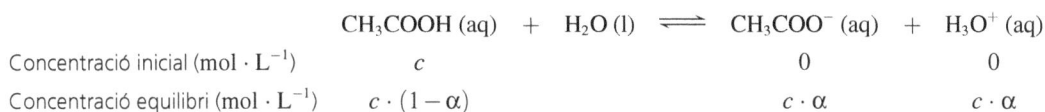

$$CH_3COOH \ (aq) \ + \ H_2O \ (l) \ \rightleftharpoons \ CH_3COO^- \ (aq) \ + \ H_3O^+ \ (aq)$$

Concentració inicial $(mol \cdot L^{-1})$	c	0	0
Concentració equilibri $(mol \cdot L^{-1})$	$c \cdot (1 - \alpha)$	$c \cdot \alpha$	$c \cdot \alpha$

a) La constant d'equilibri d'aquesta reacción s'expressa així:

$$K_a = \frac{[CH_3COO^-] \, [H_3O^+]}{[CH_3COOH]} = \frac{(c \cdot \alpha)^2}{c \cdot (1 - \alpha)}$$

$$1{,}76 \cdot 10^{-5} = \frac{c^2 \cdot 0{,}0100^2}{c \cdot (1 - 0{,}0100)}; \quad c = 1{,}74 \cdot 10^{-1} \ mol \cdot L^{-1}$$

b) $[H_3O^+] = c \cdot \alpha = 1{,}74 \cdot 10^{-1} \ mol \cdot L^{-1} \cdot 0{,}0100 = 1{,}74 \cdot 10^{-3} \ mol \cdot L^{-1}$

8.3 Àcids polipròtics

Un **àcid polipròtic** és el que té capacitat per donar més d'un protó.

Un exemple és l'àcid fosfòric, H_3PO_4, que té capacitat per donar tres protons segons les reaccions següents:

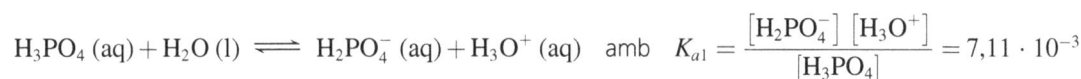

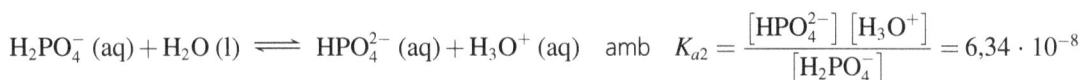

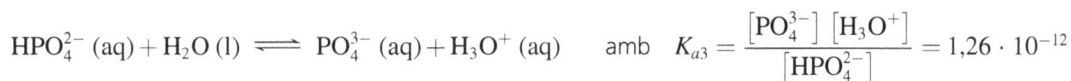

$$H_3PO_4 \ (aq) + H_2O \ (l) \ \rightleftharpoons \ H_2PO_4^- \ (aq) + H_3O^+ \ (aq) \quad amb \quad K_{a1} = \frac{[H_2PO_4^-] \, [H_3O^+]}{[H_3PO_4]} = 7{,}11 \cdot 10^{-3}$$

$$H_2PO_4^- \ (aq) + H_2O \ (l) \ \rightleftharpoons \ HPO_4^{2-} \ (aq) + H_3O^+ \ (aq) \quad amb \quad K_{a2} = \frac{[HPO_4^{2-}] \, [H_3O^+]}{[H_2PO_4^-]} = 6{,}34 \cdot 10^{-8}$$

$$HPO_4^{2-} \ (aq) + H_2O \ (l) \ \rightleftharpoons \ PO_4^{3-} \ (aq) + H_3O^+ \ (aq) \quad amb \quad K_{a3} = \frac{[PO_4^{3-}] \, [H_3O^+]}{[HPO_4^{2-}]} = 1{,}26 \cdot 10^{-12}$$

En tots els àcids polipròtics es compleix:

- $K_{a1} \gg K_{a2} \gg K_{a3}$, etc.
- La constant d'ionització corresponent a la pèrdua del primer protó, K_{a1}, sempre és molt més gran que les altres constants, K_{a2} i K_{a3}, etc., corresponents a la pèrdua dels altres protons; això implica que, pràcticament tots els ions hidroni, H_3O^+, són els de la primera ionització.
- En l'exemple de l'àcid fosfòric, la ionització del dihidrogenfosfat, $H_2PO_4^-$, és tan petita que es pot considerar que $[H_2PO_4^-] = [H_3O^+]$ en la dissolució.

8.4 Autoionització de l'aigua

Atès que l'aigua pot actuar com a àcid i com a base, en tota dissolució aquosa l'aigua experimenta la reacció següent:

$$2 \, H_2O \ (l) \ \rightleftharpoons \ H_3O^+ \ (aq) + OH^- \ (aq)$$

anomenada **reacció d'autoionització de l'aigua**.

La seva constant d'equilibri, anomenada **constant del producte iònic de l'aigua**, K_w, té l'expressió:

$$K_w = \left[H_3O^+\right] \cdot \left[OH^-\right] \tag{8.3}$$

El seu valor a 25 °C és: $K_w = 1{,}00 \cdot 10^{-14}$.

En l'aigua pura, si no hi ha cap altre àcid i/o base, les concentracions de ió hidroni i ió hidroxoni han de ser iguals, i el seu valor a 25 °C serà:

$$\left[H_3O^+\right] = \left[OH^-\right] = \sqrt{1{,}00 \cdot 10^{-14}} = 1{,}00 \cdot 10^{-7} \ \text{mol} \cdot \text{L}^{-1}$$

Una dissolució en la qual es compleixi això es diu que és una *dissolució neutra*.

8.5 pH i escala de pH

El concepte de pH va ser definit per Sorensen el 1909 com a descripció quantitativa del grau d'acidesa o alcalinitat d'una dissolució. El va definir així:

$$pH = -\log\left[H_3O^+\right] \tag{8.4}$$

En una dissolució neutra, $\left[H_3O^+\right] = 1{,}00 \cdot 10^{-7} \ \text{mol} \cdot \text{L}^{-1}$, el valor del pH serà:

$$pH = -\log(1{,}00 \cdot 10^{-7}) = 7$$

Una *dissolució àcida* és aquella en la qual $\left[H_3O^+\right] > 1{,}00 \cdot 10^{-7} \ \text{mol} \cdot \text{L}^{-1}$ i, per tant, $[OH^-] < 1{,}00 \cdot 10^{-7} \ \text{mol} \cdot \text{L}^{-1}$. En aquest cas, el valor del pH < 7.

Una *dissolució bàsica* és aquella en la qual $\left[H_3O^+\right] < 1{,}00 \cdot 10^{-7} \ \text{mol} \cdot \text{L}^{-1}$ i, per tant, $[OH^-] > 1{,}00 \cdot 10^{-7} \ \text{mol} \cdot \text{L}^{-1}$. En aquest cas, el valor del pH > 7.

Això permet establir una escala per al pH d'una dissolució segons l'esquema següent:

ESCALA DE pH

0		7		14
Dissolució:	àcida	neutra	bàsica	

En la majoria de les dissolucions: $0 < pH < 14$.

En les dissolucions d'un àcid fort a concentracions superiors a 1, pH < 0.

De manera semblant a com s'ha definit el pH d'una dissolució, es pot definir el pOH d'aquesta dissolució així:

$$pOH = -\log[OH^-] \tag{8.5}$$

Com més petit és el pOH, més gran és l'alcalinitat de la dissolució.

Les dues mesures es poden relacionar mitjançant l'expressió següent:

$$pH + pOH = 14 \qquad (8.6)$$

Per analogia amb el que acabem d'explicar, es pot utilitzar el pK_a o el pK_b en comptes de la K_a o la K_b d'una reacció. Es defineixen aquestes magnituds com:

$$pK_a = -\log K_a \quad \text{i} \quad pK_b = -\log K_b \qquad (8.7)$$

Exemple 3

a) Calculeu les concentracions de H_3O^+ i de OH^- en una cervesa de $pH = 4,20$.

b) Calculeu el pH d'un suc de llimona que conté $4,00 \cdot 10^{-3}$ mol $\cdot$ L^{-1} de H_3O^+.

c) Calculeu la concentració de H_3O^+ en la sang humana, que té un $pH = 7,40$.

[Solució]

a) Si el $pH = 4,20$ a partir de l'expressió 8.4 es pot determinar la concentració de protons:

$$pH = -\log[H_3O^+]$$
$$4,20 = -\log[H_3O^+]$$
$$[H_3O^+] = 10^{-4,20} = 6,31 \cdot 10^{-5} \text{ mol} \cdot \text{L}^{-1}$$

La concentració d'hidroxils es pot calcular sabent que $[H_3O^+] \cdot [OH^-] = 1,00 \cdot 10^{-14}$.

$$6,31 \cdot 10^{-5} \text{ mol} \cdot \text{L}^{-1} \cdot [OH^-] = 1,00 \cdot 10^{-14}$$
$$[OH^-] = 1,58 \cdot 10^{-10} \text{ mol} \cdot \text{L}^{-1}$$

b) Si es torna a aplicar l'expressió 8.4:

$$pH = -\log[H_3O^+]$$
$$pH = -\log(4,00 \cdot 10^{-3}) = 2,40$$

c) Si el $pH = 7,40$, a partir de l'expressió 8.4 es pot determinar la concentració de protons:

$$pH = -\log[H_3O^+]$$
$$7,40 = -\log[H_3O^+]$$
$$[H_3O^+] = 10^{-7,40} = 3,98 \cdot 10^{-8} \text{ mol} \cdot \text{L}^{-1}$$

8.6 Càlcul del pH d'una dissolució

Dissolució d'àcid fort i de base forta

En tractar-se de dissolucions d'electròlits forts, la dissolució d'un àcid fort serà total, i la concentració de protons serà igual a la concentració d'àcid.

En el cas d'una base forta, la concentració d'ions hidroxil serà igual a la concentració de base.

Exemple 4

Calculeu el pH d'una dissolució d'àcid nítric de concentració 0,01 mol · L^{-1}.

[Solució]

En tractar-se d'un àcid fort, podem escriure la reacció d'ionització amb les concentracions corresponents:

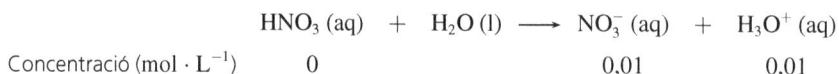

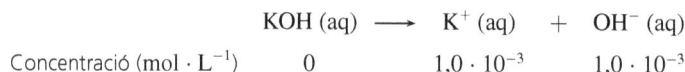

$$HNO_3 \ (aq) \quad + \quad H_2O \ (l) \quad \longrightarrow \quad NO_3^- \ (aq) \quad + \quad H_3O^+ \ (aq)$$

Concentració (mol · L^{-1})   0   0,01   0,01

Apliquem l'expressió 8.4:

$$pH = -\log[H_3O^+]$$
$$pH = -\log(0{,}01) = 2{,}00$$

Exemple 5

Calculeu el pH d'una dissolució d'hidròxid de potassi de concentració $1{,}0 \cdot 10^{-3}$ mol · L^{-1}.

[Solució]

En tractar-se d'una base forta, podem escriure la reacció d'ionització amb les concentracions corresponents:

$$KOH \ (aq) \quad \longrightarrow \quad K^+ \ (aq) \quad + \quad OH^- \ (aq)$$

Concentració (mol · L^{-1})   0 $1{,}0 \cdot 10^{-3}$ $1{,}0 \cdot 10^{-3}$

Apliquem l'expressió 8.5:

$$pOH = -\log[OH^-]$$
$$pOH = -\log(1{,}0 \cdot 10^{-3}) = 3{,}0$$

Sabent que $pH + pOH = 14$:

$$pH + 3{,}0 = 14$$
$$pH = 11$$

Dissolució d'àcid feble i de base feble

Els àcids i les bases febles estan parcialment dissociats en dissolució i, per tant, la concentració d'ió hidroni o d'ió hidroxil serà menor que la concentració molar d'àcid o base. El càlcul del pH i del pOH requereix conèixer el valor de la constant d'equilibri per a aquestes reaccions.

Exemple 6

Calculeu la concentració d'ions hidroni i el pH d'una dissolució d'àcid cianhídric, HCN, 0,10 mol · L^{-1}, sabent que la constant d'acidesa d'aquest àcid és de $6{,}17 \cdot 10^{-10}$.

[Solució]

Escriurem en primer lloc la reacció d'ionització d'aquest àcid amb les concentracions que es donen:

$$\text{HCN (aq)} \quad + \quad \text{H}_2\text{O (l)} \quad \rightleftharpoons \quad \text{CN}^- \text{(aq)} \quad + \quad \text{H}_3\text{O}^+ \text{(aq)}$$

Concentració inicial (mol $\cdot$ L^{-1})	0,10	0	0
Concentració equilibri (mol $\cdot$ L^{-1})	$0,10 - x$	x	x

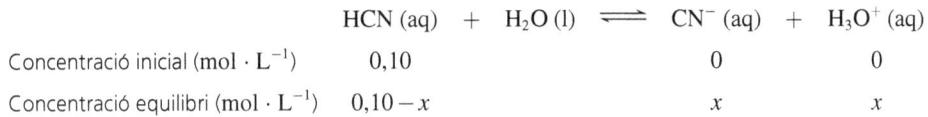

en què x és la concentració total ionitzada.

Apliquem la constant d'equilibri d'aquesta reacció:

$$K_a = \frac{[\text{CN}^-]\,[\text{H}_3\text{O}^+]}{[\text{HCN}]}$$

Substituïm valors en la constant:

$$6,17 \cdot 10^{-10} = \frac{(x)^2}{0,10 - x}$$

Com que la constant d'equilibri té un valor petit, es pot considerar que $x \ll 0,10$ i es pot negligir x davant de 0,10. L'equació quedarà així:

$$6,17 \cdot 10^{-10} = \frac{x^2}{0,10}; \;\; x = 7,86 \cdot 10^{-6}$$

La concentració d'ions hidroni serà:

$$[\text{H}_3\text{O}^+] = x = 7,9 \cdot 10^{-6} \text{ mol} \cdot \text{L}^{-1}$$

Per calcular el pH s'aplica l'expressió 8.4:

$$\text{pH} = -\log[\text{H}_3\text{O}^+]$$
$$\text{pH} = -\log(7,9 \cdot 10^{-6}) = 5,10$$

És correcte haver negligit x davant de 0,10 i, per tant, considerar que [HCN] en l'equilibri és 0,10 mol $\cdot$ L^{-1}?

Atès que aquest tipus d'aproximacions són d'us comú en els equilibris àcid-base, és interessant establir quan és vàlid fer-les:

Suposem una dissolució d'àcid feble a una concentració c_a. En general, si la constant d'ionització, K_a, és molt petita, vol dir que hi ha molt poca ionització i aleshores es pot considerar:

- Si α és el grau d'ionització:

$$\alpha \ll 1 \quad \text{i} \quad c_a(1-\alpha) \approx c_a \text{ (negligim } \alpha \text{ davant de 1)}$$

- Si x és la concentració total ionitzada:

$$x \ll c_a \quad \text{i} \quad c_a - x \approx c_a \text{ (negligim } x \text{ davant de } c_a)$$

Aquesta aproximació es pot fer sempre que es compleixi:

$$\frac{c_a}{K_a} > 100$$

i en el cas d'una base feble a la concentració c_b i amb una constant de dissociación K_b:

$$\frac{c_b}{K_b} > 100$$

En l'exemple 6 s'observa que

$$\frac{[\text{HCN}]}{K_a} = \frac{0,10}{6,17 \cdot 10^{-10}} \gg 100$$

i, per tant, ha estat correcte negligir x davant de $0,10$.

Dissolució d'un àcid polipròtic

Com s'ha dit anteriorment, en un àcid polipròtic es pot considerar que tots els H_3O^+ provenen de la primera ionització així, doncs, en la majoria dels casos, el càlcul del pH es fa tenint en compte aquesta $[H_3O^+]$.

Exemple 7

Per a l'àcid sulfurós, H_2SO_3, amb les constants d'acidesa: $K_{a1} = 1,29 \cdot 10^{-2}$ i $K_{a2} = 6,24 \cdot 10^{-8}$.

a) Calculeu el pH d'una dissolució d'aquest àcid de concentració $0,0250 \text{ mol} \cdot L^{-1}$.

b) El grau de dissociació en tant per cent per a cada reacció.

c) La concentració de cadascuna de les espècies presents en l'equilibri d'aquest àcid.

[Solució]

Escrivim en primer lloc les reaccions d'ionització d'aquest àcid amb les concentracions que es donen i en funció del grau de dissociació:

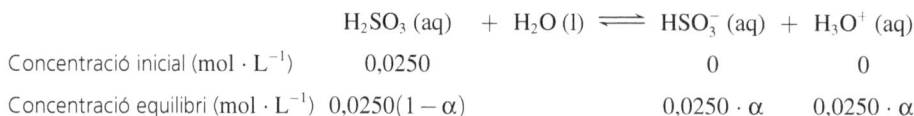

$$H_2SO_3 \text{ (aq)} \quad + \quad H_2O \text{ (l)} \rightleftharpoons H SO_3^- \text{ (aq)} + H_3O^+ \text{ (aq)}$$

Concentració inicial (mol · L⁻¹)	0,0250	0	0
Concentració equilibri (mol · L⁻¹)	$0,0250(1-\alpha)$	$0,0250 \cdot \alpha$	$0,0250 \cdot \alpha$

En què α és el grau d'ionització d'aquest primer equilibri.

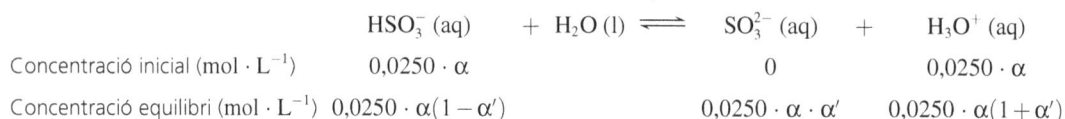

$$HSO_3^- \text{ (aq)} \quad + \quad H_2O \text{ (l)} \rightleftharpoons SO_3^{2-} \text{ (aq)} \quad + \quad H_3O^+ \text{ (aq)}$$

Concentració inicial (mol · L⁻¹)	$0,0250 \cdot \alpha$	0	$0,0250 \cdot \alpha$
Concentració equilibri (mol · L⁻¹)	$0,0250 \cdot \alpha(1-\alpha')$	$0,0250 \cdot \alpha \cdot \alpha'$	$0,0250 \cdot \alpha(1+\alpha')$

En què α' és el grau d'ionització d'aquest segon equilibri i $\alpha' \ll \alpha$, ja que $K_{a2} \ll K_{a1}$.

a) Per calcular el pH només es tindrà en compte el primer equilibri, amb una constant d'equilibri:

$$K_{a1} = \frac{[\text{HSO}_3^-] \, [\text{H}_3\text{O}^+]}{[\text{H}_2\text{SO}_3]}$$

Substituïm valors

$$1,29 \cdot 10^{-2} = \frac{(0,0250 \cdot \alpha)^2}{0,0250 \cdot (1-\alpha)}$$

Es pot negligir α davant de 1?

$$\frac{[\text{HSO}_3^-]}{K_a} = \frac{0{,}0250}{1{,}29 \cdot 10^{-2}} = 1{,}94 \ll 100$$

No es pot negligir. Resolem l'equació de segon grau i obtenim:

$$\alpha = 0{,}505$$

Ara podem trobar $[\text{H}_3\text{O}^+]$ i el pH:

$$[\text{H}_3\text{O}^+] = 0{,}0250 \text{ mol} \cdot \text{L}^{-1} \cdot \alpha = 0{,}0250 \text{ mol} \cdot \text{L}^{-1} \cdot 0{,}505 = 1{,}28 \cdot 10^{-2} \text{ mol} \cdot \text{L}^{-1}$$
$$\text{pH} = -\log[\text{H}_3\text{O}^+]$$
$$\text{pH} = -\log(1{,}28 \cdot 10^{-2}) = 1{,}89$$

b) Obtenir el tant per cent consisteix a calcular α i α' i multiplicar-les per 100.

En l'apartat a) hem trobat el valor de $\alpha = 0{,}505$.

L'expressem en tant per cent: $0{,}505 \cdot 100 = 50{,}5\,\%$.

Per trobar α' es planteja el segon equilibri amb el valor de α substituït:

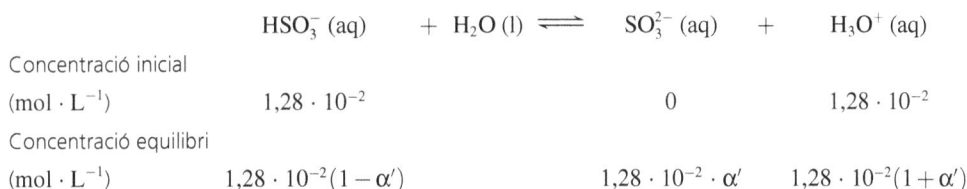

	HSO_3^- (aq)	+ H_2O (l) $\rightleftharpoons$	SO_3^{2-} (aq)	+	H_3O^+ (aq)
Concentració inicial (mol $\cdot$ L^{-1})	$1{,}28 \cdot 10^{-2}$		0		$1{,}28 \cdot 10^{-2}$
Concentració equilibri (mol $\cdot$ L^{-1})	$1{,}28 \cdot 10^{-2}(1-\alpha')$		$1{,}28 \cdot 10^{-2} \cdot \alpha'$		$1{,}28 \cdot 10^{-2}(1+\alpha')$

Amb una constant d'equilibri: $K_{a2} = \dfrac{\left[\text{SO}_3^{2-}\right]\left[\text{H}_3\text{O}^+\right]}{[\text{HSO}_3^-]}$

Substituïm valors considerant que $\alpha' \ll 1$, ja que

$$\frac{\left[\text{SO}_3^{2-}\right]}{K_a} = \frac{1{,}28 \cdot 10^{-2}}{6{,}24 \cdot 10^{-8}} \gg 100$$

$$6{,}24 \cdot 10^{-8} = \frac{\left(1{,}28 \cdot 10^{-2} \cdot \alpha'\right)\left(1{,}28 \cdot 10^{-2}(1+\alpha')\right)}{1{,}28 \cdot 10^{-2} \cdot (1-\alpha')} = \frac{(\alpha')\left(1{,}28 \cdot 10^{-2}(1+\alpha')\right)}{(1-\alpha')}$$
$$6{,}24 \cdot 10^{-8} = 1{,}28 \cdot 10^{-2} \cdot \alpha'$$
$$\alpha' = 4{,}88 \cdot 10^{-6}$$

En tant per cent: $4{,}88 \cdot 10^{-6} \cdot 100 = 4{,}88 \cdot 10^{-4}\,\%$

S'observa que, tal com s'havia dit, el valor de α' és molt més petit que el de α.

c) Les concentracions de les espècies presents en l'equilibri seran:

$$[\text{H}_2\text{SO}_3] = 0{,}0250 \text{ mol} \cdot \text{L}^{-1} \cdot (1-\alpha) = 0{,}0250 \cdot (1-0{,}505) = 1{,}24 \cdot 10^{-2} \text{ mol} \cdot \text{L}^{-1}$$

$$[\text{HSO}_3^-] = 0{,}0250 \ \text{mol} \cdot \text{L}^{-1} \cdot \alpha = 1{,}28 \cdot 10^{-2} \ \text{mol} \cdot \text{L}^{-1}$$

$$[\text{SO}_3^{2-}] = 1{,}28 \cdot 10^{-2} \ \text{mol} \cdot \text{L}^{-1} \cdot \alpha' = 6{,}25 \cdot 10^{-8} \ \text{mol} \cdot \text{L}^{-1}$$

$$[\text{H}_3\text{O}^+] = 0{,}025 \ \text{mol} \cdot \text{L}^{-1} \cdot \alpha = 0{,}025 \ \text{mol} \cdot \text{L}^{-1} \cdot 0{,}505 = 1{,}28 \cdot 10^{-2} \ \text{mol} \cdot \text{L}^{-1}$$

$$[\text{OH}^-] = \frac{K_w}{[\text{H}_3\text{O}^+]} = \frac{1{,}00 \cdot 10^{-14}}{1{,}28 \cdot 10^{-2}} = 7{,}81 \cdot 10^{-13} \ \text{mol} \cdot \text{L}^{-1}$$

Dissolució amortidora

Una dissolució amortidora (també anomenada **tampó** o **reguladora**) és aquella en la qual el pH varia poc en addicionar un àcid o una base o en diluir la dissolució.

Una dissolució amortidora àcida està formada per la dissolució d'un àcid feble i la seva base conjugada en quantitats equivalents.

Una dissolució amortidora bàsica esta formada per la dissolució d'una base feble i el seu àcid conjugat en quantitats equivalents.

Càlcul del pH d'una dissolució amortidora àcida

Tenim un àcid feble HA en dissolució a la concentració c_a, conjuntament amb una concentració c_b de la seva base conjugada A^-. La constant de dissociació d'aquest àcid és K_a. La reacció per a aquest àcid és:

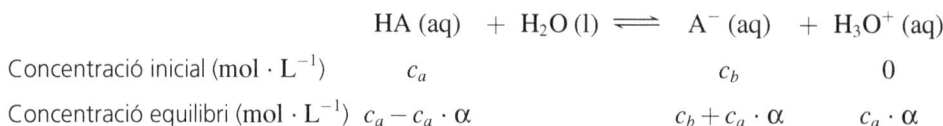

$$\text{HA (aq)} \ + \ \text{H}_2\text{O (l)} \rightleftharpoons \ \text{A}^- \text{(aq)} \ + \ \text{H}_3\text{O}^+ \text{(aq)}$$

Concentració inicial (mol $\cdot$ L^{-1}) c_a c_b 0

Concentració equilibri (mol $\cdot$ L^{-1}) $c_a - c_a \cdot \alpha$ $c_b + c_a \cdot \alpha$ $c_a \cdot \alpha$

L'expressió de la constant de dissociació és:

$$K_a = \frac{[\text{A}^-]\left[\text{H}_3\text{O}^+\right]}{[\text{HA}]} = \frac{(c_b + c_a \cdot \alpha)\left[\text{H}_3\text{O}^+\right]}{c_a - c_a \cdot \alpha}$$

Considerem que $c_a \cdot \alpha \ll c_a$ i c_b:

$$K_a = \frac{(c_b)\left[\text{H}_3\text{O}^+\right]}{c_a}$$

Aïllem $\left[\text{H}_3\text{O}^+\right]$:

$$\left[\text{H}_3\text{O}^+\right] = \frac{c_a \cdot K_a}{c_b}$$

Traiem logaritmes:

$$-\log\left[\text{H}_3\text{O}^+\right] = -\log K_a - \log \frac{c_b}{c_a}$$

$$\text{pH} = pK_a + \log \frac{c_b}{c_a} \quad \text{equació de Henderson-Hasselbach} \tag{8.8}$$

La $\left[\text{H}_3\text{O}^+\right]$, i per tant el pH, depenen de la relació entre les concentracions de cada component.

Càlcul del pH d'una dissolució amortidora bàsica

Tenim una base feble **BOH** en dissolució a la concentració c_b, conjuntament amb una concentració c_a del seu àcid conjugat, B^+. Si la constant de dissociació d'aquesta base és K_b, tenint en compte que $K_b \cdot K_a = 10^{-14}$ i, per tant, $pK_b + pK_a = 14$, l'equació de Henderson-Hasselbach quedarà així:

$$pH = 14 - pK_b + \log \frac{c_b}{c_a} \tag{8.9}$$

Exemple 8

Quin pes d'acetat de potassi, CH_3COOK, s'ha d'afegir a 1 L de dissolució $0,100$ mol $\cdot$ L^{-1} d'àcid acètic, CH_3COOH, perquè el pH de la dissolució sigui $5,20$. La K_a del CH_3COOH és $1,76 \cdot 10^{-5}$.

[Solució]

Si a una dissolució d'un àcid, en aquest cas CH_3COOH, s'hi afegeix una certa quantitat de la seva base conjugada, CH_3COO^-, tenim una dissolució amortidora.

Escrivim la reacció d'ionització d'aquest àcid amb les concentracions inicials i en equilibri de cada espècie:

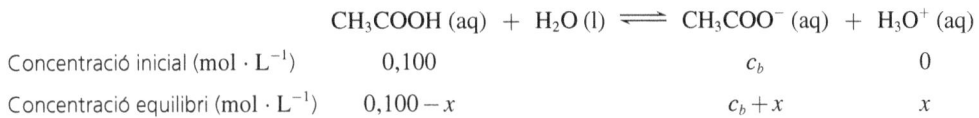

	CH_3COOH (aq) $+$ H_2O (l) $\rightleftharpoons$	CH_3COO^- (aq) $+$	H_3O^+ (aq)
Concentració inicial (mol $\cdot$ L^{-1})	$0,100$	c_b	0
Concentració equilibri (mol $\cdot$ L^{-1})	$0,100 - x$	$c_b + x$	x

Aquesta és una dissolució amortidora àcida, que seguirà l'equació:

$$pH = pK_a + \log \frac{[CH_3COO^-]}{[CH_3COOH]}$$

$$pK_a = -\log(1,76 \cdot 10^{-5}) = 4,75$$

Substituïm valors en l'equació anterior:

$$5,20 = 4,75 + \log \frac{c_b}{0,100}$$

$$c_b = [CH_3COOK] = 0,282 \text{ mol} \cdot \text{L}^{-1}$$

Per calcular els grams de CH_3COOK:

$$1 \text{ L diss} \cdot \frac{0,282 \text{ mol } CH_3COOK}{1 \text{ L diss}} \cdot \frac{98,1 \text{ g } CH_3COOK}{1 \text{ mol } CH_3COOK} = 27,7 \text{ g } CH_3COOK$$

Dissolucions de sals solubles

Les sals són compostos iònics i en dissolució es troben totalment dissociats en el catió i l'anió corresponent. Si el catió i/o l'anió poden reaccionar amb l'aigua, ho fan en la reacció en equilibri coneguda amb el nom d'**hidròlisi**.

Sal d'un àcid i base forts

Vegem el cas del clorur de sodi, $NaCl$:

$$NaCl\,(aq) \longrightarrow Na^+\,(aq) + Cl^-\,(aq)$$

La hidròlisi d'aquests ions donarà lloc a les reaccions següents:

$$\overline{Na^+\,(aq) + H_2O\,(l) \rightleftharpoons NaOH\,(aq) + H_3O^+\,(aq)}$$

Aquesta reacció no es produeix, ja que el $NaOH$ és una base forta, es troba totalment dissociada i aquest equilibri està completament desplaçat cap a l'esquerra.

$$\overline{Cl^-\,(aq) + H_2O\,(l) \rightleftharpoons HCl\,(aq) + OH^-\,(aq)}$$

Aquesta reacció no es produeix, perquè el HCl és un àcid fort, es troba totalment dissociat i aquest equilibri està completament desplaçat cap a l'esquerra.

En aquest cas, la dissolució de la sal serà neutra i el seu pH serà 7,0.

Sal d'un àcid feble i una base forta

Vegem el cas de l'acetat de sodi, CH_3COONa:

$$CH_3COONa\,(aq) \longrightarrow Na^+\,(aq) + CH_3COO^-\,(aq)$$

La hidròlisi d'aquests ions donarà lloc a les reaccions següents:

$$\overline{Na^+\,(aq) + H_2O\,(l) \rightleftharpoons NaOH\,(aq) + H_3O^+\,(aq)}$$

Com s'ha vist en l'apartat anterior, aquesta reacció no es produeix, ja que el $NaOH$ és una base forta.

$$CH_3COO^-\,(aq) + H_2O\,(l) \rightleftharpoons CH_3COOH\,(aq) + OH^-\,(aq)$$

Aquesta reacció es produeix i la seva constant d'equilibri s'anomena **constant d'hidròlisi**, K_h o K_b

$$K_h = \frac{[CH_3COOH]\,[OH^-]}{[CH_3COO^-]}$$

Si es multiplica i es divideix per $[H_3O^+]$:

$$K_h = \frac{[CH_3COOH]\,[OH^-]}{[CH_3COO^-]} \cdot \frac{[H_3O^+]}{[H_3O^+]} = \frac{K_w}{K_a}$$

Així podem determinar el valor de K_h a partir del valor de la constant de dissociació de l'àcid.

És a partir de l'expressió de K_h que es pot trobar $[OH^-]$ i el pH de la dissolució, que en aquest cas serà un pH bàsic.

Exemple 9

Calculeu el pH d'una dissolució de KCN $5,90 \cdot 10^{-2}$ mol $\cdot$ L^{-1}. La K_a de l'àcid cianhídric, HCN, és $6,17 \cdot 10^{-10}$.

[Solució]

El cianur de potassi és una sal que es troba totalment dissociada. Escrivim la reacció amb les concentracions de cada espècie química:

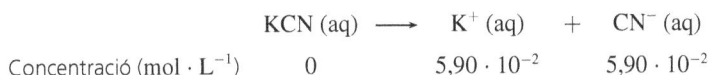

$$KCN\ (aq) \longrightarrow K^+\ (aq) + CN^-\ (aq)$$

Concentració (mol $\cdot$ L^{-1})	0	$5,90 \cdot 10^{-2}$	$5,90 \cdot 10^{-2}$

La hidròlisi d'aquests ions donaria lloc a les reaccions següents:

$$\cancel{K^+\ (aq) + H_2O\ (l) \rightleftharpoons KOH\ (aq) + H_3O^+\ (aq)}$$

Aquesta reacció no es produeix, ja que el KOH és una base forta.

$$CN^-\ (aq) + H_2O\ (l) \rightleftharpoons HCN\ (aq) + OH^-\ (aq)$$

Aquesta reacció es produeix, ja que el HCN és un àcid feble; escrivim les concentracions en l'equilibri:

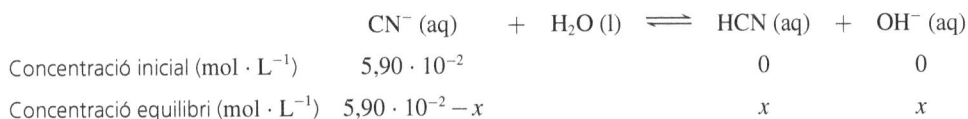

	CN^- (aq)	+ H$_2$O (l) $\rightleftharpoons$	HCN (aq)	+	OH$^-$ (aq)
Concentració inicial (mol $\cdot$ L^{-1})	$5,90 \cdot 10^{-2}$		0		0
Concentració equilibri (mol $\cdot$ L^{-1})	$5,90 \cdot 10^{-2} - x$		x		x

La constant d'hidròlisi d'aquesta reacció serà:

$$K_h = \frac{K_w}{K_a} = \frac{[\text{HCN}]\,[\text{OH}^-]}{[\text{CN}^-]}$$

Substituïm valors i negligim x davant de $5,90 \cdot 10^{-2}$, ja que $\dfrac{[\text{CN}^-]}{K_h} = \dfrac{5,90 \cdot 10^{-2}}{1,62 \cdot 10^{-5}} \gg 100$:

$$1,62 \cdot 10^{-5} = \frac{1,00 \cdot 10^{-14}}{6,17 \cdot 10^{-10}} = \frac{x^2}{5,90 \cdot 10^{-2} - x} = \frac{x^2}{5,90 \cdot 10^{-2}}$$

$$x = [\text{OH}^-] = 9,78 \cdot 10^{-4}\ \text{mol} \cdot \text{L}^{-1}$$

$$\text{pOH} = -\log[\text{OH}^-] = -\log(9,78 \cdot 10^{-4}) = 3,0$$

$$\text{pH} + \text{pOH} = 14$$

$$\text{pH} + 3,0 = 14$$

$$\text{pH} = 11$$

Sal d'un àcid fort i una base feble

Vegem el cas del clorur d'amoni, NH$_4$Cl:

$$NH_4Cl\ (aq) \longrightarrow NH_4^+\ (aq) + Cl^-\ (aq)$$

La hidròlisi d'aquests ions donaria lloc a les reaccions següents:

$$\cancel{Cl^- (aq) + H_2O (l) \rightleftharpoons HCl (aq) + OH^- (aq)}$$

Aquesta reacció no es produeix, perquè el HCl és un àcid fort.

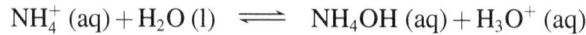

$$NH_4^+ (aq) + H_2O (l) \rightleftharpoons NH_4OH (aq) + H_3O^+ (aq)$$

Aquesta reacció es produeix i la seva constant d'equilibri és la constant d'hidròlisi K_h o K_a.

$$K_h = \frac{[NH_4OH] \, [H_3O^+]}{[NH_4^+]}$$

Si es multiplica i es divideix per $[OH^-]$:

$$K_h = \frac{[NH_4OH] \, [H_3O^+]}{[NH_4^+]} \frac{[OH^-]}{[OH^-]} = \frac{K_w}{K_b}$$

Així podem determinar el valor de K_h a partir del valor de la constant de dissociació de la base.

És a partir de l'expressió de K_h que es pot trobar $[H_3O^+]$ i el pH de la dissolució, que en aquest cas serà un pH àcid.

Exemple 10

Calculeu quin serà el pH d'una dissolució $0,015 \text{ mol} \cdot L^{-1}$ de NH_4Cl. La K_b de l'amoníac és $1,76 \cdot 10^{-5}$.

[Solució]

Plantegem l'equilibri amb les quantitats implicades:

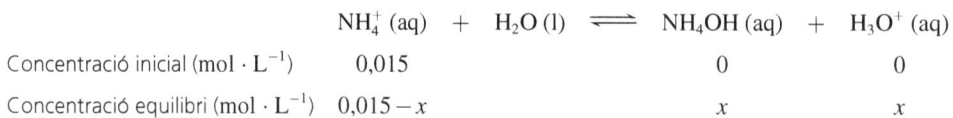

	NH_4^+ (aq)	+	H_2O (l)	$\rightleftharpoons$	NH_4OH (aq)	+	H_3O^+ (aq)
Concentració inicial (mol $\cdot L^{-1}$)	0,015				0		0
Concentració equilibri (mol $\cdot L^{-1}$)	$0,015 - x$				x		x

La constant d'equilibri d'aquesta reacció serà:

$$K_h = \frac{K_w}{K_b} = \frac{[NH_4OH] \, [H_3O^+]}{[NH_4^+]}$$

Substituïm valors i negligim x davant de 0,015, ja que $\dfrac{[NH_4^+]}{K_h} = \dfrac{0,015}{5,68 \cdot 10^{-10}} \gg 100$:

$$5,68 \cdot 10^{-10} = \frac{1,00 \cdot 10^{-14}}{1,76 \cdot 10^{-5}} = \frac{x^2}{0,015 - x} = \frac{x^2}{0,015}$$

$$x = [H_3O^+] = 2,9 \cdot 10^{-6} \text{ mol} \cdot L^{-1}$$

$$pH = -\log [H_3O^+]$$

$$pH = -\log(2,9 \cdot 10^{-6}) = 5,5$$

Sal d'un àcid feble i una base feble

Vegeu el cas de l'acetat d'amoni, CH_3COONH_4:

$$CH_3COONH_4 \text{ (aq)} \longrightarrow NH_4^+ \text{ (aq)} + CH_3COO^- \text{ (aq)}$$

La hidròlisi d'aquests ions donarà lloc a les reaccions següents:

$$NH_4^+ \text{ (aq)} + H_2O \text{ (l)} \rightleftharpoons NH_4OH \text{ (aq)} + H_3O^+ \text{ (aq)}$$

Aquesta reacció es produeix i la seva constant d'equilibri és la constant d'hidròlisi K_h:

$$K_h = \frac{[NH_4OH]\,[H_3O^+]}{[NH_4^+]} = \frac{K_w}{K_b}$$

$$CH_3COO^- \text{ (aq)} + H_2O \text{ (l)} \rightleftharpoons CH_3COOH_2 \text{ (aq)} + OH^- \text{ (aq)}$$

Aquesta reacció es produeix i la seva constant d'equilibri és la constant d'hidròlisi K_h':

$$K_h' = \frac{[CH_3COOH]\,[OH^-]}{[CH_3COO^-]} = \frac{K_w}{K_a}$$

Com que es produeixen H_3O^+ i OH^-, reaccionaran entre ells en la reacció següent:

$$H_3O^+ \text{ (aq)} + OH^- \text{ (aq)} \rightleftharpoons 2\,H_2O \text{ (l)}$$

El pH final serà el balanç entre els H_3O^+ i els OH^- que s'obtinguin, i això depèn de les constants d'hidròlisi, i de K_w de l'aigua.

El càlcul del pH en aquests sistemes és força complicat, perquè hi ha implicades dues constants d'hidròlisi, però fent una sèrie d'aproximacions s'arriba a l'expressió següent:

$$[H_3O^+] = \sqrt{\frac{K_w K_a}{K_b}} \tag{8.10}$$

Aquesta expressió és vàlida sempre que la concentració de la sal sigui molt superior que les constants K_a i K_b.

8.7 Valoració àcid base

Una valoració és un procés en el qual es mesura quantitativament la capacitat d'una substància per combinar-se amb un reactiu. Això es porta a terme mitjançant l'addició controlada d'un reactiu de concentració coneguda, anomenat **dissolució patró**, a un volum conegut de la dissolució de substància problema, fins que es considera que la reacció entre els dos reactius ha estat completa. El punt en el qual es produeix això s'anomena **punt d'equivalencia**.

En les valoracions àcid-base, la reacció que es produeix és una **reacció de neutralització**, en què els protons de l'àcid es neutralitzen amb els hidròxids de la base per donar aigua:

$$\text{àcid} + \text{base} \longrightarrow \text{sal} + \text{aigua}$$

En aquest tipus de valoracions, el punt d'equivalència *és aquell en el qual reaccionen quantitats este-quiomètricament equivalents d'àcid i de base.*

Alguns exemples de reaccions de neutralització àcid-base, amb la relació del nombre de mols en el punt d'equivalència, són:

reacció	$HCl\ (aq) + NaOH\ (aq) \longrightarrow NaCl\ (aq) + H_2O\ (l)$
relació mols punt d'equivalència	mols HCl = mols $NaOH$
reacció	$H_2CO_3\ (aq) + 2\,NaOH\ (aq) \longrightarrow Na_2CO_3\ (aq) + 2\,H_2O\ (l)$
relació mols punt d'equivalència	mols H_2CO_3 = 2 mols $NaOH$
reacció	$HCl\ (aq) + NH_4OH\ (aq) \longrightarrow NH_4Cl\ (aq) + H_2O\ (l)$
relació mols punt d'equivalència	mols HCl = mols NH_4OH

En una valoració àcid-base fa falta algun sistema per a determinar que s'ha arribat al **punt d'equivalència**; un dels mètodes més emprats és l'addició de petites quantitats d'una substància que canvia de color en el punt d'equivalència, o a prop seu, anomenada **indicador**.

Experimentalment, el punt en el qual es produeix el canvi de color de l'indicador en una valoració es coneix com a **punt final**.

Des del punt de vista ideal, en una valoració el **punt final** (determinat experimentalment) ha de coincidir amb el **punt d'equivalència** (valor teòric).

Indicadors àcid-base

Generalment són compostos orgànics de caràcter àcid-base febles i que presenten una coloració que depèn del **pH** de la dissolució en la qual es troben dissolts.

Si representem l'indicador com a **In**, podem escriure les reaccions en què participa l'indicador:

In actua com a àcid feble	In actua com a base feble
$HIn + H_2O \rightleftharpoons In^- + H_3O^+$	$In + H_2O \rightleftharpoons InH^+ + OH^-$

color: àcid   bàsic   bàsic   àcid

constant:
$$K_a = \frac{[In^-]\,[H_2O^+]}{[HIn]} \qquad\qquad K_b = \frac{[InH^+]\,[OH^-]}{[In]} \qquad (8.11)$$

Se sap que cal un excés de l'ordre d'unes 10 vegades en una de les formes de l'indicador abans que l'observador pugui establir que predomina el color degut a aquesta forma. Això ens porta a:

$$\text{Rang de pH de l'indicador} = pK_a \pm 1 \qquad\qquad (8.12)$$

En l'annex 8.2, es dóna una llista d'uns quants indicadors amb el seu rang de pH i els colors corresponents.

Exemple 11

Es valoren 25,0 mL d'una dissolució d'àcid clorhídric, de concentració 0,130 mol $\cdot$ L^{-1}, amb hidròxid de sodi de concentració 0,240 mol $\cdot$ L^{-1}.

a) Quin serà el pH de la dissolució resultant quan s'hi afegeixen 10,0 mL de NaOH?

b) Quin serà el pH en el punt d'equivalència d'aquesta valoració?

[Solució]

La reacció que es produeix en aquesta valoració és:

$$HCl\ (aq) + NaOH\ (aq) \longrightarrow NaCl\ (aq) + H_2O\ (l)$$

Perquè la reacció sigui completa, s'ha de complir:

$$mols\ HCl = mols\ NaOH$$

a) Es calculen els mols HCl i de NaOH en les condicions indicades:

$$mol\ HCl = 25,0 \cdot 10^{-3}\ L \cdot 0,130\ mol \cdot L^{-1} = 3,25 \cdot 10^{-3}\ mol$$

$$mol\ NaOH = 10,0 \cdot 10^{-3}\ L \cdot 0,240\ mol \cdot L^{-1} = 2,40 \cdot 10^{-3}\ mol$$

S'observa que no s'han neutralitzat tots els protons del HCl i, per tant, el pH de la dissolució es calcula a partir de la concentració de protons en excés:

$$mol\ H_3O^+ = mol\ HCl - mol\ NaOH$$

$$mol\ H_3O^+ = 3,25 \cdot 10^{-3}\ mol - 2,40 \cdot 10^{-3}\ mol = 8,50 \cdot 10^{-4}\ mol$$

$$[H_3O^+] = \frac{mol\ H_3O^+}{V_{HCl} + V_{NaOH}}$$

$$[H_3O^+] = \frac{8,50 \cdot 10^{-4}\ mol}{(25,0 + 10,0) \cdot 10^{-3}\ L} = 2,43 \cdot 10^{-2}\ mol \cdot L^{-1}$$

$$pH = -\log[H_3O^+]$$

$$pH = -\log(2,43 \cdot 10^{-2}) = 1,61$$

b) En el punt d'equivalència, com que és una valoració d'un àcid fort amb una base forta, el pH serà 7.

Exemple 12

Determineu el pH en el punt d'equivalència de la valoració de 25,0 mL d'àcid acètic, CH_3COOH, de concentració $0,100\ mol \cdot L^{-1}$, amb NaOH de concentració $0,200\ mol \cdot L^{-1}$. La K_a del CH_3COOH val $1,76 \cdot 10^{-5}$.

[Solució]

La reacció de neutralització d'aquesta valoració és:

$$CH_3COOH\ (aq) + NaOH\ (aq) \longrightarrow CH_3COONa\ (aq) + H_2O\ (l)$$

Calculem el volum de la dissolució de NaOH corresponent al punt d'equivalència:

Segons la reacció: $mol\ CH_3COOH = mol\ NaOH$

$$25,0 \cdot 10^{-3}\ L \cdot 0,100\ mol \cdot L^{-1} = V_{NaOH} \cdot 0,200\ mol \cdot L^{-1} \qquad V_{NaOH} = 12,5 \cdot 10^{-3}\ L = 12,5\ mL$$

Tot seguit plantegem la reacció de neutralització amb les quantitats de cada compost:

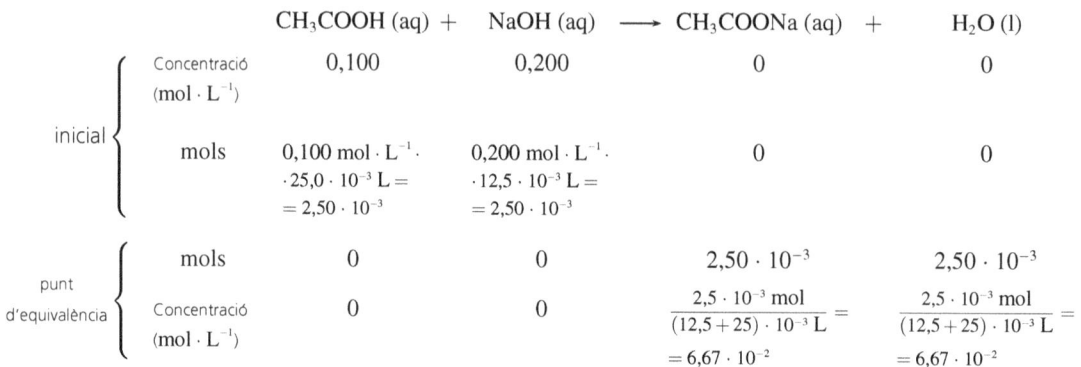

$$CH_3COOH\ (aq)\ +\quad NaOH\ (aq)\ \longrightarrow\ CH_3COONa\ (aq)\ +\qquad H_2O\ (l)$$

		CH_3COOH	$NaOH$	CH_3COONa	H_2O
inicial	Concentració $(mol \cdot L^{-1})$	0,100	0,200	0	0
	mols	$0{,}100\ mol \cdot L^{-1} \cdot$ $\cdot 25{,}0 \cdot 10^{-3}\ L =$ $= 2{,}50 \cdot 10^{-3}$	$0{,}200\ mol \cdot L^{-1} \cdot$ $\cdot 12{,}5 \cdot 10^{-3}\ L =$ $= 2{,}50 \cdot 10^{-3}$	0	0
punt d'equivalència	mols	0	0	$2{,}50 \cdot 10^{-3}$	$2{,}50 \cdot 10^{-3}$
	Concentració $(mol \cdot L^{-1})$	0	0	$\dfrac{2{,}5 \cdot 10^{-3}\ mol}{(12{,}5+25) \cdot 10^{-3}\ L} =$ $= 6{,}67 \cdot 10^{-2}$	$\dfrac{2{,}5 \cdot 10^{-3}\ mol}{(12{,}5+25) \cdot 10^{-3}\ L} =$ $= 6{,}67 \cdot 10^{-2}$

En el punt d'equivalència hi ha una dissolució d'acetat de sodi, CH_3COONa, de concentració $6{,}67 \cdot 10^{-2}\ mol \cdot L^{-1}$. Aquesta sal es troba totalment dissociada:

$$CH_3COONa\ (aq)\ \longrightarrow\ Na^+\ (aq) + CH_3COO^-\ (aq)$$

Tal com hem comentat anteriorment, dels dos ions només experimenta reacció d'hidròlisi el CH_3COO^-:

$$CH_3COO^-\ (aq) + H_2O\ (l)\ \rightleftharpoons\ CH_3COOH\ (aq) + OH^-\ (aq)$$

amb una constant d'hidròlisi K_h:

$$K_h = \frac{K_w}{K_a} = \frac{[CH_3COOH]\ [OH^-]}{[CH_3COO^-]}$$

Plantegem aquesta reacció amb les quantitat de què disposem:

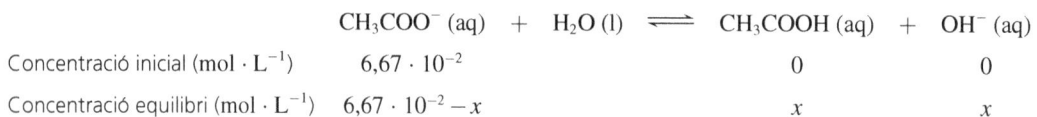

$$CH_3COO^-\ (aq)\ +\quad H_2O\ (l)\ \rightleftharpoons\ CH_3COOH\ (aq)\ +\quad OH^-\ (aq)$$

	CH_3COO^-		CH_3COOH	OH^-
Concentració inicial $(mol \cdot L^{-1})$	$6{,}67 \cdot 10^{-2}$		0	0
Concentració equilibri $(mol \cdot L^{-1})$	$6{,}67 \cdot 10^{-2} - x$		x	x

Substituïm valors en l'equació de la constant d'hidròlisi, i negligim x davant de $6{,}67 \cdot 10^{-2}$, ja que $\dfrac{[CH_3COO^-]}{K_h} = \dfrac{6{,}67 \cdot 10^{-3}}{5{,}68 \cdot 10^{-10}} \gg 100$:

$$K_h = \frac{1{,}00 \cdot 10^{-14}}{1{,}76 \cdot 10^{-5}} = 5{,}68 \cdot 10^{-10}$$

$$5{,}68 \cdot 10^{-10} = \frac{x^2}{6{,}67 \cdot 10^{-2} - x} = \frac{x^2}{6{,}67 \cdot 10^{-2}}$$

$$x = [OH^-] = 1{,}95 \cdot 10^{-6}\ mol \cdot L^{-1}$$

$$pOH = -\log [OH^-]$$

$$pOH = -\log(6{,}15 \cdot 10^{-6}) = 5{,}21$$

Sabent que $pH + pOH = 14$: $pH + 5{,}21 = 14$; $pH = 8{,}79$

Problemes resolts

Problema 8.1

Els valors del pK_b de l'amoníac, NH_3, i de la trimetilamina, $(CH_3)_3N$, són, respectivament, 4,75 i 4,20 a 298 K. Calculeu:

a) El pH d'una dissolució 0,050 mol $\cdot$ L^{-1} d'amoníac.

b) El pH d'una dissolució 0,050 de trimetilamina.

c) Els valors de les constants àcides dels ions amoni i trimetilamoni.

d) Dels resultats obtinguts, deduïu la força àcid-base relativa dels dos compostos.

[Solució]

Les reaccions de dissociació de les dues bases, amb les constants respectives són:

$$NH_3\ (aq) + H_2O\ (l) \rightleftharpoons NH_4^+\ (aq) + OH^-\ (aq)$$

$$K_b = \frac{[NH_4^+] \cdot [OH^-]}{[NH_3]}$$

$$(CH_3)_3N\ (aq) + H_2O\ (l) \rightleftharpoons (CH_3)_3NH^+\ (aq) + OH^-\ (aq)$$

$$K_b = \frac{[(CH_3)_3NH^+] \cdot [OH^-]}{[(CH_3)_3N]}$$

a) Aplicant l'equació 8.7 es pot determinar el valor de K_b per a l'amoníac:

$$pK_b = -\log K_b$$
$$4,75 = -\log K_b$$
$$K_b = 1,78 \cdot 10^{-5}$$

Escrivim la reacció d'ionització de l'amoníac amb les concentracions corresponents:

	NH_3 (aq)	+	H_2O (l)	$\rightleftharpoons$	NH_4^+ (aq)	+	OH^- (aq)
Concentració inicial (mol $\cdot$ L^{-1})	0,050				0		0
Concentració equilibri (mol $\cdot$ L^{-1})	0,050 − x				x		x

Apliquem el valor de la constant d'ionització, K_b, amb els valors corresponents:

$$1,78 \cdot 10^{-5} = \frac{x^2}{0,050 - x}$$

Si negligim x davant 0,050; $x \ll 0,050$, ja que $\dfrac{[NH_3]}{K_b} = \dfrac{0,050}{1,76 \cdot 10^{-5}} \gg 100$:

$$1,78 \cdot 10^{-5} = \frac{x^2}{0,050 - x} = \frac{x^2}{0,050}$$

$$x = 9,43 \cdot 10^{-4}\ \text{mol} \cdot \text{L}^{-1}$$

$$[OH^-] = 9,43 \cdot 10^{-4}\ \text{mol} \cdot \text{L}^{-1}$$

Apliquem les expressions 8.5 i 8.6:

$$pOH = -\log[OH^-]$$
$$pOH = -\log(9{,}43 \cdot 10^{-4}) = 3{,}03$$
$$pOH + pH = 14$$
$$3{,}03 + pH = 14$$
$$pH = 10{,}97$$

b) Procedeix de la mateixa manera que en l'apartat a):

$$pK_b = -\log K_b$$
$$4{,}20 = -\log K_b$$
$$K_b = 6{,}31 \cdot 10^{-5}$$

Escrivim la reacció de dissociació amb les concentracions corresponents:

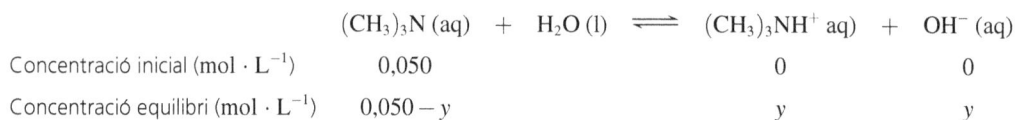

	$(CH_3)_3N$ (aq)	+	H_2O (l)	$\rightleftharpoons$	$(CH_3)_3NH^+$ aq)	+	OH^- (aq)
Concentració inicial (mol $\cdot$ L^{-1})	0,050				0		0
Concentració equilibri (mol $\cdot$ L^{-1})	$0{,}050 - y$				y		y

Apliquem el valor de K_b i negligim y davant 0,050, ja que $\dfrac{[(CH_3)_3N]}{K_b} = \dfrac{0{,}050}{6{,}31 \cdot 10^{-5}} \gg 100$:

$$6{,}31 \cdot 10^{-5} = \frac{y^2}{0{,}050 - y} = \frac{y^2}{0{,}050}$$
$$y = 1{,}78 \cdot 10^{-3} \text{ mol} \cdot L^{-1}$$
$$[OH^-] = 1{,}78 \cdot 10^{-3} \text{ mol} \cdot L^{-1}$$

Apliquem les expressions 8.5 i 8.6:

$$pOH = -\log[OH^-]$$
$$pOH = -\log(1{,}78 \cdot 10^{-3}) = 2{,}75$$
$$pOH + pH = 14$$
$$2{,}75 + pH = 14$$
$$pH = 11{,}25$$

c) Els ions NH_4^+ i $(CH_3)_3NH^+$ són els àcids conjugats de les bases NH_3 i $(CH_3)_3N$; com que són àcids, les seves reaccions d'ionització donaran protons:

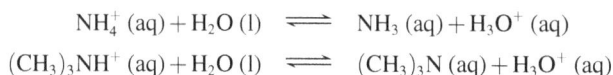

$$NH_4^+ \text{ (aq)} + H_2O \text{ (l)} \rightleftharpoons NH_3 \text{ (aq)} + H_3O^+ \text{ (aq)}$$
$$(CH_3)_3NH^+ \text{ (aq)} + H_2O \text{ (l)} \rightleftharpoons (CH_3)_3N \text{ (aq)} + H_3O^+ \text{ (aq)}$$

En l'equilibri, cada reacció tindrà la constant d'acidesa, K_a corresponent.

En el cas del NH_4^+ serà:

$$K_a = \frac{[NH_3] \cdot [H_3O^+]}{[NH_4^+]}$$

Aquesta expressió la multipliquem i la dividim per $[OH^-]$:

$$K_a = \frac{[NH_3] \cdot [H_3O^+]}{[NH_4^+]} \cdot \frac{[OH^-]}{[OH^-]} = \frac{K_w}{K_b}$$

Apliquem aquesta expressió per als dos ions:

Per al NH_4^+ : $\quad K_a = \dfrac{1,00 \cdot 10^{-14}}{1,78 \cdot 10^{-5}} = 5,62 \cdot 10^{-10}$

Per al $(CH_3)_3NH^+$: $\quad K_a = \dfrac{1,00 \cdot 10^{-14}}{6,31 \cdot 10^{-5}} = 1,58 \cdot 10^{-10}$

d) Si analitzem el valor de les constants, K_b, per a cadascuna de les bases, ens adonem que $(K_b)_{(CH_3)_3N} > (K_b)_{NH_3}$ i, per tant, la trimetilamina és una base lleugerament més forta que l'amoníac.

Si observem els valors trobats per als àcids conjugats corresponents, l'ió amoni és un àcid lleugerament més fort que l'ió trimetilamoni.

Problema 8.2

L'àcid monocloroacètic, $ClCH_2COOH$, té un valor de K_a d'$1,36 \cdot 10^{-3}$. Determineu, per a una concentració de l'àcid de $0,100$ mol $\cdot$ L^{-1}:

a) El grau d'ionització de l'àcid.

b) El punt de congelació de la dissolució d'àcid monocloroacètic, si la constant crioscòpica de l'aigua és d'$1,86\,°C \cdot kg \cdot mol^{-1}$. Considereu que la densitat de la dissolució és 1 g $\cdot$ mL^{-1}.

c) La concentració d'ions $ClCH_2COO^-$.

[Solució]

Escrivim la reacció d'ionització d'aquest àcid amb les concentracions corresponents expressades en funció del grau d'ionització, α:

	$ClCH_2COOH$ (aq)	$+$	H_2O (l)	$\rightleftharpoons$	$ClCH_2COO^-$ (aq)	$+$	H_3O^+ (aq)
Concentració inicial (mol $\cdot$ L^{-1})	0,100				0		0
Concentració equilibri (mol $\cdot$ L^{-1})	$0,100(1-\alpha)$				$0,100 \cdot \alpha$		$0,100 \cdot \alpha$

a) L'expressió de la constant, K_a, per a aquest àcid és:

$$K_a = \frac{[ClCH_2COO^-] \cdot [H_3O^+]}{[ClCH_2COOH]}$$

Substituïm valors:

$$1,36 \cdot 10^{-3} = \frac{0,100^2 \cdot \alpha^2}{0,100 \cdot (1-\alpha)}$$

Es pot negligir α davant 1?

$$\frac{[ClCH_2COOH]}{K_a} = \frac{0,100}{1,36 \cdot 10^{-3}} = 73,5 < 100$$

No es pot negligir, i resolent l'equació de segon grau s'obté:

$$\alpha = 0,110$$

b) La dissolució d'àcid monocloroacètic experimenta una disminució de la temperatura de congelació respecte de la de l'aigua pura. Aquesta disminució es pot expressar així:

$$\Delta t_c = K_c \cdot m \cdot i$$

El coeficient de Van't Hoff i és, en aquest cas:

$$i = 1 + \alpha$$
$$i = 1 + 0,110 = 1,11$$

La molalitat de la dissolució serà igual a la molaritat, ja que ens diuen que la densitat de la dissolució és $1 \text{ g} \cdot \text{mL}^{-1}$.

Substituint valors, obtenim:

$$\Delta t_c = 1,86\,°\text{C} \cdot \text{kg} \cdot \text{mol}^{-1} \cdot 0,1 \text{ mol} \cdot \text{L}^{-1} \cdot 1,11$$
$$\Delta t_c = 0,206\,°\text{C}$$

i donat que:

$$\Delta t_c = t - t'$$

En què t i t' són les temperatures de congelació de l'aigua i de la dissolució respectivament. Substituim valors:

$$0,206\,°\text{C} = 0\,°\text{C} - t'$$
$$t' = -0,206\,°\text{C}$$

c) Calculem la concentració de $ClCH_2COOH$:

$$[ClCH_2COO^-] = 0,100 \text{ mol} \cdot \text{L}^{-1} \cdot \alpha = 0,100 \cdot 0,110 \text{ mol} \cdot \text{L}^{-1}$$
$$[ClCH_2COO^-] = 0,011 \text{ mol} \cdot \text{L}^{-1}$$

Problema 8.3

El pH d'una dissolució d'àcid fluoroacètic, FCH_2COO^-, és 3,00. Calculeu la concentració d'aquest àcid, sabent que la seva constant d'ionització és de $2,59 \cdot 10^{-3}$.

[Solució]

Escrivim, en primer lloc, la reacció d'ionització d'aquest àcid amb les concentracions corresponents:

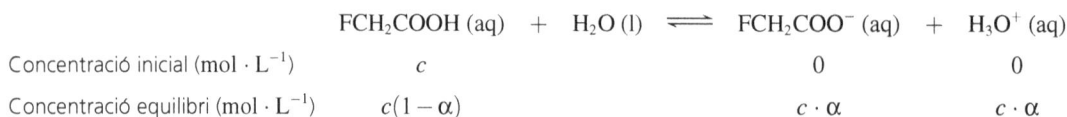

	FCH_2COOH (aq)	+	H_2O (l)	$\rightleftharpoons$	FCH_2COO^- (aq)	+	H_3O^+ (aq)
Concentració inicial (mol · L^{-1})	c				0		0
Concentració equilibri (mol · L^{-1})	$c(1-\alpha)$				$c \cdot \alpha$		$c \cdot \alpha$

Ja que ens donen el pH de la dissolució, podem escriure:

$$pH = -\log[H_3O^+] = -\log c \cdot \alpha$$
$$3,00 = -\log c \cdot \alpha; \quad c \cdot \alpha = 1,00 \cdot 10^{-3} \text{ mol} \cdot L^{-1}$$

Apliquem l'expressió de la constant de dissociació d'aquest àcid:

$$K_a = \frac{[FCH_2COO^-][H_3O^+]}{[FCH_2COOH]} = \frac{(c \cdot \alpha)^2}{c - c \cdot \alpha}$$

Substituïm valors:

$$2,59 \cdot 10^{-3} = \frac{(1,00 \cdot 10^{-3})^2}{c - 1,00 \cdot 10^{-3}}; \qquad c = 1,39 \cdot 10^{-3} \text{ mol} \cdot L^{-1}$$

Problema 8.4

Calculeu el pH i la concentració d'ions sulfat en una dissolució que conté 588 mg d'àcid sulfúric pur per litre de dissolució. La primera ionització de l'àcid sulfúric és completa i la segona té un $pKa = 1,99$.

[Solució]

Es calcula, en primer lloc, la concentració d'àcid sulfúric en mol $\cdot$ L^{-1}:

$$\frac{588 \text{ mg H}_2SO_4}{1 \text{ L diss}} \cdot \frac{1 \text{ g H}_2SO_4}{10^3 \text{ mg}} \cdot \frac{1 \text{ mol H}_2SO_4}{98 \text{ g H}_2SO_4} = 0,006 \text{ mol} \cdot L^{-1} = 6,00 \cdot 10^{-3} \text{ mol} \cdot L^{-1}$$

Escrivim les reaccions d'ionització amb les concentracions corresponents:

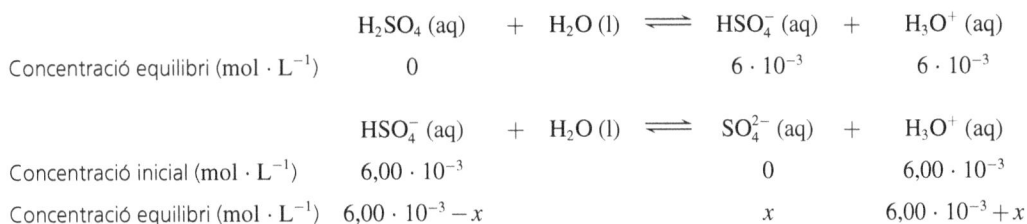

	H$_2$SO$_4$ (aq)	+	H$_2$O (l)	$\rightleftharpoons$	HSO$_4^-$ (aq)	+	H$_3$O$^+$ (aq)
Concentració equilibri (mol $\cdot$ L^{-1})	0				$6 \cdot 10^{-3}$		$6 \cdot 10^{-3}$

	HSO$_4^-$ (aq)	+	H$_2$O (l)	$\rightleftharpoons$	SO$_4^{2-}$ (aq)	+	H$_3$O$^+$ (aq)
Concentració inicial (mol $\cdot$ L^{-1})	$6,00 \cdot 10^{-3}$				0		$6,00 \cdot 10^{-3}$
Concentració equilibri (mol $\cdot$ L^{-1})	$6,00 \cdot 10^{-3} - x$				x		$6,00 \cdot 10^{-3} + x$

Calculem el valor de x, aplicant la segona constant de dissociació:

$$pK_a = -\log K_a$$
$$1,99 = -\log K_a; \quad K_a = 1,02 \cdot 10^{-2}$$

$$K_a = \frac{[SO_4^{2-}][H_3O^+]}{[HSO_4^-]} = \frac{(6,00 \cdot 10^{-3} + x)x}{6,00 \cdot 10^{-3} - x};$$

$$1,02 \cdot 10^{-2} = \frac{(6,00 \cdot 10^{-3} + x)x}{6,00 \cdot 10^{-3} - x}$$

$$x = 3,17 \cdot 10^{-3} \text{ mol} \cdot L^{-1}$$

$$[H_3O^+] = (6,00 \cdot 10^{-3} + 3,17 \cdot 10^{-3}) \text{ mol} \cdot L^{-1} = 9,17 \cdot 10^{-3} \text{ mol} \cdot L^{-1}$$

$$pH = -\log[H_3O^+]$$

$$pH = -\log(9,17 \cdot 10^{-3}) = 2,04$$

$$[SO_4^{2-}] = x = 3,17 \cdot 10^{-3} \text{ mol} \cdot L^{-1}$$

Problema 8.5

a) Calculeu el pH d'una dissolució que conté 0,500 mol d'acetat de sodi, CH_3COONa, en 1 L de dissolució d'àcid acètic, CH_3COOH, 0,500 mol $\cdot$ L^{-1}, si la constant d'acidesa de l'àcid acètic és $K_a = 1,76 \cdot 10^{-5}$.

b) Calculeu el pH de la dissolució que resulta d'afegir 0,0400 mol HCl a la dissolució descrita en *a)*.

c) Calculeu el pH de la dissolució que resulta d'afegir 0,0400 mol NaOH a la dissolució descrita en *a)*.

[Solució]

a) Escrivim la reacció d'ionització de l'àcid amb les concentracions corresponents:

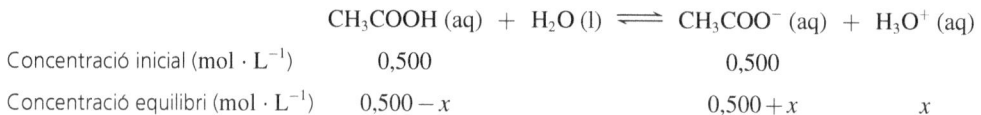

$$CH_3COOH \text{ (aq)} + H_2O \text{ (l)} \rightleftharpoons CH_3COO^- \text{ (aq)} + H_3O^+ \text{ (aq)}$$

Concentració inicial (mol $\cdot$ L^{-1})	0,500	0,500
Concentració equilibri (mol $\cdot$ L^{-1})	$0,500-x$	$0,500+x$ x

Aquesta és una dissolució amortidora àcida; aplicant l'equació 8.8 s'obté:

$$pH = pK_a + \log \frac{[CH_3COO^-]}{[CH_3COOH]}$$

$$pK_a = -\log(1,76 \cdot 10^{-5}) = 4,75$$

$$pH = 4,75 + \log \frac{0,500}{0,500} = 4,75$$

b) La reacció que es produeix en afegir el HCl es pot escriure així:

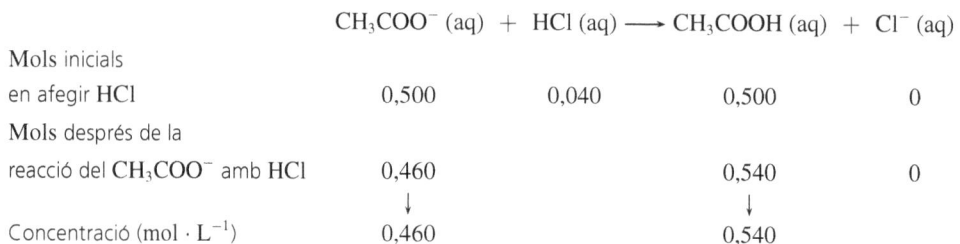

$$CH_3COO^- \text{ (aq)} + HCl \text{ (aq)} \longrightarrow CH_3COOH \text{ (aq)} + Cl^- \text{ (aq)}$$

Mols inicials en afegir HCl	0,500	0,040	0,500	0
Mols després de la reacció del CH_3COO^- amb HCl	0,460		0,540	0
	$\downarrow$		$\downarrow$	
Concentració (mol $\cdot$ L^{-1})	0,460		0,540	

Es torna a tenir una dissolució amortidora àcida, el seu pH es calcula:

$$pH = pK_a + \log \frac{[CH_3COO^-]}{[CH_3COOH]}$$

$$pH = 4,75 + \log \frac{0,460}{0,540} = 4,68$$

L'addició d'un àcid fort, HCl, a la dissolució amortidora fa que el pH de la dissolució solament variï un 1,5 %.

c) La reacció que es produeix en afegir el NaOH es pot escriure així:

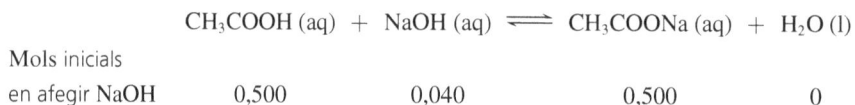

$$CH_3COOH \text{ (aq)} + NaOH \text{ (aq)} \rightleftharpoons CH_3COONa \text{ (aq)} + H_2O \text{ (l)}$$

Mols inicials en afegir NaOH	0,500	0,040	0,500	0

Mols després de la			
reacció del CH_3COOH amb NaOH	0,460	0,540	0
	$\downarrow$	$\downarrow$	
Concentració (mol · L^{-1})	0,460	0,540	

Tornem a tenir una dissolució amortidora àcida; el seu pH és:

$$pH = pK_a + \log \frac{[CH_3COO^-]}{[CH_3COOH]}$$

$$pH = 4,75 + \log \frac{0,540}{0,460} = 4,82$$

L'addició d'una base forta, NaOH, a la dissolució amortidora fa que el pH solament varïi en un 1,5 %.

Problema 8.6

Calculeu el pH d'una dissolució de Na_2CO_3 de concentració $1,00 \cdot 10^{-2}$ mol · L^{-1}, sabent que les constants d'acidesa del H_2CO_3 són: $K_{a1} = 4,50 \cdot 10^{-7}$ i $K_{a2} = 5,70 \cdot 10^{-11}$.

[Solució]

El carbonat de sodi és una sal que es troba totalment dissociada. Escrivim la reacció amb les concentracions de cada espècie química:

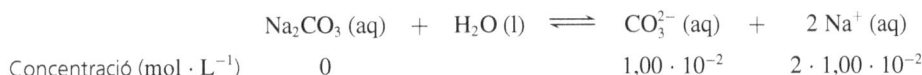

	Na_2CO_3 (aq) + H_2O (l) $\rightleftharpoons$	CO_3^{2-} (aq) +	$2\,Na^+$ (aq)
Concentració (mol · L^{-1})	0	$1,00 \cdot 10^{-2}$	$2 \cdot 1,00 \cdot 10^{-2}$

Dels dos ions només experimenta reacció d'hidròlisi el CO_3^{2-}; les reaccions que es produeixen amb les concentracions i constants d'hidròlisi corresponents són:

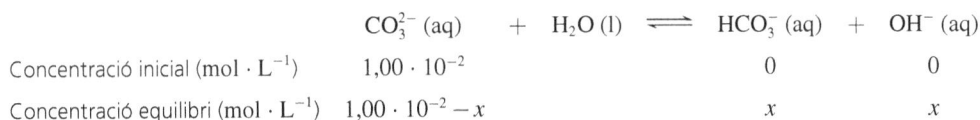

	CO_3^{2-} (aq) + H_2O (l) $\rightleftharpoons$	HCO_3^- (aq) +	OH^- (aq)
Concentració inicial (mol · L^{-1})	$1,00 \cdot 10^{-2}$	0	0
Concentració equilibri (mol · L^{-1})	$1,00 \cdot 10^{-2} - x$	x	x

$$K_{h2} = \frac{K_w}{K_{a2}} = \frac{[HCO_3^-] \cdot [OH^-]}{[CO_3^{2-}]}$$

$$K_{h2} = \frac{1,00 \cdot 10^{-14}}{5,70 \cdot 10^{-11}} = 1,75 \cdot 10^{-4}$$

$$1,75 \cdot 10^{-4} = \frac{x^2}{1,00 \cdot 10^{-2} - x}$$

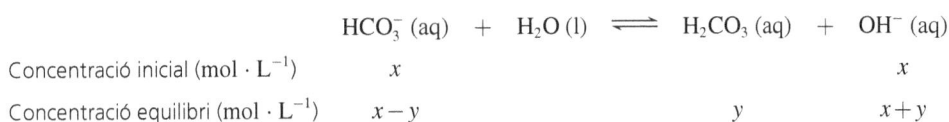

	HCO_3^- (aq) + H_2O (l) $\rightleftharpoons$	H_2CO_3 (aq) +	OH^- (aq)
Concentració inicial (mol · L^{-1})	x		x
Concentració equilibri (mol · L^{-1})	$x - y$	y	$x + y$

$$K_{h1} = \frac{K_w}{K_{a1}} = \frac{[H_2CO_3] \cdot [OH^-]}{[HCO_3^-]}$$

$$K_{h1} = 2{,}22 \cdot 10^{-8} = \frac{y \cdot (x+y)}{x-y}$$

$$2{,}22 \cdot 10^{-8} = \frac{1{,}00 \cdot 10^{-14}}{4{,}50 \cdot 10^{-7}} = \frac{y \cdot (x+y)}{x-y}$$

Observant els valors de les constants d'hidròlisi, veiem que $K_{h2} \gg K_{h1}$ i, per tant, la font important de OH^- serà la produïda per la hidròlisi del CO_3^{2-} (x),i podem negligir la que prové de la hidròlisi del HCO_3^- (y).

Considerant, doncs, només la K_{h2} veiem si es pot negligir x davant d'1,00 $\cdot$ 10^{-2} mol $\cdot$ L^{-1}: $\dfrac{[CO_3^{2-}]}{K_{h2}} = \dfrac{1{,}00 \cdot 10^{-2}}{1{,}75 \cdot 10^{-4}} =$
$57{,}1 \ll 100$. L'equació serà, doncs:

$$1{,}75 \cdot 10^{-4} = \frac{x^2}{1{,}00 \cdot 10^{-2} - x}$$

$$x = 1{,}24 \cdot 10^{-3} \text{ mol} \cdot L^{-1}$$

$$[OH^-] = 1{,}24 \cdot 10^{-3} \text{ mol} \cdot L^{-1}$$

$$pOH = -\log[OH^-]$$

$$pOH = -\log(1{,}24 \cdot 10^{-3}) = 2{,}91$$

Apliquem les expressions 8.5 i 8.6:
$$pOH + pH = 14$$
$$2{,}91 + pH = 14$$
$$pH = 11{,}1$$

Problema 8.7

Calculeu el pH d'una dissolució de cianat d'amoni, NH_4OCN, de concentració 0,100 mol $\cdot$ L^{-1} coneixent la constant d'acidesa del $HOCN$, $K_a = 3{,}47 \cdot 10^{-4}$ i la constant de basicitat del NH_3, $K_b = 1{,}76 \cdot 10^{-5}$.

[Solució]

El cianat d'amoni és una sal que es troba totalment dissociada. Escrivim la reacció amb les quantitats de cada espècie química:

$$NH_4OCN \text{ (aq)} \quad + \quad H_2O \text{ (l)} \quad \longrightarrow \quad NH_4^+ \text{ (aq)} \quad + \quad OCN^- \text{ (aq)}$$

Concentració (mol $\cdot$ L^{-1})	0		0,100	0,100

Ambdós ions poden experimentar reacció d'hidròlisi. Les reaccions que es produeixen amb les concentracions i constants d'hidròlisi corresponents són:

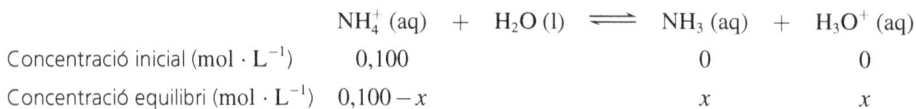

$$NH_4^+ \text{ (aq)} \quad + \quad H_2O \text{ (l)} \quad \rightleftharpoons \quad NH_3 \text{ (aq)} \quad + \quad H_3O^+ \text{ (aq)}$$

Concentració inicial (mol $\cdot$ L^{-1})	0,100		0	0
Concentració equilibri (mol $\cdot$ L^{-1})	$0{,}100 - x$		x	x

$$K_h = \frac{K_w}{K_b} = \frac{[NH_3] \cdot [H_3O^+]}{[NH_4^+]}$$

$$K_h = \frac{1{,}00 \cdot 10^{-4}}{1{,}76 \cdot 10^{-5}} = 5{,}45 \cdot 10^{-8}$$

$$5{,}45 \cdot 10^{-8} = \frac{x^2}{0{,}100 - x}$$

$$\text{OCN}^- \text{(aq)} \quad + \quad \text{H}_2\text{O (l)} \quad \rightleftharpoons \quad \text{HOCN (aq)} \quad + \quad \text{OH}^- \text{(aq)}$$

Concentració inicial (mol $\cdot$ L^{-1})	0,100	0	0
Concentració equilibri (mol $\cdot$ L^{-1})	$0,100 - y$	y	y

$$K'_h = \frac{K_w}{K_b} = \frac{[\text{HOCN}] \cdot [\text{OH}^-]}{[\text{OCN}^-]}$$

$$K'_h = \frac{1,00 \cdot 10^{-4}}{3,47 \cdot 10^{-5}} = 2,88 \cdot 10^{-11}$$

$$2,88 \cdot 10^{-11} = \frac{y^2}{0,100 - y}$$

Comparant les dues constants d'hidròlisi s'observa que $K_h \gg K'_h$ i, per tant, $x \gg y$; $[\text{H}_3\text{O}^+] \gg [\text{OH}^-]$; la dissolució serà àcida, amb pH < 7. Per calcular aquest pH utilitzem l'equació 8.10:

$$[\text{H}_3\text{O}] = \sqrt{\frac{K_w \cdot K_a}{K_b}}$$

$$[\text{H}_3\text{O}] = \sqrt{\frac{1,00 \cdot 10^{-14} \cdot 3,47 \cdot 10^{-4}}{1,76 \cdot 10^{-5}}}$$

$$[\text{H}_3\text{O}] = 4,44 \cdot 10^7 \text{ mol} \cdot \text{L}^{-1}$$

Apliquem l'expressió 8.4:

$$\text{pH} = -\log[\text{H}_3\text{O}^+]$$
$$\text{pH} = -\log(4,44 \cdot 10^{-7})$$
$$\text{pH} = 6,35$$

Problema 8.8

La constant d'ionització de l'indicador fenolftaleïna és d'$1,50 \cdot 10^{-10}$, i la de l'amoníac és d'$1,76 \cdot 10^{-5}$. Calculeu la relació $[\text{HIn}] / [\text{In}^-]$ després d'afegir unes gotes de fenolftaleïna a la dissolució que s'obté en barrejar 200 mL d'amoníac $1,00 \cdot 10^{-2}$ mol $\cdot$ L^{-1} amb 200 mL de clorur d'amoni $1,00 \cdot 10^{-1}$ mol $\cdot$ L^{-1}.

[Solució]

L'indicador fenolftaleïna, representat per HI, es pot considerar un àcid feble que es dissocia segons la reacció següent:

$$\text{HIn} + \text{H}_2\text{O} \quad \rightleftharpoons \quad \text{In}^- + \text{H}_3\text{O}^+$$

La constant d'ionització és:

$$K_{\text{in}} = \frac{[\text{In}^-] \cdot [\text{H}_3\text{O}^+]}{[\text{HIn}]} = 1,50 \cdot 10^{-10}$$

Per determinar la relació $[\text{Hin}] / [\text{In}^-]$, s'ha de calcular $[\text{H}_3\text{O}^+]$ i, en conseqüència, el pH de la dissolució a la qual s'afegeix la fenolftaleïna, i aplicant l'expressió de K_{in}, s'obté la relació.

Aquesta dissolució serà la formada pels 200 mL NH$_3$ $1,00 \cdot 10^{-2}$ mol $\cdot$ L^{-1} $+ 200$ mL NH$_4$Cl $1,00 \cdot 10^{-1}$ mol $\cdot$ L^{-1}.

Calculem les concentracions inicials de NH_3 i de NH_4Cl en els 400 mL de la dissolució resultant en mesclar les dues dissolucions

$$[NH_3] = \frac{0{,}200 \text{ L} \cdot 1{,}00 \cdot 10^{-2} \text{ mol} \cdot \text{L}^{-1}}{0{,}400 \text{ L}} = 5{,}00 \cdot 10^{-3} \text{ mol} \cdot \text{L}^{-1}$$

$$[NH_4Cl] = [NH_4^+] = \frac{0{,}200 \text{ L} \cdot 1{,}00 \cdot 10^{-2} \text{ mol} \cdot \text{L}^{-1}}{0{,}400 \text{ L}} = 5{,}00 \cdot 10^{-2} \text{ mol} \cdot \text{L}^{-1}$$

Escrivim les reaccions que es produeixen amb les concentracions corresponents:

$$NH_3 \text{ (aq)} + H_2O \text{ (l)} \rightleftharpoons NH_4^+ \text{ (aq)} + OH^- \text{ (aq)}$$

Concentració inicial (mol · L^{-1}) $5{,}00 \cdot 10^{-3}$ $5{,}00 \cdot 10^{-3}$ 0

Ens trobem davant d'una dissolució amortidora bàsica. Apliquem l'expressió 8.9 per calcular el pH d'aquesta dissolució:

$$pH = 14 - pK_b + \log \frac{[NH_3]}{[NH_4^+]}$$

$$pH = 14 - [-\log(1{,}76 \cdot 10^{-5})] + \log \frac{5{,}00 \cdot 10^{-3}}{5{,}00 \cdot 10^{-2}}$$

$$pH = 8{,}25$$

La $[H_3O^+]$ serà:

$$pH = -\log[H_3O^+]$$

$$8{,}25 = -\log[H_3O^+]$$

$$[H_3O^+] = 5{,}68 \cdot 10^{-9} \text{ mol} \cdot \text{L}^{-1}$$

Substituïm aquesta $[H_3O^+]$ en l'expressió de K_{in}:

$$1{,}50 \cdot 10^{-10} = \frac{[In^-] \cdot 5{,}68 \cdot 10^{-9}}{[HIn]}$$

$$\frac{[HIn]}{[In^-]} = 37{,}9$$

Problema 8.9

En la valoració de 50,0 mL de KOH $1{,}00 \cdot 10^{-1}$ mol · L^{-1} amb HCl $1{,}00 \cdot 10^{-1}$ mol · L^{-1}, quin serà el pH després d'afegir a l'àcid:

a) 20,0 mL de la dissolució de HCl.

b) 50,0 mL de la dissolució de HCl.

c) 60,0 mL de la dissolució de HCl.

[Solució]

La reacció que es produeix en aquesta valoració és:

$$HCl \text{ (aq)} + KOH \text{ (aq)} \longrightarrow KCl \text{ (aq)} + H_2O \text{ (aq)}$$

a) Calculem els mols de HCl i **KOH** que es tenen inicialment:

$$\text{mol HCl} = 20{,}0 \cdot 10^{-3}\,\text{L} \cdot 1{,}00 \cdot 10^{-1}\,\text{mol} \cdot \text{L}^{-1} = 2{,}00 \cdot 10^{-3}\,\text{mol HCl}$$

$$\text{mol KOH} = 50{,}0 \cdot 10^{-3}\,\text{L} \cdot 1{,}00 \cdot 10^{-1}\,\text{mol} \cdot \text{L}^{-1} = 5{,}00 \cdot 10^{-3}\,\text{mol HCl}$$

En afegir 20 mL HCl no s'han neutralitzat tots els **OH⁻** del **KOH** i, per tant, el pH de la dissolució es calcula a partir de la concentració de **OH⁻** en excés:

$$\text{mol OH}^- = \text{mol KOH} - \text{mol HCl}$$

$$\text{mol OH}^- = 5{,}00 \cdot 10^{-3}\,\text{mol} - 2{,}00 \cdot 10^{-3}\,\text{mol} = 3{,}00 \cdot 10^{-3}\,\text{mol}$$

$$[\text{OH}^-] = \frac{\text{mol OH}^-}{V_{\text{HCl}} + V_{\text{NaOH}}}$$

$$[\text{OH}^-] = \frac{3{,}00 \cdot 10^{-3}\,\text{mol}}{(50{,}0 + 20{,}0) \cdot 10^{-3}\,\text{L}} = 4{,}29 \cdot 10^{-2}\,\text{mol} \cdot \text{L}^{-1}$$

Apliquem les expressions 8.5 i 8.6:

$$\text{pOH} = -\log[\text{OH}^-]$$
$$\text{pOH} = -\log(4{,}29 \cdot 10^{-2}) = 1{,}37$$
$$\text{pOH} + \text{pH} = 14$$
$$1{,}37 + \text{pH} = 14$$
$$\text{pH} = 12{,}6$$

b) Calculem els mols de HCl i **KOH** que es tenen inicialment:

$$\text{mol HCl} = 50{,}0 \cdot 10^{-3}\,\text{L} \cdot 1{,}00 \cdot 10^{-1}\,\text{mol} \cdot \text{L}^{-1} = 5{,}00 \cdot 10^{-3}\,\text{mol HCl}$$

$$\text{mol KOH} = 50{,}0 \cdot 10^{-3}\,\text{L} \cdot 1{,}00 \cdot 10^{-1}\,\text{mol} \cdot \text{L}^{-1} = 5{,}00 \cdot 10^{-3}\,\text{mol HCl}$$

En afegir 50,0 mL HCl, es neutralitzen tots els **OH⁻** del **KOH** i el pH de la dissolució serà 7.

c) En afegir 60,0 mL HCl, es neutralitzen tots els **OH⁻** del **KOH** i sobra un cert nombre de mol H_3O^+, que són els que ens donaran el pH de la dissolució.

$$\text{mol H}_3\text{O}^+ = \text{mol HCl} - \text{mol KOH}$$

$$\text{mol H}_3\text{O}^+ = 60{,}0 \cdot 10^{-3}\,\text{L} \cdot 0{,}100\,\text{mol} \cdot \text{L}^{-1} - 50{,}0 \cdot 10^{-3}\,\text{L} \cdot 0{,}100\,\text{mol} \cdot \text{L}^{-1} = 1{,}00 \cdot 10^{-3}\,\text{mol}$$

$$[\text{H}_3\text{O}^+] = \frac{\text{mol H}_3\text{O}^+}{V_{\text{HCl}} + V_{\text{KOH}}}$$

$$[\text{H}_3\text{O}^+] = \frac{1{,}00 \cdot 10^{-3}\,\text{mol}}{(60{,}0 + 50{,}0) \cdot 10^{-3}\,\text{L}} = 9{,}09 \cdot 10^{-3}\,\text{mol} \cdot \text{L}^{-1}$$

El pH serà:

$$\text{pH} = -\log[\text{H}_3\text{O}^+]$$
$$\text{pH} = -\log(9{,}09 \cdot 10^{-3})$$
$$\text{pH} = 2{,}04$$

Problema 8.10

Diluïm 30 mL d'un HCl concentrat del 35 % en massa i una densitat d'1,18 g $\cdot$ mL^{-1} fins a un volum total de 1 L.

a) Calculeu el pH de la dissolució.
   Agafem 20,0 mL de la dissolució anterior i els valorem amb una dissolució de NH$_3$ 0,50 mol $\cdot$ L^{-1}. Sabem que K_b (NH$_3$) = 1,76 $\cdot$ 10^{-5}.
b) Calculeu el pH de la dissolució en afegir-hi 5,0 mL de l'hidròxid.
c) Calculeu el pH en el punt d'equivalència de la valoració.
d) Calculeu el pH de la dissolució després d'afegir-hi 50 mL de la dissolució de l'hidròxid.

[Solució]

a) El HCl és un àcid fort i, per tant, [H$_3$O$^+$] serà la mateixa concentració, en mol $\cdot$ L^{-1}, de la dissolució de HCl preparada. Les dades que tenim sobre el HCl de partida són:

$$[HCl] = 35\,\% \text{ massa} = \frac{35 \text{ g HCl}}{100 \text{ g dissolució}}$$

$$d = 1,18 \text{ g} \cdot \text{mL}^{-1} = \frac{1,18 \text{ g dissolució}}{1 \text{ mL dissolució}}$$

$$V_{\text{dissolució}} = 30 \text{ mL}$$

A partir d'aquestes dades, calculem els mols de HCl de la dissolució preparada:

$$30 \text{ mL dissolució} \cdot \frac{1,18 \text{ g dissolució}}{1 \text{ mL dissolució}} \cdot \frac{35 \text{ g HCl}}{100 \text{ g dissolució}} \cdot \frac{1 \text{ mol HCl}}{36,5 \text{ g HCl}} = 0,34 \text{ mol HCl}$$

La concentració del HCl preparat serà:

$$[HCl] = \frac{\text{mol HCl}}{V \text{ dissolució}}$$

$$[HCl] = \frac{0,34 \text{ mol HCl}}{1 \text{ L dissolució}} = 0,34 \text{ mol} \cdot \text{L}^{-1}$$

Ara ja podem calcular el pH:

$$[H_3O^+] = [HCl] = 0,34 \text{ mol} \cdot \text{L}^{-1}$$

$$pH = -\log [H_3O^+]$$

$$pH = -\log(0,34)$$

$$pH = 0,47$$

b) La reacció que es produeix en aquesta valoració és:

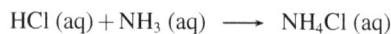

$$HCl \text{ (aq)} + NH_3 \text{ (aq)} \longrightarrow NH_4Cl \text{ (aq)}$$

Calculem els mols de HCl i NH$_3$ que tenim inicialment:

$$\text{mol HCl} = 20,0 \cdot 10^{-3} \text{ L} \cdot 0,340 \text{ mol} \cdot \text{L}^{-1} = 6,80 \cdot 10^{-3} \text{ mol HCl}$$

$$\text{mol NH}_3 = 5,0 \cdot 10^{-3} \text{ L} \cdot 0,500 \text{ mol} \cdot \text{L}^{-1} = 2,5 \cdot 10^{-3} \text{ mol HCl}$$

En afegir 5,0 mL de NH_3 no s'hauran neutralitzat tots els H_3O^+ de l'àcid i hi haurà un excés de H_3O^+, que són els que donaran el pH corresponent:

$$mol\ H_3O^+ = mol\ HCl - mol\ NH_3$$

$$mol\ H_3O^+ = 6,80 \cdot 10^{-3}\ mol - 2,5 \cdot 10^{-3}\ mol = 4,3 \cdot 10^{-3}\ mol$$

$$[H_3O^+] = \frac{mol\ H_3O^+}{V_{HCl} + V_{NH_3}}$$

$$[H_3O^+] = \frac{4,3 \cdot 10^{-3}\ mol}{(20,0 + 5,0) \cdot 10^{-3}\ L} = 0,17\ mol \cdot L^{-1}$$

$$pH = -\log[H_3O^+]$$

$$pH = -\log(0,17)$$

$$pH = 0,77$$

c) En el punt d'equivalència de la valoració, tenim la reacció següent amb les quantitats indicades:

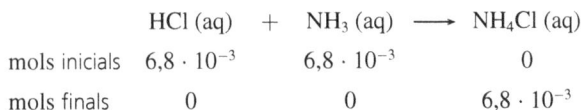

	$HCl\ (aq)$	+	$NH_3\ (aq)$	$\longrightarrow$	$NH_4Cl\ (aq)$
mols inicials	$6,8 \cdot 10^{-3}$		$6,8 \cdot 10^{-3}$		0
mols finals	0		0		$6,8 \cdot 10^{-3}$

La concentració de NH_4Cl és:

$$[NH_4Cl] = \frac{6,80 \cdot 10^{-3}\ mol}{(20,0 + 13,6) \cdot 10^{-3}\ L} = 0,202\ mol \cdot L^{-1}$$

El NH_4Cl és una sal que es troba completament dissociada:

$$NH_4Cl\ (s) + H_2O\ (l) \longrightarrow NH_4^+\ (aq) + Cl^-\ (aq)$$

Dels dos ions, el NH_4^+ experimenta la reacció d'hidròlisi següent:

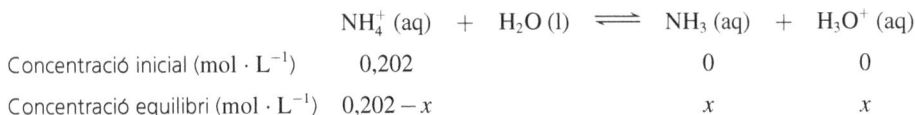

	$NH_4^+\ (aq)$	+	$H_2O\ (l)$	$\rightleftharpoons$	$NH_3\ (aq)$	+	$H_3O^+\ (aq)$
Concentració inicial $(mol \cdot L^{-1})$	0,202				0		0
Concentració equilibri $(mol \cdot L^{-1})$	$0,202 - x$				x		x

La constant d'hidròlisi és:

$$K_h = \frac{K_w}{K_b} = \frac{[NH_3] \cdot [H_3O^+]}{[NH_4^+]}$$

En què K_b és la constant de basicitat de l'amoníac.

Se substitueixen els valors corresponents i es negligeix x davant 0,202, ja que $\dfrac{[NH_4^+]}{K_h} = \dfrac{0,202}{5,68 \cdot 10^{-10}} \gg 100$:

$$K_h = \frac{1,00 \cdot 10^{-14}}{1,76 \cdot 10^{-5}} = 5,68 \cdot 10^{-10}$$

$$5,68 \cdot 10^{-10} = \frac{x^2}{0,202 - x} = \frac{x^2}{0,202}$$

$$x = 1{,}07 \cdot 10^{-5} \text{ mol} \cdot L^{-1}$$

$$[H_3O^+] = x = 1{,}07 \cdot 10^{-5} \text{ mol} \cdot L^{-1}$$

Apliquem l'expressió 8.4:

$$pH = -\log[H_3O^+]$$

$$pH = -\log(1{,}07 \cdot 10^{-5})$$

$$pH = 4{,}97$$

d) Quan s'afegeixen 50 mL de NH_3, el nombre de mols corresponents és:

$$50 \cdot 10^{-3} \text{ L} \cdot \frac{0{,}50 \text{ mol } NH_3}{1 \text{ L}} = 2{,}5 \cdot 10^{-2} \text{ mol } NH_3$$

Es planteja la reacció de neutralització amb les quantitats corresponents:

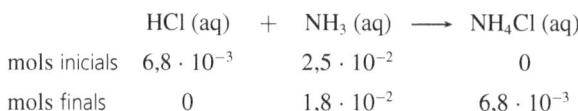

	HCl (aq)	+	NH_3 (aq)	$\longrightarrow$	NH_4Cl (aq)
mols inicials	$6{,}8 \cdot 10^{-3}$		$2{,}5 \cdot 10^{-2}$		0
mols finals	0		$1{,}8 \cdot 10^{-2}$		$6{,}8 \cdot 10^{-3}$

Ens trobem davant d'una dissolució amortidora bàsica del sistema NH_3/NH_4^+.

Calculem les concentracions corresponents a aquestes espècies químiques:

$$[H_3O^+] = \frac{1{,}8 \cdot 10^{-2} \text{ mol}}{(20{,}0 + 50{,}0) \cdot 10^{-3} \text{ L}} = 2{,}6 \cdot 10^{-1} \text{ mol} \cdot L^{-1}$$

$$[NH_4^+] = \frac{6{,}8 \cdot 10^{-3} \text{ mol}}{(20{,}0 + 50{,}0) \cdot 10^{-3} \text{ L}} = 9{,}7 \cdot 10^{-2} \text{ mol} \cdot L^{-1}$$

Apliquem l'equació 8.9 per a calcular el pH:

$$pH = 14 - pK_b + \log \frac{[NH_3]}{[NH_4^+]}$$

$$pH = 14 - [-\log(1{,}76 \cdot 10^{-5})] + \log \frac{2{,}6 \cdot 10^{-1}}{9{,}7 \cdot 10^{-2}}$$

$$pH = 9{,}7$$

Problemes proposats

☐ **Problema 8.11**

La constant de dissociació de l'àcid cianhídric, **HCN**, és $K_a = 6{,}17 \cdot 10^{-10}$. Si tenim una dissolució d'aquest àcid de concentració 0,250 mol $\cdot L^{-1}$, calculeu:

a) El grau de dissociació de l'àcid.

b) $[H_3O^+]$ i $[OH^-]$

[Solució] a) $4{,}97 \cdot 10^{-5}$

b) $[H_3O^+] = 1{,}24 \cdot 10^{-5}$ mol $\cdot L^{-1}$; $[OH^-] = 8{,}05 \cdot 10^{-10}$ mol $\cdot L^{-1}$

Problema 8.12

La constant de dissociació de l'etilamina, $C_2H_5NH_2$, és $K_b = 4,27 \cdot 10^{-4}$. Si tenim una dissolució d'aquesta base de concentració $0,010$ mol $\cdot$ L^{-1}, calculeu:

a) El grau de dissociació de la base.
b) $\left[H_3O^+\right]$ i $[OH^-]$.

[Solució]   a) $0,186$;   b) $[H_3O^+] = 1,86 \cdot 10^{-3}$ mol $\cdot$ L^{-1}
$[OH^-] = 5,38 \cdot 10^{-12}$ mol $\cdot$ L^{-1}

Problema 8.13

En una dissolució $1,00$ mol $\cdot$ L^{-1} d'àcid fluorhídric, aquest àcid es troba dissociat en un $2,48\,\%$. Quina serà la constant de dissociació de l'àcid fluorhídric?

[Solució] $6,31 \cdot 10^{-4}$

Problema 8.14

Calculeu $\left[H_3O^+\right]$ i $[OH^-]$ i el pH de les dissolucions d'amines següents, cadascuna a la concentració $0,200$ mol $\cdot$ L^{-1}.

a) Dietilamina, $(C_2H_5)_2NH$, $(K_b = 6,31 \cdot 10^{-4})$.
b) Trietilamina, $(C_2H_5)_3N$, $(K_b = 5,25 \cdot 10^{-4})$.
c) Anilina, $C_6H_5NH_2$, $(K_b = 3,98 \cdot 10^{-10})$.
d) Piridina, C_5H_5N, $(K_b = 1,48 \cdot 10^{-9})$.

[Solució]   a) $[H_3O^+] = 9,17 \cdot 10^{-13}$ mol $\cdot$ L^{-1} ; $[OH^-] = 1,09 \cdot 10^{-2}$ mol $\cdot$ L^{-1} ; pH $= 12,0$
b) $[H_3O^+] = 1,00 \cdot 10^{-12}$ mol $\cdot$ L^{-1} ; $[OH^-] = 1,00 \cdot 10^{-2}$ mol $\cdot$ L^{-1} ; pH $= 12,0$
c) $[H_3O^+] = 1,12 \cdot 10^{-9}$ mol $\cdot$ L^{-1} ; $[OH^-] = 8,92 \cdot 10^{-6}$ mol $\cdot$ L^{-1} ; pH $= 8,95$
d) $[H_3O^+] = 5,81 \cdot 10^{-10}$ mol $\cdot$ L^{-1} ; $[OH^-] = 1,72 \cdot 10^{-5}$ mol $\cdot$ L^{-1} ; pH $= 9,24$

Problema 8.15

Mitjançant mesures de conductivitat, s'ha determinat que una dissolució d'amoníac $0,0100$ mol $\cdot$ L^{-1} es troba ionitzada en un $4,15\,\%$ a $25\,°C$. Calculeu:

a) El valor de la constant d'ionització de l'amoníac.
b) El pH de la dissolució.

[Solució]   a) $1,80 \cdot 10^{-5}$;   b) $10,6$

Problema 8.16

Una dissolució $0,100$ mol $\cdot$ L^{-1} d'àcid fòrmic, HCOOH, te un pH $= 2,38$. Calculeu

a) La constant d'ionització de l'àcid fòmic.
b) La concentració d'àcid per a la qual el grau de dissociació haurà augmentat en un $15\,\%$.

[Solució]   a) $1,82 \cdot 10^{-4}$;   b) $7,52 \cdot 10^{-2}$ mol $\cdot$ L^{-1}

Problema 8.17

Una dissolució d'amoníac i clorur d'amoni té un $pH = 8,3$. Si la concentració d'amoníac és $0,01 \ mol \cdot L^{-1}$, quina serà la concertació de clorur d'amoni? $(K_b(NH_3) = 1,76 \cdot 10^{-5})$.

[Solució] $0,09 \ mol \cdot L^{-1}$

Problema 8.18

En condicions normals, el pH de la sang és 7,4. Suposant que la sang es regula amb la mescla tampó formada per l'àcid carbònic i l'ió hidrogencarbonat en equilibri, quina és la proporció d'ió hidrogencarbonat respecte de l'àcid carbònic en la sang? Suposeu que tot el CO_2 es troba com a H_2CO_3. Les constants d'acidesa de l'àcid carbònic són: $K_{a1} = 4,50 \cdot 10^{-7}$, $K_{a2} = 6,00 \cdot 10^{-11}$.

[Solució] $11,3/1$

Problema 8.19

La constant de la primera hidròlisi dels ions Zn^{2+} és $2,2 \cdot 10^{-10}$. Calculeu el pH d'una dissolució $1,0 \cdot 10^{-3} \ mol \cdot L^{-1}$.

[Solució] $6,3$

Problema 8.20

Calculeu les concentracions de totes les espècies presents, i també el pH, de les dissolucions següents:

a) $50,0 \ mL \ HCl \ 0,050 \ mol \cdot L^{-1} + 150,0 \ mL \ HNO_3 \ 0,10 \ mol \cdot L^{-1}$.

b) $1 \ L$ de dissolució que conté $HCl \ 0,10 \ mol \cdot L^{-1}$ i $HOCl \ 0,10 \ mol \cdot L^{-1}$. $K_a(HOCl) = 2,90 \cdot 10^{-8}$.

c) $1 \ L$ de dissolució que conté $HNO_3 \ 0,050 \ mol \cdot L^{-1} + CH_3COOH \ 0,5 \ mol \cdot L^{-1}$. $K_a(HC_2H_3O_3) = 1,76 \cdot 10^{-5}$.

[Solució]   a) $[H_3O^+] = 8,6 \cdot 10^{-2} \ mol \cdot L^{-1}$; $[OH^-] = 1,1 \cdot 10^{-13} \ mol \cdot L^{-1}$

$[Cl^-] = 1,3 \cdot 10^{-2} \ mol \cdot L^{-1}$; $[NO_3^-] = 7,5 \cdot 10^{-2} \ mol \cdot L^{-1}$; $pH = 1,1$

b) $[H_3O^+] = 80,1 \ mol \cdot L^{-1}$; $[OH^-] = 1,0 \cdot 10^{-13} \ mol \cdot L^{-1}$;

$[Cl^-] = 0,1 \ mol \cdot L^{-1}$; $[HClO] = 0,1 \ mol \cdot L^{-1}$;

$[ClO^-] = 2,9 \cdot 10^{-8} \ mol \cdot L^{-1}$; $pH = 1,0$

c) $[H_3O^+] = 0,05 \ mol \cdot L^{-1}$; $[OH^-] = 2,0 \cdot 10^{-13} \ mol \cdot L^{-1}$;

$[NO_3^-] = 0,05 \ mol \cdot L^{-1}$; $[CH_3COOH] = 0,5 \ mol \cdot L^{-1}$;

$[CH_3COO^-] = 1,8 \cdot 10^{-4} \ mol \cdot L^{-1}$; $pH = 1,3$

Problema 8.21

$25,0 \ mL$ d'una dissolució $0,100 \ mol \cdot L^{-1}$ d'àcid acètic, CH_3COOH, es tracten amb $10,0 \ mL$ d'una altra dissolucio $0,200 \ mol \cdot L^{-1}$ de $NaOH$. Quin serà el pH de la dissolució resultant si la constant d'acidesa de l'àcid acètic és $K_a = 1,76 \cdot 10^{-5}$.

[Solució] $5,36$

Problema 8.22

Calculeu el pH de la dissolució que resulta de barrejar $90,0$ mL d'amoníac $0,100$ mol $\cdot$ L^{-1} amb $40,0$ mL d'àcid clorhídric $0,100$ mol $\cdot$ L^{-1} ($K_b(NH_3) = 1,76 \cdot 10^{-5}$).

[Solució] $9,36$

Problema 8.23

Es prepara un litre d'una dissolució d'un àcid monopròtic feble de concentració $0,20$ mol $\cdot$ L^{-1} a $25\,°C$. En aquestes condicions, el grau de dissociació d'aquest àcid és $0,20$.

a) Calculeu la constant de dissociació de l'àcid.

b) Determineu el nou grau de dissociació després d'afegir a la dissolució anterior $1,5$ g de dissolució d'àcid nítric del $66,66\,\%$ en pes. Suposeu que no hi ha variació de volum.

c) Justifiqueu per què s'ha produït el canvi del grau de dissociació.

[Solució] a) $K_a = 0,010$; b) $0,16$

Problema 8.24

Una dissolució d'un àcid monopròtic té una temperatura de congelació de $-0,060\,°C$. Calculeu el valor de la seva constant d'ionització i el pH de la dissolució. La constant crioscòpica de l'aigua és $1,86\,°C \cdot kg \cdot mol^{-1}$.

[Solució] $3,0 \cdot 10^{-3}$; $pH = 2,1$

Problema 8.25

Es dissol $0,100$ mols d'àcid fosfòric pur amb $0,200$ mols de fosfat monosòdic amb la quantitat d'aigua suficient per a tenir 1 L de dissolució. Sabent que les constants d'ionització de l'àcid fosfòric són: $K_{a1} = 7,11 \cdot 10^{-3}$, $K_{a2} = 6,34 \cdot 10^{-8}$ i $K_{a3} = 1,26 \cdot 10^{-12}$, calculeu:

a) El pH de la dissolució.

b) Les concentracions de totes les espècies presents en la dissolució.

[Solució] a) $2,45$; b) $[H_3PO_4] = 9,64 \cdot 10^{-2}$ mol $\cdot$ L^{-1} ; $[H_2PO_4^-] = 2,04 \cdot 10^{-1}$ mol $\cdot$ L^{-1} ;

$\left[HPO_4^{2-}\right] = 3,63 \cdot 10^{-6}$ mol $\cdot$ L^{-1} ; $\left[PO_4^{3-}\right] = 1,29 \cdot 10^{-6-15}$ mol $\cdot$ L^{-1} ;

$[H_3O^+] = 3,56 \cdot 10^{-3}$ mol $\cdot$ L^{-1} i $[OH^-] = 2,82 \cdot 10^{-12}$ mol $\cdot$ L^{-1}

Problema 8.26

Una dissolució d'àcid acètic $5,00 \cdot 10^{-2}$ mol $\cdot$ L^{-1} es troba dissociada en un $1,88\,\%$. Calculeu:

a) El pH de la dissolució.

b) Quants grams d'acetat de sodi s'han d'afegir a 1 L de la dissolució $5,00 \cdot 10^{-2}$ mol $\cdot$ L^{-1} d'àcid acètic perquè el pH sigui $4,74$.

c) Quin serà el pH si a 1 L de la dissolució acètic/acetat hi afegim $5,0 \cdot 10^{-3}$ mol de HCl.

[Solució] a) $3,03$; b) $4,10$ g ; c) $pH = 4,65$

Problema 8.27

Calculeu el pH de les dissolucions següents:

a) Dissolució formada per 2,00 mL d'amoníac 0,100 mol $\cdot$ L^{-1} i aigua fins a completar un volum total de 50,0 mL.

b) Dissolució formada per l'addició, als 50,0 mL de la dissolució anterior, de 0,200 g de clorur d'amoni sòlid.

Dades: $K_b(\text{amoníac}) = 1,76 \cdot 10^{-5}$

[Solució]   a) pH $= 10,4$; b) pH $= 7,97$

Problema 8.28

Sabent que les constants d'ionització de l'àcid oxàlic, $H_2C_2O_4$, són $K_{a1} = 5,36 \cdot 10^{-2}$ i $K_{a2} = 5,35 \cdot 10^{-5}$, quina serà la $[OH^-]$ i el pH d'una dissolució d'oxalat de sodi $5,00 \cdot 10^{-3}$ mol $\cdot$ L^{-1}?

[Solució] $[OH^-] = 9,67 \cdot 10^{-7}$ mol $\cdot$ L^{-1} ; pH $= 7,99$

Problema 8.29

Calculeu el pH d'una dissolució de Na_2S $0,010$ mol $\cdot$ L^{-1} sabent que les constants d'ionització de l'àcid sulfhídric són $K_{a1} = 1,07 \cdot 10^{-7}$ i $K_{a2} = 1,27 \cdot 10^{-13}$.

[Solució]   11

Problema 8.30

Una dissolució d'un àcid monopròtic té un pH $= 5,2$ i es congela a $-0,010\,°C$. La densitat de la dissolució es pot considerar 1 g/mL. Calculeu:

a) El grau de dissociació d'aquest àcid.

b) La seva constant d'ionització.

c) El pH en el punt d'equivalència de la valoració de 20 mL d'aquest àcid amb hidròxid de sodi 0,01 mol $\cdot$ L^{-1}.

Dades: Constant crioscòpica molal de l'aigua, $K_c = 1,86\,°C \cdot$ kg $\cdot$ mol^{-1}

[Solució]   a) $\alpha = 1,2 \cdot 10^{-3}$;
b) $K_a = 7,4 \cdot 10^{-9}$; c) pH $= 9,8$

Problema 8.31

Una dissolució d'àcid fòrmic, HCOOH, de 30,0 g/L de concentració, es troba dissociada en un 1,64 %. Calculeu:

a) El pH de la dissolució.

b) El pH en el punt d'equivalència si es valoren 25,0 mL d'àcid fòrmic (30,0 g/L) amb una dissolució d'hidròxid de potassi 1,00 mol $\cdot$ L^{-1}.

c) Els grams de formiat de sodi que s'han d'afegir a 1,00 L de la dissolució d'àcid fòrmic, de 30,0 g/L de concentració, perquè el pH sigui de 3,00.

[**Solució**]   a) 1,97 ;   b) pH = 8,67 ;   c) 7,89 g

Problema 8.32

La constant d'ionització de l'àcid tricloroacètic, Cl_3CCOOH, a 25 °C, és de $3,02 \cdot 10^{-1}$. Si una dissolució de concentració molar c d'aquest àcid té un pH de 0,63, calculeu:

a) El grau de dissociació de l'àcid.
b) El pH en el punt d'equivalència de la valoració de 25 mL de l'àcid tricloroacètic amb hidròxid de sodi $0,60 \ mol \cdot L^{-1}$.
c) El volum d'hidròxid de sodi $0,60 \ mol \cdot L^{-1}$ que s'haurà d'afegir als 25 mL de la dissolució d'àcid inicial perquè el pH sigui 12.

[**Solució**]   a) 0,57 ;   b) pH = 7,0 ;   c) 18,1 mL

Problema 8.33

Es disposa de tres recipients A, B i C, en el quals es tenen les dissolucions següents:

Dissolució A: 40,0 mL de dissolució d'àcid ciànic, HOCN.
Dissolució B: 80,0 mL de dissolució $0,750 \ mol \cdot L^{-1}$ de NH_3 i 1,00 g de NH_4NO_3 d'aigua.
Dissolució C: 20,0 mL de dissolució de NaOH $0,100 \ mol \cdot L^{-1}$.

Calculeu:

a) La concentració de la dissolució de A necessària perquè el seu pH sigui 2,65.
b) El pH de la dissolució B.
c) La variació del pH en la dissolució B si s'hi afegeix la dissolució C.
d) El pH després de mesclar la dissolució A amb la C.

Dades: $K_a(HOCN) = 3,47 \cdot 10^{-4}$; $K_b(NH_3) = 1,76 \cdot 10^{-5}$

[**Solució**]   a) $0,0167 \ mol \cdot L^{-1}$;
b) pH = 9,93 ;   c) ΔpH = 0,07 ;   d) pH = 12,3

Problema 8.34

Calculeu el pH de les dissolucions següents:

a) HCOOH $0,100 \ mol \cdot L^{-1}$ $(K_a = 1,77 \cdot 10^{-4})$.
b) 30,0 mL HCOOH $0,100 \ mol \cdot L^{-1}$ + 20,0 mL HCOOK $0,200 \ mol \cdot L^{-1}$.
c) 30,0 mL HCOOH $0,1 \ mol \cdot L^{-1}$ + 20,0 mL HCOOK $0,2 \ mol \cdot L^{-1}$ + 10,0 mL HCl $0,0500 \ mol \cdot L^{-1}$.
d) 10,0 mL HCOOH $0,2 \ mol \cdot L^{-1}$ + 20,0 mL KOH $0,1 \ mol \cdot L^{-1}$.

[**Solució**]   a) pH = 2,38 ;   b) pH = 3,88 ;   c) pH = 3,75 ;   d) pH = 8,28

Problema 8.35

Calculeu el pH de les dissolucions següents:

a) NH_3 0,200 mol $\cdot$ L^{-1} ($K_b = 1,76 \cdot 10^{-5}$).
b) 20,0 mL NH_3 0,200 mol $\cdot$ L^{-1} + 40,0 mL HCl 0,100 mol $\cdot$ L^{-1}.
c) 20,0 mL NH_3 0,200 mol $\cdot$ L^{-1} + 30,0 mL NH_4NO_3 0,100 mol $\cdot$ L^{-1}.
d) 20,0 mL NH_3 0,200 mol $\cdot$ L^{-1} + 30,0 mL NH_4NO_3 0,100 mol $\cdot$ L^{-1} + 10,0 mL HCl 0,100 mol $\cdot$ L^{-1}.

[Solució] a) pH = 11,3 ; b) pH = 5,21 ; c) pH = 9,37 ; d) pH = 9,12

Problema 8.36

S'han preparat 400 mL d'una dissolució d'àcid acètic de pH 3,00. La constant d'acidesa de l'àcid acètic és $1,76 \cdot 10^{-5}$. Calculeu:

a) La molaritat d'aquesta dissolució.
b) El grau de dissociació de l'àcid acètic en aquesta dissolució.
c) Els mil·lilitres d'hidròxid de potassi 1,00 mol $\cdot$ L^{-1} que equivalen a la dissolució de l'enunciat.
d) La dissolució resultant després de l'addició, serà àcida, bàsica o neutra? Calculeu la concentració de protons i el seu pH.

[Solució] a) 0,0578 mol $\cdot$ L^{-1} ; b) α = 0,0173

c) 23,1 mL ; d) $[H_3O^+] = 1,80 \cdot 10^{-9}$ mol $\cdot$ L^{-1} ; pH = 8,74

Problema 8.37

Tenim 50,0 mL d'una solució 0,0500 mol $\cdot$ L^{-1} de cianur de sodi. Calculeu:

a) El pH inicial.
b) El pH després d'haver-hi afegit 10,0 mL; 25,0 mL i 26,0 mL d'àcid clorhídric 0,100 mol $\cdot$ L^{-1}.

Dades: $K_a(HCN) = 6,17 \cdot 10^{-10}$

[Solució] a) pH = 11,0 ; b) pH(10 mL HCl) = 9,39

pH(25 mL HCl) = 5,34 ; pH(26 mL HCl) = 2,88

Problema 8.38

A una dissolució $1,00 \cdot 10^{-2}$ mol $\cdot$ L^{-1} de HF s'hi afegeix l'indicador verd de bromocresol i la dissolució es torna de color verd. L'indicador presenta color verd en medi àcid i blau en medi bàsic, i la relació entre la forma verda i la blava és de 104/1.

a) Calculeu el pH de la dissolució.
b) Si a 100 mL de la dissolució d'àcid ($1,00 \cdot 10^{-2}$ mol $\cdot$ L^{-1}) s'hi afegeixen 0,120 g de KF, quin serà el pH de la dissolució resultant?

Dades: $K_{indicador} = 2,40 \cdot 10^{-5}$

[Solució] a) pH = 2,65 ; b) pH = 3,51

Problema 8.39

Suposem que tenim un indicador àcidbase que presenta el color A en medi àcid i el B en medi bàsic; s'introdueixen unes gotes d'aquest indicador en una dissolució $0,100 \, \text{mol} \cdot \text{L}^{-1}$ d'àcid cianhídric i la dissolució es torna de color B. Calculeu:

a) El pH de la dissolució d'àcid cianhídric si l'indicador en la seva forma B es troba a una concentració 17,8 vegades superior a la de la forma A.

b) El pH en el punt d'equivalència de la valoració de $20,0 \, \text{mL}$ de l'àcid cianhídric $0,100 \, \text{mol} \cdot \text{L}^{-1}$ amb hidròxid de sodi $0,500 \, \text{mol} \cdot \text{L}^{-1}$.

Dades: $K_{\text{indicador}} = 1,40 \cdot 10^{-4}$.

[Solució] *a)* pH = 5,11 ; *b)* pH = 11,1

Problema 8.40

En la valoració de $15 \, \text{mL}$ d'àcid metanoic, HCOOH, $0,20 \, \text{mol} \cdot \text{L}^{-1}$ s'utilitza una dissolució $0,10 \, \text{mol} \cdot \text{L}^{-1}$ d'hidròxid de sodi.

a) Calculeu el pH en el punt d'equivalència.

Es disposa de l'indicador àcid-base blau de bromotimol, del qual se sap que quan a la dissolució hi ha un $90,9 \, \%$ o més de la forma molecular no ionitzada (HIn), la dissolució és clarament de color groc; en canvi, n'hi ha prou amb un $80,0 \, \%$ de la forma ionitzada (In^-) perquè la dissolució sigui clarament de color blau.

b) Determineu l'interval de pH del viratge d'aquest indicador.

c) Es podria utilitzar el blau de bromotimol com a indicador àcid-base en la valoració anterior de l'àcid metanoic amb hidròxid de sodi?

Dades: $K_a(\text{HCOOH}) = 1,77 \cdot 10^{-4}$; $K_{\text{indicador}} = 1,0 \cdot 10^{-7}$.

[Solució] *a)* 8,3 ; *b)* de 6,0 a 7,6 ; *c)* No

Problema 8.41

En el punt final d'una valoració d'àcid cianhídric $0,200 \, \text{mol} \cdot \text{L}^{-1}$ amb una dissolució de NaOH, el pH és d'11,2 i s'han gastat $20,0 \, \text{mL}$ de la dissolució de base. Calculeu:

a) La molaritat de la dissolució formada en el punt d'equivalència.

b) El volum d'àcid cianhídric $0,200 \, \text{mol} \cdot \text{L}^{-1}$ valorat.

c) La molaritat de la dissolució de NaOH.

d) Si a la dissolució de pH $= 11,2$ hi afegim $8,00 \, \text{mL}$ més de la dissolució de NaOH, quin serà el pH de la dissolució resultant?

Dades: $K_a(\text{HCN}) = 6,17 \cdot 10^{-10}$

[Solució] *a)* $0,157 \, \text{mol} \cdot \text{L}^{-1}$ de NaCN ; *b)* 73 mL

c) $0,73 \, \text{mol} \cdot \text{L}^{-1}$; *d)* pH $= 12,7$

Problema 8.42

S'han preparat 50,0 mL d'una dissolució d'àcid fòrmic, HCOOH, $0,100$ mol $\cdot$ L^{-1} i pH $= 2,38$ a 25 °C.

a) Calculeu la seva constant d'ionització i el percentatge de l'àcid que es troba dissociat a aquesta temperatura.

b) Si a la dissolució inicial d'àcid fòrmic hi afegim una dissolució d'hidròxid de potassi en quantitat estequiomètrica, la dissolució resultant de formiat de potassi té un pH $= 8,30$. Quina serà la concentració de la dissolució d'hidròxid afegit.

[Solució] a) $1,82 \cdot 10^{-4}$; $4,17\,\%$; b) $0,26$ mol $\cdot$ L^{-1}

Problema 8.43

Disposem d'un àcid clorhídric concentrat de densitat $1,15$ g $\cdot$ mL^{-1} i del $30,0\,\%$ en massa.

a) Calculeu el volum d'aquest àcid que cal per preparar 100 mL d'una dissolució d'àcid clorhídric $0,250$ mol $\cdot$ L^{-1}.

b) En valorar 30,0 mL d'una dissolució de KOH es necessiten 15,0 mL de la dissolució de HCl $0,250$ mol $\cdot$ L^{-1}. Calculeu el pH de la dissolució de KOH.

c) A 40,0 mL de la dissolució de KOH s'hi afegeixen 40,0 mL d'àcid acètic, CH$_3$COOH, $0,200$ mol $\cdot$ L^{-1}. Calculeu el pH de la dissolució resultant. La constant d'ionització de l'àcid acètic és $K_a = 1,76 \cdot 10^{-5}$.

[Solució] a) $2,65$ mL ; b) $13,1$; c) $4,98$

Problema 8.44

Preparem una dissolució d'àcid acètic a partir de 12,0 mL d'un àcid acètic comercial que té una densitat d'1,05 g/mL i una puresa del $97,62\,\%$, posant-los dins un matràs aforat i afegint-hi després aigua fins a completar un volum de 100 mL (dissolució A). Prenem 10,0 mL de la dissolució A i els diluïm afegint-hi aigua fins a arribar a un volum total de 100 mL. Tot seguit, subdividim la dissolució obtinguda en dues fraccions del mateix volum (50,0 mL cadascuna). A una fracció hi afegim 0,800 g d'acetat de sodi (sòlid) i es forma la dissolució B; a l'altra fracció, hi addicionem 50,0 mL d'hidròxid de sodi $0,205$ mol $\cdot$ L^{-1} i es forma la dissolució C. Calculeu:

a) El pH de la dissolució A.

b) El pH de la dissolució B.

c) El pH de la dissolució C.

Dades: $K_a(\text{CH}_3\text{COOH}) = 1,76 \cdot 10^{-5}$

[Solució] a) pH $= 2,22$; b) pH $= 4,73$; c) pH $= 8,88$

Problema 8.45

Es disposa d'una ampolla de dissolució d'amoníac comercial ($M = 35,05$ g $\cdot$ mol^{-1}) del $25,0\,\%$ en pes i densitat $0,910$ kg $\cdot$ L^{-1}.

a) Quin volum d'aquesta dissolució comercial caldrà per a preparar-ne 250 mL d'una de més diluïda (dissolució D) que té un pH d'11,28?

b) Si es valoren 20,0 mL de la dissolució D amb àcid clorhídric $0,100 \text{ mol} \cdot L^{-1}$:

b1) Quin serà el pH en el punt d'equivalència?

b2) De la taula següent, en què hi ha uns quants indicadors, indiqueu quin escolliríeu per a detectar el punt d'equivalència. Justifiqueu la vostra elecció.

Indicador	Rang de pH
Blau de timol	$1,2 - 2,8$
Blau de timol	$8,0 - 9,6$
Groc de metil	$2,9 - 4,0$
Vermell de metil	$4,4 - 6,2$
Vermell de fenol	$6,4 - 8,0$

c) Es vol preparar una dissolució amortidora a partir de la dissolució D que tingui un pH de 9,38. Quants grams de clorur d'amoni $(M = 53,5 \text{ g} \cdot \text{mol}^{-1})$ s'hauran d'afegir als 250 mL de dissolució per a aconseguir-ho?

Dades: $K_b(\text{NH}_3) = 1,76 \cdot 10^{-5}$

[Solució]   *a)* 8 mL ; *b1)* 5,21 ; *b2)* vermell de metil ; *c)* 1,80 g

Problema 8.46

Tenim 100 mL d'una dissolució de cianat de sodi, NaOCN, 0,100 M. Calculeu:

a) El pH de la dissolució.

b) El pH després d'afegir-hi:

b1) 10,0 mL d'àcid clorhídric 0,500 M.

b2) 20,0 mL d'àcid clorhídric 0,500 M.

b3) 30,0 mL d'àcid clorhídric 0,500 M.

Dels tres apartats anteriors, indiqueu quin correspon al punt d'equivalència de la valoració del cianat de sodi amb l'àcid clorhídric i trieu, dels indicadors de la taula, quin escolliríeu per a detectar el punt d'equivalència. Justifiqueu la vostra elecció.

Indicador	Rang de pH
Blau de timol	$1,2 - 2,8$
Blau de timol	$8,0 - 9,6$
Groc de metil	$2,9 - 4,0$
Vermell de metil	$4,4 - 6,2$
Vermell de fenol	$6,4 - 8,0$

Dades: $K_a(\text{HOCN}) = 3,47 \cdot 10^{-4}$

[Solució]   *a)* 8,23 ; *b1)* 10,54 ; *b2)* 2,28 ; *b3)* 1,42 ; *c)* blau de timol

Problema 8.47

Una dissolució conté 0,65 mols d'àcid fòrmic, HCOOH, per litre, el qual té un grau de dissociació d'$1,7 \cdot 10^{-2}$. Calculeu:

a) La seva pressió osmòtica a $20\,°C$.

b) El pH de la dissolució i el valor de la constant d'ionització de l'àcid fòrmic a $20\,°C$.

c) Es valoren 20 mL d'aquest àcid amb hidròxid de sodi $1,30\ mol \cdot L^{-1}$. Quin serà el pH en el punt d'equivalència?

d) Un cop s'ha assolit el punt d'equivalència, s'hi afegeixen 5 mL més d'hidròxid de sodi. Calculeu el pH de la dissolució resultant.

[Solució]   a) $\pi = 15,88$ atm ; b) pH $= 1,96$; $K_a = 1,89 \cdot 10^{-4}$
c) pH $= 8,68$; d) pH $= 13,27$

Problema 8.48

Per saber el contingut d'àcid acetilsalicílic, $C_6H_4(OCOCH_3)COOH$, $(K_a = 2,64 \cdot 10^{-6})$, de manera simplificada RCOOH, d'una aspirina, es procedeix de la manera següent: una pastilla de 2,458 g es dissol en 10 mL d'aigua destil·lada i es valora amb KOH $0,10\ mol \cdot L^{-1}$. En el punt d'equivalència, se n'han gastat 35,47 mL.

a) Calculeu el percentatge en pes d'àcid acetilsalicílic en la pastilla.

b) Escriviu la reacció d'hidròlisi de l'acetilsalicilat de potassi format en la valoració i calculeu-ne el pH.

c) Quan una pastilla es troba en un medi molt àcid (com ara l'estómac), la quantitat d'àcid acetilsalicílic sense dissociar, augmenta o disminueix? Per què?

Dada: $M\ (C_6H_4(OCOCH_3)COOH) = 180,16\ g \cdot mol^{-1}$; $K_w = 10^{-14}$

[Solució]   a) $26\,\%$; b) pH $= 9,56$; c) augmenta

Taula 1 Constants d'acidesa[1]

Nom de l'àcid	Fórmula	pKa_1	K_{a1}	pKa_2	K_{a2}	pKa_3	K_{a3}
acètic	CH_3COOH	4,755	$1,76 \cdot 10^{-5}$				
benzoic	C_6H_5COOH	4,204	$6,25 \cdot 10^{-5}$				
bromhídric	HBr	$-8,72$	$5,25 \cdot 10^{8}$				
carbònic	H_2CO_3	6,352	$4,45 \cdot 10^{-7}$	10,329	$4,69 \cdot 10^{-11}$		
cianhídric	HCN	9,21	$6,17 \cdot 10^{-10}$				
ciànic	$HOCN$	3,46	$3,47 \cdot 10^{-4}$				
cloroacètic	$ClCH_2COOH$	2,867	$1,36 \cdot 10^{-3}$				
clorhídric	HCl	$-6,2$	$1,58 \cdot 10^{6}$				
clòric	$HClO_3$	$-2,7$	$5,01 \cdot 10^{2}$				
clorós	$HClO_2$	1,94	$1,15 \cdot 10^{-2}$				
dicloroacètic	$Cl_2CHCOOH$	1,26	$5,50 \cdot 10^{-2}$				
difluororoacètic	$F_2CHCOOH$	1,33	$4,68 \cdot 10^{-2}$				
fluoroacètic	FCH_2COOH	2,586	$2,59 \cdot 10^{-3}$				
fluorhídric	HF	3,2	$6,31 \cdot 10^{-4}$				
fòrmic	$HCOOH$	3,751	$1,77 \cdot 10^{-4}$				
fosfòric	H_3PO_4	2,148	$7,11 \cdot 10^{-3}$	7,198	$6,34 \cdot 10^{-8}$	11,9	$1,26 \cdot 10^{-12}$
hipobromós	$HBrO$	11,8	$1,58 \cdot 10^{-12}$				
hipoclorós	$HClO$	7,537	$2,90 \cdot 10^{-8}$				
iodhídric	HI	$-8,56$	$3,63 \cdot 10^{8}$				
iòdic	HIO_3	0,804	$1,57 \cdot 10^{-1}$				
nitrós	HNO_2	3,14	$7,24 \cdot 10^{-4}$				
oxàlic	$H_2C_2O_4$	1,271	$5,36 \cdot 10^{-2}$	4,272	$5,35 \cdot 10^{-5}$		
perclòric	$HClO_4$	-8	$1,00 \cdot 10^{8}$				
periòdic	HIO_4						
sulfúric	H_2SO_4			1,99	$1,02 \cdot 10^{-2}$		
sulfhídric	H_2S	6,97	$1,07 \cdot 10^{-7}$	12,9	$1,26 \cdot 10^{-13}$		
sulfurós	H_2SO_3	1,89	$1,29 \cdot 10^{-2}$	7,205	$6,24 \cdot 10^{-8}$		
tricloroacètic	Cl_3CCOOH	0,52	$3,02 \cdot 10^{-1}$				
trifluoroacètic	F_3CCOOH	0,5	$3,16 \cdot 10^{-1}$				

Taula 2 Constants de basicitat[2]

Nom de la base	Fórmula	pKa_1	K_a	K_b
amoníac	NH_3	9,246	$5,68 \cdot 10^{-10}$	$1,76 \cdot 10^{-5}$
anilina	$C_6H_5NH_2$	4,6	$2,51 \cdot 10^{-5}$	$3,98 \cdot 10^{-10}$
dietilamina	$(C_2H_5)_2NH$	10,8	$1,58 \cdot 10^{-11}$	$6,31 \cdot 10^{-4}$
dimetilamina	$(CH_3)_2NH$	10,77	$1,70 \cdot 10^{-11}$	$5,89 \cdot 10^{-4}$
etilamina	$C_2H_5NH_2$	10,63	$2,34 \cdot 10^{-11}$	$4,27 \cdot 10^{-4}$
metilamina	CH_3NH_2	10,62	$2,40 \cdot 10^{-11}$	$4,17 \cdot 10^{-4}$
piridina	C_5H_5N	5,17	$6,76 \cdot 10^{-6}$	$1,48 \cdot 10^{-9}$
trimetilamina	$(CH_3)_3N$	9,8	$1,58 \cdot 10^{-10}$	$6,31 \cdot 10^{-5}$
trietilamina	$(C_2H_5)_3N$	10,72	$1,91 \cdot 10^{-11}$	$5,25 \cdot 10^{-4}$
hidrazina	N_2H_4	7,95	$1,12 \cdot 10^{-8}$	$8,91 \cdot 10^{-7}$

Annex 8.2[2]

Indicador	Rang de pH	pK_a	Canvi de color
Vermell de cresol (rang àcid)	$0,2 - 1,8$		vermell-groc
Blau de timol (rang àcid)	$1,2 - 2,8$	1,65	vermell-groc
2,6-dinitrofenol	$2,4 - 4,0$	3,69	incolor-groc
2,4-dinitrofenol	$2,5 - 4,3$	3,9	incolor-groc
Groc de metil	$2,9 - 4,0$	3,3	vermell-groc
Taronja de metil	$3,1 - 4,4$	3,4	vermell-taronja
Blau de bromofenol	$3,0 - 4,6$	3,85	groc-blauviolat
Verd de bromocresol	$4,0 - 5,6$	4,68	groc-blau
Vermell de metil	$4,4 - 6,2$	4,95	vermell-groc
Vermell de clorofenol	$5,4 - 6,8$	6	groc-vermell
Vermell de bromofenol	$5,2 - 6,8$		groc-vermell
Blau de bromotimol	$6,2 - 7,6$	7,1	groc-blau
Vermell de fenol	$6,4 - 8,0$	7,9	groc-vermell
Vermell de cresol (rang bàsic)	$7,2 - 8,8$	8,2	groc-vermell
Blau de timol (rang bàsic)	$8,0 - 9,6$	8,9	groc-blau
Fenolftaleïna	$8,0 - 10,0$	9,4	incolor-vermell
Timolftaleïna	$9,4 - 10,6$	10	incolor-blau
Groc d'alizarina	$10,0 - 12,0$	11,16	groc-vermell

[1] Valors extrets de *Lange's handbook of chemistry*; John A. Dean; 14a edició; Ed. McGraw-Hill (1992).
[2] Valors extrets de *Lange's handbook of chemistry*; John A. Dean; 14a edició; Ed. McGraw-Hill (1992).

9 Producte de solubilitat

En aquest capítol es tracten les dissolucions de sòlids iònics que són lleugerament solubles en aigua, fins al punt que a vegades es parla de *compostos insolubles*.

9.1 Constant del producte de solubilitat, K_{ps}

En una dissolució saturada d'un compost poc soluble en aigua, per exemple el sulfat de calci, $CaSO_4$, una part dels ions que formen la sal passen a la dissolució, i s'estableix l'equilibri següent:

$$CaSO_4 \text{ (s)} \rightleftharpoons Ca^{2+} \text{ (aq)} + SO_4^{2-} \text{ (aq)}$$

Aquest és un equilibri heterogeni, en què el $CaSO_4$ és un sòlid i els ions Ca^{2+} i SO_4^{2-} es troben en dissolució.

La constant d'equilibri d'aquest procés rep el nom de **constant del producte de solubilitat**, K_{ps}.

En el cas del sulfat de calci, l'expressió de K_{ps} és:

$$K_{ps} = \left[Ca^{2+}\right]\left[SO_4^{2-}\right]$$

i que té un valor de $9,10 \cdot 10^{-6}$ a $25\,°C$. En aquest tipus de reaccions, el terme $[CaSO_4]$, que correspon a un sòlid, no apareix en l'expressió de la constant.

Altres exemples d'equilibris de compostos iònics poc solubles en aigua són:

Compost	Equilibri	Expressió K_{ps}	Valor K_{ps} a $25\,°C$
hidròxid d'alumini	$Al(OH)_3 \text{ (s)} \rightleftharpoons Al^{3+} \text{ (aq)} + 3\,OH^- \text{ (aq)}$	$[Al^{3+}] \cdot [OH^-]^3$	$1,30 \cdot 10^{-33}$
fluorur de calci	$CaF_2 \text{ (s)} \rightleftharpoons Ca^{2+} \text{ (aq)} + 2\,F^- \text{ (aq)}$	$[Ca^{2+}] \cdot [F^-]^2$	$5,30 \cdot 10^{-9}$
carbonat de calci	$CaCO_3 \text{ (s)} \rightleftharpoons Ca^{2+} \text{ (aq)} + CO_3^{2-} \text{ (aq)}$	$[Ca^{2+}] \cdot [CO_3^{2-}]$	$2,80 \cdot 10^{-9}$
hidròxid de magnesi	$Mg(OH)_2 \text{ (s)} \rightleftharpoons Mg^{2+} \text{ (aq)} + 2\,OH^- \text{ (aq)}$	$[Mg^{2+}] \cdot [OH^-]^2$	$1,80 \cdot 10^{-11}$
clorur de plata	$AgCl \text{ (s)} \rightleftharpoons Ag^+ \text{ (aq)} + Cl^- \text{ (aq)}$	$[Ag^+] \cdot [Cl^-]$	$1,80 \cdot 10^{-10}$

Taula 9.1[1]

En l'annex 9.1 es recullen els valors de K_{ps} d'alguns compostos químics en dissolució a $25\,°C$.

---

[1] Valors extrets de *Lange's handbook of chemistry*; John A. Dean; 14a edició; Ed. McGraw-Hill (1992).

9.2 Relació entre la solubilitat i K_{ps}

La solubilitat molar, s, és la concentració, en mol de solut/litre de dissolució, de solut dissolt en una dissolució saturada (vegeu el capítol 5).

Una dissolució saturada de $CaSO_4$, amb una solubilitat s, en $mol \cdot L^{-1}$, conté s $mol \cdot L^{-1}$ d'ions Ca^{2+} i s $mol \cdot L^{-1}$ d'ions SO_4^{2-}:

$$CaSO_4 \text{ (s)} \rightleftharpoons Ca^{2+} \text{ (aq)} + SO_4^{2-} \text{ (aq)}$$

Concentració equilibri $(mol \cdot L^{-1})$ s s

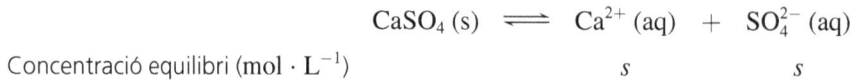

La constant del producte de solubilitat és:

$$K_{ps} = \left[Ca^{2+}\right]\left[SO_4^{2-}\right] = s^2$$

La taula 9.2 recull les expressions de K_{ps} en funció de la solubilitat molar, dels compostos de la taula 9.1.

Compost	Equilibri		Expressió K_{ps}
hidròxid d'alumini	$Al(OH)_3 \text{ (s)} \rightleftharpoons Al^{3+} \text{ (aq)} + 3\,OH^- \text{ (aq)}$		$\left[Al^{3+}\right] \cdot \left[OH^-\right]^3 =$ $= s \cdot (3 \cdot s)^3 = 27 \cdot s^4$
	concentració $(mol \cdot L^{-1})$	s $3s$	
fluorur de calci	$CaF_2 \text{ (s)} \rightleftharpoons Ca^{2+} \text{ (aq)} + 2\,F^- \text{ (aq)}$		$\left[Ca^{2+}\right] \cdot \left[F^-\right]^2 =$ $= s \cdot (2 \cdot s)^2 = 4 \cdot s^3$
	concentració $(mol \cdot L^{-1})$	s $2s$	
carbonat de calci	$CaCO_3 \text{ (s)} \rightleftharpoons Ca^{2+} \text{ (aq)} + CO_3^{2-} \text{ (aq)}$		$\left[Ca^{2+}\right] \cdot \left[CO_3^{2-}\right] = s^2$
	concentració $(mol \cdot L^{-1})$	s s	
hidròxid de magnesi	$Mg(OH)_2 \text{ (s)} \rightleftharpoons Mg^{2+} \text{ (aq)} + 2\,OH^- \text{ (aq)}$		$\left[Mg^{2+}\right] \cdot \left[OH^-\right]^2 =$ $= s \cdot (2 \cdot s)^2 = 4 \cdot s^3$
	concentració $(mol \cdot L^{-1})$	s $2s$	
clorur de plata	$AgCl \text{ (s)} \rightleftharpoons Ag^+ \text{ (aq)} + Cl^- \text{ (aq)}$		$\left[Ag^+\right] \cdot \left[Cl^-\right] = s^2$
	concentració $(mol \cdot L^{-1})$	s s	

Taula 9.2

Exemple 9.1

Determineu la solubilitat molar del sulfat de calci en aigua a $25\,°C$.

Ja hem vist que l'expressió de K_{ps} en funció de la solubilitat molar per al sulfat de calci és:

$$K_{ps} = \left[Ca^{2+}\right]\left[SO_4^{2-}\right] = s^2$$
$$9,10 \cdot 10^{-6} = s^2$$
$$s = 3,02 \cdot 10^{-3}\,mol \cdot L^{-1}$$

Exemple 9.2

La solubilitat del cromat de plata a $25\,°C$ és $2,16 \cdot 10^{-2}\,g \cdot L^{-1}$. Calculeu el producte de solubilitat del cromat de plata.

L'equilibri de solubilitat del cromat de plata, expressat en funció de la solubilitat, és:

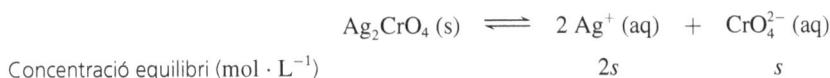

$$Ag_2CrO_4\,(s) \rightleftharpoons 2\,Ag^+\,(aq) + CrO_4^{2-}\,(aq)$$

Concentració equilibri $(mol \cdot L^{-1})$ $\qquad\qquad$ $2s$ $\qquad\qquad$ s

I K_{ps} s'expressa així:

$$K_{ps} = \left[Ag^+\right]^2\left[CrO_4^{2-}\right] = s \cdot (2 \cdot s)^2 = 4 \cdot s^3$$

Calculem el valor de la solubilitat en $mol \cdot L^{-1}$:

$$2,16 \cdot 10^{-2}\,g \cdot L^{-1} \cdot \frac{1\,mol\,Ag_2CrO_4}{331,74\,g\,Ag_2CrO_4} = 6,51 \cdot 10^{-5}\,mol \cdot L^{-1}$$

Substituïm valors en l'expressió de K_{ps}:

$$K_{ps} = 4 \cdot (6,51 \cdot 10^{-5})^3$$
$$K_{ps} = 1,10 \cdot 10^{-12}$$

9.3 Efecte de l'ió comú en els equilibris de solubilitat

Quan a una dissolució saturada d'un compost iònic poc soluble en aigua (per exemple, el $CaSO_4$), s'hi afegeix una certa quantitat d'un compost que contingui alguns dels ions presents en la dissolució (per exemple, Ca^{2+} o SO_4^{2-}), anomenat *ió comú*, es modifica l'equilibri, que es desplaça cap a la formació de reactiu sòlid. En conseqüència, la solubilitat disminueix.

Aquest fenomen es coneix com l'*efecte de l'ió comú*.

Exemple 9.3

La solubilitat del fluorur de bari a $27\,°C$ és d'$1,10\,g \cdot L^{-1}$. Calculeu:

a) El producte de solubilitat del fluorur de bari.
b) La solubilitat del fluorur de bari en una dissolució $0,100\,mol \cdot L^{-1}$ de clorur de bari.

a) L'equilibri de solubilitat del fluorur de bari, expressat en funció de la solubilitat, és:

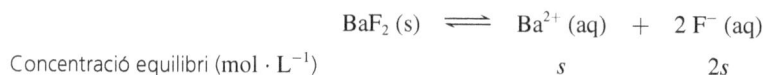

$$BaF_2 \text{ (s)} \rightleftharpoons Ba^{2+} \text{ (aq)} + 2 F^- \text{ (aq)}$$

Concentració equilibri (mol $\cdot L^{-1}$) $\qquad\qquad\qquad s \qquad\qquad 2s$

I K_{ps} s'expressa així:

$$K_{ps} = \left[Ba^{2+} \right] \left[F^- \right]^2 = s \cdot (2 \cdot s)^2 = 4 \cdot s^3$$

Calculem el valor de la solubilitat en mol $\cdot L^{-1}$:

$$1{,}10 \text{ g} \cdot L^{-1} \cdot \frac{1 \text{ mol BaF}_2}{175{,}34 \text{ g BaF}_2} = 6{,}30 \cdot 10^{-3} \text{ mol} \cdot L^{-1}$$

Substituïm valor en l'expressió de K_{ps}:

$$K_{ps} = 4 \cdot (6{,}30 \cdot 10^{-3})^3$$
$$K_{ps} = 1{,}00 \cdot 10^{-6}$$

b) El clorur de bari és un compost iònic que en dissolució es troba totalment dissociat en els seus ions; els valors de les concentracions corresponents als ions en dissolució són:

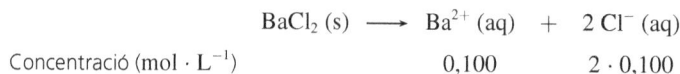

$$BaCl_2 \text{ (s)} \longrightarrow Ba^{2+} \text{ (aq)} + 2 Cl^- \text{ (aq)}$$

Concentració (mol $\cdot L^{-1}$) $\qquad\qquad\qquad 0{,}100 \qquad 2 \cdot 0{,}100$

Si en la dissolució de fluorur de bari, que conte ions Ba^{2+}, hi afegim més ions d'aquests, provinents de la dissolució de clorur de bari, es formarà més BaF_2 sòlid. Les noves concentracions iòniques una vegada restablert l'equilibri seran:

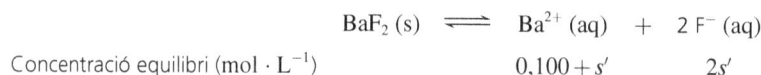

$$BaF_2 \text{ (s)} \rightleftharpoons Ba^{2+} \text{ (aq)} + 2 F^- \text{ (aq)}$$

Concentració equilibri (mol $\cdot L^{-1}$) $\qquad\qquad 0{,}100 + s' \qquad 2s'$

En què s' és la nova solubilitat del fluorur de bari.

Substituïm aquests valors en l'expressió de K_{ps}:

$$K_{ps} = \left[Ba^{2+} \right] \left[F^- \right]^2$$
$$1{,}00 \cdot 10^{-6} = (0{,}100 + s') \cdot (2 \cdot s')^2$$

Com que la nova solubilitat és molt inferior a la concentració de l'ió comú, $s' \ll 0{,}100 \text{ mol} \cdot L^{-1}$, el terme $0{,}100 + s' \approx 0{,}100$, i el càlcul de la nova solubilitat és:

$$1{,}00 \cdot 10^{-6} = 0{,}100 \cdot (2 \cdot s')^2$$
$$s' = 1{,}58 \cdot 10^{-3} \text{ mol} \cdot L^{-1}$$

Ens adonem que el valor de la solubilitat, s', és inferior a l'obtingut prèviament en absència de l'ió comú ($s = 6{,}30 \cdot 10^{-3} \text{ mol} \cdot L^{-1}$).

9.4 Solubilitat i pH

La solubilitat d'un compost es pot veure afectada pel pH de la dissolució.

Per exemple, l'hidròxid de magnesi en dissolució aquosa presenta l'equilibri:

$$Mg(OH)_2 \text{ (s)} \rightleftharpoons Mg^{2+} \text{ (aq)} + 2\,OH^- \text{ (aq)}$$

- Si augmenta el pH de la dissolució, és a dir, si afegim OH^- a la dissolució, es produeix un desplaçament de l'equilibri cap a la formació de reactiu i, per tant, la solubilitat de l'hidròxid de magnesi disminueix.

- Si disminueix el pH de la dissolució, és a dir, si afegim H_3O^+, els ions OH^- reaccionen amb els ions H_3O^+ afegits, i l'equilibri es desplaça cap als productes, cosa que origina un augment de la solubilitat de l'hidròxid de magnesi.

Exemple 9.4

a) Quin és el pH d'una dissolució saturada d'hidròxid de magnesi, si el seu producte de solubilitat val $1,80 \cdot 10^{-11}$ a $25\,°C$?

b) Quina és la solubilitat de l'hidròxid de magnesi, a $25\,°C$, si el pH de la dissolució és de 12,0.

c) En afegir un àcid a la dissolució d'hidròxid de magnesi, el pH passa a ser 5,00, quina és la nova solubilitat de l'hidròxid de magnesi en aquestes condicions?

[Solució]

a) L'equilibri de solubilitat de l'hidròxid de magnesi, expressat en funció de la solubilitat, és:

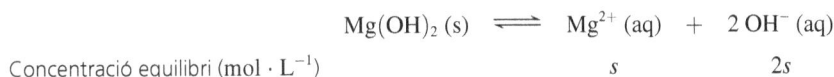

$$Mg(OH)_2 \text{ (s)} \rightleftharpoons Mg^{2+} \text{ (aq)} + 2\,OH^- \text{ (aq)}$$

Concentració equilibri (mol $\cdot$ L^{-1}) $\qquad\qquad s \qquad\qquad 2s$

L'expressió del K_{ps} és:

$$K_{ps} = \left[Mg^{2+}\right]\left[OH^-\right]^2 = s \cdot (2 \cdot s)^2 = 4 \cdot s^3$$
$$1,80 \cdot 10^{-11} = 4 \cdot s^3$$
$$s = 1,65 \cdot 10^{-4} \text{ mol} \cdot \text{L}^{-1}$$

La concentració de OH^- i el pH són:

$$[OH^-] = 2s = 2 \cdot 1,65 \cdot 10^{-4} \text{ mol} \cdot \text{L}^{-1} = 3,30 \cdot 10^{-4} \text{ mol} \cdot \text{L}^{-1}$$

$$[H_3O^+] = \frac{K_w}{[OH^-]} = \frac{1,00 \cdot 10^{-14}}{3,30 \cdot 10^{-4}} = 3,03 \cdot 10^{-11} \text{ mol} \cdot \text{L}^{-1}$$

$$pH = -\log[H_3O^+] = -\log(3,03 \cdot 10^{-11}) = 10,52$$

b) A partir del valor del pH de la dissolució, calculem la nova concentració de OH^-:

$$pH = -\log[H_3O^+] = 12,0$$
$$[H_3O^+] = 1,00 \cdot 10^{-12} \text{ mol} \cdot \text{L}^{-1}$$

$$[OH^-] = \frac{K_w}{[H_3O^+]} = \frac{1,00 \cdot 10^{-14}}{1,00 \cdot 10^{-12}} = 1,00 \cdot 10^{-2} \text{ mol} \cdot \text{L}^{-1}$$

Ara, substituïm aquesta concentració en l'expressió de K_{ps} de l'hidròxid de magnesi, per calcular la nova solubilitat, s':

$$K_{ps} = \left[\text{Mg}^{2+}\right]\left[\text{OH}^-\right]^2$$
$$1{,}80 \cdot 10^{-11} = \left[\text{Mg}^{2+}\right] \cdot 1{,}00 \cdot 10^{-2}$$
$$\left[\text{Mg}^{2+}\right] = s' = 1{,}80 \cdot 10^{-9} \text{ mol} \cdot \text{L}^{-1}$$

Veiem que la solubilitat ha disminuït en fer-se més bàsica la dissolució (en augmentar la concentració d'ions OH^-) per l'efecte de l'ió comú.

c) En afegir un àcid a la dissolució saturada d'hidròxid de magnesi es produeix un desplaçament de l'equilibri de solubilitat del compost sòlid cap als productes, els ions en dissolució (per reacció dels ions OH^- amb els protons de l'àcid afegit) i com a conseqüència augmenta la solubilitat de l'hidròxid.

A partir del valor del pH de la dissolució es pot determinar la nova concentració de OH^-:

$$\text{pH} = -\log\left[\text{H}_3\text{O}^+\right] = 5{,}00$$
$$\left[\text{H}_3\text{O}^+\right] = 1{,}00 \cdot 10^{-5} \text{ mol} \cdot \text{L}^{-1}$$
$$\left[\text{OH}^-\right] = \frac{K_w}{\left[\text{H}_3\text{O}^+\right]} = \frac{1{,}00 \cdot 10^{-14}}{1{,}00 \cdot 10^{-5}} = 1{,}00 \cdot 10^{-9} \text{ mol} \cdot \text{L}^{-1}$$

Substituïm valors en l'expressió de K_{ps} de l'hidròxid de magnesi:

$$K_{ps} = \left[\text{Mg}^{2+}\right]\left[\text{OH}^-\right]^2$$
$$1{,}80 \cdot 10^{-11} = \left[\text{Mg}^{2+}\right] \cdot 1{,}00 \cdot 10^{-9}$$
$$\left[\text{Mg}^{2+}\right] = s'' = 1{,}80 \cdot 10^{-2} \text{ mol} \cdot \text{L}^{-1}$$

9.5 Ions complexos i solubilitat

L'equilibri dels ions complexos

Un ió complex és una espècie que té carrega elèctrica i que està formada per un catió metàl·lic envoltat de *lligands*. Un lligand és una molècula o un ió amb un parell d'electrons que pot donar al catió metàl·lic per formar un enllaç covalent. Alguns lligands són: H_2O, NH_3, Cl^- o CN^-.

El nombre de lligands units al catió metàl·lic rep el nom de *nombre de coordinació*. Els més usuals són:

$$6, \text{ per exemple: } \left[\text{Co}(\text{H}_2\text{O})_6\right]^{2+}, \left[\text{Ni}(\text{NH}_3)_6\right]^{2+}$$
$$4, \text{ per exemple: } \left[\text{CoCl}_4\right]^{2-}, \left[\text{Cu}(\text{NH}_3)_4\right]^{2+}$$
$$2, \text{ per exemple: } \left[\text{Ag}(\text{NH}_3)_2\right]^+$$

La formació d'un ió complex implica l'equilibri de formació de l'ió complex a partir del catió metàl·lic i dels lligands. Per exemple, per a l'ió complex $\left[\text{Ag}(\text{NH}_3)_2\right]^+$ la reacció és:

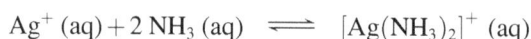

$$\text{Ag}^+ \text{ (aq)} + 2\,\text{NH}_3 \text{ (aq)} \rightleftharpoons \left[\text{Ag}(\text{NH}_3)_2\right]^+ \text{ (aq)}$$

S'ha de remarcar que és un equilibri homogeni en què totes les espècies estan dissoltes.

La constat d'equilibri d'aquesta reacció rep el nom de **constant de formació**, o **constant d'estabilitat**, K_f. La taula 9.3 recull els valors d'algunes constants de formació amb l'equilibri corresponent.

Ió complex	Reacció d'equilibri	K_f
$[Ag(CN)_2]^-$	$Ag^+ (aq) + 2\,CN^- (aq) \rightleftharpoons [Ag(CN)_2]^- (aq)$	$5,01 \cdot 10^{21}$
$[Ag(NH_3)_2]^+$	$Ag^+ (aq) + 2\,NH_3 (aq) \rightleftharpoons [Ag(NH_3)_2]^+ (aq)$	$1,12 \cdot 10^7$
$[Ag(S_2O_3)_2]^{3-}$	$Ag^+ (aq) + 2\,S_2O_3^{2-} (aq) \rightleftharpoons [Ag(S_2O_3)_2]^{3-} (aq)$	$2,88 \cdot 10^{13}$
$[Cu(NH_3)_4]^{2+}$	$Cu^{2+} (aq) + 4\,NH_3 (aq) \rightleftharpoons [Cu(NH_3)_4]^{2+} (aq)$	$2,09 \cdot 10^{13}$
$[Ni(NH_3)_6]^{2+}$	$Ni^{2+} (aq) + 6\,NH_3 (aq) \rightleftharpoons [Ni(NH_3)_6]^{2+} (aq)$	$5,50 \cdot 10^8$

Taula 9.3 K_f per alguns ions complexes[2]

Exemple 9.5

Calculeu $[Cu^{2+}]$ en una dissolució preparada dissolent $2,0 \cdot 10^{-3}$ mol $CuSO_4$ en 100 mL d'una dissolució que conté amoníac a una concentració $8,5 \cdot 10^{-2}$ mol $\cdot L^{-1}$, sabent que la constant de formació de l'ió $[Cu(NH_3)_4]^{2+}$, a 25 °C, és $2,09 \cdot 10^{13}$.

[Solució]

La concentració de sulfat de coure és:

$$[CuSO_4] = \frac{2,0 \cdot 10^{-3} \text{ mol } CuSO_4}{0,10 \text{ L dissolució}} = 2,0 \cdot 10^{-2} \text{ mol} \cdot L^{-1}$$

El sulfat de coure es troba totalment dissociat. Per tant, la concentració de cada ió en la dissolució és:

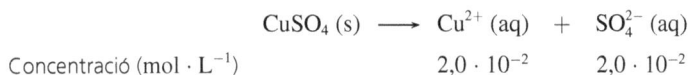

$$CuSO_4 (s) \longrightarrow Cu^{2+} (aq) + SO_4^{2-} (aq)$$

Concentració (mol $\cdot L^{-1}$) $\qquad\qquad 2,0 \cdot 10^{-2} \qquad 2,0 \cdot 10^{-2}$

L'amoníac reacciona amb l'ió Cu^{2+} per donar l'ió complex $[Cu(NH_3)_4]^{2+}$; la reacció que es produeix, i el nombre de mols de cada reactiu, són:

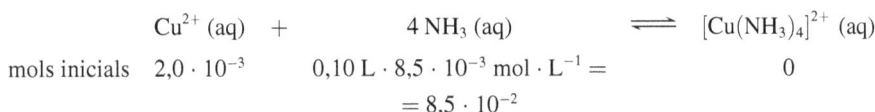

$$Cu^{2+} (aq) + 4\,NH_3 (aq) \rightleftharpoons [Cu(NH_3)_4]^{2+} (aq)$$

mols inicials $\quad 2,0 \cdot 10^{-3} \qquad 0,10 \text{ L} \cdot 8,5 \cdot 10^{-3} \text{ mol} \cdot L^{-1} = \qquad\qquad 0$
$$= 8,5 \cdot 10^{-2}$$

El reactiu limitant és el Cu^{2+}. Es calcula la concentració de NH_3 i de $[Cu(NH_3)_4]^{2+}$ que hi ha una vegada ha reaccionat tot el reactiu limitant:

$$[NH_3] = \frac{(\text{mols } NH_3)_{\text{inicials}} - (\text{mols } NH_3)_{\text{reaccionat}}}{\text{volum dissolució}}$$

$$[NH_3] = \frac{8,5 \cdot 10^{-2} \text{ mol} - 2,0 \cdot 10^{-3} \text{ mol } Cu^{2+} \cdot \dfrac{4 \text{ mol } NH_3}{1 \text{ mol } Cu^{2+}}}{0,10 \text{ L dissolució}} = 5,0 \cdot 10^{-3} \text{ mol} \cdot L^{-1}$$

---

[2] Valors extrets de *Lange's handbook of chemistry*; John A. Dean; 14a edició; Ed. McGraw-Hill (1992).

Ara la reacció evoluciona cap a produir Cu^{2+} i NH_3 fins a assolir l'equilibri. Si x és la concentració, en $mol \cdot L^{-1}$ que reacciona del complex, aleshores:

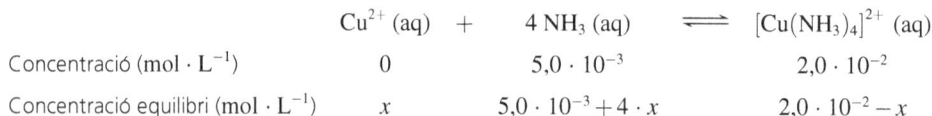

	Cu^{2+} (aq) +	$4\,NH_3$ (aq)	$\rightleftharpoons$	$[Cu(NH_3)_4]^{2+}$ (aq)
Concentració ($mol \cdot L^{-1}$)	0	$5{,}0 \cdot 10^{-3}$		$2{,}0 \cdot 10^{-2}$
Concentració equilibri ($mol \cdot L^{-1}$)	x	$5{,}0 \cdot 10^{-3} + 4 \cdot x$		$2{,}0 \cdot 10^{-2} - x$

Apliquem l'expressió de la constant de formació per a aquest complex:

$$K_f = \frac{\left[[Cu(NH_3)_4]^{2+}\right]}{[Cu^{2+}] \cdot [NH_3]^4}$$

Substituïm valors en l'expressió negligint x davant les concentracions inicials corresponents:

$$2{,}09 \cdot 10^{13} = \frac{2{,}0 \cdot 10^{-2} - x}{x \cdot (5{,}0 \cdot 10^{-3} + 4x)^4} = \frac{2{,}0 \cdot 10^{-2}}{x \cdot (5{,}0 \cdot 10^{-3})^4}$$

$$[Cu^{2+}] = x = 1{,}5 \cdot 10^{-6}\ mol \cdot L^{-1}$$

Formació d'un ió complex i efecte sobre la solubilitat

La solubilitat d'un compost poc soluble pot augmentar per la reacció del catió en dissolució amb alguna espècie química per donar lloc a la formació d'un ió complex.

Així, l'hidròxid de coure(II) és un compost poc soluble i en dissolució presenta l'equilibri:

$$Cu(OH)_2\ (s) \rightleftharpoons Cu^{2+}\ (aq) + 2\,OH^-\ (aq) \tag{9.1}$$

L'expressió de K_{ps} per a aquesta reacció és:

$$K_{ps} = [Cu^{2+}] \cdot [OH^-]^2 = 2{,}20 \cdot 10^{-20}$$

Si a aquesta dissolució s'hi afegeix amoníac, es forma l'ió complex tetramminacoure(II), $[Cu(NH_3)_4]^{2+}$, segons la reacció:

$$Cu^{2+}\ (aq) + 4\,NH_3\ (aq) \rightleftharpoons [Cu(NH_3)_4]^{2+}\ (aq) \tag{9.2}$$

La reacció dels ions Cu^{2+} (de l'equació 9.1) amb l'amoníac afegit (equació 9.2), té com a conseqüència el desplaçament de l'equació 9.1 cap a la formació de reactius i, per tant, l'augment de la solubilitat de l'hidròxid de coure(II).

Exemple 9.6

a) Determineu la solubilitat del AgCl en aigua, si la seva constant del producte de solubilitat, a $25\,°C$, val $1{,}80 \cdot 10^{-10}$.

b) Quina serà la solubilitat del AgCl en una dissolució d'amoníac $10{,}0\ mol \cdot L^{-1}$?

Dades: constant de formació del $[Ag(NH_3)_2]^+$, $K_{f\,[Ag(NH_3)_2]^+} = 1{,}12 \cdot 10^7$

a) L'equilibri de solubilitat del AgCl és:

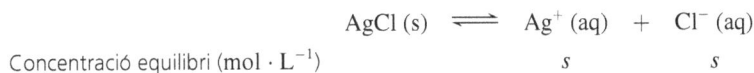

$$AgCl\,(s) \;\rightleftharpoons\; Ag^+\,(aq) \;+\; Cl^-\,(aq)$$

Concentració equilibri (mol $\cdot$ L^{-1}) $\qquad\qquad\qquad\quad s \qquad\qquad s$

L'expressió de K_{ps} de la reacció és:

$$K_{ps(AgCl)} = [Ag^+] \cdot [Cl^-] = s^2$$

Substituïm valors en l'equació:

$$1{,}80 \cdot 10^{-10} = s^2$$
$$s = 1{,}34 \cdot 10^{-5}\ \text{mol} \cdot \text{L}^{-1}$$

b) Quan a la dissolució saturada de AgCl s'hi afegeix NH$_3$, fins a una concentració de 10,0 mol $\cdot$ L^{-1}, s'assoleixen els equilibris:

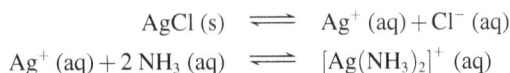

$$AgCl\,(s) \;\rightleftharpoons\; Ag^+\,(aq) + Cl^-\,(aq)$$
$$Ag^+\,(aq) + 2\,NH_3\,(aq) \;\rightleftharpoons\; [Ag(NH_3)_2]^+\,(aq)$$

Sumem les dues reaccions:

$$AgCl\,(s) + 2\,NH_3\,(aq) \;\rightleftharpoons\; [Ag(NH_3)_2]^+\,(aq) + Cl^-\,(aq)$$

La constant d'equilibri corresponent a aquest procés és:

$$K = \frac{[[Ag(NH_3)_2]^+] \cdot [Cl^-]}{[NH_3]^2}$$

Multipliquem i dividim l'expressió anterior per $[Ag^+]$:

$$K = \frac{[[Ag(NH_3)_2]^+] \cdot [Cl^-]}{[NH_3]^2} \cdot \frac{[Ag^+]}{[Ag^+]} = K_{ps(AgCl)} \cdot K_{f[Ag(NH_3)_2]^+}$$
$$K = 1{,}80 \cdot 10^{-10} \cdot 1{,}12 \cdot 10^7 = 2{,}02 \cdot 10^{-3}$$

Plantegem l'equilibri anterior i indiquem les concentracions i la solubilitat, s':

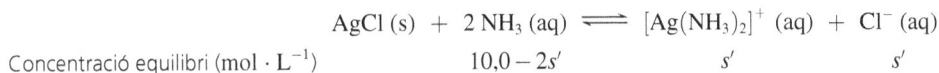

$$AgCl\,(s) \;+\; 2\,NH_3\,(aq) \;\rightleftharpoons\; [Ag(NH_3)_2]^+\,(aq) \;+\; Cl^-\,(aq)$$

Concentració equilibri (mol $\cdot$ L^{-1}) $\qquad\qquad 10{,}0 - 2s' \qquad\qquad s' \qquad\qquad s'$

Substituïm valors en la constant d'equilibri i negligim $2 \cdot s'$ davant de 10,0 mol $\cdot$ L^{-1}, $10{,}0 - 2 \cdot s' \approx 10{,}0$

$$2{,}02 \cdot 10^{-3} = \frac{(s')^2}{10{,}0 - 2 \cdot s'} = \frac{(s')^2}{10{,}0}$$
$$s' = 1{,}42 \cdot 10^{-1}\ \text{mol} \cdot \text{L}^{-1}$$

Veiem que es produeix un augment important de la solubilitat del clorur de plata en afegir-hi amoníac, $s' = 1{,}42 \cdot 10^{-1}$ mol $\cdot$ L^{-1}, mentre que la solubilitat en aigua era $s = 1{,}34 \cdot 10^{-5}$ mol $\cdot$ L^{-1}.

9.6 Precipitació d'un compost poc soluble ▬▬▬▬▬▬▬▬▬▬▬▬▬▬▬▬▬▬▬▬▬

El clorur de plata, AgCl, compost poc soluble, pot precipitar en barrejar dues dissolucions de NaCl, i AgNO$_3$, sals completament dissociades en els seus ions, segons la reacció:

$$NaCl \ (aq) + AgNO_3 \ (aq) \longrightarrow AgCl \ (s) + NaNO_3 \ (aq)$$

La formació del precipitat depèn de les concentracions iòniques i de K_{ps} del producte que precipita.

Si comparem el valor del quocient de reacció, Q_{ps}, en barrejar les dues dissolucions, amb el K_{ps} corresponent, podem trobar-nos en un dels casos següents:

- Si $Q_{ps} < K_{ps}$, s'afavoreix el procés de formació de productes, ions en dissolució, i no té lloc la precipitació.
- Si $Q_{ps} = K_{ps}$, la dissolució està saturada.
- Si $Q_{ps} > K_{ps}$, s'afavoreix el procés de formació de reactius i, per tant, té lloc la precipitació del compost poc soluble.

Exemple 9.7

Es produirà la precipitació del fluorur de bari si es mesclen 20 mL de clorur de bari $1,00 \cdot 10^{-2}$ mol $\cdot$ L^{-1} amb 30 mL de fluorur de sodi $1,0 \cdot 10^{-2}$ mol $\cdot$ L^{-1}? K_{ps} del fluorur de bari és $1,0 \cdot 10^{-6}$.

[Solució]

El clorur de bari i el fluorur de sodi són dues sals completament dissociades en dissolució. La concentració dels seus ions és:

$$\text{Volum total de dissolució} = 2,0 \cdot 10^{-2} \ L + 3,0 \cdot 10^{-2} \ L = 5,0 \cdot 10^{-2} \ L$$

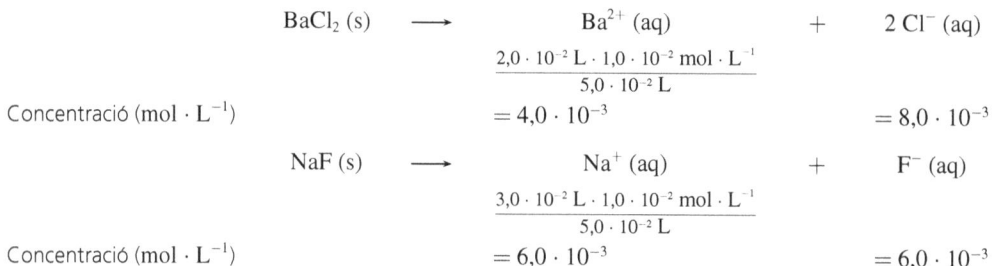

	BaCl$_2$ (s) $\longrightarrow$	Ba^{2+} (aq)	+	2 Cl$^-$ (aq)
		$\dfrac{2,0 \cdot 10^{-2} \ L \cdot 1,0 \cdot 10^{-2} \ \text{mol} \cdot L^{-1}}{5,0 \cdot 10^{-2} \ L}$		
Concentració (mol $\cdot$ L^{-1})		$= 4,0 \cdot 10^{-3}$		$= 8,0 \cdot 10^{-3}$
	NaF (s) $\longrightarrow$	Na$^+$ (aq)	+	F$^-$ (aq)
		$\dfrac{3,0 \cdot 10^{-2} \ L \cdot 1,0 \cdot 10^{-2} \ \text{mol} \cdot L^{-1}}{5,0 \cdot 10^{-2} \ L}$		
Concentració (mol $\cdot$ L^{-1})		$= 6,0 \cdot 10^{-3}$		$= 6,0 \cdot 10^{-3}$

L'equació corresponent a l'equilibri de solubilitat del BaF$_2$ és:

$$BaF_2 \ (s) \ \rightleftharpoons \ Ba^{2+} \ (aq) + 2 \ F^- \ (aq)$$

L'expressió de K_{ps} és:

$$K_{ps} = \left[Ba^{2+} \right] \left[F^- \right]^2 = 1,0 \cdot 10^{-6}$$

Calculem Q_{ps} a partir de les concentracions trobades anteriorment:

$$Q_{ps} = \left[Ba^{2+} \right] \left[F^- \right]^2 = 4,0 \cdot 10^{-3} \cdot (6,0 \cdot 10^{-3})^2 = 1,4 \cdot 10^{-7}$$

Com que $Q_{ps} < K_{ps}$, no hi haurà precipitació de fluorur de bari.

9.7 Precipitació fraccionada

La precipitació fraccionada és una tècnica analítica que permet separar els ions presents en una dissolució afegint-hi un reactiu que faci precipitar un dels ions, i no els altres.

Per poder utilitzar aquesta tècnica, hi ha d'haver una diferència significativa entre les solubilitats de les substàncies que s'han de separar (això significa també una diferència significativa en els valors de K_{ps}).

Exemple 9.8

Tenim una dissolució en la qual hi ha ions Cu^{2+} i Pb^{2+} amb les concentracions d'$1,0 \cdot 10^{-4}$ i $2,0 \cdot 10^{-3}$ mol $\cdot$ L^{-1}, respectivament. Si s'hi afegeix l'ió I^-, quina concentració de l'ió I^- cal perquè precipiti cada catió? Quin catió precipitarà abans?

Dades: $K_{ps}(PbI_2) = 7,1 \cdot 10^{-9}$; $K_{ps}(CuI_2) = 1,1 \cdot 10^{-12}$

[Solució]

La concentració de cadascun dels cations és:

$$\left[Cu^{2+}\right] = 1,0 \cdot 10^{-4} \text{ mol} \cdot L^{-1}$$
$$\left[Pb^{2+}\right] = 2,0 \cdot 10^{-3} \text{ mol} \cdot L^{-1}$$

En afegir l'ió I^-, es pot produir la precipitació del CuI_2 i del PbI_2. Els equilibris i les expressions del producte de solubilitat per a cadascun de iodurs són:

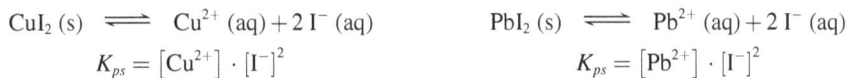

$$CuI_2 \text{ (s)} \rightleftharpoons Cu^{2+} \text{ (aq)} + 2\,I^- \text{ (aq)} \qquad\qquad PbI_2 \text{ (s)} \rightleftharpoons Pb^{2+} \text{ (aq)} + 2\,I^- \text{ (aq)}$$
$$K_{ps} = \left[Cu^{2+}\right] \cdot \left[I^-\right]^2 \qquad\qquad\qquad K_{ps} = \left[Pb^{2+}\right] \cdot \left[I^-\right]^2$$

Per determinar la $[I^-]$ mínima perquè precipitin els dos cations, se substitueix el valor de la concentració del catió en l'expressió de K_{ps}:

$$1,1 \cdot 10^{-12} = 1,0 \cdot 10^{-4} \text{ mol} \cdot L^{-1} \cdot [I^-]^2 \qquad 1,1 \cdot 10^{-9} = 2,0 \cdot 10^{-3} \text{ mol} \cdot L^{-1} \cdot [I^-]^2$$
$$[I^-] = 1,0 \cdot 10^{-4} \text{ mol} \cdot L^{-1} \qquad\qquad [I^-] = 1,9 \cdot 10^{-3} \text{ mol} \cdot L^{-1}$$

Per tant, si $[I^-] > 1,0 \cdot 10^{-4}$ mol $\cdot$ L^{-1}, precipita CuI_2, i si $[I^-] > 1,9 \cdot 10^{-3}$ mol $\cdot$ L^{-1}, precipita PbI_2.

Precipitarà abans el CuI_2, perquè necessita una concentració menor de I^-.

Problemes resolts

Problema 9.1

Calculeu quina quantitat de fluorur de magnesi es pot dissoldre, a $25\,°C$, en $0,250$ L d'una dissolució de nitrat de magnesi de concentració $1,00 \cdot 10^{-2}$ mol $\cdot$ L^{-1}, sabent que el producte de solubilitat del fluorur de magnesi és $6,50 \cdot 10^{-9}$.

[Solució]

En els $0,250$ L de la dissolució de nitrat de magnesi, sal que es troba totalment dissociada en aigua, les concentracions iòniques són les següents:

$$Mg(NO_3)_2 \text{ (s)} \longrightarrow Mg^{2+} \text{ (aq)} + 2\,NO_3^- \text{ (aq)}$$

Concentració (mol · L^{-1}) $\qquad\qquad\qquad\qquad$ $1,00 \cdot 10^{-2}$ $\qquad$ $2 \cdot 1,00 \cdot 10^{-2}$

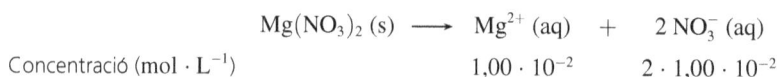

En afegir-hi el fluorur de magnesi sòlid, que és una sal poc soluble, aquest compost s'anirà dissolent fins a arribar a l'equilibri següent, amb les concentracions corresponents:

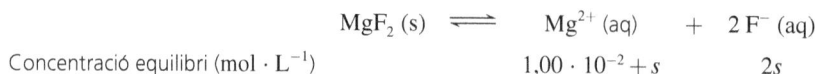

$$MgF_2 \text{ (s)} \rightleftharpoons Mg^{2+} \text{ (aq)} + 2\,F^- \text{ (aq)}$$

Concentració equilibri (mol · L^{-1}) $\qquad\qquad\qquad$ $1,00 \cdot 10^{-2} + s$ $\qquad$ $2s$

Escrivim l'expressió del K_{ps} per a aquest equilibri i substituim els valors:

$$K_{ps} = \left[Mg^{2+}\right]\left[F^-\right]^2$$
$$6,50 \cdot 10^{-9} = (1,00 \cdot 10^{-2} + s) \cdot (2s)^2$$

Tenint en compte que $s \ll 1,00 \cdot 10^{-2}$ mol · L^{-1}, es pot negligir s davant la concentració de Mg^{2+} i resulta:

$$6,50 \cdot 10^{-9} = 1,00 \cdot 10^{-2} \cdot (2s)^2$$
$$s = 4,03 \cdot 10^{-4} \text{ mol} \cdot \text{L}^{-1}$$

Aquest valor ens indica que en 1 L de dissolució com a màxim s'hi poden dissoldre $4,03 \cdot 10^{-4}$ mol MgF_2. Calculem els grams que es dissoldran en 0,250 L de dissolució:

$$0,250 \text{ L}_{\text{dissolució}} \cdot \frac{4,03 \cdot 10^{-4} \text{ mols } MgF_2}{1 \text{ L}_{\text{dissolució}}} \cdot \frac{62,31 \text{ g } MgF_2}{1 \text{ mol } MgF_2} = 0,00628 \text{ g } MgF_2$$

Problema 9.2

La solubilitat de l'hidròxid de magnesi en aigua, a 25 °C, és d'$1,65 \cdot 10^{-4}$ mol · L^{-1}. Calculeu:

a) El producte de solubilitat de l'hidròxid de magnesi.

b) La concentració màxima d'ions hidroxil perquè no precipiti l'hidròxid de magnesi en una dissolució de clorur de magnesi $1,00 \cdot 10^{-1}$ mol · L^{-1}.

[Solució]

a) L'equilibri de solubilitat de l'hidròxid de magnesi, expressat en funció de la solubilitat, és:

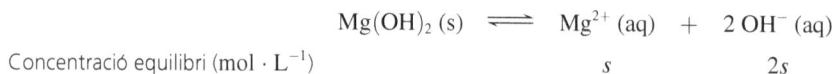

$$Mg(OH)_2 \text{ (s)} \rightleftharpoons Mg^{2+} \text{ (aq)} + 2\,OH^- \text{ (aq)}$$

Concentració equilibri (mol · L^{-1}) $\qquad\qquad\qquad$ s $\qquad\qquad$ $2s$

L'expressió de K_{ps} és:

$$K_{ps} = \left[Mg^{2+}\right]\left[OH^-\right]^2 = 4 \cdot s^3$$

Substituïm el valor de la solubilitat en l'expressió de K_{ps}:

$$K_{ps} = 4 \cdot (1,65 \cdot 10^{-4})^3$$
$$K_{ps} = 1,80 \cdot 10^{-11}$$

b) El que delimita quina ha de ser $[OH^-]$ perquè no precipiti l'hidròxid de magnesi és el valor de la solubilitat d'aquest hidròxid en la dissolució de clorur de magnesi. Aquesta sal en dissolució es troba totalment dissociada; les concentracions dels ions en dissolució són:

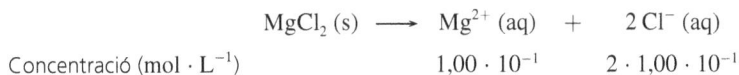

$$MgCl_2 \text{ (s)} \longrightarrow Mg^{2+} \text{ (aq)} + 2 Cl^- \text{ (aq)}$$

Concentració $(mol \cdot L^{-1})$ $\qquad\qquad 1,00 \cdot 10^{-1} \qquad 2 \cdot 1,00 \cdot 10^{-1}$

L'equilibri de l'hidròxid de magnesi tenint en compte la presència de l'ió comú Mg^{2+} és:

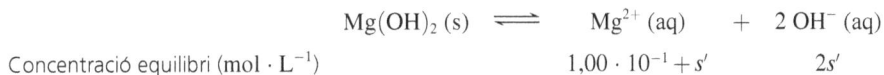

$$Mg(OH)_2 \text{ (s)} \rightleftharpoons Mg^{2+} \text{ (aq)} + 2 OH^- \text{ (aq)}$$

Concentració equilibri $(mol \cdot L^{-1})$ $\qquad\qquad 1,00 \cdot 10^{-1} + s' \qquad 2s'$

L'expressió de K_{ps} és:

$$K_{ps} = \left[Mg^{2+}\right] \left[OH^-\right]^2$$

Substituïm valors, negligim s davant la concentració inicial de Mg^{2+}, ja que $s' \ll 1,00 \cdot 10^{-1}$:

$$1,80 \cdot 10^{-11} = (1,00 \cdot 10^{-1} + s') \cdot (2s')^2 = 1,00 \cdot 10^{-1} \cdot (2s)^2$$
$$s' = 6,71 \cdot 10^{-6} \text{ mol} \cdot L^{-1}$$

La concentració màxima d'ions hidroxil és:

$$[OH^-] = 2 \cdot s' = 2 \cdot 6,71 \cdot 10^{-6} \text{ mol} \cdot L^{-1} = 1,34 \cdot 10^{-5} \text{ mol} \cdot L^{-1}$$

Problema 9.3

A 20 °C la solubilitat de l'àcid bòric és de 5,040 g $\cdot$ (100 g d'aigua)$^{-1}$, i a 100 °C, és de 40,25 g $\cdot$ (100 g d'aigua)$^{-1}$. La primera constant de dissociació d'aquest àcid a 20 °C és $7,30 \cdot 10^{-10}$ (les altres constants es poden negligir).

Dades: Considereu que les densitats de les dissolucions són d'1 g $\cdot$ mL^{-1}.

a) Indiqueu si el procés de dissolució de l'àcid bòric és endotèrmic o exotèrmic.

b) Calculeu el pH d'una dissolució saturada a 20 °C d'àcid bòric.

c) Quina serà la pressió de vapor de la dissolució saturada a 20 °C? (La pressió de vapor de l'aigua a 20 °C = 17,53 mmHg.)

d) Quants mols d'àcid bòric precipitaran quan 150,0 g d'una dissolució saturada a 100 °C es refreden fins a 20 °C?

[Solució]

a) L'expressió per a la solubilitat de l'àcid bòric, amb els valors corresponents de les solubilitats a les temperatures indicades, és:

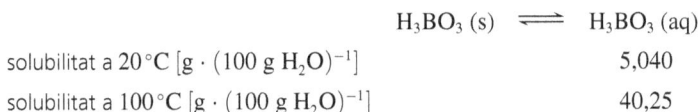

$$H_3BO_3 \text{ (s)} \rightleftharpoons H_3BO_3 \text{ (aq)}$$

solubilitat a 20 °C $[g \cdot (100 \text{ g } H_2O)^{-1}]$ $\qquad\qquad\qquad 5,040$
solubilitat a 100 °C $[g \cdot (100 \text{ g } H_2O)^{-1}]$ $\qquad\qquad\qquad 40,25$

Un augment de temperatura comporta un augment en la solubilitat de l'àcid bòric, o expressat en termes d'equilibri, un augment de temperatura fa que es formin més productes, i això és un indicador d'un procés **endotèrmic**.

b) Per determinar el pH de la dissolució saturada d'àcid bòric a 20 °C, es calcula la concentració de H_3BO_3 (aq), en mol $\cdot$ L^{-1}, a partir del valor de la solubilitat en aquesta temperatura:

$$[H_3BO_3] = \frac{5,040 \text{ g } H_3BO_3}{100 \text{ g } H_2O} \cdot \frac{1 \text{ mol } H_3BO_3}{61,83 \text{ g } H_3BO_3} \cdot \frac{1.000 \text{ g } H_2O}{1 \text{ L dissolució}} = 0,815 \text{ mol} \cdot L^{-1}$$

Aquest àcid està parcialment dissociat en els seus ions; escrivim l'equilibri amb les concentracions corresponents:

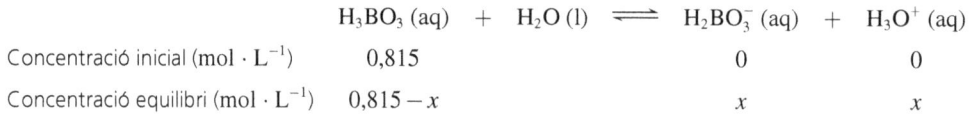

$$H_3BO_3 \text{ (aq)} \quad + \quad H_2O \text{ (l)} \quad \rightleftharpoons \quad H_2BO_3^- \text{ (aq)} \quad + \quad H_3O^+ \text{ (aq)}$$

Concentració inicial (mol $\cdot$ L^{-1})	0,815	0	0
Concentració equilibri (mol $\cdot$ L^{-1})	$0,815 - x$	x	x

Per calcular el pH, només tenim en compte la primera ionització, que té la constant d'equilibri següent:

$$K_{a1} = \frac{[H_2BO_3^-]\,[H_3O^+]}{[H_3BO_3]}$$

Substituïm valors, negligim x davant de la concentració inicial de l'àcid, $x \ll 0,815$:

$$7,30 \cdot 10^{-10} = \frac{(x)^2}{0,815 - x} = \frac{(x)^2}{0,815}$$

$$x = [H_3O^+] = 2,44 \cdot 10^{-5} \text{ mol} \cdot L^{-1}$$

El pH és:

$$pH = -\log[H_3O^+]$$
$$pH = -\log(2,44 \cdot 10^{-5}) = 4,61$$

c) La pressió de vapor d'una dissolució, $P_{\text{dissolució}}$ és sempre més baixa que la pressió de vapor del dissolvent pur, $P^\circ_{H_2O}$:

$$P_{\text{dissolucio}} = \chi_{H_2O} \cdot P^\circ_{H_2O}$$

Substituïm valors:

$$P_{\text{dissolució}} = \frac{\dfrac{100 \text{ g } H_2O}{18,02 \text{ g} \cdot \text{mol}^{-1} H_2O}}{\dfrac{5,040 \text{ g } H_3BO_3}{61,83 \text{ g} \cdot \text{mol}^{-1} H_3BO_3} + \dfrac{100 \text{ g } H_2O}{18,02 \text{ g} \cdot \text{mol}^{-1} H_2O}} \cdot 17,53 \text{ mm Hg}$$

$$P_{\text{dissolució}} = 17,28 \text{ mm Hg}$$

d) Calculem en primer lloc la quantitat d'àcid bòric que hi ha dissolt en els 150 g de dissolució per a cadascuna de les temperatures:

$$\text{Per a } T = 100 \,°C \quad 150 \text{ g dissolució} \cdot \frac{40,25 \text{ g } H_3BO_3}{100 \text{ g } H_2O} = 43,05 \text{ g } H_3BO_3 \text{ dissolt}$$

$$\text{Per a } T = 20\,°C \quad 150 \text{ g dissolució} \cdot \frac{5{,}040 \text{ g H}_3\text{BO}_3}{100 \text{ g H}_2\text{O}} = 7{,}20 \text{ g H}_3\text{BO}_3 \text{ dissolt}$$

Per tant, la quantitat d'àcid, en mols, que ha precipitat en passar de $100\,°C$ a $20\,°C$ és:

$$43{,}05 \text{ g H}_3\text{BO}_3 - 7{,}20 \text{ g H}_3\text{BO}_3 = 35{,}85 \text{ g H}_3\text{BO}_3 \text{ precipitat}$$

$$35{,}85 \text{ g H}_3\text{BO}_3 \text{ precipitat} \cdot \frac{1 \text{ mol}}{61{,}83 \text{ g H}_3\text{BO}_3} = 0{,}58 \text{ mol H}_3\text{BO}_3 \text{ precipitat}$$

Problema 9.4

El producte de solubilitat del clorur de plom(II) a $25\,°C$ és d'$1{,}60 \cdot 10^{-5}$.

a) Calculeu la seva solubilitat en aigua.
b) Calculeu la seva solubilitat en una dissolució $1{,}00 \cdot 10^{-1}$ mol $\cdot$ L^{-1} de clorur de potassi.
c) Si a 250 mL d'una dissolució 0,001 mol $\cdot$ L^{-1} de nitrat de plom(II) s'hi afegeixen 250 mL de HCl de pH $= 3$, calculeu les concentracions d'ions Pb^{2+} i Cl^- en la dissolució i indiqueu si es produirà precipitació o no.

[Solució]

a) L'equilibri de solubilitat del clorur de plom(II), expressat en funció de la solubilitat, és:

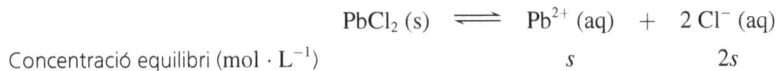

$$PbCl_2 \text{ (s)} \rightleftharpoons Pb^{2+} \text{ (aq)} + 2\,Cl^- \text{ (aq)}$$

Concentració equilibri (mol $\cdot$ L^{-1}) $\qquad\qquad\qquad s \qquad\qquad 2s$

L'expressió de K_{ps} és:

$$K_{ps} = \left[Pb^{2+}\right]^2 \left[Cl^-\right]^2 = 4 \cdot s^3$$

Substituïm valors:

$$1{,}60 \cdot 10^{-5} = 4 \cdot s^3$$
$$s = 1{,}59 \cdot 10^{-2} \text{ mol} \cdot \text{L}^{-1}$$

b) El KCl és una sal totalment dissociada per tant:

$$[Cl^-] = 1{,}00 \cdot 10^{-1} \text{ mol} \cdot \text{L}^{-1} \quad \text{i} \quad [K^+] = 1{,}00 \cdot 10^{-1} \text{ mol} \cdot \text{L}^{-1}$$

Els ions Cl^- afectaran l'equilibri del clorur de plom(II), desplaçant-lo cap als reactius i disminuint-ne la solubilitat. Escrivim l'equilibri de solubilitat del clorur de plom en funció de la nova solubilitat:

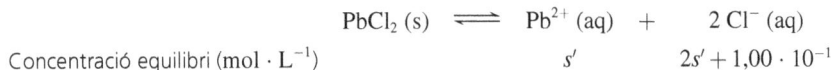

$$PbCl_2 \text{ (s)} \rightleftharpoons Pb^{2+} \text{ (aq)} + 2\,Cl^- \text{ (aq)}$$

Concentració equilibri (mol $\cdot$ L^{-1}) $\qquad\qquad\qquad s' \qquad\qquad 2s' + 1{,}00 \cdot 10^{-1}$

Substituïm aquests valors en l'expressió del producte de solubilitat del clorur de plom(II), negligint $2s'$ davant d'$1{,}00 \cdot 10^{-1}$ mol $\cdot$ L^{-1}:

$$K_{ps} = \left[Pb^{2+}\right]^2 \left[Cl^-\right]^2$$
$$1{,}60 \cdot 10^{-5} = s' \cdot (2s' + 1{,}00 \cdot 10^{-1})^2 = s' \cdot (1{,}00 \cdot 10^{-1})^2$$
$$s' = 1{,}60 \cdot 10^{-3} \text{ mol} \cdot \text{L}^{-1}$$

c) En mesclar les dues dissolucions, tenim un volum total de 500 mL (o 0,500 L) de dissolució.

El nitrat de plom(II) es dissocia totalment en dissolució i dóna ions NO_3^- i ions Pb^{2+}. La $\left[Pb^{2+}\right]$ es calcula així:

$$\left[Pb^{2+}\right] = \frac{0,250\ \text{mL dissolució} \cdot \dfrac{1,00 \cdot 10^{-3}\ \text{mol } Pb^{2+}}{1\ \text{L dissolució}}}{0,500\ \text{L dissolució}} = 5,00 \cdot 10^{-4}\ \text{mol} \cdot L^{-1}$$

L'àcid clorhídric és un àcid fort i, per tant, està totalment dissociat:

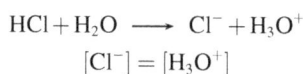

$$HCl + H_2O \longrightarrow Cl^- + H_3O^+$$
$$[Cl^-] = [H_3O^+]$$

A partir del pH de l'àcid, es pot calcular el valor de $[H_3O^+]$ en la dissolució de HCl:

$$pH = -\log[H_3O^+]$$
$$3 = -\log[H_3O^+]$$
$$[H_3O^+] = 1,00 \cdot 10^{-3}\ \text{mol} \cdot L^{-1} = [Cl^-]$$

I la $[Cl^-]$ a la mescla és:

$$[Cl^-] = \frac{0,250\ \text{mL dissolució} \cdot \dfrac{1,00 \cdot 10^{-3}\ \text{mol } Cl^-}{1\ \text{L dissolució}}}{0,500\ \text{L dissolució}} = 5,00 \cdot 10^{-4}\ \text{mol} \cdot L^{-1}$$

Per saber si es produirà la precipitació del clorur de plom(II), determinarem el valor de Q_{ps}:

$$Q_{ps} = \left[Pb^{2+}\right]^2 [Cl^-]^2$$
$$(5,00 \cdot 10^{-4})^2 \cdot 5,00 \cdot 10^{-4} = 1,25 \cdot 10^{-10}$$

Com que $Q_{ps} < K_{ps}$, no hi haurà precipitació de clorur de plom(II).

Problema 9.5

a) Calculeu la concentració d'ions sulfur en una dissolució saturada $1,00 \cdot 10^{-1}\ \text{mol} \cdot L^{-1}$ d'àcid sulfhídric.
b) Calculeu la concentració de sulfurs si a la dissolució anterior s'hi afegim àcid clorhídric fins a un pH de 2. Com influeix el pH en la concentració d'ions sulfur?
c) Si a 100 mL de la dissolució de l'apartat *a)* s'hi afegim 100 mL d'una dissolució $1,00 \cdot 10^{-2}\ \text{mol} \cdot L^{-1}$ de sulfat de manganès(II), es produirà precipitació de sulfur de manganès(II)?

Dades: Constants de dissociació de l'àcid sulfhídric: $K_{a1} = 1,07 \cdot 10^{-7}$; $K_{a2} = 1,26 \cdot 10^{-13}$; K_{ps} (sulfur de manganès(II)) $= 2,5 \cdot 10^{-13}$

[Solució]

a) En tractar-se d'una dissolució saturada de H_2S, la seva concentració és: $[H_2S] = 1,00 \cdot 10^{-1}\ \text{mol} \cdot L^{-1}$

Escrivim els equilibris de dissociació en què està implicat el H_2S, amb les concentracions i constants de dissociació corresponents:

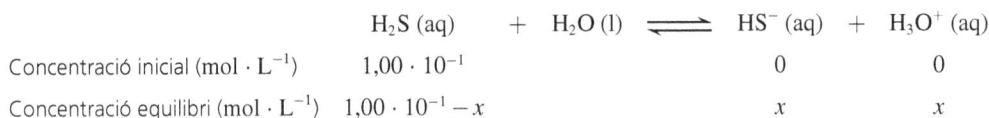

$$H_2S \text{ (aq)} \quad + \quad H_2O \text{ (l)} \rightleftharpoons \quad HS^- \text{ (aq)} \quad + \quad H_3O^+ \text{ (aq)}$$

Concentració inicial (mol $\cdot$ L^{-1}) $\quad 1,00 \cdot 10^{-1}$ $\qquad\qquad\qquad\qquad 0 \qquad\qquad 0$

Concentració equilibri (mol $\cdot$ L^{-1}) $\quad 1,00 \cdot 10^{-1} - x$ $\qquad\qquad\qquad x \qquad\qquad x$

$$K_{a1} = \frac{[HS^-]\,[H_3O^+]}{[H_2S]}$$

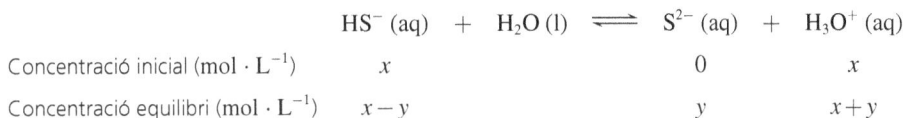

$$HS^- \text{ (aq)} \quad + \quad H_2O \text{ (l)} \rightleftharpoons \quad S^{2-} \text{ (aq)} \quad + \quad H_3O^+ \text{ (aq)}$$

Concentració inicial (mol $\cdot$ L^{-1}) $\qquad x \qquad\qquad\qquad\qquad 0 \qquad\qquad x$

Concentració equilibri (mol $\cdot$ L^{-1}) $\quad x - y \qquad\qquad\qquad\quad y \qquad\qquad x + y$

$$K_{a2} = \frac{[S^{2-}]\,[H_3O^+]}{[HS^-]}$$

Substituïm valors en K_{a1}, negligint x davant $1,00 \cdot 10^{-1}$ mol $\cdot$ L^{-1}:

$$1,07 \cdot 10^{-7} = \frac{x^2}{1,00 \cdot 10^{-1} - x} = \frac{x^2}{1,00 \cdot 10^{-1}}$$

$$x = 1,03 \cdot 10^{-4} \text{ mol} \cdot \text{L}^{-1}$$

Substituïm valors en K_{a2}, negligint y davant $1,03 \cdot 10^{-4}$ mol $\cdot$ L^{-1}, ja que $y \ll 1,03 \cdot 10^{-4}$ mol $\cdot$ L^{-1}.

$$1,26 \cdot 10^{-13} = \frac{y(1,03 \cdot 10^{-4} + x)}{1,03 \cdot 10^{-4} - y} = \frac{y \cdot 1,03 \cdot 10^{-4}}{1,03 \cdot 10^{-4}} = y$$

$$y = 1,26 \cdot 10^{-13} \text{ mol} \cdot \text{L}^{-1} = [S^{2-}]$$

b) Si el pH és 2, vol dir que $[H_3O^+] = 1,00 \cdot 10^{-2}$ mol $\cdot$ L^{-1}.

Plantegem la reacció de dissociació del H_2S amb les concentracions noves:

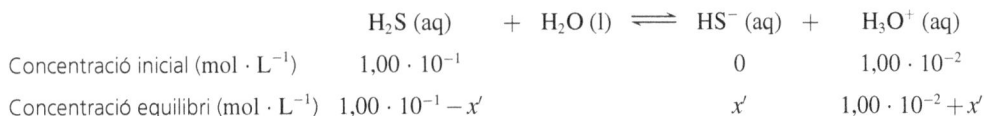

$$H_2S \text{ (aq)} \quad + \quad H_2O \text{ (l)} \rightleftharpoons \quad HS^- \text{ (aq)} \quad + \quad H_3O^+ \text{ (aq)}$$

Concentració inicial (mol $\cdot$ L^{-1}) $\quad 1,00 \cdot 10^{-1}$ $\qquad\qquad\qquad 0 \qquad\qquad 1,00 \cdot 10^{-2}$

Concentració equilibri (mol $\cdot$ L^{-1}) $\quad 1,00 \cdot 10^{-1} - x' \qquad\qquad\quad x' \qquad 1,00 \cdot 10^{-2} + x'$

$$1,07 \cdot 10^{-7} = \frac{x'(1,00 \cdot 10^{-2} + x')}{1,00 \cdot 10^{-1} - x'} = \frac{x' \cdot 1,00 \cdot 10^{-2}}{1,00 \cdot 10^{-1}}$$

$$x' = 1,07 \cdot 10^{-6} \text{ mol} \cdot \text{L}^{-1}$$

Plantegem la reacció de dissociació del HS^- amb les concentracions noves:

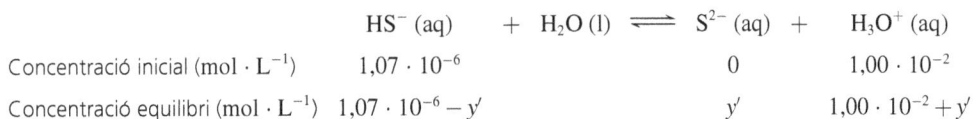

$$HS^- \text{ (aq)} \quad + \quad H_2O \text{ (l)} \rightleftharpoons \quad S^{2-} \text{ (aq)} \quad + \quad H_3O^+ \text{ (aq)}$$

Concentració inicial (mol $\cdot$ L^{-1}) $\quad 1,07 \cdot 10^{-6}$ $\qquad\qquad\qquad 0 \qquad\qquad 1,00 \cdot 10^{-2}$

Concentració equilibri (mol $\cdot$ L^{-1}) $\quad 1,07 \cdot 10^{-6} - y' \qquad\qquad\quad y' \qquad 1,00 \cdot 10^{-2} + y'$

$$1{,}26 \cdot 10^{-13} = \frac{y'(1{,}00 \cdot 10^{-2} + y')}{1{,}07 \cdot 10^{-6} - y'} = \frac{y \cdot 1{,}00 \cdot 10^{-2}}{1{,}07 \cdot 10^{-6}}$$

$$y' = 1{,}35 \cdot 10^{-17} \text{ mol} \cdot \text{L}^{-1} = \left[S^{2-} \right]$$

Veiem que una disminució del pH i, en conseqüència, un augment de $[H_3O^+]$, fa disminuir $\left[S^{2-} \right]$.

c) En mesclar les dissolucions, obtenim un volum total de 200 mL, o sigui, 0,200 L de dissolució.

A partir del valor de $\left[S^{2-} \right] = 1{,}26 \cdot 10^{-13}$ mol $\cdot$ L^{-1}, que hem obtingut en l'apartat a), calculem la nova $\left[S^{2-} \right]$ en la mescla:

$$\left[S^{2-} \right] = \frac{0{,}100 \text{ mL dissolució} \cdot \dfrac{1{,}26 \cdot 10^{-13} \text{ mol } S^{2-}}{1 \text{ L dissolució}}}{0{,}200 \text{ L dissolució}} = 6{,}30 \cdot 10^{-14} \text{ mol} \cdot \text{L}^{-1}$$

El sulfat de manganès(II) en dissolució està totalment dissociat. La $\left[Mn^{2+} \right]$ es calcula així:

$$\left[Mn^{2+} \right] = \frac{0{,}100 \text{ mL dissolució} \cdot \dfrac{1{,}00 \cdot 10^{-2} \text{ mol } Mn^{2+}}{1 \text{ L dissolució}}}{0{,}200 \text{ L dissolució}} = 5{,}00 \cdot 10^{-3} \text{ mol} \cdot \text{L}^{-1}$$

Per saber si es produirà la precipitació del sulfur de manganès(II), determinem el valor de Q_{ps}:

$$MnS \text{ (s)} \rightleftharpoons Mn^{2+} \text{ (aq)} + S^{2-} \text{ (aq)}$$

$$Q_{ps} = \left[Mn^{2+} \right]^2 \left[S^{2-} \right]$$

$$5{,}00 \cdot 10^{-3} \cdot 6{,}30 \cdot 10^{-14} = 3{,}15 \cdot 10^{-16}$$

Com que $Q_{ps} < K_{ps}$, no hi haurà precipitació de sulfur de manganès(II).

Problemes proposats

☐ Problema 9.6

La solubilitat de l'arseniat de calci és de 36,3 mg $\cdot$ L^{-1} a 30 °C. Calculeu-ne el producte de solubilitat.

[**Solució**] $6{,}81 \cdot 10^{-19}$

☐ Problema 9.7

A 25 °C la màxima quantitat de iodur de plom(II) que es pot dissoldre en 250 mL d'aigua és 0,140 g. Determineu quin és el producte de solubilitat del iodur de plom(II) en aquesta temperatura.

[**Solució**] $7{,}10 \cdot 10^{-9}$

☐ Problema 9.8

En un litre d'aigua pura a 25 °C es dissolen 0,0382 g de sulfat de plom(II). Quin és el producte de solubilitat del sulfat de plom(II) a 25 °C?

[**Solució**] $1{,}60 \cdot 10^{-8}$

Problema 9.9

El producte de solubilitat del cromat de plata, a $25\,^{\circ}C$, és d'$1{,}10 \cdot 10^{-12}$. Calculeu-ne la solubilitat en $mol \cdot L^{-1}$.

[Solució] $6{,}50 \cdot 10^{-5}\ mol \cdot L^{-1}$

Problema 9.10

Quin és el pH d'una dissolució saturada d'hidròxid de magnesi si el seu producte de solubilitat, a $25\,^{\circ}C$, val $1{,}80 \cdot 10^{-11}$?

[Solució] 10,2

Problema 9.11

El producte de solubilitat del clorur de plata a $25\,^{\circ}C$ és d'$1{,}80 \cdot 10^{-10}$. Si s'hi afegeixen 5 g de clorur de sodi a $100\ mL$ d'una dissolució saturada de clorur de plata, quina serà la concentració d'ions plata presents en la dissolució?

[Solució] $2{,}10 \cdot 10^{-10}\ mol \cdot L^{-1}$

Problema 9.12

El producte de solubilitat del clorur de plom(II) a $25\,^{\circ}C$ és d'$1{,}60 \cdot 10^{-5}$. Determineu els grams de clorur de sodi que s'han d'afegir a $100\ mL$ d'una dissolució $1{,}00 \cdot 10^{-2}\ mol \cdot L^{-1}$ d'acetat de plom per iniciar la precipitació del clorur de plom.

[Solució] 0,234 g

Problema 9.13

Determineu quants mg de l'ió Mn^{2+} es poden dissoldre en $250\ mL$ d'una dissolució d'amoníac $0{,}100\ mol \cdot L^{-1}$ sense que es produeixi la precipitació de l'hidròxid de manganès(II).

Dades: A $25\,^{\circ}C$, $K_b(NH_3) = 1{,}76 \cdot 10^{-5}$; $K_{ps}(Mn(OH)_2) = 1{,}90 \cdot 10^{-13}$

[Solució] $1{,}48 \cdot 10^{-3}\ mg$

Problema 9.14

Una dissolució saturada d'àcid bòric a $30\,^{\circ}C$ té un pH de 4,53, i se sap que la seva solubilitat a aquesta temperatura és de 6,60 g per cada 100 g d'aigua. També se sap que a $80\,^{\circ}C$ es dissolen 23,75 g d'àcid per cada 100 g d'aigua.

a) Determineu la constant d'equilibri de la primera dissociació de l'àcid bòric a $30\,^{\circ}C$.
b) Calculeu la pressió de vapor de l'esmentada dissolució saturada a $30\,^{\circ}C$. La pressió de vapor de l'aigua a $30\,^{\circ}C$ és de 31,88 mmHg.
c) Justifiqueu el caràcter exotèrmic o endotèrmic del procés de dissolució de l'àcid bòric en aigua.
d) Calculeu quants grams d'àcid bòric precipitaran quan 75 g d'una dissolució saturada a $80\,^{\circ}C$ es refredin fins a $30\,^{\circ}C$.

[Solució] a) $K_a = 8{,}14 \cdot 10^{-10}$; b) 31,22 mmHg ; d) 9,75 g

Problema 9.15

A $25\,°C$, les constants K_1 i K_2 de l'àcid sulfhídric són, respectivament, $9,1 \cdot 10^{-8}$ i $1,2 \cdot 10^{-12}$, i la seva solubilitat en aigua és $0,1\ mol \cdot L^{-1}$.

a) Calculeu el pH d'una dissolució saturada d'aquest àcid.

b) Calculeu la concentració màxima d'ions Mn^{2+} a la dissolució de l'apartat anterior, sabent que el producte de solubilitat del sulfur de manganès(II) és $1,4 \cdot 10^{-15}$.

c) Si el pH de la dissolució de l'apartat a) es fa arribar a 3,2 (afegint-hi HCl), quina serà ara la concentració d'ions Mn^{2+}? Comenteu les diferències amb la quantitat obtinguda en l'apartat b).

[Solució]   a) $pH = 4,02$; b) $1,17 \cdot 10^{-3}\ mol \cdot L^{-1}$; c) $0,051\ mol \cdot L^{-1}$

Problema 9.16

Una dissolució conté ions Mn^{2+} i Cu^{2+}, cadascun a la concentració de $2,00 \cdot 10^{-4}\ mol \cdot L^{-1}$, i àcid clorhídric $3,00 \cdot 10^{-3}\ mol \cdot L^{-1}$. Aquesta dissolució es satura amb àcid sulfhídric. En aquestes condicions, precipitaran els sulfurs d'ambdós ions o només un dels sulfurs?

Dades: solubilitat de l'àcid sulfhídric $= 0,100\ mol \cdot L^{-1}$; constants de dissociació de l'àcid sulfhídric a $25\,°C: K_{a1} = 1,07 \cdot 10^{-7}; K_{a2} = 1,26 \cdot 10^{-13}; K_{ps}(CuS) = 6,30 \cdot 10^{-36}; K_{ps}(MnS) = 2,50 \cdot 10^{-13}$

[Solució]   Sulfur de coure i no precipita el sulfur de manganès

Problema 9.17

Quina serà la $[OH^-]$ necessària perquè comencin a precipitar els ions Mg^{2+} i Al^{3+} en dissolucions $0,200\ mol \cdot L^{-1}$ dels clorurs respectius?

Dades: $K_{ps}(Mg(OH)_2) = 1,80 \cdot 10^{-11}; K_{ps}(Al(OH)_3) = 1,30 \cdot 10^{-33}$

[Solució]   Per a $[OH^-] = 9,49 \cdot 10^{-6}\ mol \cdot L^{-1}$ comença a precipitar el $Mg(OH)_2$.
Per a $[OH^-] = 1,87 \cdot 10^{-11}\ mol \cdot L^{-1}$ comença a precipitar el $Al(OH)_3$.

Problema 9.18

Calculeu $[Ag^+]$ en una dissolució preparada dissolent 1,99 g de $K[Ag(CN)_2]$ en 100,0 mL de dissolució, sabent que K_f de l'ió $[Ag(CN)_2]^-$ és $5,01 \cdot 10^{21}$.

[Solució] $[Ag^+] = 1,71 \cdot 10^{-8}\ mol \cdot L^{-1}$

Problema 9.19

A 1 L de dissolució d'amoníac en la qual $[NH_3] = 0,0870\ mol \cdot L^{-1}$, s'hi afegeixen 0,100 mol $AgNO_3$. Calculeu $[Ag^+]$ i $[NH_3]$ de la dissolució si K_f de l'ió $[Ag(NH_3)]^+$ és $1,12 \cdot 10^7$.

[Solució] $[Ag^+] = 5,66 \cdot 10^{-2}\ mol \cdot L^{-1}$; $[NH_3] = 2,62 \cdot 10^{-4}\ mol \cdot L^{-1}$

Problema 9.20

El bromur de plata que no reacciona en els films fotogràfics es pot eliminar rentant-los amb una dissolució de $Na_2S_2O_3$ segons la reacció:

$$AgBr\,(s) + 2\,S_2O_3^{2-}\,(aq) \;\rightleftharpoons\; [Ag(S_2O_3)_2]^{3-}\,(aq) + Br^-\,(aq)$$

Calculeu la constant d'equilibri d'aquesta reacció a 25 °C.

Dades: $K_{ps}(AgBr) = 5,00 \cdot 10^{-13}$; $K_f([Ag(S_2O_3)_2]^{3-}) = 2,88 \cdot 10^{13}$.

[Solució] 14,4

Problema 9.21

Una dissolució d'amoníac $0,1$ mol $\cdot$ L^{-1} se solidifica a $-0,188$ °C i la seva densitat és d'1 g/mL ($K_c H_2O = 1,855$ °C $\cdot$ kg $\cdot$ mol^{-1}).

a) Calculeu el pH de la dissolució i K_b de l'amoníac.

b) Calculeu el pH en el punt d'equivalència si es valoren 100 mL de la dissolució anterior amb àcid clorhídric $0,2$ mol $\cdot$ L^{-1}.

c) Si el producte de solubilitat del $Mg(OH)_2$ a 25 °C és d'$1,80 \cdot 10^{-11}$, es poden dissoldre $0,01$ mol Mg^{2+} en $1,00$ L de la dissolució d'amoníac $0,100$ mol $\cdot$ L^{-1}? Com varia la solubilitat del $Mg(OH)_2$ en augmentar el pH?

[Solució] a) pH $= 11,13$; $K_b = 1,85 \cdot 10^{-5}$; b) pH $= 5,09$; c) No

Problema 9.22

Si disposem de 250 mL d'una dissolució $0,100$ mol $\cdot$ L^{-1} d'amoníac, calculeu:

a) El pH de la dissolució.

b) El pH si a la dissolució anterior hi afegim 100 mL d'una dissolució $0,200$ mol $\cdot$ L^{-1} de clorur d'amoni.

c) El pH si a la dissolució inicial hi afegim 250 mL d'àcid clorhídric $0,100$ mol $\cdot$ L^{-1}.

d) Els mil·ligrams de Mn^{2+} que hi pot haver dissolts en la dissolució original sense que es produeixi precipitació en forma de $Mn(OH)_2$.

Dades: A 25 °C : $K_b(NH_3) = 1,76 \cdot 10^{-5}$; $K_{ps}\,Mn(OH)_2 = 1,90 \cdot 10^{-13}$

[Solució] a) pH $= 11,13$; b) pH $= 9,34$; c) pH $= 5,27$; d) $1,43 \cdot 10^{-3}$ mg

Problema 9.23

Preparem 200 mL d'una dissolució d'amoníac de concentració $0,14$ mol $\cdot$ L^{-1}, la densitat de la qual es pot considerar $1,00$ g/mL. Calculeu:

a) El pH.

b) El pH de la dissolució resultant d'afegir als 200 mL de la dissolució d'amoníac, $50,0$ mL d'una d'àcid clorhídric $0,200$ mol $\cdot$ L^{-1}.

c) El K_{ps} de l'hidròxid de magnesi, si en la dissolució original (200 mL d'amoníac) es poden dissoldre com a màxim $1,46 \cdot 10^{-6}$ mols d'ions magnesi(II) sense que es produeixi precipitació de l'hidròxid.

Dades: $K_b(NH_3) = 1,76 \cdot 10^{-5}$

[Solució] a) pH $= 11,2$; b) pH $= 9,25$; c) $K_{ps} = 1,80 \cdot 10^{-11}$

Problema 9.24

Una dissolució d'un àcid orgànic monopròtic té un pH de 4,20.

a) Quants mg de ions Al^{3+} hi podria haver dissolts en 200 mL d'aquest àcid?

b) Es valoren 20 mL de l'àcid amb KOH 0,01 M i se'n gasten 43,0 mL. Quina és la concentració d'aquest àcid?

c) Calculeu el pH en el punt d'equivalència de la valoració anterior.

Dades: K_{ps} $(Al(OH)_3) = 3 \cdot 10^{-34}$

[Solució]   a) 0,41 mg ;   b) 0,02 mol $\cdot$ L^{-1} ;   c) pH = 9,28

Annex 9.1

Taula 1 Constants del producte de solubilitat[3]

Nom del compost	Fórmula	K_{ps}
hidròxid d'alumini	$Al(OH)_3$	$1,30 \cdot 10^{-33}$
fluorur de bari	BaF_2	$1,00 \cdot 10^{-6}$
arseniat de calci	$Ca_3(AsO_4)_2$	$6,80 \cdot 10^{-19}$
sulfat de calci	$CaSO_4$	$9,10 \cdot 10^{-6}$
iodur de coure(I)	CuI	$1,10 \cdot 10^{-12}$
hidròxid de coure(II)	$Cu(OH)_2$	$2,20 \cdot 10^{-20}$
sulfur de coure(II)	CuS	$6,30 \cdot 10^{-36}$
fluorur de magnesi	MgF_2	$6,50 \cdot 10^{-9}$
hidròxid de magnesi	$Mg(OH)_2$	$1,80 \cdot 10^{-11}$
hidròxid de manganès(II)	$Mn(OH)_2$	$1,90 \cdot 10^{-13}$
sulfur de manganès(II) amorf	MnS	$2,50 \cdot 10^{-10}$
sulfur de manganès(II) cristal·lí	MnS	$2,50 \cdot 10^{-13}$
bromur de plata	$AgBr$	$5,00 \cdot 10^{-13}$
clorur de plata	$AgCl$	$1,80 \cdot 10^{-10}$
cromat de plata	Ag_2CrO_4	$1,10 \cdot 10^{-12}$
clorur de plom(II)	$PbCl_2$	$1,60 \cdot 10^{-5}$
iodur de plom(II)	PbI_2	$7,10 \cdot 10^{-9}$
sulfat de plom(II)	$PbSO_4$	$1,60 \cdot 10^{-4}$

---

[3] Valors extrets de Lange's handbook of chemistry; John A. Dean; 14a edició; Ed. McGraw-Hill (1992).

10 Electroquímica

L'electroquímica és la part de la química que estudia les reaccions químiques espontànies per produir electricitat, les piles galvàniques. També estudia la utilització de l'energia elèctrica per provocar reaccions químiques no espontànies, els processos electrolítics.

S'anomena **cel·la electroquímica** el dispositiu en el qual es produeixen aquests processos.

Una pila galvànica és una cel·la electroquímica en què una reacció química redox espontània s'utilitza per generar un corrent elèctric. Un conjunt de piles galvàniques unides en sèrie, tècnicament, s'anomena **bateria**.

Les reaccions redox amb una variació d'energia lliure de reacció positiva no són espontànies, però es pot utilitzar un corrent elèctric per forçar-les. Aquest procés s'anomena **electròlisi**. La cel·la electroquímica on es produeix l'electròlisi s'anomena **cel·la electrolítica**.

10.1 Piles galvàniques

La reacció redox següent: $CuSO_4 \, (aq) + Zn \, (s) \longrightarrow Cu \, (s) + ZnSO_4 \, (aq)$, és espontània. Si s'introdueix una placa de zinc en una dissolució de sulfat de coure, els ions $Cu^{2+} \, (aq)$ són desplaçats de la dissolució blava del sulfat i es dipositen com a coure metàl·lic sobre la placa de zinc. El zinc s'incorpora a la dissolució com a ió $Zn^{2+} \, (aq)$. Les semireaccions que hi tenen lloc són:

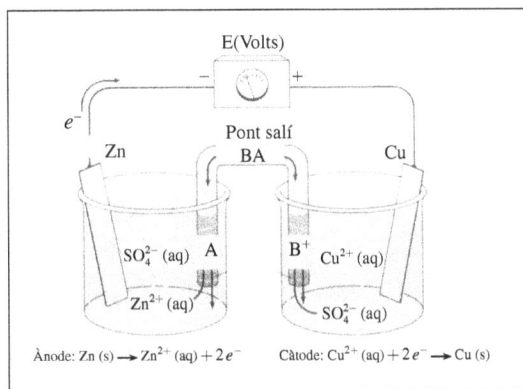

Oxidació: $\qquad\qquad Zn \, (s) \longrightarrow Zn^{2+} \, (aq) + 2 \, e^-$

Reducció: $Cu^{2+} \, (aq) + 2 \, e^- \longrightarrow Cu \, (s)$

Es produeix una transferència directa de dos electrons entre el $Zn \, (s)$ i el $Cu^{2+} \, (aq)$.

Per construir una pila galvànica que es basi en aquesta reacció, se separen les dues semireaccions en compartiments, s'estableix una connexió externa (per transportar els electrons) i es col·loca un pont salí (dissolució concentrada d'un electròlit fort). Si s'intercala un voltímetre, es pot mesurar el potencial de la pila. A la figura següent, es representa l'esquema de la pila.

Fig. 10.1 Esquema de la pila Zn/Cu, anomenada pila Daniell.

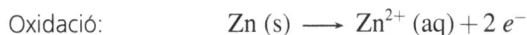

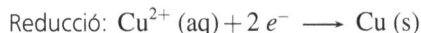

Descripció i consideracions generals en les piles galvàniques

1) Cadascun dels compartiments on es produeixen les semireaccions és una semipila. Una semipila conté la forma oxidada i la reduïda d'un element o altres espècies: Cu (s) i Cu^{2+} (aq), Zn (s) i Zn^{2+} (aq), $Cr_2O_7^{2-}$ (aq) i Cr^{3+} (aq), etc.

Exemple 1

En la pila descrita en la figura 10.1, una semipila conté Cu (s) i Cu^{2+} (aq), i l'altra Zn (s) i Zn^{2+} (aq).

2) Les superfícies on tenen lloc les semireaccions s'anomenen **elèctrodes**, i poden participar en la reacció o no. Els que no hi participen són elèctrodes inerts.

L'elèctrode on té lloc la semireacció d'oxidació és l'ànode de la pila i se li assigna polaritat negativa. L'elèctrode on té lloc la semireacció de reducció és el càtode de la pila i se li assigna polaritat positiva.

Exemple 2

En la pila descrita en la figura 10.1, els elèctrodes són:

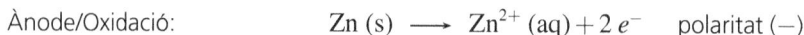

$$\text{Ànode/Oxidació:} \qquad Zn\ (s) \longrightarrow Zn^{2+}\ (aq) + 2\ e^- \qquad \text{polaritat } (-)$$

$$\text{Càtode/Reducció:} \quad Cu^{2+}\ (aq) + 2\ e^- \longrightarrow Cu\ (s) \qquad \text{polaritat } (+)$$

3) En una pila hi ha circulació d'electrons si estan connectats tant els elèctrodes (per un fil conductor) com les dissolucions (mitjançant un pont salí, membrana...). D'aquesta manera hi ha un flux continu de partícules carregades.

4) El pont salí és un tub de vidre, en forma de U, que connecta les dues dissolucions de les semipiles i conté una dissolució concentrada d'un electròlit fort. El pont salí permet la circulació d'ions entre les dues dissolucions i així es manté la neutralitat elèctrica entre elles.

5) Quan la pila funciona, els electrons surten de l'ànode pel circuit extern (cable metàl·lic) fins al càtode. Aquest és el sentit dels electrons en una pila galvànica. Un voltímetre situat en el camí dels electrons mesura la diferència de potencial entre els elèctrodes. Aquesta diferencia de potencial s'anomena **força electromotriu** (fem) o voltatge de la pila; es representa per E i la seva unitat es el volt (V).

6) La reacció redox que té lloc en una pila realitza un treball elèctric a causa del moviment dels electrons. Aquest treball es pot calcular així:

$$w_{\text{elec}} = n \cdot F \cdot E \tag{10.1}$$

En què:

$n =$ nombre de mols d'electrons transferits entre els elèctrodes;

F (constant de Faraday) $= 96.500\ C \cdot mol^{-1}$ (càrrega elèctrica d'un mol electrons);

$E =$ voltatge, potencial o força electromotriu de la pila.

La variació d'energia lliure de la reacció es relaciona amb el treball elèctric que realitza la pila mitjançant l'equació següent:

$$w_{\text{elec}} = -\Delta G \tag{10.2}$$

així, doncs:

$$\Delta G = -n \cdot F \cdot E \qquad (10.3)$$

En una pila en la qual tots els reactius i els productes estan en els seus estats termodinàmics estàndard: dissolucions amb concentració $1 \ mol \cdot L^{-1}$ i pressió parcial dels gasos 1 atm, l'equació 10.3 queda així:

$$\Delta G° = -n \cdot F \cdot E° \qquad (10.4)$$

En què:

$\Delta G°$ = variació d'energia lliure estàndard de la reacció redox considerada

$E°$ = força electromotriu estàndard de la pila

En la pila descrita en la figura 10.1, amb concentracions $1 \ mol \cdot L^{-1}$ per a les dissolucions de $CuSO_4$ i $ZnSO_4$, es mesura una força electromotriu d'1,100 V.

7) La notació d'una pila és una manera de descriure-la. Per fer-ho, se segueixen les normes següents:

a) Primer s'escriu l'ànode, elèctrode on té lloc l'oxidació.

b) La separació entre dues fases (per exemple, entre un elèctrode i una dissolució) s'indica amb una línia vertical: —|—. Les espècies diferents de la mateixa semipila es separen per una coma.

c) La separació entre les semipiles (generalment, un pont salí) es representa amb una doble línia vertical (||).

d) Finalment s'escriu el càtode, elèctrode on té lloc la reducció, seguint les mateixes normes que per a l'ànode.

Exemple 3

Quina és la notació de la pila descrita en la figura 10.1?

[Solució]

La notació de la pila és: $Zn \ (s) | Zn^{2+} \ (1 \ mol \cdot L^{-1}) \| Cu^{2+} \ (1 \ mol \cdot L^{-1}) | Cu \ (s)$

Exemple 4

Per a la reacció redox següent en condicions estàndard:

$$Cd \ (s) + Cu^{2+} \ (aq) \longrightarrow Cd^{2+} \ (aq) + Cu \ (s)$$

Quina és la notació de la pila que es pot construir a partir de la reacció anterior?

[Solució]

Les semireaccions que hi tenen lloc són:

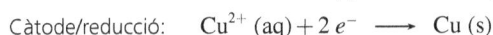

Ànode/oxidació: $\quad Cd \ (s) \longrightarrow Cd^{2+} \ (aq) + 2 \ e^-$

Càtode/reducció: $\quad Cu^{2+} \ (aq) + 2 \ e^- \longrightarrow Cu \ (s)$

La notació de la pila és: $Cd \ (s) | Cd^{2+} (1 \ mol \cdot L^{-1}) \| Cu^{2+} (1 \ mol \cdot L^{-1}) | Cu \ (s)$.

Exemple 5

Donada la notació de pila següent:

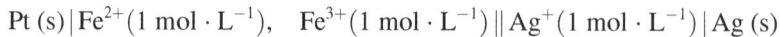

$$\text{Pt (s)} | \text{Fe}^{2+}(1 \text{ mol} \cdot \text{L}^{-1}), \quad \text{Fe}^{3+}(1 \text{ mol} \cdot \text{L}^{-1}) \| \text{Ag}^+(1 \text{ mol} \cdot \text{L}^{-1}) | \text{Ag (s)}$$

Quines són les semireaccions de la pila i l'equació global redox que hi correspon?

[Solució]

Segons la notació, l'ànode d'aquesta pila és el Pt (s), el qual no intervé en la semireacció (elèctrode inert); en la seva superfície té lloc l'intercanvi d'electrons. En la semireacció de l'ànode intervenen les dues espècies en dissolució, els ions Fe^{2+} i Fe^{3+}. Les dues semireaccions són:

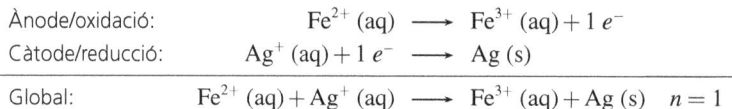

Ànode/oxidació:	$\text{Fe}^{2+} \text{ (aq)} \longrightarrow \text{Fe}^{3+} \text{ (aq)} + 1\,e^-$
Càtode/reducció:	$\text{Ag}^+ \text{ (aq)} + 1\,e^- \longrightarrow \text{Ag (s)}$
Global:	$\text{Fe}^{2+} \text{ (aq)} + \text{Ag}^+ \text{ (aq)} \longrightarrow \text{Fe}^{3+} \text{ (aq)} + \text{Ag (s)} \quad n = 1$

10.2 Potencial estàndard d'elèctrode (potencial estàndard de reducció)

Per conveni internacional, un potencial estàndard d'elèctrode mesura la tendència que es produeixi una semireacció de reducció en un elèctrode considerat.

Per assignar valors de potencial estàndard d'elèctrode, es pren com a referència una semipila escollida arbitràriament. L'elèctrode de referència acceptat universalment és l'elèctrode normal d'hidrogen (**ENH**).

Per a aquest elèctrode la notació se la semipila és:

$$\text{Pt} | \text{H}_2 \, (1 \text{ atm}) | \text{H}^+ (1 \text{ mol} \cdot \text{L}^{-1})$$

Les dues línies verticals signifiquen que hi ha presents tres fases: platí sòlid, hidrogen gasós i ió hidrogen en dissolució. La semireacció implicada és:

$$2 \, \text{H}^+ \text{ (aq)} + 2 \, e^- \longrightarrow \text{H}_2 \text{ (g)}$$

A aquest elèctrode se li assigna, per conveni, un potencial estàndard d'elèctrode zero, $E^\circ (\text{H}^+/\text{H}_2) = 0 \text{ V}$.

En la determinació dels potencials estàndard d'elèctrode, les espècies iòniques presents en la dissolució tenen una concentració $1 \text{ mol} \cdot \text{L}^{-1}$, i els gasos estan a la pressió d'una atmosfera. Si no hi ha cap substància metàl·lica, el potencial s'estableix sobre un elèctrode inert com el platí.

L'Annex 10.1 recull una llista de valors de potencials estàndard d'elèctrode mesurats a $25\,^\circ\text{C}$. Els valors utilitzats per als diferents exercicis i problemes d'aquest capítol són els que figuren en aquest annex.

A cada semireacció de reducció hi correspon un potencial d'elèctrode. Com més gran sigui el valor d'aquest potencial, més tendència hi ha que tingui lloc la reducció.

Exemple 6

Quin d'aquests dos metalls, zinc o coure, té més tendència a reduir-se (a captar electrons)?

Com que $E°(Cu^{2+}/Cu) = 0,337$ V és més gran que $E°(Zn^{2+}/Zn) = -0,763$ V, el coure té més tendència a captar electrons.

10.3 Potencial estàndard d'una pila ▬▬▬▬▬▬▬▬▬▬▬▬▬▬▬▬▬

El potencial d'una pila, també anomenat **força electromotriu** o **voltatge de la pila**, es pot determinar experimentalment.

En la pila de la figura 10.1, el voltímetre col·locat en el camí dels electrons mesura el potencial estàndard de la pila, $E° = 1,100$ V. Aquest $E°$ mesurat correspon a la suma dels dos potencials de semipila de la reacció redox considerada:

$$E° = E°_{oxi} + E°_{red} \qquad (10.5)$$

També es pot determinar el valor del potencial d'una pila a partir dels valors dels potencials d'elèctrode estàndard tabulats.

Exemple 7

A partir dels valors de potencial d'elèctrode següents:

$$E°(Cr_2O_7^{2-}/Cr^{3+}) = 1,232 \text{ V} \quad \text{i} \quad E°(Fe^{3+}/Fe^{2+}) = 0,771 \text{ V},$$

quin serà el valor de $E°$ de la reacció, que té lloc en medi àcid? Escriviu la reacció global.

Com que $E°(Cr_2O_7^{2-}/Cr^{3+}) > E°(Fe^{3+}/Fe^{2+})$, les reaccions que tenen lloc en medi àcid són:

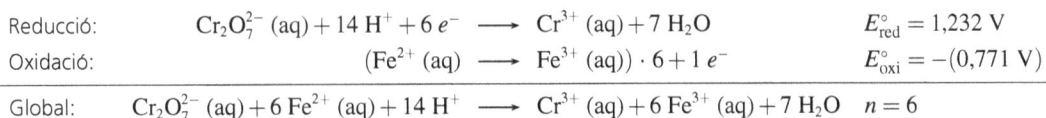

Reducció: $\quad Cr_2O_7^{2-} \text{ (aq)} + 14 \text{ H}^+ + 6 \, e^- \longrightarrow Cr^{3+} \text{ (aq)} + 7 \text{ H}_2O \qquad E°_{red} = 1,232$ V

Oxidació: $\quad (Fe^{2+} \text{ (aq)} \longrightarrow Fe^{3+} \text{ (aq)}) \cdot 6 + 1 \, e^- \qquad E°_{oxi} = -(0,771 \text{ V})$

Global: $\quad Cr_2O_7^{2-} \text{ (aq)} + 6 \, Fe^{2+} \text{ (aq)} + 14 \text{ H}^+ \longrightarrow Cr^{3+} \text{ (aq)} + 6 \, Fe^{3+} \text{ (aq)} + 7 \text{ H}_2O \quad n = 6$

Apliquem l'equació 10.5: $E° = -0,771 \text{ V} + 1,232 \text{ V} = 0,522$ V

Exemple 8

Quin és el valor de $E°$ per la reacció en la qual el Cl_2 (g) oxida el Cr^{2+} (aq) a Cr^{3+} (aq)?

La reacció que té lloc és: $\quad Cl_2 \text{ (g)} + Cr^{2+} \text{ (aq)} \longrightarrow Cl^- \text{ (aq)} + Cr^{3+} \text{ (aq)}$

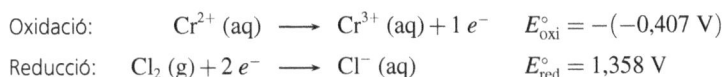

Oxidació: $\quad Cr^{2+} \text{ (aq)} \longrightarrow Cr^{3+} \text{ (aq)} + 1 \, e^- \qquad E°_{oxi} = -(-0,407 \text{ V})$

Reducció: $\quad Cl_2 \text{ (g)} + 2 \, e^- \longrightarrow Cl^- \text{ (aq)} \qquad E°_{red} = 1,358$ V

Apliquem l'equació 10.5: $E° = 0,407 \text{ V} + 1,358 \text{ V} = 1,765$ V

Exemple 9

Per a la pila $Cd\,(s)\,|\,Cd^{2+}(1\,mol\cdot L^{-1})\,\|\,Cu^{2+}(1\,mol\cdot L^{-1})\,|\,Cu\,(s)$, s'ha mesurat una $E^{\circ}=0{,}740$ V. Si $E^{\circ}\,Cu^{2+}/Cu=0{,}337$ V, quin és el valor del potencial d'elèctrode $E^{\circ}\,Cd^{2+}/Cd$?

[Solució]

A partir de la notació de la pila, les reaccions que hi tenen lloc són:

Ànode/oxidació:	$Cd\,(s)\ \longrightarrow\ Cd^{2+}\,(aq)+2\,e^{-}$	E°_{oxi}
Càtode/reducció:	$Cu^{2+}\,(aq)+2\,e^{-}\ \longrightarrow\ Cu\,(s)$	$E^{\circ}_{red}=0{,}337$V

Apliquem l'equació 10.5:

$$0{,}740\ V = E^{\circ}_{oxi}+0{,}337\ V; \quad E^{\circ}_{oxi}=0{,}403\ V \quad i \quad E^{\circ}\,Cd^{2+}/Cd=-0{,}403\ V$$

10.4 Potencial de pila i processos espontanis en les reaccions redox

El criteri d'espontaneïtat per a un procés químic és: $\Delta G<0$. Per a les reaccions redox, hem de considerar les equacions següents:

$$\Delta G = -n\cdot F\cdot E \tag{10.3}$$

$$\Delta G^{\circ} = -n\cdot F\cdot E^{\circ} \tag{10.4}$$

Veiem que una reacció redox és espontània, i es pot construir una pila que es basi en la reacció redox implicada, si $E>0$ i $E^{\circ}>0$.

Exemple 10

Quina o quines de les reaccions químiques següents és espontània?

a) $KBr\,(aq)+Cl_2\,(aq)\ \longrightarrow\ ?$

b) $KCl\,(aq)+Br_2\,(aq)\ \longrightarrow\ ?$

[Solució]

a) Les semireaccions són:

Oxidacció:	$2\,Br^{-}\,(aq)\ \longrightarrow\ Br_2\,(aq)+2\,e^{-}$	
Reducció:	$Cl_2\,(aq)+2\,e^{-}\ \longrightarrow\ 2\,Cl^{-}\,(aq)$	

Apliquem l'equació 10.5, i substituïm els valors adequats de l'Annex 10.1,

$$E^{\circ}=-(1{,}087\ V)+1{,}358\ V=0{,}271\ V,$$

Com que $E^{\circ}>0$, la reacció és espontània.

b) Oxidacció: $\quad 2\,Cl^{-}\,(aq)\ \longrightarrow\ Cl_2\,(aq)+2\,e^{-}$

Reducció: $\quad Br_2\,(aq)+2\,e^{-}\ \longrightarrow\ 2\,Br^{-}\,(aq)$

Apliquem l'equació 10.5:

$$E° = -(1,358 \text{ V}) + 1,087 \text{ V} = -0,271 \text{ V},$$

Com que $E° < 0$, la reacció no és espontània.

La reacció global de l'apartat a) és: $2 \text{ Br}^- (\text{aq}) + \text{Cl}_2 (\text{aq}) \longrightarrow \text{Br}_2 (\text{aq}) + 2 \text{ Cl}^- (\text{aq})$.

Si es muntés una pila basada en aquesta reacció, l'ànode seria Br^-/Br_2, i el càtode, Cl_2/Cl^-.

Exemple 11

Quin halur o quins halurs, X^-, reaccionaran amb el nitrit de sodi en dissolució àcida segons la reacció següent:

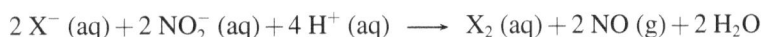

$$2 \text{ X}^- (\text{aq}) + 2 \text{ NO}_2^- (\text{aq}) + 4 \text{ H}^+ (\text{aq}) \longrightarrow \text{X}_2 (\text{aq}) + 2 \text{ NO} (\text{g}) + 2 \text{ H}_2\text{O}$$

[Solució]

Les semireaccions són:

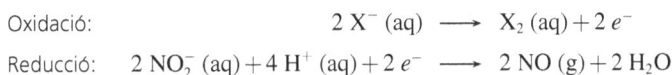

Oxidació: $\qquad\qquad\qquad 2 \text{ X}^- (\text{aq}) \longrightarrow \text{X}_2 (\text{aq}) + 2 \, e^-$

Reducció: $\quad 2 \text{ NO}_2^- (\text{aq}) + 4 \text{ H}^+ (\text{aq}) + 2 \, e^- \longrightarrow 2 \text{ NO} (\text{g}) + 2 \text{ H}_2\text{O}$

Apliquem l'equació 10.4, i hi substituïm els valors adequats de l'annex 10.1:

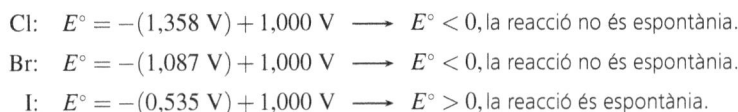

Cl: $\quad E° = -(1,358 \text{ V}) + 1,000 \text{ V} \longrightarrow E° < 0$, la reacció no és espontània.

Br: $\quad E° = -(1,087 \text{ V}) + 1,000 \text{ V} \longrightarrow E° < 0$, la reacció no és espontània.

I: $\quad E° = -(0,535 \text{ V}) + 1,000 \text{ V} \longrightarrow E° > 0$, la reacció és espontània.

Només el ió iodur reacciona amb el nitrit, i la reacció que tindrà lloc és:

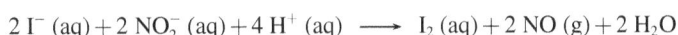

$$2 \text{ I}^- (\text{aq}) + 2 \text{ NO}_2^- (\text{aq}) + 4 \text{ H}^+ (\text{aq}) \longrightarrow \text{I}_2 (\text{aq}) + 2 \text{ NO} (\text{g}) + 2 \text{ H}_2\text{O}$$

Exemple 12

Quins metalls són oxidats per l'àcid clorhídric?

[Solució]

L'agent oxidant és el H^+. Les reaccions que tenen lloc en el procés d'oxidació d'un metall (M) són:

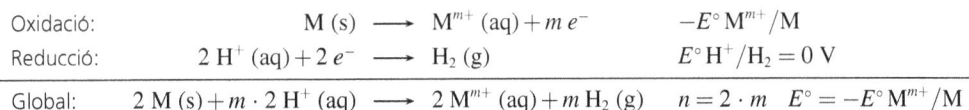

Oxidació: $\qquad\qquad M (\text{s}) \longrightarrow M^{m+} (\text{aq}) + m \, e^- \qquad -E° \, M^{m+}/M$

Reducció: $\qquad 2 \text{ H}^+ (\text{aq}) + 2 \, e^- \longrightarrow H_2 (\text{g}) \qquad E° \, H^+/H_2 = 0 \text{ V}$

Global: $\quad 2 \text{ M} (\text{s}) + m \cdot 2 \text{ H}^+ (\text{aq}) \longrightarrow 2 \text{ M}^{m+} (\text{aq}) + m \, H_2 (\text{g}) \qquad n = 2 \cdot m \quad E° = -E° \, M^{m+}/M$

D'acord amb el criteri d'espontaneïtat, $E° > 0$, només els metalls amb potencial de reducció negatiu seran oxidats per l'àcid clorhídric. Tots els metalls que en l'apèndix de potencials d'elèctrode estan per sota de l'hidrogen reaccionaran amb aquest tipus d'àcids.

Exemple 13

L'àcid clorhídric oxida la plata? I l'àcid nítric?

[Solució]

D'acord amb l'exemple 12, com que el potencial de reducció de la plata $(E° \, Ag^+/Ag = 0,800 \, V)$ és positiu, la plata no és oxidada per l'àcid clorhídric. En l'àcid nítric, l'anió NO_3^- és més oxidant que el ió H^+, té un potencial de reducció més positiu. L'anió NO_3^- pot oxidar la plata en medi àcid . Les semireaccions i la reacció global són les següents:

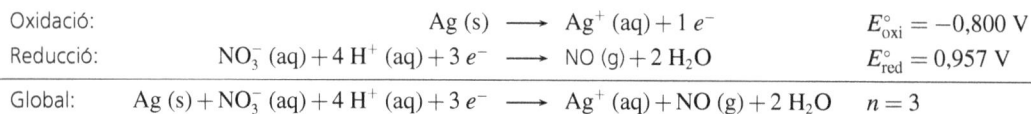

Oxidació:	$Ag \, (s) \longrightarrow Ag^+ \, (aq) + 1 \, e^-$		$E_{oxi}° = -0,800 \, V$
Reducció:	$NO_3^- \, (aq) + 4 \, H^+ \, (aq) + 3 \, e^- \longrightarrow NO \, (g) + 2 \, H_2O$		$E_{red}° = 0,957 \, V$

Global:	$Ag \, (s) + NO_3^- \, (aq) + 4 \, H^+ \, (aq) + 3 \, e^- \longrightarrow Ag^+ \, (aq) + NO \, (g) + 2 \, H_2O$	$n = 3$

Apliquem l'equació 10.5 i resulta que $E° = 0,157 \, V$; per tant, la reacció és espontània. La plata és oxidada per l'àcid nítric.

10.5 Equació de Nernst

Aquesta equació permet calcular la força electromotriu d'una pila quan les concentracions de reactius i productes són diferents de les concentracions estàndard.

A partir de l'equació termodinàmica $\Delta G = \Delta G° + RT \, \ln Q$, substituint ΔG i $\Delta G°$ les equacions 10.3 i 10.4, l'equació queda així:

$$-n \cdot F \cdot E = -n \cdot F \cdot E° + RT \, \ln Q \tag{10.6}$$

Dividint per $-nF$, s'obté:

$$E = E° - \frac{RT}{nF} \cdot \ln Q \tag{10.7}$$

En què:

$E =$ Voltatge de la pila en les condicions considerades

$E° =$ Voltatge de la pila en condicions estàndard

$R = 8,314 \, J \cdot mol^{-1} \cdot K^{-1}$

$T =$ temperatura

$F = 96.500 \, C \cdot mol^{-1}$

$n =$ nombre de mols d'electrons transferits en la reacció redox global

$Q =$ quocient de reacció

Si el procés és a $298,15 \, K$ i es fa el canvi a logaritmes decimals, l'equació 10.7 queda així:

$$E = E° - \frac{0,0591}{n} \cdot \log Q \tag{10.8}$$

Aquesta és l'equació de Nernst en la forma en què s'aplicarà en la resolució dels exercicis i problemes d'aquest capítol.

Els valors que s'inclouen en l'expressió del quocient de reacció Q són els següents d'acord amb les consideracions termodinàmiques del capítol 7:

- Els sòlids i líquids no hi intervenen.
- Per als gasos, es tracta de la pressió parcial del gas en atmosferes.
- Per a les espècies en dissolució, és la concentració en $mol \cdot L^{-1}$.

Aquesta equació permet determinar l'influència de les concentracions en el potencial d'una pila.

Per la pila Daniell de la figura 10.1, que funciona segons la reacció:

$$Zn \ (s) + Cu^{2+} \ (aq) \ \longrightarrow \ Zn^{2+} \ (aq) + Cu \ (s)$$

amb $n = 2$, ja que s'intercanvien $2 \ e^-$, $E° = 1,10 \ V$.

L'equació 10.8 queda així:

$$E = E° - \frac{0,0591}{2} \cdot \log \frac{[Zn^{2+}]}{[Cu^{2+}]}$$

Es pot determinar la influència del quocient de reacció (Q) sobre el potencial (E) de la pila:

$[Zn^{2+}]/[Cu^{2+}]$	10^{-10}	10^{-5}	10^{-1}	1	10	10^5	10^8	10^{37}
$E(V)$	1,40	1,22	1,13	1,10	1,07	0,950	0,800	0

La casella remarcada correspon als valors de Q i $E°$ en l'estat estàndard. A partir dels valors representats a la taula, es determina que:

- Si disminueix Q, $E > E°$, és a dir, E de la pila augmenta.
- Si augmenta Q, $E < E°$, és a dir, E de la pila disminueix.

L'equació de Nernst es pot aplicar tant a semireaccions com a la reacció redox global.

Exemple 14

Per a la semireacció següent, $E°(MnO_4^-/Mn^{2+}) = 1,507 \ V$ en medi àcid. En una dissolució de $pH = 3$, quin serà el potencial de reducció de la semireacció, si les altres espècies estan en condicions estàndard?

[Solució]

Reducció: $MnO_4^- \ (aq) + 8 \ H^+ + 5 \ e^- \ \longrightarrow \ Mn^{2+} + 4 \ H_2O$

Segons 10.8:

$$E = E° - \frac{0,0591}{5} \cdot \log \frac{[Mn^{2+}]}{[MnO_4^-] \cdot [H^+]^8}$$

$$E = 1,507 \ V - \frac{0,0591}{5} \cdot \log \frac{1,00}{1,00 \cdot [1,00 \cdot 10^{-3}]^8}$$

$$E = 1,507 \ V - \frac{0,0591}{5} (24,0) = 1,22 \ V$$

El pH influeix en el valor del potencial d'elèctrode. En dissolucions menys àcides (Q més grans), implica un valor més baix del potencial de la pila.

Exemple 15

Donada la notació de pila següent:

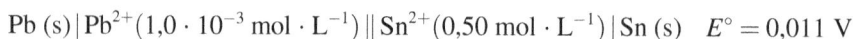

$$\text{Pb (s)} \,|\, \text{Pb}^{2+}(1{,}0 \cdot 10^{-3} \text{ mol} \cdot \text{L}^{-1}) \,\|\, \text{Sn}^{2+}(0{,}50 \text{ mol} \cdot \text{L}^{-1}) \,|\, \text{Sn (s)} \quad E^\circ = 0{,}011 \text{ V}$$

Quin és el valor de la fem de la pila?

[Solució]

Segons la notació de la pila, la reacció global que té lloc és:

$$\text{Pb (s)} + \text{Sn}^{2+} \text{(aq)} \longrightarrow \text{Pb}^{2+} \text{(aq)} + \text{Sn (s)} \quad n = 2$$

I d'acord amb l'equació 10.8:

$$E = 0{,}011 \text{ V} - \frac{0{,}0591}{2} \cdot \log \frac{1{,}0 \cdot 10^{-3}}{0{,}50}$$

$$E = 0{,}011 \text{ V} - \frac{0{,}0591}{2} (-2{,}7) = 0{,}091 \text{ V}$$

10.6 Determinació de constants d'equilibri a partir de l'equació de Nernst

Quan s'assoleix l'equilibri en una reacció química, $\Delta G = 0$ i $Q = K_{eq}$. Per a la reacció redox que té lloc a la pila, $E = 0$ V i l'equació 10.8 queda així:

$$E^\circ = \frac{0{,}0591}{n} \cdot \log K_{eq} \tag{10.9}$$

Exemple 16

Determineu, a partir de dades electroquímiques, el valor de K_{eq} a 25 °C per a la reacció d'oxidació del Fe^{2+} a Fe^{3+} pel MnO_4^- en medi àcid, si E° per a la reacció és $0{,}736$ V.

[Solució]

Oxidació:	$(\text{Fe}^{2+} \text{(aq)} \longrightarrow \text{Fe}^{3+} \text{(aq)} + 1\,e^-) \cdot 5$
Reducció:	$\text{MnO}_4^- \text{(aq)} + 8\,\text{H}^+ + 5\,e^- \longrightarrow \text{Mn}^{2+} \text{(aq)} + \text{H}_2\text{O}$
Global:	$\text{MnO}_4^- \text{(aq)} + 8\,\text{H}^+ + 5\,\text{Fe}^{2+} \text{(aq)} \longrightarrow \text{Mn}^{2+} \text{(aq)} + \text{Fe}^{3+} \text{(aq)} + 4\,\text{H}_2\text{O} \quad n = 5$

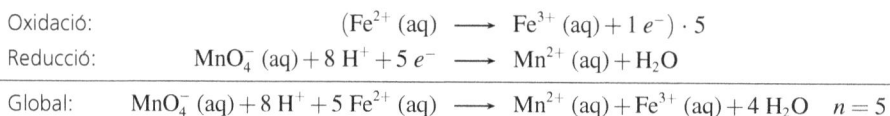

Apliquem l'equació 10.9:

$$0{,}736 = \frac{0{,}0591}{5} \cdot \log K_{eq}; \qquad K_{eq} = 1{,}99 \cdot 10^{62}$$

Aquest valor tant alt de la constant indica que la pila està descarregada gairebé del tot quan la reacció s'ha completat.

Utilització de mesures electrolítiques per determinar concentracions

A partir del voltatge mesurat en una pila i aplicant l'equació de Nernst, es pot determinar una concentració desconeguda d'un ió en una dissolució determinada.

Exemple 17

Donada la pila següent:

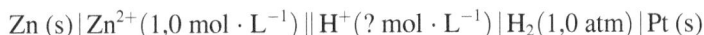

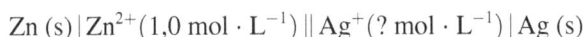

$$\text{Zn (s)} \,|\, \text{Zn}^{2+}(1{,}0 \text{ mol} \cdot \text{L}^{-1}) \,\|\, \text{H}^+(? \text{ mol} \cdot \text{L}^{-1}) \,|\, \text{H}_2(1{,}0 \text{ atm}) \,|\, \text{Pt (s)}$$

S'ha mesurat un potencial de pila $E = 0{,}522$ V.

Si $E° = 0{,}763$ V, quina és la concentració de H^+ en el càtode? Quin és el pH en aquesta semipila?

[Solució]

A partir de la notació de la pila, la reacció que té lloc és:

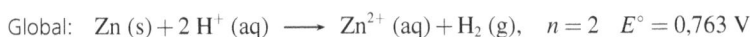

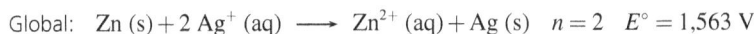

$$\text{Global:} \quad \text{Zn (s)} + 2 \text{ H}^+ \text{ (aq)} \longrightarrow \text{Zn}^{2+} \text{ (aq)} + \text{H}_2 \text{ (g)}, \quad n = 2 \quad E° = 0{,}763 \text{ V}$$

Segons l'equació 10.8:

$$E = E° - \frac{0{,}0591}{2} \cdot \log \frac{[\text{Zn}^{2+}] \cdot P_{\text{H}_2}}{[\text{H}^+]^2}$$

$$0{,}522 \text{ V} = 0{,}763 \text{ V} - \frac{0{,}0591}{2} \cdot \log \frac{1{,}0 \cdot 1{,}0}{[\text{H}^+]^2}$$

Resolem l'equació i resulta que $[\text{H}^+] = 8{,}4 \cdot 10^{-5}$ mol $\cdot$ L^{-1}. Així, doncs, el pH és 4,08.

Aquesta mesura electroquímica permet determinar el pH d'una dissolució.

Exemple 18

Donada la pila següent:

$$\text{Zn (s)} \,|\, \text{Zn}^{2+}(1{,}0 \text{ mol} \cdot \text{L}^{-1}) \,\|\, \text{Ag}^+(? \text{ mol} \cdot \text{L}^{-1}) \,|\, \text{Ag (s)}$$

En la semipila de l'elèctrode de plata, s'afegeix un excés de HCl per fer precipitar AgCl. La $[\text{Cl}^-]$ sobre l'elèctrode és $0{,}10$ mol $\cdot$ L^{-1}. En aquestes condicions, la pila marca $1{,}040$ V. Trobeu la $[\text{Ag}^+]$. Quin és el valor de la constant del producte de solubilitat del AgCl?

[Solució]

A partir de la notació de la pila, la reacció que té lloc és:

$$\text{Global:} \quad \text{Zn (s)} + 2 \text{ Ag}^+ \text{ (aq)} \longrightarrow \text{Zn}^{2+} \text{ (aq)} + \text{Ag (s)} \quad n = 2 \quad E° = 1{,}563 \text{ V}$$

D'acord amb l'equació 10.8:

$$E = E° - \frac{0{,}0591}{2} \cdot \log \frac{[\text{Zn}^{2+}]}{[\text{Ag}^+]^2}$$

$$1{,}040 \text{ V} = 1{,}563 \text{ V} - \frac{0{,}0591}{2} \cdot \log \frac{1{,}0}{[Ag^+]^2}$$

Obtenim $[Ag^+] = 1{,}4 \cdot 10^{-9} \text{ mol} \cdot \text{L}^{-1}$. A partir d'aquesta concentració es pot calcular K_{ps} del $AgCl$:

$$K_{ps} = [Ag^+] \cdot [Cl^-] \quad K_{ps} = 1{,}4 \cdot 10^{-9} \cdot 10^{-1} \quad K_{ps} = 1{,}4 \cdot 10^{-10}, \quad \text{a } 25\,^{\circ}\text{C}$$

Aquesta mesura electroquímica permet determinar la constant del producte de solubilitat (K_{ps}) de soluts molt poc solubles.

10.7 Electròlisi. Reaccions no espontànies

La utilització d'electricitat per aconseguir que tingui lloc una reacció redox no espontània s'anomena **electròlisi**. L'electròlisi té lloc en les anomenades **cel·les electrolítiques**. Aquestes cel·les estan constituïdes per un recipient on es col·loca la substància o material per fer l'electròlisi, i els elèctrodes submergits en el material de reacció i connectats a una font de corrent continu. Moltes vegades s'utilitzen elèctrodes inerts, que no reaccionen.

En una cel·la electroquímica, l'oxidació té lloc en l'anode, la polaritat del qual és + (cedeix electrons); la reducció, té lloc en el càtode, la polaritat del qual és − (capta electrons).

Per predir les reaccions que tenen lloc en l'electròlisi, s'han de tenir en compte tres factors:

1) Pot caldre un voltatge addicional respecte al valor calculat, una sobretensió o sobrepotencial, perquè tingui lloc una reacció determinada en un elèctrode. Aquesta sobretensió és necessària per superar les interaccions a la superfície de l'elèctrode i és relativament important quan hi ha implicats gasos.

2) Als elèctrodes hi pot haver reaccions competitives. Per exemple, l'obtenció d'un metall a partir de la sal corresponent, s'ha de fer sempre a partir de la sal fosa, i no dissolta. Els potencials de reducció dels metalls són més negatius que el potencial de reducció de l'aigua, i en l'electròlisi de la sal dissolta, s'obté, al càtode, hidrogen en lloc del metall corresponent.

3) La presència d'elèctrodes inerts o actius condiciona també els productes obtinguts en la reacció. Per tant, cal considerar la naturalesa dels electrodes.

Aspectes quantitatius de l'electròlisi. Lleis de Faraday. Aplicacions

En aquest apartat analitzem com es calcula la quantitat de reactius consumits o productes formats en el procés electrolític.

Les lleis de Faraday estableixen una relació quantitativa entre l'electricitat que circula per la cel·la electrolítica i el canvi químic que s'hi produeix:

Primera llei de Faraday: El pes d'un element dipositat o alliberat en un elèctrode és proporcional a la quantitat d'electricitat que hi circula.

Segona llei de Faraday: Per dipositar o alliberar 1 mol de substància que guanyi o perdi un electró, es necessita 1 faraday $(1 \text{ F} = 96.500 \text{ C})$.

Els exemples següents posen de manifest diferents aplicacions de l'electròlisi.

Exemple 19

Quines quantitats de clor i sodi s'obtindran si s'efectua l'elèctrolisi del clorur de sodi fos durant 1 hora amb un corrent de 50,0 A?

[Solució]

Les reaccions que tenen lloc són:

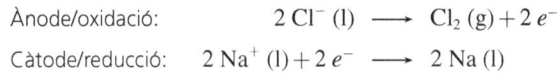

$$\text{Ànode/oxidació:} \qquad 2 \text{ Cl}^- \text{ (l)} \longrightarrow \text{Cl}_2 \text{ (g)} + 2 \, e^-$$

$$\text{Càtode/reducció:} \quad 2 \text{ Na}^+ \text{ (l)} + 2 \, e^- \longrightarrow 2 \text{ Na (l)}$$

I sabent que la intensitat de corrent val

$$I = \frac{q}{t} \tag{10.10}$$

podem calcular les quantitats de clor i sodi obtingudes:

$$50{,}0 \frac{\text{C}}{\text{s}} \cdot 3600 \text{ s} \cdot \frac{1 \text{ mol } e^-}{96.500 \text{ C}} \cdot \frac{1 \text{ mol Na}}{1 \text{ mol } e^-} \cdot \frac{23{,}0 \text{ g Na}}{1 \text{ mol Na}} = 42{,}9 \text{ g Na}$$

$$50{,}0 \frac{\text{C}}{\text{s}} \cdot 3600 \text{ s} \cdot \frac{1 \text{ mol } e^-}{96.500 \text{ C}} \cdot \frac{1 \text{ mol Cl}_2}{2 \text{ mol } e^-} \cdot \frac{70{,}9 \text{ g Cl}_2}{1 \text{ mol Cl}_2} = 66{,}3 \text{ g Cl}_2$$

Exemple 20

Quina ha de ser la intensitat del corrent per oxidar 5,00 g de manganès a permanganat en una hora?

[Solució]

La reacció d'oxidació que té lloc és: $\quad \text{Mn} + 4 \text{ H}_2\text{O} + 7 \, e^- \longrightarrow \text{MnO}_4^- + 8 \text{ H}^+$

$$\frac{5{,}00 \text{ g Mn}}{1 \text{ h}} \cdot \frac{1 \text{ mol Mn}}{54{,}9 \text{ g}} \cdot \frac{1 \text{ h}}{3.600 \text{ s}} \cdot \frac{7 \text{ mol } e^-}{1 \text{ mol Mn}} \cdot \frac{96.500 \text{ C}}{1 \text{ mol } e^-} = 17{,}1 \frac{\text{C}}{\text{s}} = 17{,}1 \text{ A}$$

Exemple 21

Quantes hores calen perquè un corrent de 4,00 A dipositi 127 g de coure d'una dissolució de sulfat de coure?

[Solució]

En una dissolució de sulfat de coure:

$$\text{CuSO}_4 \text{ (aq)} \longrightarrow \text{Cu}^{2+} \text{ (aq)} + \text{SO}_4^{2-} \text{ (aq)}$$

La semireacció de reducció per dipositar el coure és:

$$\text{Cu}^{2+} \text{ (aq)} + 2 \, e^- \longrightarrow \text{Cu (s)}$$

$$127 \text{ g Cu} \cdot \frac{1 \text{ mol Cu}}{63{,}5 \text{ g}} \cdot \frac{2 \text{ mol } e^-}{1 \text{ mol Cu}} \cdot \frac{96.500 \text{ C}}{1 \text{ mol } e^-} \cdot \frac{\text{s}}{4 \text{ C}} \cdot \frac{1 \text{ h}}{3.600 \text{ s}} = 26{,}8 \text{ h}$$

Exemple 22

Una dissolució aquosa de platí s'electrolitza amb un corrent de 2,5 A durant dues hores. Com resultat, s'obtenen 9,09 g de platí metàl·lic en el càtode. Quina és la càrrega dels ions de platí en la dissolució?

[Solució]

Reacció en el càtode: $Pt^{n+} + n\,e^- \longrightarrow Pt$

$$9,09 \text{ g Pt} \cdot \frac{1 \text{ mol Pt}}{195,1 \text{ g}} \cdot \frac{n \text{ mol } e^-}{1 \text{ mol Pt}} \cdot \frac{96.500 \text{ C}}{1 \text{ mol } e^-} = 2,5\,\frac{C}{s} \cdot 2 \text{ h} \cdot \frac{3.600 \text{ s}}{1 \text{ h}}$$

Si aïllem n, resulta $n = 4,0$.

Els ions platí de la dissolució tenen estat d'oxidació $+4(Pt^{4+})$.

Problemes resolts ▬▬▬▬▬▬▬▬▬▬▬▬▬▬▬▬▬▬▬▬▬▬▬▬▬

Problema 10.1

Donada la reacció: $Cl_2 \text{ (g)} + 2 \text{ Br}^- \text{ (aq)} \longrightarrow Br_2 \text{ (l)} + 2 \text{ Cl}^- \text{ (aq)}$

a) Escriviu les dues semireaccions que tenen lloc.

b) Si mesclem clor, brom, ions clorur i ions bromur, tots ells en condicions estàndard, tindrà lloc la reacció tal com està escrita, o en sentit contrari?

Dades: $E°(Cl_2/Cl^-) = 1,358$ V i $E°(Br_2/Br^-) = 1,066$ V

[Solució]

a) Partint de la reacció global, les semireaccions que tenen lloc a la pila són:

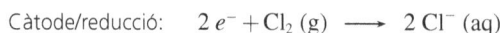

Càtode/reducció: $2\,e^- + Cl_2 \text{ (g)} \longrightarrow 2 \text{ Cl}^- \text{ (aq)}$

Ànode/oxidació: $2 \text{ Br}^- \text{ (aq)} \longrightarrow Br_2 \text{ (l)} + 2\,e^-$

b) Perquè la reacció es produeixi, $E° > 0$, i $E° = E°_{ox} + E°_{red}$; per tant:

$$E° = (-1,066 \text{ V}) + (1,358 \text{ V}) = 0,292 \text{ V}$$

Així, doncs, la reacció té lloc tal com està escrita.

Problema 10.2

Una pila està formada per un elèctrode de MnO_4^- (aq)/Mn^{2+} (aq), i un d'hidrogen, connectats per un pont salí.

a) Escriviu la reacció global que té lloc a la pila i la seva notació.

b) Escriviu també l'expressió de l'equació de Nernst d'aquesta pila.

Dades: $E°(MnO^{4-}/Mn^{2+}) > 0$; $P_{H_2} = 1$ atm

a) El potencial de reducció de l'elèctrode d'hidrogen (elèctrode de referència) a la pressió $P_{H_2} = 1$ atm és $E°(H^+ (aq)/H_2 (g)) = 0$ V. Com que l'altre elèctrode té una $E° > 0$, perquè la $E°_{pila}$ sigui positiva, les semireaccions han de ser:

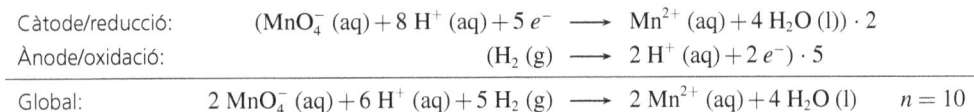

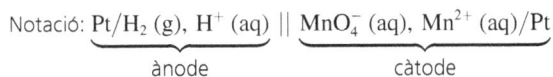

Càtode/reducció: $\qquad (MnO_4^- (aq) + 8\ H^+ (aq) + 5\ e^- \longrightarrow Mn^{2+} (aq) + 4\ H_2O (l)) \cdot 2$

Ànode/oxidació: $\qquad\qquad\qquad\qquad\qquad (H_2 (g) \longrightarrow 2\ H^+ (aq) + 2\ e^-) \cdot 5$

Global: $\qquad 2\ MnO_4^- (aq) + 6\ H^+ (aq) + 5\ H_2 (g) \longrightarrow 2\ Mn^{2+} (aq) + 4\ H_2O (l) \qquad n = 10$

Notació: $\underbrace{Pt/H_2 (g),\ H^+ (aq)}_{\text{ànode}}\ ||\ \underbrace{MnO_4^- (aq),\ Mn^{2+} (aq)/Pt}_{\text{càtode}}$

b) $E = E° - \dfrac{0{,}0591}{10} \cdot \log \dfrac{\left[Mn^{2+}\right]^2}{\left[MnO_4^-\right]^2 \cdot \left[H^+\right]^2 \cdot P_{H_2}^5}$

Problema 10.3

Calculeu, a $25\ °C$, el potencial de la pila següent:

$$Zn/ZnCl_2 (0{,}10\ mol \cdot L^{-1})/Cl_2 (1\ atm)/Pt$$

Considereu que la dissolució de clorur de zinc a la concentració esmentada està dissociada en un $33{,}9\ \%$.

Dades: $E°(Zn^{2+}/Zn) = -0{,}763V$; $E°(Cl_2/Cl^-) = 1{,}358V$

L'equilibri de dissolució del clorur de zinc és:

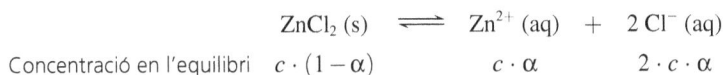

$$ZnCl_2 (s) \rightleftharpoons Zn^{2+} (aq)\ +\ 2\ Cl^- (aq)$$

Concentració en l'equilibri $\quad c \cdot (1-\alpha) \qquad\qquad c \cdot \alpha \qquad\quad 2 \cdot c \cdot \alpha$

Per tant, les concentracions de l'ió Zn^{2+} i l'anió Cl^- per a $\alpha = 0{,}339$ (α representa el grau d'ionització) són:

$$\left[Zn^{2+}\right] = 0{,}10\ mol \cdot L^{-1} \cdot 0{,}339 = 0{,}034\ mol \cdot L^{-1}$$
$$\left[Cl^-\right] = 2 \cdot 0{,}10\ mol \cdot L^{-1} \cdot 0{,}339 = 0{,}068\ mol \cdot L^{-1}$$

Per a aquesta pila (sense pont salí), segons la seva notació, les semireaccions que tenen lloc són les següents:

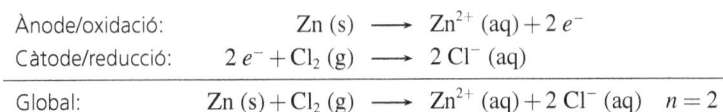

Ànode/oxidació: $\qquad\qquad Zn (s) \longrightarrow Zn^{2+} (aq) + 2\ e^-$

Càtode/reducció: $\qquad 2\ e^- + Cl_2 (g) \longrightarrow 2\ Cl^- (aq)$

Global: $\qquad Zn (s) + Cl_2 (g) \longrightarrow Zn^{2+} (aq) + 2\ Cl^- (aq) \quad n = 2$

Per calcular el potencial de la pila es planteja l'equació de Nernst (10.8):

$$E = E° - \frac{0{,}0591}{2} \cdot \log \frac{\left[Cl^-\right]^2 \cdot \left[Zn^{2+}\right]}{P_{Cl_2}}$$

$E°$ es calcula com $E° = E°_{\text{oxi}} + E°_{\text{red}}$ (10.5):

$$E° = -(-0,763 \text{ V}) + 1,358 \text{ V} = 2,121 \text{ V}$$

$$E = 2,121 \text{ V} - \frac{0,0591}{2} \cdot \log \frac{(0,068)^2 \cdot 0,034}{1}$$

$$E = 2,121 \text{ V} - \frac{0,0591}{2} \cdot (-3,8) = 2,121 + 0,11 = 2,231 \text{ V}$$

Problema 10.4

Si $E°(\text{Ag}^+/\text{Ag}) = 0,800$ V i $E°(\text{AgCl}/\text{Ag, Cl}^-) = 0,222$ V, calculeu el producte de solubilitat del clorur de plata a 25 °C.

[Solució]

Aquesta pila està formada per un elèctrode metall/ió i l'elèctrode de plata/clorur de plata.

Les semireaccions de reducció corresponents a aquests dos elèctrodes són:

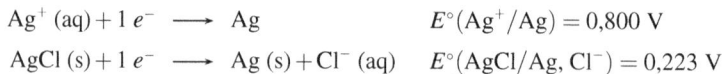

$$\text{Ag}^+ \text{ (aq)} + 1\,e^- \longrightarrow \text{Ag} \qquad\qquad E°(\text{Ag}^+/\text{Ag}) = 0,800 \text{ V}$$

$$\text{AgCl (s)} + 1\,e^- \longrightarrow \text{Ag (s)} + \text{Cl}^- \text{ (aq)} \qquad E°(\text{AgCl}/\text{Ag, Cl}^-) = 0,223 \text{ V}$$

Les reaccions en els elèctrodes segons els valors dels potencials de reducció en l'estat estàndard són:

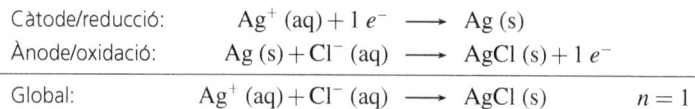

Càtode/reducció:	$\text{Ag}^+ \text{ (aq)} + 1\,e^- \longrightarrow \text{Ag (s)}$	
Ànode/oxidació:	$\text{Ag (s)} + \text{Cl}^- \text{ (aq)} \longrightarrow \text{AgCl (s)} + 1\,e^-$	
Global:	$\text{Ag}^+ \text{ (aq)} + \text{Cl}^- \text{ (aq)} \longrightarrow \text{AgCl (s)}$	$n = 1$

Plantegem l'equació 10.8:

$$E = E° - \frac{0,0591}{1} \cdot \log \frac{1}{[\text{Ag}^+] \cdot [\text{Cl}^-]}$$

Quan s'arriba a l'equilibri, $[\text{Ag}^+] \cdot [\text{Cl}^-] = K_{ps}$ i $E = 0$, l'equació anterior es pot escriure així:

$$0 = 0,577 \text{ V} - \frac{0,0591}{1} \cdot \log \frac{1}{K_{ps}}; \qquad 9,76 = \log \frac{1}{K_{ps}}$$

$$K_{ps} = 1,73 \cdot 10^{-10}$$

Problema 10.5

Quin és el voltatge de la pila formada per un elèctrode de H_2 (1 atm) en una dissolució 0,50 mol $\cdot$ L^{-1} d'àcid fòrmic i un elèctrode de H_2 (1 atm) en una dissolució d'àcid acètic 1,00 mol $\cdot$ L^{-1}.

Les constants d'ionització dels àcids són: $K_{\text{fòrmic}} = 1,8 \cdot 10^{-4}$ i $K_{\text{acètic}} = 1,8 \cdot 10^{-5}$.

[Solució]

En aquesta pila, les semireaccions que tenen lloc en l'ànode i el càtode són les mateixes, però canviades de sentit. La pila funciona perquè les concentracions de les espècies que hi intervenen tenen diferent valor. Aquestes piles s'anomenen **piles de concentració**.

Es calcula la concentració de H^+ en les dissolucions dels dos àcids a partir dels seus equilibris d'ionització.

Àcid fòrmic:
$$HCOOH \ + \ H_2O \ \rightleftharpoons \ HCOO^- \ + \ H_3O^+$$

en l'equilibri $0,50 - x$ x x

$$1,8 \cdot 10^{-4} = \frac{x^2 \, (\text{mol} \cdot L^{-1})^2}{0,50 \, \text{mol} \cdot L^{-1} - x \, \text{mol} \cdot L^{-1}}$$

$$x = [H_3O^+]_{\text{fòrmic}} = 9,5 \cdot 10^{-3} \, \text{mol} \cdot L^{-1}$$

Àcid acètic:
$$CH_3 - COOH \ + \ H_2O \ \rightleftharpoons \ CH_3 - COO^- \ + \ H_3O^+$$

en l'equilibri: $1,0 - y$ y y

$$1,8 \cdot 10^{-5} = \frac{y^2 \, (\text{mol} \cdot L^{-1})^2}{1,0 \, \text{mol} \cdot L^{-1} - y \, \text{mol} \cdot L^{-1}}$$

$$y = [H_3O^+]_{\text{acètic}} = 4,2 \cdot 10^{-3} \, \text{mol} \cdot L^{-1}$$

Les semireaccions que tenen lloc a la pila són:

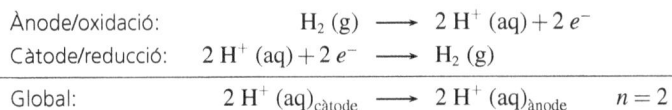

Ànode/oxidació: $H_2 \, (g) \ \longrightarrow \ 2 \, H^+ \, (aq) + 2 \, e^-$

Càtode/reducció: $2 \, H^+ \, (aq) + 2 \, e^- \ \longrightarrow \ H_2 \, (g)$

Global: $2 \, H^+ \, (aq)_{\text{càtode}} \ \longrightarrow \ 2 \, H^+ \, (aq)_{\text{ànode}}$ $n = 2$

Equació 10.8 per a la pila:

$$E = E^\circ - \frac{0,0591}{2} \cdot \log \frac{[H^+]^2_{\text{ànode}}}{[H^+]^2_{\text{càtode}}}$$

Perquè $E > 0$, cal que $[H^+]_{\text{ànode}} < [H^+]_{\text{càtode}}$, és a dir, l'ànode correspon a la semipila de l'àcid acètic, i el càtode, a la semipila de l'àcid fòrmic:

$$E = E^\circ - \frac{0,0591}{2} \cdot \log \frac{[H^+]^2_{\text{acètic}}}{[H^+]^2_{\text{fòrmic}}}$$

En una pila de concentració, $E^\circ = 0$ V, ja que $E^\circ_{\text{red}} = -E^\circ_{\text{oxid}}$. Per tant:

$$E = 0 \, \text{V} - \frac{0,0591}{2} \cdot \log \frac{(4,3 \cdot 10^{-3})^2}{(9,5 \cdot 10^{-3})^2} = 0,021 \, \text{V}$$

$$E = 21 \, \text{mV}$$

Problema 10.6

En dissolució bàsica els potencials estàndard de reducció (en medi bàsic) dels parells $MnO_2/Mn(OH)_3$ i $Mn(OH)_3/Mn(OH)_2$ són, respectivament, $-0,200$ V i $0,150$ V.

a) Escriviu les semireaccions que tenen lloc a l'ànode i al catode, i la reacció global, completa i igualada, de la pila que es podria formar.

b) Calculeu el potencial normal de la pila i la variació de l'energia lliure de Gibbs.

c) Calculeu la constant d'equilibri de la reacció a 25 °C.

a) En condicions estàndard, perquè $E° > 0$ i es pugui muntar una pila, les semireaccions que han de tenir lloc són:

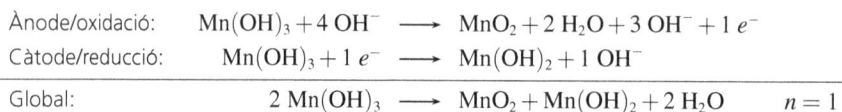

Ànode/oxidació: $Mn(OH)_3 + 4\,OH^- \longrightarrow MnO_2 + 2\,H_2O + 3\,OH^- + 1\,e^-$

Càtode/reducció: $Mn(OH)_3 + 1\,e^- \longrightarrow Mn(OH)_2 + 1\,OH^-$

Global: $2\,Mn(OH)_3 \longrightarrow MnO_2 + Mn(OH)_2 + 2\,H_2O$ $n = 1$

$$E° = E°_{oxi} + E°_{red} = -(-0{,}200\ \text{V}) + 0{,}150\ \text{V} = 0{,}350\ \text{V}$$

b) Com que $E°_{pila} = 0{,}350\ \text{V}$, substituïm aquest valor en l'equació (10.4):

$$\Delta G° = -n \cdot E° \cdot F$$

$$\Delta G° = -1 \cdot 0{,}350\ \text{V} \cdot 96.500\,\frac{\text{J}}{\frac{\text{V}}{\text{mol}\ e^-}} = -3{,}38 \cdot 10^5\ \text{J} \cdot \text{mol}^{-1}$$

$$\Delta G° = -33{,}8\ \text{kJ} \cdot \text{mol}^{-1}$$

c) A partir de l'equació $\Delta G° = -R \cdot T \cdot \ln K_{eq}$:

$$-33{,}8\ \text{kJ} \cdot \text{mol}^{-1} = -8{,}314 \cdot 10^{-3}\ \text{kJ} \cdot \text{mol}^{-1} \cdot \text{K}^{-1} \cdot 298\ \text{K} \cdot \ln K_{eq}$$

$$13{,}6 = \ln K_{eq}; \qquad K_{eq} = 8 \cdot 10^5$$

Problema 10.7

Una pila està formada per un elèctrode d'hidrogen (a la pressió d'1 atm en una dissolució d'àcid clorhídric de pH = 1,0) i un altre de plata/clorur de plata, en dissolució saturada de clorur de plata. Les dissolucions anòdica i catòdica estan separades per un pont salí.

a) Escriviu la reacció global que té lloc a la pila.

b) Escriviu-ne la notació.

c) Calculeu-ne la fem a 25 °C.

Dades: $E°(AgCl/Ag, Cl^-) = 0{,}223\ \text{V}$; $K_{ps}(AgCl) = 1{,}8 \cdot 10^{-10}$

Se suposa que la pila funciona en condicions estàndard, i es resol el problema. Si els resultats són coherents, es dóna per vàlida la suposició i s'accepta la resolució del problema.

a) El potencial estàndar de l'elèctrode normal d'hidrogen és 0 V. Per tant, perquè $E°$ de la pila sigui positiu, les semireaccions que han de tenir lloc són:

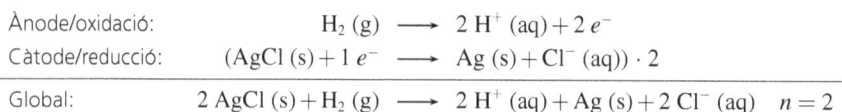

Ànode/oxidació: $H_2\,(g) \longrightarrow 2\,H^+\,(aq) + 2\,e^-$

Càtode/reducció: $(AgCl\,(s) + 1\,e^- \longrightarrow Ag\,(s) + Cl^-\,(aq)) \cdot 2$

Global: $2\,AgCl\,(s) + H_2\,(g) \longrightarrow 2\,H^+\,(aq) + Ag\,(s) + 2\,Cl^-\,(aq)$ $n = 2$

$$E° = E°_{oxi} + E°_{red} = 0\ \text{V} + 0{,}223\ \text{V} = 0{,}223\ \text{V}$$

b) En la dissolució d'àcid clorhídric, si el pH $= 1,0$, $[H^+] = 0,10$ mol $\cdot$ L^{-1} i la notació de la pila és:

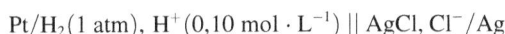

$$Pt/H_2(1 \text{ atm}), H^+(0,10 \text{ mol} \cdot L^{-1}) \,\|\, AgCl, Cl^-/Ag$$

c) L'equació 10.8 per a la pila és:

$$E = E^\circ - \frac{0,0591}{2} \cdot \log \frac{[Cl^-]^2 \cdot [H^+]^2}{P_{H_2}}$$

En una dissolució saturada de clorur de plata es compleix:

$$K_{ps} = [Ag^+] \cdot [Cl^-] \quad \text{i} \quad K_{ps} = s^2; \quad s = [Ag^+] = [Cl^-] = \sqrt{1,8 \cdot 10^{-5} \text{ mol}^2 \cdot L^{-2}}$$

$$s = 1,34 \cdot 10^{-5} \text{ mol} \cdot L^{-1}$$

$$E = 0,223 \text{ V} - \frac{0,0591}{2} \cdot \log \frac{\left(1,34 \cdot 10^{-5} \text{ mol} \cdot L^{-1}\right)^2 \cdot \left(0,10 \text{ mol} \cdot L^{-1}\right)^2}{1 \text{ atm}}$$

$$E = 0,223 \text{ V} + 0,346 \text{ V} = 0,569 \text{ V}$$

Com que el voltatge de la pila (E) és positiu, la suposició que funciona com en condicions estàndard és correcta.

Problema 10.8

Una pila està formada pels elèctrodes:

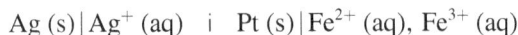

$$Ag \text{ (s)} \,|\, Ag^+ \text{ (aq)} \quad \text{i} \quad Pt \text{ (s)} \,|\, Fe^{2+} \text{ (aq)}, Fe^{3+} \text{ (aq)}$$

Si les concentracions de Fe^{2+} (aq) i Fe^{3+} (aq) són iguals:

a) Quina és la concentració de l'ió plata en l'equilibri?
b) Quin és el valor de la constant d'equilibri per a la reacció que es produeix en la pila a $25\,°C$?
c) Sabent que el volum de la dissolució que conté els ions Ag^+ és de 500 mL, quin és el pes màxim de dicromat de potassi que s'hi pot afegir sense que precipiti dicromat de plata?

Dades: $E^\circ(Ag^+/Ag) = 0,800$ V; $E^\circ(Fe^{3+}/Fe^{2+}) = 0,771$ V; $K_{ps}(Ag_2Cr_2O_7) = 2,00 \cdot 10^{-7}$

[Solució]

a) Les semireaccions que tenen lloc a la pila són:

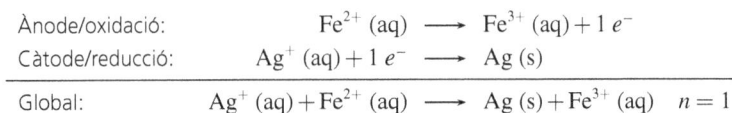

Ànode/oxidació:	Fe^{2+} (aq) $\longrightarrow$ Fe^{3+} (aq) $+ 1\,e^-$
Càtode/reducció:	Ag^+ (aq) $+ 1\,e^- \longrightarrow$ Ag (s)
Global:	Ag^+ (aq) $+ Fe^{2+}$ (aq) $\longrightarrow$ Ag (s) $+ Fe^{3+}$ (aq) $\quad n = 1$

$$E^\circ = E^\circ_{oxi} + E^\circ_{red} \qquad E^\circ = -(+0,771)\,V + 0,800\,V = 0,029\,V$$

Apliquem l'equació 10.8:

$$E = 0,029\,V - \frac{0,0591}{1} \cdot \log \frac{[Fe^{3+}]}{[Fe^{2+}] \cdot [Ag^+]}$$

Si $\left[Fe^{3+}\right] = \left[Fe^{2+}\right]$ i en l'equilibri $E = 0$ V, l'equació anterior queda així:

$$0,029 \text{ V} = \frac{0,0591}{1} \cdot \log \frac{1}{[Ag^{+}]}; \qquad 0,49 = \log \frac{1}{[Ag^{+}]}$$

$$[Ag^{+}] = 0,32 \text{ mol} \cdot L^{-1}$$

b) En l'equilibri es compleix que:

$$0 \text{ V} = E^{\circ} - \frac{0,0591}{1} \cdot \log K_{eq}; \qquad 0,029 = \frac{0,0591}{1} \cdot \log K_{eq}; \qquad K_{eq} = 3,09$$

c) L'equilibri de solubilitat del dicromat de plata és:

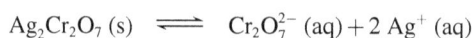

$$Ag_2Cr_2O_7 \text{ (s)} \rightleftharpoons Cr_2O_7^{2-} \text{ (aq)} + 2 \text{ Ag}^{+} \text{ (aq)}$$

i el seu producte de solubilitat s'expressa com $K_{ps} = \left[Cr_2O_7^{2-}\right] \cdot \left[Ag^{+}\right]^2$, substituïm valors en aquesta expressió:

$$2,00 \cdot 10^{-7} = 0,32 \cdot \left[Cr_2O_7^{2-}\right]$$

Obtenim:

$$\left[Cr_2O_7^{2-}\right] = 1,95 \cdot 10^{-6} \text{ mol} \cdot L^{-1}$$

La màxima quantitat d'ió dicromat que s'hi pot afegir són $1,95 \cdot 10^{-6}$ mol $\cdot L^{-1}$; així, doncs:

$$1,95 \cdot 10^{-6} \cdot \frac{\text{mols } Cr_2O_4^{2-}}{L} \cdot \frac{1 \text{ mol } K_2Cr_2O_4}{1 \text{ mol } Cr_2O_4} \cdot \frac{246,20 \text{ g}}{1 \text{ mol } K_2Cr_2O_4} \cdot 0,500 \text{ L} = 2,40 \cdot 10^{-4} \text{ g } K_2Cr_2O_4$$

S'hi pot afegir, com a màxim, 0,240 mg de dicromat de potassi.

Problema 10.9

S'introdueix un fil de 10 g d'estany en 500 mL d'una dissolució d'ions Pb^{2+} de concentració $0,200$ mol $\cdot L^{-1}$.

a) Calculeu els grams de fil d'estany que queden sense reaccionar quan la reacció arriba a l'equilibri a 25 °C.

Per a la reacció: $\qquad$ $Sn \text{ (s)} + Pb^{2+} \text{ (aq)} \rightleftharpoons Sn^{2+} \text{ (aq)} + Pb \text{ (s)}$,

se sap que $\Delta G^{\circ} = -1.930,8$ J.

b) Escriviu les reaccions que tenen lloc a l'ànode i al càtode de la pila que es podria muntar segons la reacció anterior. Calculeu la força electromotriu de la pila en condicions estàndard.

c) Un cop muntada la pila (en condicions estàndard), la seva força electromotriu es redueix a la meitat afegint sulfat de sodi sòlid a la dissolució d'ions Pb^{2+}. Quina serà la concentració d'ions sulfat en aquesta dissolució sabent que K_{ps} del sulfat de plom(II) és $1,10 \cdot 10^{-8}$?

[Solució]

a) Calculem els mols de catió plom(II) que hi ha en la dissolució:

$$0,500 \text{ L} \cdot \frac{0,200 \text{ mol } Pb^{2+}}{L} = 0,100 \text{ mol } Pb^{2+}$$

Plantegem la reacció en equilibri:

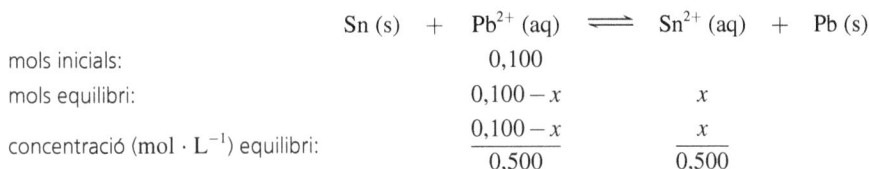

$$\text{Sn (s)} \quad + \quad \text{Pb}^{2+} \text{ (aq)} \quad \rightleftharpoons \quad \text{Sn}^{2+} \text{ (aq)} \quad + \quad \text{Pb (s)}$$

	Sn (s)	Pb^{2+} (aq)	Sn^{2+} (aq)	Pb (s)
mols inicials:		0,100		
mols equilibri:		$0,100 - x$	x	
concentració (mol $\cdot$ L^{-1}) equilibri:		$\dfrac{0,100 - x}{0,500}$	$\dfrac{x}{0,500}$	

En què x són els mols de Pb^{2+} que reaccionen i els mols de Sn^{2+} que es formen.

Com que $\Delta G° = -R \cdot T \cdot \ln K_{eq}$, es pot calcular K_{eq}:

$$-1.930,8 \text{ J} \cdot \text{mol}^{-1} = -8,314 \text{ J} \cdot (\text{mol} \cdot \text{K})^{-1} \cdot 298 \text{ K} \cdot \ln K_{eq};$$

$$0,779 = \ln K_{eq}; \qquad K_{eq} = 2,18 \quad \text{i} \quad K_{eq} = \frac{\left[\text{Sn}^{2+}\right]}{\left[\text{Pb}^{2+}\right]}$$

$$2,18 = \frac{\dfrac{x \text{ mol}}{0,500 \text{ L}}}{\dfrac{(0,100 - x) \text{ mol}}{0,500 \text{ L}}}; \qquad x = 0,0686 \text{ mol Sn que s'han format}$$

L'estany sense reaccionar es calcula així:

$$10 \text{ g Sn} - 0,0686 \text{ mol Sn} \cdot \frac{118,69 \text{ g Sn}}{1 \text{ mol Sn}} = 1,86 \text{ g Sn}$$

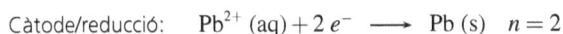

b) Ànode/oxidació: $\qquad \qquad \text{Sn (s)} \longrightarrow \text{Sn}^{2+} \text{ (aq)} + 2 \, e^-$

Càtode/reducció: $\quad \text{Pb}^{2+} \text{ (aq)} + 2 \, e^- \longrightarrow \text{Pb (s)} \quad n = 2$

Com que $\Delta G° = -n \cdot E° \cdot F$ (10.4):

$$-1.930,8 \text{ J} \cdot \text{mol}^{-1} = -2 \text{ mol } e^- \cdot E° \cdot 96.500 \text{ C} \cdot (\text{mol} \cdot e^-)^{-1}$$

$$E° = 0,010004 \text{ C} \cdot \text{J}^{-1} = 10,004 \text{ mV}$$

c) Un cop muntada la pila en condicions estàndard, en afegir sulfat de sodi a la semipila on hi ha els ions plom(II), la força electromotriu de la pila es redueix a la meitat.

En aquestes noves condicions, l'equació de Nernst és:

$$\frac{0,010004}{2} \text{ V} = 0,010004 \text{ V} - \frac{0,0591}{2} \cdot \log \frac{1}{\left[\text{Pb}^{2+}\right]}; \qquad \left[\text{Pb}^{2+}\right] = 0,677 \text{ mol} \cdot \text{L}^{-1}$$

L'equilibri de solubilitat del sulfat de plom(II) és:

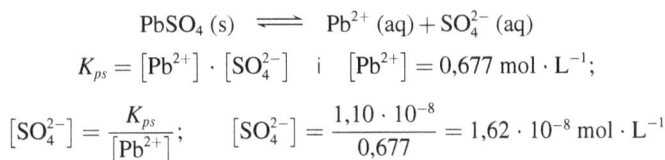

$$\text{PbSO}_4 \text{ (s)} \rightleftharpoons \text{Pb}^{2+} \text{ (aq)} + \text{SO}_4^{2-} \text{ (aq)}$$

$$K_{ps} = \left[\text{Pb}^{2+}\right] \cdot \left[\text{SO}_4^{2-}\right] \quad \text{i} \quad \left[\text{Pb}^{2+}\right] = 0,677 \text{ mol} \cdot \text{L}^{-1};$$

$$\left[\text{SO}_4^{2-}\right] = \frac{K_{ps}}{\left[\text{Pb}^{2+}\right]}; \qquad \left[\text{SO}_4^{2-}\right] = \frac{1,10 \cdot 10^{-8}}{0,677} = 1,62 \cdot 10^{-8} \text{ mol} \cdot \text{L}^{-1}$$

Problema 10.10

La força electromotriu estàndard de la pila Ag/AgI (s)$/AgI$ (aq)$/Ag$ val $0{,}9509$ V a $25\,°C$. Calculeu el valor de la constant del producte de solubilitat (K_{ps}) del iodur de plata.

[Solució]

En aquesta pila, les dues semireaccions tenen lloc en el mateix recipient. Segons la notació de la pila, les reaccions que tenen lloc són:

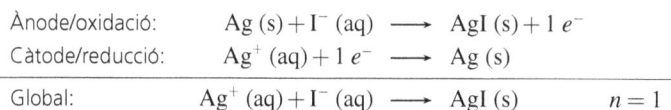

Ànode/oxidació: $\qquad Ag\ (s) + I^- \ (aq) \ \longrightarrow \ AgI\ (s) + 1\ e^-$

Càtode/reducció: $\qquad Ag^+ \ (aq) + 1\ e^- \ \longrightarrow \ Ag\ (s)$

Global: $\qquad\qquad Ag^+ \ (aq) + I^- \ (aq) \ \longrightarrow \ AgI\ (s) \qquad n=1$

L'equació 10.8 per a aquesta pila és:

$$E = E° - \frac{0{,}0591}{1} \cdot \log \frac{1}{[Ag^+] \cdot [I^-]}$$

En l'equilibri: $E = 0$ V i $K_{ps} = [Ag^+] \cdot [I^-]$

$$0\ V = 0{,}0509\ V - 0{,}0591 \cdot \log \frac{1}{K_{ps}}; \qquad \log \frac{1}{K_{ps}} = 16{,}1; \qquad K_{ps} = 8 \cdot 10^{-17}$$

Problema 10.11

Calculeu el nombre d'hores necessàries perquè un corrent de $4{,}00$ A diposti 127 g de coure d'una dissolució de sulfat de coure.

[Solució]

La semireacció d'obtenció del coure és: $\qquad Cu^{2+}$ (aq) $+ 2\ e^- \ \longrightarrow \ Cu$ (s)

Utilitzant les lleis de Faraday i $I = \dfrac{q}{t}$ (10.10), tenim:

$$127\ g\ Cu \cdot \frac{1\ mol\ Cu}{63{,}55\ g} \cdot \frac{2\ mol\ e^-}{1\ mol\ Cu} \cdot \frac{96.500\ C}{1\ mol\ e^-} \cdot \frac{s}{4\ C} \cdot \frac{1\ h}{3.600\ s} = 26{,}8\ h$$

Problema 10.12

Si per produir $0{,}012$ g de magnesi per electròlisi d'una sal fosa de magnesi(II) es necessiten $96{,}5$ C, quina és la massa molar d'un mol d'àtoms de magnesi?

[Solució]

La semireacció d'obtenció del magnesi és: $\qquad Mg^{2+}$ (aq) $+ 2\ e^- \ \longrightarrow \ Mg$ (s)

Utilitzem les lleis de Faraday:

$$\frac{0{,}012\ g\ Mg}{96{,}5\ C} \cdot \frac{2\ mol\ e^-}{1\ mol\ Mg} \cdot \frac{96.500\ C}{1\ mol\ e^-} = 24\ g \cdot mol^{-1}$$

Problema 10.13

Un corrent de 3,00 A passa per una dissolució d'àcid sulfúric durant dues hores. Calculeu:

a) El pes de l'oxigen alliberat.
b) El volum d'hidrogen obtingut en condicions normals.

[Solució]

Les reaccions que tenen lloc en passar un corrent elèctric per una dissolució d'àcid sulfúric són:

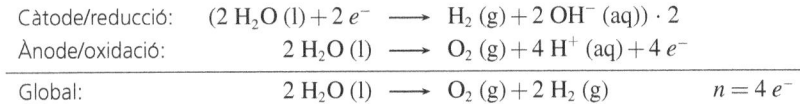

Càtode/reducció: $(2 H_2O (l) + 2 e^- \longrightarrow H_2 (g) + 2 OH^- (aq)) \cdot 2$

Ànode/oxidació: $2 H_2O (l) \longrightarrow O_2 (g) + 4 H^+ (aq) + 4 e^-$

Global: $2 H_2O (l) \longrightarrow O_2 (g) + 2 H_2 (g)$ $n = 4 e^-$

És a dir, l'aigua es descompon per donar O_2 i H_2.

A partir de l'equació (10.10) $q = I \cdot t$, es pot calcular la quantitat de corrent que ha circulat pel circuit:

$$q = 3,00 \frac{C}{s} \cdot 7.200 \text{ s} = 216 \cdot 10^2 \text{ C}$$

Per calcular l'oxigen i l'hidrogen que ha produït el pas d'aquest corrent, apliquem les lleis de Faraday:

$$O_2 : \ 216 \cdot 10^2 \text{ C} \cdot \frac{1 \text{ mol } e^-}{96.500 \text{ C}} \cdot \frac{1 \text{ mol } O_2}{4 \text{ mol } e^-} \cdot \frac{32,00 \text{ g } O_2}{1 \text{ mol } O_2} = 1,79 \text{ g } O_2$$

$$H_2 : \ 216 \cdot 10^2 \text{ C} \cdot \frac{1 \text{ mol } e^-}{96.500 \text{ C}} \cdot \frac{1 \text{ mol } H_2}{4 \text{ mol } e^-} \cdot \frac{22,4 \text{ L}_{CN}}{1 \text{ mol } H_2} = 2,51 \text{ L}_{CN} \text{ } H_2$$

Problemes proposats

Problema 10.14

Calculeu el voltatge de la pila Daniell, $Zn/Zn^{2+} || Cu^{2+}/Cu$, formada per dos elèctrodes, un de zinc i l'altre de coure, introduïts en dues dissolucions dels sulfats respectius. La concentració de la dissolució de sulfat de zinc és $0,010$ mol $\cdot$ L^{-1} (grau d'ionització $= 0,39$) i la de sulfat de coure és $1,0$ mol $\cdot$ L^{-1} (grau d'ionització $= 0,038$).

Dades: $E^\circ(Zn^{2+}/Zn) = -0,763$ V; $E^\circ(Cu^{2+}/Cu) = 0,337$V

[Solució] $1,13$ V

Problema 10.15

Considerant que les concentracions de les substàncies que s'indiquen són la unitat, determineu quines d'aquestes reaccions seran espontànies a $25\,°C$.

a) $Zn + Fe^{2+} \longrightarrow Zn^{2+} + Fe$

b) $2 Al + 3 Cl_2 \longrightarrow 2 Al^{3+} + 6 Cl^-$

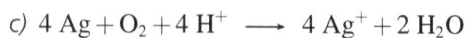

c) $4\,Ag + O_2 + 4\,H^+ \longrightarrow 4\,Ag^+ + 2\,H_2O$

d) $2\,AgCl \longrightarrow 2\,Ag + Cl_2$

Dades: $E°(Zn^{2+}/Zn) = -0,763\ V;\quad E°(Fe^{2+}/Fe) = -0,447V;\quad E°(Al^{3+}/Al) = -1,662\ V;$
$E°(Cl_2/Cl^-) = 1,358\ V;\quad E°(Ag^+/Ag) = 0,800\ V;\quad E°(O_2/H_2O) = 1,229\ V$

[Solució] *a) b) i c)*

☐ **Problema 10.16**

Calculeu el potencial normal de reducció de la semipila:

$$MnO_4^- + 4\,H^+ + 3\,e^- \longrightarrow MnO_2 + 2\,H_2O$$

Dades: $E°(MnO_4^-/Mn^{2+}) = 1,507\ V;\quad E°(MnO_2/Mn^{2+}) = 1,224\ V$

[Solució] 0,283 V

☐ **Problema 10.17**

Quina seria la força electromotriu de la pila construïda amb els parells següents: MnO_4^-/Mn^{2+} i Zn^{2+}/Zn.

Dades: $E°(MnO_4^-/Mn^{2+}) = 1,507\ V;\quad E°(Zn^{2+}/Zn) = -0,763\ V$

[Solució] 2,270 V

☐ **Problema 10.18**

Calculeu la constant d'equilibri corresponent a la reacció:

$$Cu^{2+} + 2\,Ag^+ \longrightarrow Cu^{2+} + 2\,Ag$$

Dades: $E°(Cu^{2+}/Cu) = 0,337\ V;\quad E°(Ag^+/Ag) = 0,800\ V$

[Solució] $4,660 \cdot 10^{-15}$

☐ **Problema 10.19**

La força electromotriu de la pila següent:

$$Ag/AgNO_3(0,001\ mol \cdot L^{-1})/NH_4NO_3\ (sat)/AgNO_3(0,01\ mol \cdot L^{-1})/Ag$$

té un valor de 57,9 mV a 25 °C. Suposant totalment dissociat el nitrat de plata de la dissolució 0,001 mol · L. Determineu:

a) El grau de dissociació del nitrat de plata 0,01 mol · L^{-1}.

b) La concentració dels ions plata en cada dissolució.

c) Quin és l'efecte del nitrat d'amoni saturat?

d) Quin serà el pol positiu i quin serà el pol negatiu (podes a ressolts concentració)?

[Solució] *a)* 0,96 ; *b)* 0,001 mol · L^{-1} ; 0,0096 mol · L^{-1}

Problema 10.20

Calculeu la força electromotriu, a $25\,°C$, de la pila:

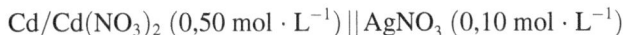

$$Cd/Cd(NO_3)_2\ (0{,}50\ mol \cdot L^{-1}) \,||\, AgNO_3\ (0{,}10\ mol \cdot L^{-1})$$

Considereu que el nitrat de cadmi està dissociat en un 48 % i el nitrat de plata en un 81 %.

Dades: $E°(Ag^+/Ag) = 0{,}800$ V; $\quad E°(Cd^{2+}/Cd) = -0{,}403$V

[Solució] 1,157 V

Problema 10.21

Quina intensitat de corrent es necessita per oxidar 5,0 g de manganès a permanganat de potassi en 1 hora?

[Solució] 17,0 A

Problema 10.22

S'introdueix un elèctrode de platí en una dissolució d'una determinada sal de ferro de concentració $1{,}0$ mol $\cdot$ L^{-1}, i aquesta semipila s'uneix a una altra, formada per un elèctrode de platí submergit en una dissolució d'una determinada sal d'estany, també de concentració $1{,}0$ mol $\cdot$ L^{-1}.

Sabent que $E°(Sn^{4+}/Sn^{2+}) = 0{,}151$ V; $\quad E°(Fe^{3+}/Fe^{2+}) = 0{,}771$ V, indiqueu:

a) Les reaccions parcials que tenen lloc en cada elèctrode i la reacció global de la pila.

b) La fem estàndard de la pila.

c) La variació d'energia lliure de Gibbs $(\Delta G°)$ del procés a $25\,°C$.

d) Quin seria el valor de la fem de la pila si la concentració de Fe^{3+} fos $0{,}5$ mol $\cdot$ L^{-1}?

[Solució] a) Catòde: $Fe^{3+} + 1\,e^- \longrightarrow Fe^{2+}$

Ànode:$Sn^{2+} \longrightarrow Sn^{4+} + 2\,e^-$

Global: $2\,Fe^{3+} + Sn^{2+} \longrightarrow 2\,Fe^{2+} + Sn^{4+}$

b) $E° = 0{,}620$ V ; c) $\Delta G° = -120$ kJ ; d) $E = 0{,}6$ V

Problema 10.23

En condicions estàndard, la reacció següent és espontània:

$$Al\ (s) + 3\ AgNO_3\ (aq) \longrightarrow Al(NO_3)_3\ (aq) + 3\ Ag\ (s)$$

a) Dibuixeu un esquema de la pila que es pot muntar basada en aquesta reacció.

b) Indiqueu les semireaccions en l'ànode i en el càtode, i el sentit en què es mouran els electrons.

c) Quin serà el paper del pont salí?

d) Escriviu la notació de la pila i l'equació de Nernst corresponent.

e) Per augmentar la fem d'aquesta pila, com es podrien modificar les concentracions?

b) Catòde: $Ag^+ (aq) + 1\,e^- \longrightarrow Ag\,(s)$

Ànode: $Al\,(s) \longrightarrow Al^{3+}\,(aq) + 3\,e^-$

de l'ànode al catòde

e) augmentant la concentració del catió plata o disminuint la concentració del catió alumini.

☐ Problema 10.24

Les mesures electrolítiques permeten determinar la concentració d'un ió en una dissolució; per exemple, la concentració de cations Cd^{2+} presents a l'aigua residual d'una planta química. Per a aquesta determinació, es pot fer que l'aigua residual formi part d'una pila galvànica. La mesura experimental del potencial i un equip electrònic permeten fer la lectura de la concentració de l'ió.

La notació d'aquesta pila per a la determinació de la concentració de l'ió Cd^{2+} en una aigua residual és:

$$Cd\,(s)\,|\,Cd^{2+}\,(?\ M)\,||\,Ag^+\,(1{,}000\ M)\,|\,Ag\,(s),$$

i el potencial és estàndard $E^\circ_{pila} = 1{,}2022$ V.

En un moment determinat, la lectura del potencial de pila és d'1,2871 V. Quina es la concentració (en $mol \cdot L^{-1}$) de l'ió cadmi en l'aigua residual? Considereu que les mesures s'han realitzat a 25 °C.

[Solució] $1{,}3 \cdot 10^{-3}\ mol \cdot L^{-1}$

☐ Problema 10.25

Es forma una pila amb un fil de platí immers en una dissolució $0{,}10\ mol \cdot L^{-1}$ d'ions Tl^{3+} i $0{,}050\ mol \cdot L^{-1}$ d'ions Tl^+, i un altre fil de platí immers en una dissolució $0{,}250\ mol \cdot L^{-1}$ d'ions VO^{2+} i $0{,}10\ mol \cdot L^{-1}$ d'ions V^{3+}, i amb un pH de 3.

a) Calculeu la força electromotriu de la pila en condicions estàndard.

b) Indiqueu les semireaccions que es produeixen en cada elèctrode de la pila, tal com està descrita.

c) Escriviu-ne la notació.

d) Calculeu-ne la força electromotriu.

[Solució]

a) 0,915 V

b) Ànode: $V^{3+} + H_2O \longrightarrow VO^{2+} + 2\,H^+ + e^-$

Càtode: $Tl^{3+} + 2\,e^- \longrightarrow Tl^+$

c) $Pt\,|\,V^{3+}\,(0{,}10\ mol \cdot L^{-1}),\ VO^{2+}\,(0{,}250\ mol \cdot L^{-1}),\ H^+\,(1{,}0 \cdot 10^{-3}\ mol \cdot L^{-1})\,||\,Tl^{3+}\,(0{,}10\ mol \cdot L^{-1})\ Tl^-\,(0{,}050\ mol \cdot L^{-1})\,|\,Pt$

d) $E = 1{,}255$ V

■ Problema 10.26

La pila següent té, a 25 °C, una força electromotriu de 197 mV:

$$Ag/Ag_2C_2O_4/K_2C_2O_4\,(0{,}010\ mol \cdot L^{-1})\,||\,AgNO_3\,(0{,}10\ mol \cdot L^{-1})/Ag$$

Si el nitrat de plata està dissociat en un 83 % i l'oxalat de potassi ho està totalment, calculeu:

a) El producte de solubilitat l'oxalat de plata.

b) La solubilitat de l'oxalat de plata.

[**Solució**]   a) $1,5 \cdot 10^{-11}$; b) $1,55 \cdot 10^{-4}$ mol $\cdot$ L^{-1}

■ Problema 10.27

Es disposa d'una pila formada per un filament de platí immers en una dissolució $0,10$ mol $\cdot$ L^{-1} en ions UO_2^{2+}, $0,01$ mol $\cdot$ L^{-1} en ions U^{4+} i $1,0 \cdot 10^{-6}$ mol $\cdot$ L^{-1} en ions H^+ i per un elèctrode de Ag/AgCl $1,0 \cdot 10^{-4}$ mol $\cdot$ L^{-1} en ions Cl$^-$.

$E^\circ \left(UO_2^{2+}/U^{4+} \right) = 0,612$ V; $E^\circ \left(AgCl/Ag, Cl^- \right) = 0,223$ V i la temperatura és de $25\,^\circ$C.

a) Calculeu el potencial teòric de la pila.

b) Escriviu les reaccions que tenen lloc a l'ànode i al càtode, i també la reacció global de la pila.

c) Dibuixeu un esquema de la pila i doneu-ne la notació.

[**Solució**]   a) $E = 0,5$ V

b) Ànode: $U^{4+} + 2\,H_2O \longrightarrow UO_2^{2+} + 4\,H^+ + 2\,e^-$

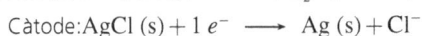
Càtode: AgCl (s) $+ 1\,e^- \longrightarrow$ Ag (s) $+ Cl^-$

Global: $U^{4+} + 2\,H_2O + 2\,AgCl$ (s) $\longrightarrow UO_2^{2+} + 4\,H^+ + 2\,Ag$ (s) $+ 2\,Cl^-$

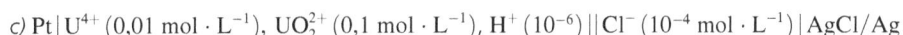
c) Pt $|\,U^{4+}$ $(0,01$ mol $\cdot$ L$^{-1})$, UO_2^{2+} $(0,1$ mol $\cdot$ L$^{-1})$, H^+ $(10^{-6}) \,||\, Cl^-$ $(10^{-4}$ mol $\cdot$ L$^{-1}) \,|\, AgCl/Ag$

■ Problema 10.28

Introduïm un elèctrode de Zn en una dissolució 1 mol $\cdot$ L^{-1} de Zn^{2+} i formem una semipila, la qual s'uneix a una altra formada per un elèctrode de Ag submergit en una dissolució d'ions Ag^+. Si afegim àcid clorhídric en excés a la dissolució de Ag^+, precipita AgCl. Se sap que la concentració de l'ió Cl$^-$ que queda sobre el precipitat de AgCl és $0,1$ mol $\cdot$ L^{-1}. En aquestes condicions, la pila mesura $1,04$ V, a la temperatura de $25\,^\circ$C. Indiqueu:

a) Les reaccions parcials que tenen lloc en cada elèctrode, i la polaritat de cadascun.

b) La reacció global de la pila i el seu potencial normal.

c) La constant d'equilibri de la reacció global anterior.

d) El producte de solubilitat del clorur de plata.

Dades: $E^\circ \left(Zn^{2+}/Zn \right) = -0,763$ V; $E^\circ \left(Ag^+/Ag \right) = 0,800$ V

[**Solució**]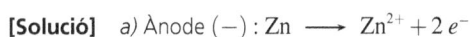
a) Ànode $(-)$: Zn $\longrightarrow Zn^{2+} + 2\,e^-$

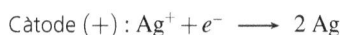
Càtode $(+)$: $Ag^+ + e^- \longrightarrow 2\,Ag$

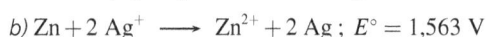
b) Zn $+ 2\,Ag^+ \longrightarrow Zn^{2+} + 2\,Ag$; $E^\circ = 1,563$ V

c) $K_{eq} = 7,6 \cdot 10^{52}$; d) $K_{ps} = 1,54 \cdot 10^{-10}$

Problema 10.29

S'introdueix un elèctrode de plata en una dissolució 1 mol $\cdot$ L^{-1} de nitrat de plata i aquesta semipila s'uneix a una altra formada per un elèctrode d'hidrogen, a la pressió d'1 atm, submergit en una dissolució 1 mol $\cdot$ L^{-1} d'àcid nítric. Ambdues dissolucions es troben a 25 °C. En aquestes condicions la plata es redueix i el voltatge de la pila és de 0,800 V.

a) Si s'afegeix clorur de sodi a la dissolució de nitrat de plata fins a una concentració final d'ions clorur de 0,1 mol $\cdot$ L^{-1}, calculeu K_{ps} del clorur de plata si la fem de la pila és 0,293 V.

b) Si partint de les condicions inicials (sense afegir-hi el clorur de sodi), es modifica el pH de la dissolució d'àcid nítric fins que la fem de la pila és de 0,829 V, quin serà aquest pH?

[Solució] a) $K_{ps} = 2,6 \cdot 10^{-10}$; b) pH $= 0,49$

Problema 10.30

a) A una dissolució 0,500 mol $\cdot$ L^{-1} d'ions Cd^{2+} s'hi afegeix un excés de ferro sòlid. Calculeu la concentració d'ions Cd^{2+} quan la reacció arribi a l'equilibri, a 25 °C.

b) Aprofitant aquesta reacció es podria formar una pila electroquímica. Feu-ne un esquema i indiqueu-hi l'ànode i el càtode, suposant condicions estàndard.

c) Per modificar la fem estàndard d'aquesta pila, s'afegeixen 2 mol d'amoníac a la dissolució de Cd^{2+}, que té un volum de 500 mL. Se suposa que l'addició d'amoníac no altera el volum i que la dissolució de Fe^{2+} continua a concentració estàndard. Calculeu la nova fem i escriviu la notació de la pila. Els ions Cd^{2+} reaccionen amb amoníac i donen el complex tetraamminacadmi(II).

Dades: $E° (Fe^{2+}/Fe) = -0,447$ V; $E° (Cd^{2+}/Cd) = -0,403$ V; $K_d [Cd(NH_3)_4]^{2+} = 2,80 \cdot 10^{-7}$

[Solució] a) $[Cd^{2+}] = 1,62 \cdot 10^{-2}$ mol $\cdot$ L^{-1}

c) $E = 0,009$ V

$Cd \,|\, Cd^{2+} (1,62 \cdot 10^{-2}$ mol $\cdot$ L$^{-1}) \,||\, Fe^{2+} (1$ mol $\cdot$ L$^{-1}) \,|\, Fe$

Problema 10.31

Disposem d'una pila formada per un filament de platí immers en una dissolució 0,10 mol $\cdot$ L^{-1} d'ions Fe^{2+} i 0,070 mol $\cdot$ L^{-1} d'ions Fe^{3+}, i un altre filament de platí en una dissolució 0,15 mol $\cdot$ L^{-1} d'ions VO^{2+} i 0,30 mol $\cdot$ L^{-1} d'ions VO_2^+ i amb un pH $= 4$.

$E° (Fe^{3+}/Fe^{2+}) = 0,771$ V; $E° (VO_2^+/VO^{2+}) = 0,991$ V i la temperatura és de 25 °C.

a) Calculeu la fem de la pila.

b) Escriviu les reaccions que tenen lloc en l'ànode i en el càtode, i la reacció global de la pila.

c) Calculeu la constant d'equilibri d'aquesta reacció.

d) Com influiria la variació del pH de la dissolució dels cations vanadils en la fem de la pila?

[Solució] a) 0,226 V

b) Ànode: $VO^{2+} + H_2O \longrightarrow VO_2^+ + 2\,H^+ + 1\,e^-$

Càtode: $Fe^{3+} + 1\,e^- \longrightarrow Fe^{2+}$

Global: $VO^{2+} + Fe^{3+} + H_2O \longrightarrow VO_2^+ + 2\,H^+ + Fe^{2+}$; c) $K_{eq} = 52,5 \cdot 10^2$

Problema 10.32

Es construeix una pila electroquímica submergint dos elèctrodes de platí en dues dissolucions. La primera està formada pels ions Cr^{3+} i Cr^{2+}, i la segona pels ions Sn^{2+} i Sn^{4+}. Ambdues dissolucions es troben a $25\,°C$.

a) Escriviu la reacció de la pila, la notació i la força electromotriu suposant condicions estàndard.

b) Calculeu la constant d'equilibri de la reacció.

Amb les concentracions següents: $[Cr^{3+}] = 1,0 \cdot 10^{-3}$ mol $\cdot$ L^{-1}; $[Sn^{4+}] = 1,5 \cdot 10^{-2}$ mol $\cdot$ L^{-1} i $[Sn^{2+}] = 3,0 \cdot 10^{-2}$ mol $\cdot$ L^{-1}, s'observa una fem de 0,600 V.

c) Quina és la concentració d'ions Cr^{2+} en aquestes condicions?

Dades: $E° (Sn^{4+}/Sn^{2+}) = 0,151$ V; $\quad E° (Cr^{3+}/Cr^{2+}) = -0,407$ V

[**Solució**] a) 0,558 V ; b) $K_{eq} = 7,9 \cdot 10^{18}$

c) $[Cr^{2+}] = 7,1 \cdot 10^{-3}$ mol $\cdot$ L^{-1}

Problema 10.33

a) Escriviu i igualeu, en forma iònica, la reacció entre el ferro i l'àcid nítric en condicions estàndard, sabent els següents potencials estàndard de reducció, $E°$: $Fe^{2+}/Fe = +0,44$ V; $NO_3^-/NO = +0,96$ V.

b) Dibuixeu un esquema de la pila que es podria muntar, indicant les semireaccions anòdica i catòdica i el sentit en què es mouen els electrons, i calculeu-ne la fem estàndard.

c) A partir de les condicions estàndard, a la dissolució de Fe^{2+} s'hi afegeix fluorur de sodi sòlid, fins que la fem de la pila arriba a 0,56 V. Si el volum de la dissolució era de 500 mL, quants grams de fluorur de sodi s'han afegit?

Dades: $K_{ps} (FeF_2) = 2,36 \cdot 10^{-6}$

[**Solució**] a) ànode: Fe $\longrightarrow$ $Fe^{2+} + 2\,e^-$; càtode: $NO_3^- + 4\,H^+$ $\longrightarrow$ $NO + 2\,H_2O$

b) 0,52 V ; c) 0,976 g

Problema 10.34

La notació d'una pila és:

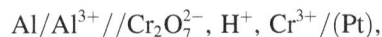

$$Al/Al^{3+}//Cr_2O_7^{2-}, H^+, Cr^{3+}/(Pt),$$

i el seu potencial estàndard és $E° = 2,99$ V.

a) Dibuixeu un esquema de la pila.

b) Escriviu les semireaccions en l'ànode i en el càtode.

c) Escriviu l'equació de Nernst per a aquesta pila.

d) Es podria emmagatzemar una dissolució de $K_2Cr_2O_7$ en un tanc d'alumini?

[**Solució**] b) ànode: Al $\longrightarrow$ $Al^{3+} + 3\,e^-$; càtode: $Cr_2O_7^{2-} + 14\,H^+$ $\longrightarrow$ $2\,Cr^{3+} + 7\,H_2O$

d) no

Problema 10.35

La cromita, òxid de crom(III), és el mineral de crom més important. Es troba a la Terra i també, en quantitats més grans, en basalts de la Lluna.

Tot l'òxid de crom(III) contingut en una mostra de 10,250 g d'un basalt procedent de la Lluna, reacciona completament amb 97,1 mL de peròxid d'hidrogen 1 mol $\cdot$ L^{-1} i s'obté àcid dicròmic (també es forma aigua).

a) Quin percentatge de l'òxid de crom(III) i quin percentatge de crom conté la mostra de basalt?

El crom es prepara industrialment a partir de la cromita per reducció amb alumini i també per electròlisi.

b) Quant temps es trigarà a obtenir el crom contingut en aquesta mostra, si en el procediment electrolític s'utilitza un corrent de 3,5 amperes? El rendiment del corrent és del 82 %.

c) Una peça de crom situada a la intempèrie, podria patir un procés de corrosió? Escriviu i igualeu la reacció corresponent i justifiqueu la resposta.

d) Justifiqueu si el coure serviria per protegir el crom de la corrosió.

Dades: Potencials de reducció estàndard: O_2, H_2O/OH^- = 0,40 V; Cr^{3+}/Cr = $-0,74$ V; Cu^{2+}/Cu = 0,34 V

[Solució]   a) 32,84 % Cr ; b) 6.529,5 s

Problema 10.36

Un fil de plata de 5,40 g ha caigut dins un vas de precipitats que contenia 500 mL d'una dissolució de permanganat de potassi 0,012 mol $\cdot$ L^{-1} i de pH = 2. Sabent que $E°$ (Ag^+/Ag) = +0,80 V; $E°$ (MnO_4^-/Mn^{2+}) = +1,49 V,

a) Escriviu i igualeu la reacció que tindrà lloc. Quants grams de plata quedaran (si és que en queden) un cop s'hagi completat la reacció.

b) D'acord amb la reacció anterior, dibuixeu un esquema de la pila electroquímica que es podria muntar i indiqueu-hi l'ànode, el càtode i les semireaccions corresponents.

c) Calculeu la força electromotriu d'aquesta pila quan les concentracions siguin les següents: $[MnO_4^-]$ = 1 M; pH = 2; $[Mn^{2+}]$ = 1 M; $[Ag^+]$ = 0,01 M.

[Solució]   a) 5,06 g Ag ; c) 0,62 V

Problema 10.37

S'ha determinat que unes aigües residuals contenen 0,62 mg $\cdot$ L^{-1} de Cu^{2+}.

a) Per eliminar-lo d'aquestes aigües, s'hi afegeix un hidròxid. A partir de quin pH començarà a precipitar com a hidròxid de coure(II)?

b) Si es volgués recuperar com a coure per electròlisi, quants grams per hora s'obtindrien amb un corrent de 12 amperes?

Dades: La solubilitat de l'hidròxid de coure(II) en aigua és d'1,77 $\cdot$ 10^{-7} mol $\cdot$ L^{-1}.

[Solució]   a) 11,3 ; b) 14,2 g/h

Problema 10.38

A 25 °C, s'ha preparat una dissolució aquosa amb el 10 % en pes de dimetilamina, un derivat de l'amoníac de fórmula $(CH_3)_2NH$.

a) Calculeu-ne el pH i el grau de dissociació.

b) S'afegeixen 100 mg de clorur de calci a 400 mL de la dissolució anterior. Es produirà precipitació?

c) Si es volgués obtenir el calci que hi ha quedat dissolt fent-hi passar un corrent de 2,0 A, quant de temps hauria de durar l'electròlisi?

d) De fet, l'obtenció de calci per electròlisi no es du a terme a partir de dissolucions de $CaCl_2$. Què s'utilitza en el seu lloc i per què?

Dades: $K_b\,((CH_3)_2NH) = 5,4 \cdot 10^{-4}$; $K_{ps}\,(Ca(OH)_2) = 6,5 \cdot 10^{-6}$

[Solució] a) pH = 12,54 ; $\alpha = 0,0158$; b) No ; c) 96,5 s

Potencial d'elèctrode	$E°$ (V)
MnO_4^- (aq)$/Mn^{2+}$ (aq)	1,507
Cl_2 (g)$/Cl^-$ (aq)	1,358
O_2 (g)$/H_2O$ (l)	1,229
MnO_2/Mn^{2+}	1,224
$Cr_2O_7^{2-}$ (aq)$/Cr^{3+}$ (aq)	1,232
Br_2 (aq)$/Br^-$ (aq)	1,087
Br_2 (l)$/Br^-$ (aq)	1,066
NO_2^- (aq)$/NO$ (g)	1,000
VO_2^+ (aq)$/VO^{2+}$ (aq)	0,991
NO_3^- (aq)$/NO$ (g)	0,957
Ag^+ (aq)$/Ag$ (s)	0,800
Fe^{3+} (aq)$/Fe^{2+}$ (aq)	0,771
UO_2^{2+} (aq)$/U^{4+}$ (aq)	0,612
I_2/I^- (aq)	0,535
Cu^{2+} (aq)$/Cu$ (s)	0,337
$AgCl$ (s)$/Ag$ (s), Cl^- (aq)	0,223
Sn^{4+} (aq)$/Sn^{2+}$ (aq)	0,151
$Mn(OH)_3/Mn(OH)_2$ (medi bàsic)	0,150
H_2 (g)$/H^+$ (aq)	0,000
Pb^{2+} (aq)$/Pb$ (s)	−0,126
Sn^{2+} (aq)$/Sn$ (s)	−0,137
$MnO_2/Mn(OH)_3$ (medi bàsic)	−0,200
Cd^{2+} (aq)$/Cd$ (s)	−0,403
Cr^{3+} (aq)$/Cr^{2+}$ (aq)	−0,407
Fe^{2+} (aq)$/Fe$ (s)	−0,447
Zn^{2+} (aq)$/Zn$ (s)	−0,763
H_2O/H_2 (medi bàsic)	−0,828
Al^{3+} (aq)$/Al$ (s)	−1,662
Na^+ (aq)$/Na$ (s)	−2,710
Ca^{2+} (aq)$/Ca$ (s)	−2,868

[1] Referència. *Handbook of Chemistry and Physics*. David R. Lide. 73rd Edition 1992-1993. CRC Press, INC.

Cinètica de les reaccions químiques

La termodinàmica dóna informació de l'energia involucrada en una reacció química, sobre si la reacció és espontània o no, i sobre si es troba en equilibri o no.

La termodinàmica no explica, però, la velocitat amb què es produeix una reacció o la velocitat amb que s'assoleix l'equilibri. La part de la química que estudia la velocitat de les reaccions s'anomena cinètica química.

11.1 Velocitat d'una reacció

La velocitat mitjana d'una reacció es defineix com el canvi de concentració d'un reactiu o un producte per unitat de temps. Per a una reacció donada, $A (g) \longrightarrow Y (g)$, es pot expressar així:

$$v = -\frac{\Delta [A]}{\Delta t} \tag{11.1}$$

així:

$$v = \frac{\Delta [Y]}{\Delta t} \tag{11.2}$$

La velocitat instantània s'expressa de la manera següent:

$$v = -\frac{d[A]}{dt} = \frac{d[Y]}{dt} \tag{11.3}$$

El signe negatiu fa referència al fet que la concentració d'un reactiu disminueix durant la reacció i el signe positiu respon al fet que la concentració del producte augmenta.

Si es determina experimentalment com varien les concentracions $(\text{mol} \cdot \text{L}^{-1})$ de A i Y amb el temps, a partir del gràfic de la concentració respecte del temps, es pot identificar la velocitat instantània de reacció com el pendent de la recta tangent a la corba en un punt determinat.

Per a una reacció general com la següent: $a\,A + b\,B \longrightarrow y\,Y + z\,Z$ la velocitat de reacció es defineix com segueix:

$$v = -\frac{1}{a}\frac{d[A]}{dt} = -\frac{1}{b}\frac{d[B]}{dt} = \frac{1}{y}\frac{d[Y]}{dt} = \frac{1}{z}\frac{d[Z]}{dt} \tag{11.4}$$

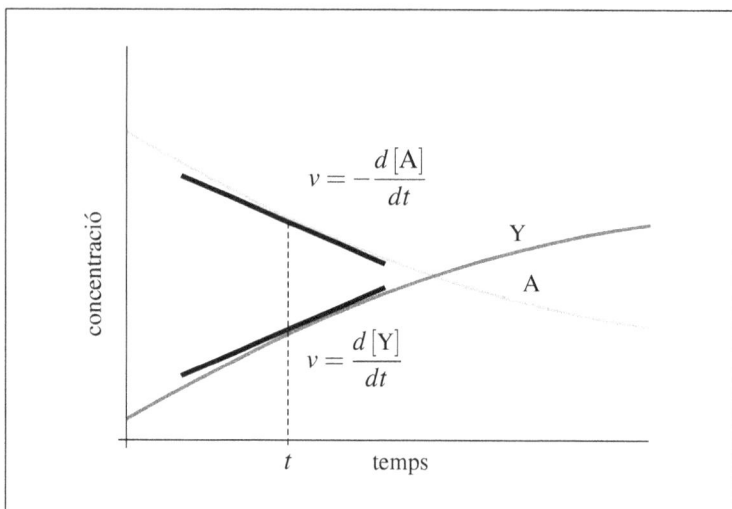

Exemple 1

En la reacció: $CH_4 (g) + 2 O_2 (g) \longrightarrow CO_2 (g) + 2 H_2O (l)$,

es compleix la relació:

$$-\frac{d[CH_4]}{dt} = -\frac{d[O_2]}{2 \cdot dt} = \frac{d[CO_2]}{dt} = \frac{d[H_2O]}{2 \cdot dt}$$

Exemple 2

En la reacció: $N_2 + 3 H_2 \longrightarrow 2 NH_3$,

s'ha mesurat la velocitat de formació de l'amoníac i ha donat $2,0 \cdot 10^{-4}$ mol $\cdot$ L^{-1} $\cdot$ s^{-1}. Quina és la velocitat de reacció expressada en funció del nitrogen? I en funció de l'hidrogen? I la velocitat de reacció?

[Solució]

velocitat $NH_3 = 2$ velocitat $N_2 \longrightarrow$ velocitat $N_2 = 1,0 \cdot 10^{-4}$ mol $\cdot$ L^{-1} $\cdot$ s^{-1}

velocitat $NH_3 = 2/3$ velocitat $H_2 \longrightarrow$ velocitat $H_2 = 1,3 \cdot 10^{-4}$ mol $\cdot$ L^{-1} $\cdot$ s^{-1}

velocitat reacció:

$$v_{\text{reacció}} = \frac{\text{velocitat } NH_3}{2} = 1,0 \cdot 10^{-4} \text{ mol} \cdot L^{-1} \cdot s^{-1}$$

11.2 Equació de velocitat

L'equació de velocitat expressa la relació entre la velocitat d'una reacció i les concentracions de reactius a una temperatura determinada.

$$a\,A + b\,B \longrightarrow \text{productes}$$

Equació de velocitat:

$$v = k \cdot [A]^{\alpha} \cdot [B]^{\beta} \tag{11.5}$$

L'equació de velocitat d'una reacció només es pot determinar experimentalment.

α i β són l'ordre parcial de reacció respecte a A i respecte a B.

α + β és l'ordre total de reacció.

k es una constant, anomenada constant de velocitat, tal que:

Les seves unitats depenen de l'ordre total de reacció.

El seu valor correspon a la reacció escrita amb els coeficients que s'indiquen.

El seu valor depèn de la temperatura i de la presència de catalitzador o no.

Exemple 3

Per a les equacions de velocitat següents:

$v = k$	$\alpha = 0$	reacció d'ordre 0	k en $mol \cdot L^{-1} \cdot s^{-1}$
$v = k \cdot [A]$	$\alpha = 1$	reacció d'ordre 1	k en s^{-1}
$v = k \cdot [A]^2$	$\alpha = 2$	reacció d'ordre 2	k en $L \cdot mol^{-1} \cdot s^{-1}$
$v = k \cdot [A] \cdot [B]^2$	$\alpha = 1$ i $\beta = 2$	reacció d'ordre 3	k en $L^2 \cdot mol^{-2} s^{-1}$
$v = k \cdot [A]^2 \cdot [B]$	$\alpha = 2$ i $\beta = 1$	reacció d'ordre 3	k en $L^2 \cdot mol^{-2} s^{-1}$

Exemple 4

Donada la reacció següent: $A\ (g) + B\ (g) \longrightarrow 2\ C\ (g)$, sabent que és de primer ordre respecte a A i de primer ordre respecte a B, com es modificarà la velocitat de reacció, si a una temperatura determinada dupliquem la concentració de A i reduïm a la meitat la concentració de B?

[Solució]

Com que $\alpha = 1$ i $\beta = 1$, la llei de velocitat és $v = k \cdot [A] \cdot [B]$; calculem la nova velocitat: $v' = \dfrac{k \cdot 2 \cdot [A] \cdot [B]}{2}$. La velocitat, doncs, no es modifica $(v = v')$.

11.3 Equacions integrades

Expressen la dependència de la concentració de reactiu amb el temps. Aquesta dependència es funció de la forma que tingui l'equació de velocitat.

Cinètica d'ordre zero: $(\alpha = 0)$ $v = k$ Equació integrada: $[A] = [A]_0 - k \cdot t$ (11.6)

Cinètica de primer ordre: $(\alpha = 1)$ $v = k \cdot [A]$ Equació integrada: $\ln [A] = \ln [A]_0 - k \cdot t$ (11.7)

Cinètica de segon ordre: $(\alpha = 2)$ $v = k \cdot [A]^2$ Equació integrada: $\dfrac{1}{[A]} = \dfrac{1}{[A]_0} + k \cdot t$ (11.8)

$[A]_0$ és la concentració inicial del reactiu.

El temps de vida mitja o temps de semireacció ($t_{1/2}$) d'una reacció és el temps necessari perquè la concentració del reactiu A, [A], sigui la meitat de la concentració inicial $[A]_0$. És a dir, perquè es compleixi la relació

$$[A] = \frac{[A]_0}{2}.$$ (11.9)

Exemple 5

Un compost determinat es descompon seguint una llei de velocitat de segon ordre. Si al cap de 10 minuts s'ha descompost el 70 % del producte inicial, quin valor té la constant de velocitat si la concentració inicial és 1 mol · L^{-1}?

[Solució]

L'equació integrada de segon ordre (11.8): $\dfrac{1}{[A]} = \dfrac{1}{[A]_0} + k \cdot t$

Per a $t = 600$ s, $[A] = 0,30\,[A]_0$. Substituïm valors en l'equació anterior:

$$\frac{1}{0,30 \cdot 1,0 \text{ mol} \cdot \text{L}^{-1}} = \frac{1}{1,0 \text{ mol} \cdot \text{L}^{-1}} + k \cdot 600 \text{ s}; \qquad k = 3,9 \cdot 10^{-3} \text{ L} \cdot \text{mol}^{-1} \cdot \text{s}^{-1}$$

Exemple 6

Per a la reacció A $\longrightarrow$ B, s'obtenen les dades cinètiques següents:

Temps (s)	0	120	240	360	∞
[A] (mol · L^{-1})	10	5	2.5	1.25	0

Quin és el temps de vida mitja? Quin és l'ordre de la reacció? Quin és el valor de la constant?

[Solució]

Cada 120 segons la concentració de A disminueix a la meitat; per tant $t_{1/2} = 120$ s.

Com que el temps de vida mitja és constant, és a dir, no depèn de la concentració de reactiu, la cinètica és de primer ordre.

A partir de l'equació 11.6 i aplicant el concepte de temps de vida mitja (11.9), obtenim l'expressió següent:

$$t_{1/2} = \frac{0,693}{k}$$

$$120 \text{ s} = \frac{0,693}{k}; \qquad k = 5,78 \cdot 10^{-3} \text{ s}^{-1}$$

11.4 Energia d'activació

La velocitat de reacció depèn de la temperatura a la qual transcorre. La constant cinètica k quantifica aquesta dependència i es pot determinar segons l'equació d'Arrhenius:

$$k = A \cdot e^{-\frac{E_a}{RT}}$$ (11.10)

En què A s'anomena **factor preexponencial d'Arrhenius** i té les mateixes unitats que la constant cinètica; i depèn, doncs, de l'ordre de reacció. E_a és l'energia d'activació; les seves unitats són: $energia \cdot mol^{-1} \cdot K^{-1}$.

A i E_a es poden considerar constants en un rang determinat de temperatures i es poden relacionar les constants de velocitat a dues temperatures diferents segons l'equació:

$$\ln \frac{k_2}{k_1} = \frac{E_a}{R} \cdot \left(\frac{1}{T_1} - \frac{1}{T_2} \right) \tag{11.11}$$

Exemple 7

L'energia d'activació d'una reacció irreversible és de $83{,}68 \ kJ \cdot mol^{-1}$. Quina és la relació entre la velocitat del procés a $20\,°C$ i a $30\,°C$.

[Solució]

Apliquem l'equació 11.11:

$$\ln \frac{k_{293}}{k_{303}} = \frac{83{,}68 \ kJ \cdot mol^{-1}}{8{,}314 \cdot 10^{-3} \ kJ \cdot mol^{-1} \cdot K^{-1}} \left(\frac{1}{303 \ K} - \frac{1}{293 \ K} \right); \qquad \frac{k_{293}}{k_{303}} = 0{,}330$$

Aleshores:

$$\frac{v_{293}}{v_{303}} = \frac{k_{293}}{k_{303}}; \qquad \frac{v_{293}}{v_{303}} = 0{,}330$$

11.5 Models teòrics de la cinètica química

1) Teoria de les col·lisions

Donada la reacció: $A_2 \ (g) + B_2 \ (g) \longrightarrow$ productes, si es considera que és una reacció elemental (té lloc tal com està escrita: 1 mol de molècules de A_2 reacciona amb 1 mol de molècules de B_2), els valors de α i β són els coeficients estequiomètrics i la seva llei de velocitat és:

$$v = k \cdot [A_2] \cdot [B_2] \tag{11.12}$$

Aquesta teoria es basa en la idea que les molècules de reactius han de xocar per poder donar lloc als productes, i postula els factors dels quals depèn la velocitat d'una reacció.
La velocitat de reacció és proporcional a:

a) La freqüència de les col·lisions (Z_0).

b) La fracció de les col·lisions en les quals les molècules tenen una orientació favorable (p).

c) La fracció de molècules que tenen l'energia mínima necessària perquè la col·lisió entre molècules sigui efectiva $\left(e^{-\frac{E_a}{RT}} \right)$.

d) Les concentracions de reactius.

$$v = Z_0 \cdot p \cdot e^{-\frac{E_a}{R \cdot T}} \cdot [A_2] \cdot [B_2] \tag{11.13}$$

De les equacions 11.12 i 11.13 es dedueix:

$$k = Z_0 \cdot p \cdot e^{-\frac{E_a}{R \cdot T}} \tag{11.14}$$

Segons l'equació anterior, la constant de velocitat depèn de forma exponencial de l'invers de la temperatura absoluta. Comparant les equacions 11.10 i 11.14, es dedueix que A, el factor preexponencial d'Arrhenius, és:

$$A = Z_0 \cdot p \tag{11.15}$$

2) Teoria de l'estat de transició

Postula un estat intermedi entre reactius i productes, anomenat **estat de transició** o **complex activat**. L'energia potencial de l'estat de transició és sempre superior a l'energia de reactius i productes, i representa la barrera energètica que han de superar els reactius perquè es produeixi la reacció. Aquesta energia s'anomena **energia d'activació** de la reacció. Com més petita és l'energia d'activació, més ràpida és la reacció.

Per a una reacció, reactius (g) $\longrightarrow$ productes (g), segons aquesta teoria, el diagrama de coordenades de la reacció és:

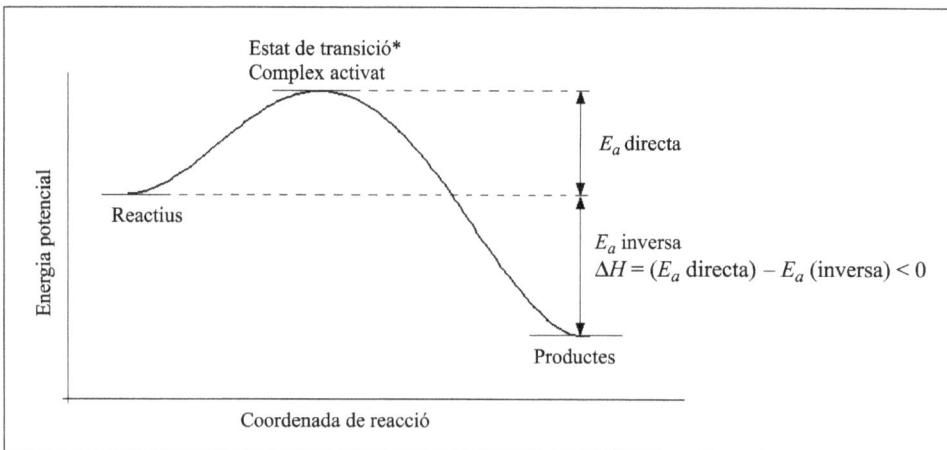

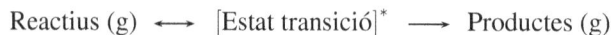

$$\text{Reactius (g)} \longleftrightarrow [\text{Estat transició}]^* \longrightarrow \text{Productes (g)}$$

Exemple 8

Donada la reacció següent: Reactius $\longrightarrow$ Productes, amb E_a (directa) $= 50$ kJ i E_a' (inversa) $= 70$ kJ, quin és el valor de ΔH de la reacció?

[Solució]

E_a' (inversa) correspon a la barrera energètica que han de superar els productes per passar a reactius. Com que

$$E_a' \text{ (inversa)} > E_a \text{ (directa)},$$

aleshores $\Delta H = -20$ kJ i la reacció és exotèrmica.

Exemple 9

S'han determinat les energies d'activació de les reaccions directes dels processos següents:

Procés 1: $NO_2 + 2\,HCl \longrightarrow H_2O + NO + Cl_2$ $(E_a = 98\ kJ)$

Procés 2: $NO_2 + 2\,HBr \longrightarrow H_2O + NO + Br_2$ $(E_a = 54\ kJ)$

Quin procés serà més ràpid?

[Solució]

Serà més ràpid el procés 2. Com que té una E_a més baixa, hi ha més molècules que poden superar la barrera energètica de la reacció, i això fa més ràpid el procés.

11.6 Mecanismes de reacció

Moltes reaccions químiques no es produeixen tal com estan escrites, sinó que segueixen un mecanisme determinat, una sèrie de reaccions elementals que tenen com a suma la reacció global. El mecanisme de reacció son les diferents etapes que segueixen els reactius fins a transformar-se en productes.

Un procés elemental es produeix tal com està escrit i compleix:

- En l'equació de la llei de velocitat, els ordres parcials coincideixen amb els coeficients estequiomètrics dels reactius.
- Els processos elementals ràpids són reversibles i poden arribar a l'equilibri.
- El procés elemental lent és el procés determinant de la velocitat de la reacció global.
- La molecularitat és el nombre de molècules que reaccionen en una etapa (unimolecular o bimolecular).

Perquè un mecanisme s'accepti com a bo per a una reacció s'ha de complir:

- La suma dels processos elementals ha de donar la reacció global ajustada.
- El mecanisme ha d'estar d'acord amb l'equació de velocitat determinada experimentalment.

Exemple 10

Per la reacció $2\,NO\,(g) + O_2\,(g) \longrightarrow 2\,NO_2\,(g)$, s'ha determinat experimentalment l'equació de velocitat: $v = k \cdot [NO]^2 \cdot [O_2]$.

S'ha proposat el següent mecanisme de reacció:

Etapa (1): $2\,NO\,(g) \rightleftharpoons N_2O_2\,(g)$ molecularitat: 2 Ràpida

$$K_1 = \frac{[N_2O_2]}{[NO]^2}$$

Etapa (2): $N_2O_2\,(g) + O_2\,(g) \longrightarrow 2\,NO_2\,(g)$ molecularitat: 2 Lenta

Equació de velocitat: $v_2 = k_2 \cdot [N_2O_2] \cdot [O_2]$

Les dues reaccions elementals del mecanisme, sumades, donen la reacció global ajustada.

L'etapa lenta determina la velocitat global de la reacció. Per evitar que aparegui un intermedi de reacció (N_2O_2) en l'expressió de la velocitat, se substitueix la seva concentració, aïllant-la de la constant d'equilibri de l'etapa (1):

$$v = v_2 = k_2 \cdot [N_2O_2] \cdot [O_2] = k_2 \cdot K_1 \cdot [NO]^2 \cdot [O_2]$$

L'equació de velocitat deduïda a partir d'aquest mecanisme és:

$$v = k \, [NO]^2 \cdot [O_2]$$

Aquesta reacció està d'acord amb la llei experimental de velocitat. Aquest podria ser, doncs, un mecanisme per a la reacció.

Exemple 11

Per a la reacció $A_2 + B_2 \longrightarrow 2\,AB$, amb $\Delta H < 0$ i amb una expressió de la llei de velocitats $v = k \, [A_2] \, [B_2]$, es proposa el mecanisme de reacció següent:

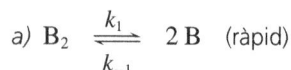

a) $B_2 \underset{k_{-1}}{\overset{k_1}{\rightleftharpoons}} 2\,B$ (ràpid)

b) $2\,B + A_2 \overset{k_2}{\longrightarrow} 2\,AB$ (lent)

Aquest mecanisme permet explicar la llei de velocitat experimental obtinguda per a la reacció?

L'etapa lenta determina la llei de velocitat. Com que cada etapa del mecanisme és un procés elemental, els ordres de reacció són els coeficients estequiomètrics. Així, la llei de velocitat serà:

$$v' = k' \cdot [B]^2 \cdot [A_2]$$

Substituïm en l'expressió anterior l'intermedi de reacció, B:

$$[B]^2 = K_{eq} \cdot [B_2]$$

Sabem que la llei de velocitat en funció dels reactius es pot expressar així:

$$v = k \cdot [A_2] \cdot [B_2]$$

El mecanisme permet explicar la llei de velocitat.

11.7 Càtalisi

Un catalitzador és una substància que augmenta la velocitat d'una reacció química. El procés en el qual intervé un catalitzador s'anomena catàlisi.

Un catalitzador no es consumeix en el transcurs de la reacció. Al final es recupera amb la mateixa forma química i en la mateixa quantitat que s'havia introduït en el reactor.

El catalitzador disminueix l'energia d'activació de la reacció. D'aquesta manera, més molècules de reactius poden superar la barrera energètica per donar lloc als productes i la reacció és més ràpida.

Exemple 12

El monòxid de nitrogen (NO) es produeix a alta temperatura segons la reacció:

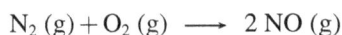

$$N_2 \text{ (g)} + O_2 \text{ (g)} \longrightarrow 2 NO \text{ (g)}$$

A la troposfera, catalitza la formació d'ozó segons el mecanisme següent:

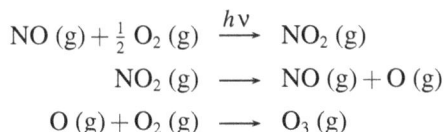

$$NO \text{ (g)} + \tfrac{1}{2} O_2 \text{ (g)} \xrightarrow{h\nu} NO_2 \text{ (g)}$$

$$NO_2 \text{ (g)} \longrightarrow NO \text{ (g)} + O \text{ (g)}$$

$$O \text{ (g)} + O_2 \text{ (g)} \longrightarrow O_3 \text{ (g)}$$

Reacció global (sumant les tres anteriors): $\tfrac{3}{2} O_2 \text{ (g)} \longrightarrow O_3 \text{ (g)}$

A l'estratosfera, catalitza la desaparició d'ozó segons el mecanisme següent:

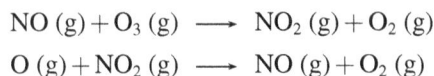

$$NO \text{ (g)} + O_3 \text{ (g)} \longrightarrow NO_2 \text{ (g)} + O_2 \text{ (g)}$$

$$O \text{ (g)} + NO_2 \text{ (g)} \longrightarrow NO \text{ (g)} + O_2 \text{ (g)}$$

Reacció global: $O \text{ (g)} + O_3 \text{ (g)} \longrightarrow 2 O_2 \text{ (g)}$

[Solució]

El NO actua en els dos processos com a catalitzador, no es consumeix en el trancurs de la reacció i es recupera al final. El NO_2, també en els dos processos, és un intermedi de reacció que es forma en una etapa elemental, però que es consumeix en una altra etapa i no apareix al final de la reacció.

Problemes resolts

Problema 11.1

Per a una reacció del tipus $A + 2 B \longrightarrow$ productes, s'han obtingut les dades que es recullen a la taula següent:

Velocitat de la reacció inicial $(\text{mol} \cdot L^{-1} \cdot s^{-1})_{t=0}$	Concentració inicial $(\text{mol} \cdot L^{-1})$	
	$[A]_0$	$[B]_0$
$5,7 \cdot 10^{-7}$	$2 \cdot 10^{-3}$	$4 \cdot 10^{-3}$
$11,4 \cdot 10^{-7}$	$2 \cdot 10^{-3}$	$8 \cdot 10^{-3}$
$22,8 \cdot 10^{-7}$	$4 \cdot 10^{-3}$	$4 \cdot 10^{-3}$

Quina serà la llei de velocitat?

S'han de trobar els valors de α i β en l'equació de velocitat $v = k \cdot [A]^\alpha \cdot [B]^\beta$.

Segons les dades experimentals, podem escriure les equacions següents:

$$1) \quad 5,7 \cdot 10^{-7} = k \cdot (2 \cdot 10^{-3})^\alpha \cdot (4 \cdot 10^{-3})^\beta$$

$$2) \quad 11,4 \cdot 10^{-7} = k \cdot (2 \cdot 10^{-3})^\alpha \cdot (8 \cdot 10^{-3})^\beta$$

$$3) \quad 22,8 \cdot 10^{-7} = k \cdot (4 \cdot 10^{-3})^\alpha \cdot (4 \cdot 10^{-3})^\beta$$

Dividim l'equació 1) per la 2) (hi ha la mateixa concentració del reactiu A):

$$\frac{5,7 \cdot 10^{-7} \, mol \cdot L^{-1} \cdot s^{-1}}{11,4 \cdot 10^{-7} \, mol \cdot L^{-1} \cdot s^{-1}} = \frac{(4 \cdot 10^{-3} \, mol \cdot L^{-1})^\beta}{(8 \cdot 10^{-3} \, mol \cdot L^{-1})^\beta}; \quad 0,50 = (0,5)^\beta; \quad \beta = 1$$

Dividim l'equació 1) per la 3) (hi ha la mateixa concentració del reactiu B):

$$\frac{5,7 \cdot 10^{-7} \, mol \cdot L^{-1} \cdot s^{-1}}{22,8 \cdot 10^{-7} \, mol \cdot L^{-1} \cdot s^{-1}} = \frac{(2 \cdot 10^{-3} \, mol \cdot L^{-1})^\alpha}{(4 \cdot 10^{-3} \, mol \cdot L^{-1})^\beta}; \quad 0,25 = (0,25)^\alpha; \quad \alpha = 2$$

La llei de velocitat serà, doncs: $v = k \cdot [A]^2 \cdot [B]$.

Problema 11.2

Per la reacció: A (g) $\longrightarrow$ B (g) es vol determinar la llei de velocitat $v = k \, [A]^\alpha$ a partir de les dades experimentals següents:

$[B]$ $(mol \cdot L^{-1})$	Temps (minuts)	$[A]_{queda} = [A]_0 - [A]_{reacciona}$ $(mol \cdot L^{-1})$
0	0	$[A]_0 = 1,98 \cdot 10^{-2}$
$8,76 \cdot 10^{-3}$	20	$11,04 \cdot 10^{-3}$
$10,66 \cdot 10^{-3}$	30	$9,14 \cdot 10^{-3}$
$12,08 \cdot 10^{-3}$	40	$7,72 \cdot 10^{-3}$
$13,92 \cdot 10^{-3}$	60	$5,88 \cdot 10^{-3}$
$14,76 \cdot 10^{-3}$	75	$5,04 \cdot 10^{-3}$
$15,38 \cdot 10^{-3}$	90	$4,42 \cdot 10^{-3}$

S'ha de determinar a quina equació integrada s'ajusten millor els resultats experimentals trobats:

- **Cinètica d'ordre zero**. Equació integrada 11.6:

$$[A] = [A]_0 - k \cdot t$$

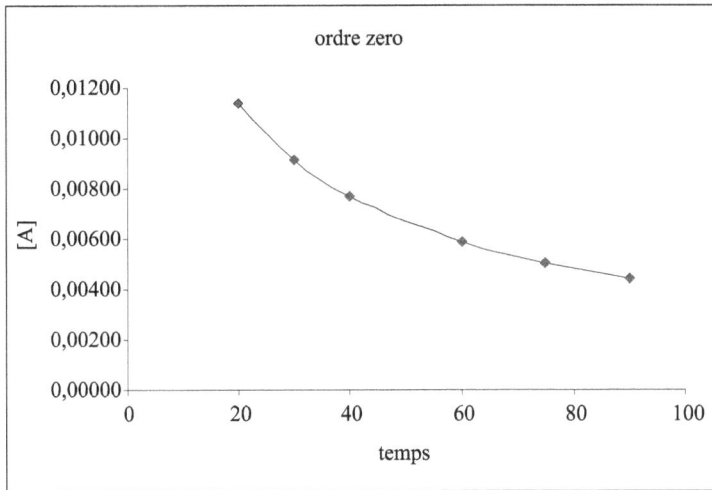

temps	[A]
20	0,01140
30	0,00914
40	0,00772
60	0,00588
75	0,00504
90	0,00442

No segueix, doncs, una cinètica d'ordre zero.

- **Cinètica de primer ordre**. Equació integrada 11.7:

$$\ln[A] = \ln[A]_0 - k \cdot t$$

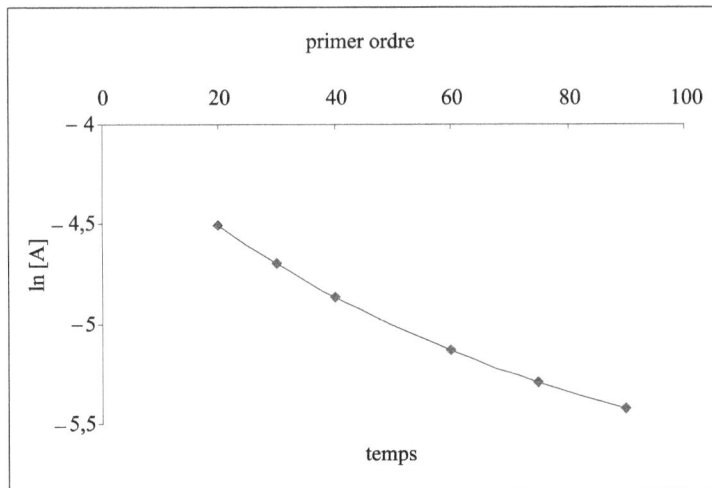

temps	$\ln[A]$
20	−4,506
30	−4,695
40	−4,864
60	−5,136
75	−5,290
90	−5,422

No segueix una cinètica de primer ordre

- **Cinètica de segon ordre**: $v = k \cdot [A]^2$ Equació integrada 11.8:

$$\frac{1}{[A]} = \frac{1}{[A]_0} + k \cdot t$$

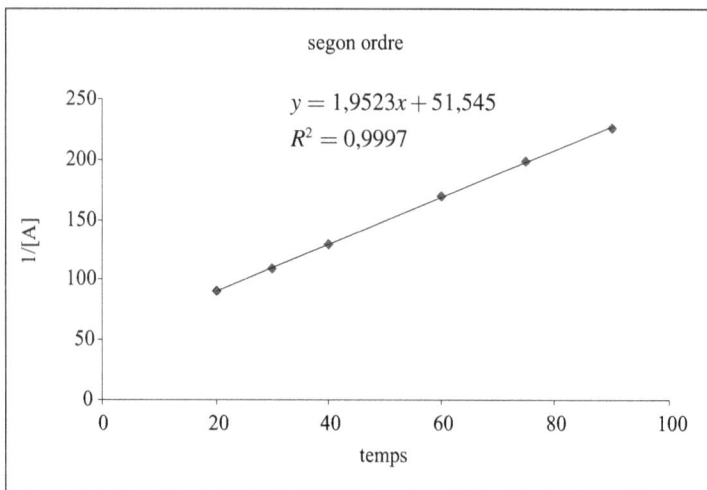

segon ordre

$y = 1{,}9523x + 51{,}545$

$R^2 = 0{,}9997$

temps	$\dfrac{1}{[A]}$
20	−4,506
30	−4,695
40	−4,864
60	−5,136
75	−5,290
90	−5,422

Segueix una cinètica de segon ordre, i la llei de velocitat serà $v = k \cdot [A]^2$; el valor de la constant cinètica és $k = 1{,}952 \, \text{L} \cdot \text{mol}^{-1} \cdot \text{min}^{-1}$.

Problema 11.3

S'han determinat experimentalment els valors de la constant de velocitat en funció de la temperatura, per a la reacció: $A + 2\,B \longrightarrow 2\,D$. Els resultats obtinguts són els següents:

$T\,(^\circ C)$	27	77	127
k	0,775	27,56	401,5

Els temps estan expressats en segons, i les concentracions, en mols $\cdot \, L^{-1}$. Determineu:

a) L'energia d'activació de la reacció.

b) La llei de velocitat, indiqueu els ordres parcials i l'ordre total de la reacció.

c) La velocitat de la reacció en les etapes inicials, suposant que la reacció es realitza a 300 K en un reactor de 10 L i que les quantitats inicials de A i de B són, respectivament, de 2 mol i 5 mol.

Nota: considereu que la reacció és elemental.

[Solució]

a) A partir de l'equació 11.10 es considera que $\ln k = \ln A - \dfrac{E_a}{R} \cdot \dfrac{1}{T}$; amb els valors experimentals de la taula es pot calcular E_a com el pendent de la recta, multiplicat per la constant dels gasos.

Equació recta: $\ln k = 24{,}8 - 75{,}3 \cdot 10^2 \cdot \dfrac{1}{T}$ (amb $R^2 = 0{,}999$)

$$-\frac{E_a}{R} = -75{,}3 \cdot 10^2;$$

$$E_a = 75{,}3 \cdot 10^2 \cdot 8{,}314 \cdot 10^{-3} \, \text{kJ} \cdot \text{mol}^{-1} = 62{,}6 \, \text{kJ} \cdot \text{mol}^{-1}$$

b) En una reacció elemental, els ordres parcials de reacció són els coeficients estequiomètrics. Així: $\alpha = 1$ i $\beta = 2$; l'ordre total de reacció és 3, i la llei de velocitat, $v = k \cdot [A] \cdot [B]^2$.

c) A 300 K (27 °C), $k = 0,775 \text{ mol}^{-2} \cdot \text{L}^2 \cdot \text{s}^{-1}$, $[A] = \dfrac{2 \text{ mol}}{10 \text{ L}} = 0,20 \text{ mol} \cdot \text{L}^{-1}$ i $[B] = \dfrac{5 \text{ mol}}{10 \text{ L}} = 0,50 \text{ mol} \cdot \text{L}^{-1}$.
Per tant:

$$v_0 = 0,775 \text{ mol}^{-2} \cdot \text{L}^2 \cdot \text{s}^{-1} \cdot 0,20 \text{ mol} \cdot \text{L}^{-1} \cdot (0,50)^2 \text{ mol}^2 \cdot \text{L}^{-2} = 0,039 \text{ mol} \cdot \text{L}^{-1} \cdot \text{s}^{-1}$$

Problema 11.4

Una reacció es verifica en un 20 % en 30 minuts. Calculeu el temps necessari perquè la reacció es verifiqui en un 50 % per a:

a) Una reacció de primer ordre.

b) Una reacció de segon ordre.

[Solució]

a) Si en 30 minuts reacciona un 20 % de A, queda el 80 % del reactiu, és a dir:

$$[A] = 0,80 \, [A]_0$$

Apliquem l'equació integrada de primer ordre, equació 11.7, per calcular la constant cinètica:

$$\ln \frac{[A]}{[A]_0} = -k \cdot t; \qquad \ln \frac{0,80 \cdot [A]_0}{[A]_0} = -k \cdot 30 \text{ min}; \qquad k = 7,4 \cdot 10^{-3} \text{ min}^{-1}$$

Per calcular el temps necessari perquè es verifiqui en un 50 %, tornem a aplicar l'equació 11.7:

$$\ln \frac{0,50 \cdot [A]_0}{[A]_0} = -7,4 \cdot 10^{-3} \text{ min}^{-1} \cdot t; \qquad t = 94 \text{ min}$$

b) Apliquem l'equació integrada de segon ordre, equació 11.8, per calcular la constant cinètica:

$$\frac{1}{[A]} - \frac{1}{[A]_0} = k \cdot t;$$

agafem com a base de càlcul $[A]_0 = 1,0 \text{ mol} \cdot \text{L}^{-1}$; això implica que transcorreguts 30 minuts, la concentració de reactiu és: $[A] = 0,80 \text{ mol} \cdot \text{L}^{-1}$:

$$\frac{1}{0,80 \text{ mol} \cdot \text{L}^{-1}} - \frac{1}{1,0 \text{ mol} \cdot \text{L}^{-1}} = k \cdot 30 \text{ min}; \qquad k = 8,3 \cdot 10^{-3} \text{ L} \cdot \text{mol}^{-1} \cdot \text{min}^{-1}$$

Com en l'apartat anterior, tornem a aplicar l'equació integrada, en aquest cas, de segon ordre, equació 11.8:

$$\frac{1}{0,50 \text{ mol} \cdot \text{L}^{-1}} - \frac{1}{1,0 \text{ mol} \cdot \text{L}^{-1}} = 8,30 \cdot 10^{-3} \text{ L} \cdot \text{mol}^{-1} \cdot \text{min}^{-1} \cdot t; \qquad t = 120 \text{ min}$$

Problema 11.5

La reacció $A + 2B \longrightarrow M + N$ té com a llei de velocitat $v = k \cdot [A]^2$. A 20 °C, la constant de velocitat val $1,0 \cdot 10^{-4} \text{ L} \cdot \text{mol}^{-1} \cdot \text{s}^{-1}$; si les concentracions inicials de A i B són, respectivament, $0,250 \text{ mol} \cdot \text{L}^{-1}$ i $0,150 \text{ mol} \cdot \text{L}^{-1}$, calculeu:

a) El temps de semirreacció.

b) Les concentracions de **A** i **B** després de 30 minuts.

c) L'energia d'activació de la reacció, sabent que a 40 °C la constant de velocitat val $3{,}7 \cdot 10^{-3}$ L $\cdot$ mol^{-1} $\cdot$ s^{-1}.

d) Aquesta reacció pot tenir lloc en una sola etapa?

[Solució]

a) El temps de semireacció (temps de vida mitja) per a una reacció de segon ordre es determina aplicant el concepte de vida mitja (11.9) a l'equació integrada 11.8:

$$t_{1/2} = \frac{1}{k \cdot [\text{A}]_0}; \qquad t_{1/2} = \frac{1}{0{,}250 \text{ mol} \cdot \text{L}^{-1} \cdot 1{,}0 \cdot 10^{-4} \text{ mol}^{-1} \cdot \text{L} \cdot \text{s}^{-1}} = 4{,}0 \cdot 10^4 \text{ s}^{-1}$$

b) A partir de l'equació 11.8, calculem la concentració de **A** que ens queda després de 30 minuts de reacció:

$$\frac{1}{[\text{A}]} = \frac{1}{0{,}250 \text{ mol} \cdot \text{L}^{-1}} + 1{,}0 \cdot 10^{-4} \text{ mol} \cdot \text{L}^{-1} \cdot \text{s}^{-1} \cdot 30 \text{ min} \cdot \frac{60 \text{ s}}{\text{min}}; \qquad [\text{A}] = 0{,}24 \text{ mol} \cdot \text{L}^{-1}$$

Per tant, $[\text{A}]_{\text{reacciona}} = [\text{A}]_{\text{inicial}} - [\text{A}]_{\text{queda}}$

$$[\text{A}]_{\text{reacciona}} = 0{,}250 - 0{,}240 = 0{,}010 \text{ mol} \cdot \text{L}^{-1};$$

per estequiometria:

$$[\text{B}]_{\text{reacciona}} = 2 \cdot [\text{A}]_{\text{reacciona}} = 2 \cdot 0{,}010 = 0{,}020 \text{ mol} \cdot \text{L}^{-1}$$

$$[\text{B}]_{\text{queda}} = [\text{B}]_{\text{inicial}} - [\text{B}]_{\text{reacciona}} = 0{,}150 - 0{,}020 = 0{,}130 \text{ mol} \cdot \text{L}^{-1}$$

c) Apliquem l'equació 11.11:

$$\ln \frac{k_{293}}{k_{313}} = \frac{E_a}{R} \cdot \left(\frac{1}{313} - \frac{1}{293} \right)$$

$$\ln \frac{1{,}0 \cdot 10^{-4} \text{ L} \cdot \text{mol}^{-1} \cdot \text{s}^{-1}}{3{,}70 \cdot 10^{-3} \text{ L} \cdot \text{mol}^{-1} \cdot \text{s}^{-1}} = \frac{E_a}{8{,}314 \cdot 10^{-3} \text{ kJ} \cdot \text{mol}^{-1} \cdot \text{K}^{-1}} \cdot \left(\frac{1}{313} - \frac{1}{293} \right) \text{ K}^{-1}$$

$$E_a = 138 \text{ kJ} \cdot \text{mol}^{-1}$$

d) No. Si la reacció fos elemental, α i β haurien de coincidir amb els coeficients estequiomètrics i la llei de velocitat hauria de ser $v = k \cdot [\text{A}]^2 \cdot [\text{B}]$.

Problema 11.6

La reacció $2 \text{ SO}_2 \text{ (g)} + \text{O}_2 \text{ (g)} \longrightarrow 2 \text{ SO}_3 \text{ (g)}$, amb $\Delta H° = -98{,}80$ kJ $\cdot$ mol^{-1}, pot tenir lloc directament en una sola etapa (mecanisme A) o bé de manera molt més ràpida, en presència de NO (g) (mecanisme B):

Mecanisme A:

$$2 \text{ SO}_2 \text{ (g)} + \text{O}_2 \text{ (g)} \longrightarrow 2 \text{ SO}_3 \text{ (g)}$$

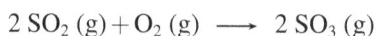

O bé:

Mecanisme B:

$$(1) \qquad 2\,NO\,(g) + O_2\,(g) \longrightarrow 2\,NO_2\,(g) \qquad\qquad (\text{ràpida}) \quad \Delta H° < 0$$

$$(2) \quad 2\,NO_2\,(g) + 2\,SO_2\,(g) \longrightarrow 2\,SO_3\,(g) + 2\,NO\,(g) \quad (\text{lenta}) \quad \Delta H° < 0$$

a) Dibuixeu de manera aproximada el gràfic d'energia respecte a la coordenada de reacció per a les dues possibilitats A i B, indicant-hi l'energia d'activació, l'estat o els estats de transició (complex activat) i l'increment d'entalpia de la reacció.

Per què us sembla que és més ràpid el mecanisme B, en el qual participa el NO (g)?

b) La velocitat d'aquesta reacció s'ha mesurat segons l'expressió que hi ha tot seguit. Escriviu les altres formes de mesurar aquesta mateixa velocitat.

$$v = -\frac{d\,[O_2]}{dt} = \cdots$$

c) Si la reacció és d'ordre 1 respecte al O_2 i d'ordre 2 respecte el SO_2, deduïu les unitats de la constant de velocitat. Expresseu les concentracions en $mol \cdot L^{-1}$ i el temps en segons.

[Solució]

a)

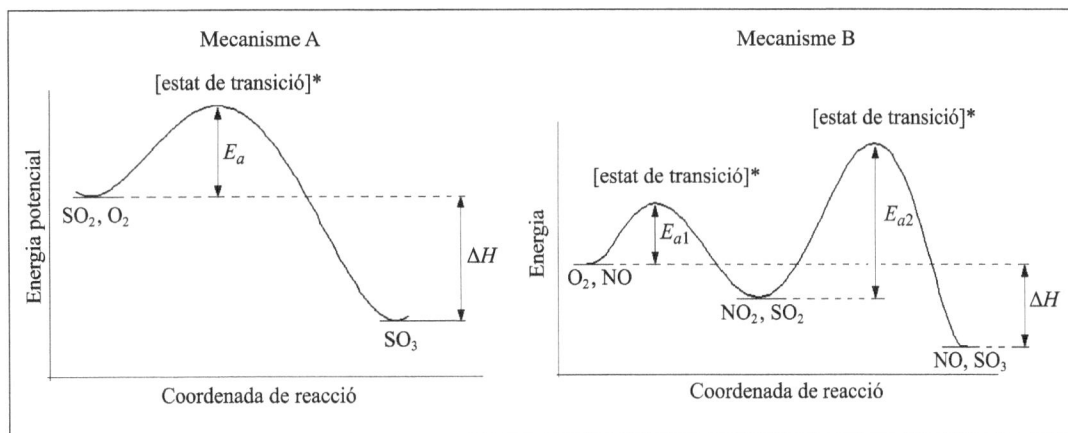

És més ràpida, ja que el NO actua com a catalitzador, disminueix l'energia d'activació de l'etapa lenta i hi ha més molècules que poden superar l'energia d'activació.

b) $v = -\dfrac{d\,[O_2]}{dt} = -\dfrac{1}{2} \cdot \dfrac{d\,[SO_2]}{dt} = \dfrac{1}{2} \cdot \dfrac{d\,[SO_3]}{dt}$

c) L'equació de velocitat serà $v = k \cdot [O_2] \cdot [SO_2]^2$, així:

$$k = \frac{v}{[O_2] \cdot [SO_2]^2}; \qquad k\ (\text{unitats}) = \frac{mol \cdot L^{-1} \cdot s^{-1}}{(mol \cdot L^{-1}) \cdot (mol \cdot L^{-1})^2} = mol^{-2} \cdot L^2 \cdot s^{-1}$$

Problema 11.7

a) Es mesclen volums iguals de dues dissolucions equimoleculars de A i B que reaccionen per donar C, d'acord amb l'equació:

$$A + B \longrightarrow C$$

Després d'1 hora, A ha reaccionat en un 75 %. Quin percentatge restarà després de 2 hores, si la reacció és d'ordre 1 respecte de A i d'ordre 1 respecte de B?

b) Un catalitzador disminueix l'energia d'activació d'una certa reacció des de 70 kJ $\cdot$ mol^{-1} fins a 25 kJ $\cdot$ mol^{-1}. Calculeu la relació entre les dues constants de velocitat a 20 °C.

[Solució]

a) La llei de velocitats és $v = k \cdot [A] \cdot [B]$. Com que $[A]$ i $[B]$ són iguals, la llei de velocitat es pot expressar així: $v = k \cdot [A]^2$, i l'equació integrada que aplicarem serà l'11.8.

Per a $t = 1$ h, $[A] = 0,25 \cdot [A]_0$; substituïm valors en 11.8:

$$\frac{1}{0,25 \cdot [A]_0} = \frac{1}{[A]_0} + k \cdot 1; \qquad k = \frac{3,0}{[A]_0} \, \text{mol}^{-1} \cdot \text{L} \cdot \text{h}^{-1}$$

Tornem a aplicar l'equació 11.8 per a un temps de reacció de 2 h, per al qual $[A] = x \cdot [A]_0$

$$\frac{1}{x \cdot [A]_0} = \frac{1}{[A]_0} + \frac{3,0}{[A]_0} \cdot 2,0; \qquad x = 0,14; \qquad 14 \text{ \% de A}$$

b) La presència d'un catalitzador modifica l'energia d'activació de la reacció i el valor de la constant cinètica. Apliquem l'equació (11.10), $k = A \cdot e^{-E_a/R \cdot T}$, per als dos valors d'energies d'activació:

$$\frac{k_{70}}{k_{25}} = \frac{e^{-\frac{E_{a_1}}{R \cdot T_1}}}{e^{-\frac{E_{a_2}}{R \cdot T_2}}}; \qquad \frac{k_{70}}{k_{25}} = e^{\frac{E_{a_2} - E_{a_1}}{R \cdot T}} = e^{\frac{(25 - 70)\,\text{kJ} \cdot \text{mol}^{-1}}{8,314 \cdot 10^{-3}\,\text{kJ} \cdot \text{mol}^{-1} \cdot \text{K}^{-1} \cdot 293\,\text{K}}}$$

$$\frac{k_{70}}{k_{25}} = 9,5 \cdot 10^{-9}$$

Problema 11.8

A 856 K, la descomposició tèrmica de l'età és una reacció de primer ordre:

$$C_2H_6 \, (g) \longrightarrow C_2H_4 \, (g) + H_2 \, (g)$$

La reacció se segueix mesurant la pressió total en el reactor a diferents temps i s'obtenen les dades següents:

Pressió total (mmHg)	384	390	394,8
Temps (s)	0	29	50

a) Calculeu la constant específica de velocitat.

b) Justifiqueu per què va augmentant la pressió total en el reactor a mesura que es va descomponent el C_2H_6. Suposant que es descompongui total- ment, quina serà la pressió en el reactor?

c) Si en comptes de descompondre's totalment, s'arribés a l'equilibri en 1 **minut**, quant valdria K_p.

d) Expliqueu com influeix un augment de temperatura en la velocitat de la reacció i en la constant d'equilibri.

Per aplicar l'equació integrada de primer ordre 11.7 expressada en funció de pressions, $\ln \dfrac{P}{P_0} = -k \cdot t$, s'ha de conèixer la pressió parcial del reactiu C_2H_6 (g) en els temps de reacció considerats.

Plantegem que $P_T = P_{C_2H_6} + P_{C_2H_4} + P_{H_2}$ i considerem que x és la pressió que fan els mols que reaccionen:

$$t = 29 \text{ minuts} \quad 390 = 384 - x + x + x; \quad x = 6 \text{ mmHg};$$
$$P_{C_2H_6} = 390 - 6 = 384 \text{ mmHg}$$

$$t = 50 \text{ minuts} \quad 394{,}8 = 384 - x + x + x; \quad x = 10{,}8 \text{ mmHg};$$
$$P_{C_2H_6} = 390 - 10{,}8 = 373{,}2 \text{ mmHg}$$

a) Per a una cinètica de primer ordre, $\ln \dfrac{P}{P_0} = -k \cdot t$:

$$\ln \frac{378}{384} = -k \cdot 29; \quad k = 5{,}4 \cdot 10^{-4} \text{ s}^{-1}$$

$$\ln \frac{373{,}2}{384} = -k \cdot 50; \quad k = 5{,}7 \cdot 10^{-4} \text{ s}^{-1}$$

el promig dels dos valors anteriors és: $\quad \overline{k} = 5{,}6 \cdot 10^{-4} \cdot \text{s}^{-1}$

b) La pressió augmenta perquè per cada mol de gas que es descompon se'n formen dos. Si el C_2H_6 es descompon totalment, $P_{C_2H_4} = P_{H_2} = 384$ mmHg. Per tant, la pressió total serà $P_T = 2 \cdot 384$ mmHg $= 768$ mmHg.

c) Per a 60 s de reacció:

$$\ln \frac{P_{C_2H_6}}{384{,}0 \text{ mmHg}} = -5{,}600 \cdot 10^{-4} \text{ s}^{-1} \cdot 60{,}00 \text{ s}; \quad P_{C_2H_6} = 371{,}4 \text{ mmHg};$$

$$P_{H_2} = P_{C_2H_4} = 384{,}0 - 371{,}3 = 12{,}70 \text{ mmHg}; \quad K_p = \frac{P_{C_2H_4} \cdot P_{H_2}}{P_{C_2H_6}}$$

per calcular K_p, les pressions parcials s'expressen en atmosferes:

$$K_p = \frac{\left(\dfrac{12{,}70}{760}\right)^2}{\dfrac{371{,}4}{760}} = 5{,}71 \cdot 10^{-4}$$

d) En una reacció química, si augmenta la temperatura sempre augmenta la velocitat. Aquesta reacció és endotèrmica (l'età es descompon tèrmicament); en una reacció endotèrmica, si augmenta la temperatura, augmenta el valor de la constant d'equilibri.

Problema 11.9

A 24 °C, s'han obtingut les dades cinètiques de la reacció:

$$A \ (aq) \ \longrightarrow \ \tfrac{1}{2} \, B \ (g) + C \ (l)$$

representades a la gràfica adjunta. La constant específica de la reacció a aquesta temperatura és $7,30 \cdot 10^{-4} \, s^{-1}$.

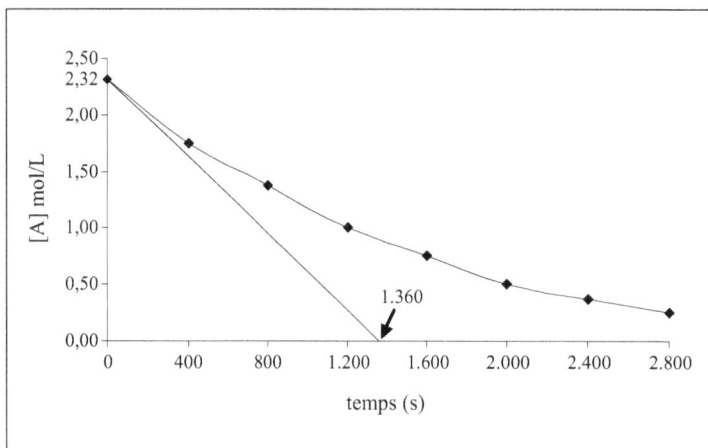

a) A partir de les dades de la gràfica, determineu la velocitat inicial de descomposició de A.

Si al començament de la reacció disposem de 250 mL de la dissolució de A, calculeu:

b) El volum del gas B, mesurat a 24 °C i 757 mmHg, que es desprèn de la dissolució quan han transcorregut 10 minuts de reacció.

c) L'energia d'activació de la reacció si experimentalment s'ha determinat que la reacció és 37 vegades més ràpida a 50 °C que a 24 °C.

[Solució]

a) La v_0 és el pendent de la recta a $t = 0$. Es pot calcular v_0 mitjançant l'equació 11.1:

$$v_0 = -\left(\frac{0 - 2,32}{1.360 - 0} \right) = 1,70 \cdot 10^{-3} \; mol \cdot L^{-1} \cdot s^{-1}$$

o també: $v_0 = k \cdot [A]_0$; $v_0 = 7,30 \cdot 10^{-4} \, s^{-1} \cdot 2,32 \; mol \cdot L^{-1} = 1,70 \cdot 10^{-3} \; mol \cdot L^{-1} \cdot s^{-1}$

b) Segueix una cinètica de primer ordre. Apliquem l'equació 11.7:

$$\ln [A] = \ln [A]_0 - k \cdot t; \qquad \ln [A] = \ln 2,32 - 7,30 \cdot 10^{-4} \; mol \cdot L^{-1} \cdot s^{-1} \cdot 600 \; s = 0,404 \; mol \cdot L^{-1};$$

$$[A] = 1,50 \; mol \cdot L^{-1};$$

aquesta és la quantitat que ens queda del reactiu A; calculem la $[A]$ que ha reaccionat.

$$[A]_{reacciona} = [A]_{inicial} - [A]_{queda} = 2,30 - 1,50 = 0,80 \; mol \cdot L^{-1};$$

si el volum de dissolució és de 250 mL:

$$\text{mol A} = 0{,}80 \frac{\text{mol}}{\text{L}} \cdot 0{,}25 \text{ L} = 0{,}20 \text{ mol A};$$

els mols de **B** formats seran:

$$0{,}2 \text{ mol A} \cdot \frac{0{,}5 \text{ mol B}}{1 \text{ mol A}} = 0{,}1 \text{ mol B};$$

aplicant $P \cdot V = n \cdot R \cdot T$, trobem el volum obtingut de V:

$$V = \frac{0{,}100 \text{ mol B} \cdot 0{,}082 \text{ atm} \cdot \text{L} \cdot \text{mol}^{-1} \cdot \text{K}^{-1} \cdot 297 \text{ K}}{757 \text{ mmHg} \cdot \dfrac{1 \text{ atm}}{760 \text{ mmHg}}} = 2{,}44 \text{ L}$$

c) Sabent que $v_{50} = 37 \cdot v_{24}$ i que això implica $k_{50} = 37 \cdot k_{24}$, apliquem l'equació 11.11:

$$\ln \frac{k_{323}}{k_{297}} = \frac{E_a}{R} \cdot \left(\frac{1}{297} - \frac{1}{323} \right); \qquad \ln 37 = \frac{E_a}{8{,}314 \cdot 10^{-3} \text{ kJ} \cdot \text{mol}^{-1} \cdot \text{K}^{-1}} \left(\frac{1}{297} - \frac{1}{323} \right) \text{ K};$$

$$E_a = 111 \text{ kJ} \cdot \text{mol}^{-1}$$

Problema 11.10

L'energia d'activació per a una cinètica de primer ordre és de 24,84 kcal $\cdot$ mol^{-1}. Si el temps de vida mitja a 163 °C és de 4,45 minuts, determineu:

a) La constant específica de la velocitat de reacció a 163 °C.

b) La fracció de substància que resta sense reaccionar quan han passat 15 minuts.

c) La temperatura a la qual el temps de semireacció val 11,32 s.

[Solució]

a) Si la reacció segueix una cinètica de primer ordre, a partir de les equacions 11.7 i 11.9 es pot calcular k a 163 °C:

$$t_{1/2} = \frac{0{,}693}{k}; \qquad k = \frac{0{,}693}{t_{1/2}}; \qquad k = \frac{0{,}693}{4{,}45 \text{ min} \cdot \dfrac{60 \text{ s}}{1 \text{ min}}} = 2{,}6 \cdot 10^{-3} \text{ s}^{-1}$$

b) L'equació integrada que aplicarem és la 11.7, que es pot escriure així: $\dfrac{[\text{A}]}{[\text{A}]_0} = e^{-k \cdot t}$; en què $\dfrac{[\text{A}]}{[\text{A}]_0}$ representa la fracció de reactiu que queda sense reaccionar; així, doncs:

$$\frac{[\text{A}]}{[\text{A}]_0} = e^{-2{,}6 \cdot 10^{-3} \text{ s}^{-1} \cdot 900 \text{ s}}; \qquad \frac{[\text{A}]}{[\text{A}]_0} = 0{,}096; \qquad 9{,}6 \% \text{ sense reaccionar}$$

c) Aplicant de nou l'equació del càlcul de $t_{1/2}$ de l'apartat a), trobem la constant cinètica a la temperatura a la qual $t_{1/2}$ és 11,32 s:

$$k_T = \frac{0{,}693}{t_{1/2}}; \qquad k_T = \frac{0{,}693}{11{,}32 \text{ s}}; \qquad k_T = 0{,}0612 \text{ s}^{-1}$$

I apliquem l'equació 11.11 per trobar aquesta temperatura:

$$\ln \frac{0{,}0612 \text{ s}^{-1}}{2{,}6 \cdot 10^{-3} \text{ s}^{-1}} = \frac{24{,}84 \text{ kcal} \cdot \text{mol}^{-1}}{1{,}98 \cdot 10^{-3} \text{ kcal} \cdot \text{mol}^{-1} \cdot \text{K}^{-1}} \cdot \left(\frac{1}{436} - \frac{1}{T} \right); \qquad T = 488 \text{ K}$$

Problema 11.11

Els òxids de nitrogen són contaminants atmosfèrics, ja que intervenen en processos com ara la pluja àcida, el forat de la capa d'ozó, el smog fotoquímic, etc.

a) Una de les reaccions d'aquests òxids és: $2\,\text{NO (g)} + \text{O}_2 \text{ (g)} \longrightarrow 2\,\text{NO}_2 \text{ (g)}$

Per a la qual es proposa el mecanisme següent:

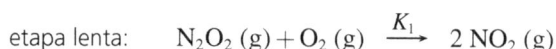

$$\text{etapa ràpida:} \qquad 2\,\text{NO (g)} \underset{}{\overset{K_{eq}}{\rightleftharpoons}} \text{N}_2\text{O}_2 \text{ (g)}$$

$$\text{etapa lenta:} \qquad \text{N}_2\text{O}_2 \text{ (g)} + \text{O}_2 \text{ (g)} \xrightarrow{K_1} 2\,\text{NO}_2 \text{ (g)}$$

Escriviu la llei de velocitat que està d'acord amb aquest mecanisme.

b) Una altra reacció amb intervenció d'òxids de nitrogen és:

$$\text{N}_2\text{O}_5 \text{ (g)} \longrightarrow 2\,\text{NO}_2 \text{ (g)} + \tfrac{1}{2}\,\text{O}_2 \text{ (g)}$$

que és de primer ordre. A $20\,°\text{C}$ el N_2O_5 té un temps de vida mitja de 22,5 h; i a $40\,°\text{C}$, d'1,5 h. Calculeu:

b.1) L'energia d'activació.

b.2) El factor d'Arrhenius (preexponencial) d'aquesta reacció.

b.3) El temps necessari perquè es descompongui un 80 % del pentaòxid a $40\,°\text{C}$.

[Solució]

a) Per a l'etapa ràpida, podem plantejar

$$K = \frac{[\text{NO}_3]}{[\text{NO}] \cdot [\text{O}_2]}. \tag{1}$$

L'etapa lenta, que és la que determina la llei de velocitat global, té l'equació de velocitat següent:

$$v = k' \cdot [\text{NO}_3] \cdot [\text{NO}] \tag{2}$$

Recordeu que:

- En ser l'etapa d'un mecanisme, és una reacció elemental.

- En les reaccions elementals, els ordres de reacció coincideixen amb els coeficients estequimètrics.

Aïllem $[\text{NO}_3]$, intermedi de reacció, de l'equació (1) i substituïm en l'equació (2), $v = k' \cdot K \cdot [\text{NO}] \cdot [\text{O}_2] \cdot [\text{NO}]$, i la llei de velocitat segons aquest mecanisme és:

$$v = k \cdot [\text{NO}]^2 \cdot [\text{O}_2]$$

b.1) Apliquem les equacions 11.7 i 11.9 per calcular k a 20 °C (293 K) i k a 40 °C (313 K):

$$k_{293} = \frac{0,693}{22,5 \text{ h}} = 0,0308 \text{ h}^{-1} \quad \text{i} \quad k_{313} = \frac{0,693}{1,5 \text{ h}} = 0,46 \text{ h}^{-1}$$

Utilitzant l'equació 11.11, calculem l'energia d'activació:

$$\ln \frac{0,0308 \text{ h}^{-1}}{0,460 \text{ h}^{-1}} = \frac{E_a}{8,314 \cdot 10^{-3} \text{ kJ} \cdot \text{mol}^{-1} \cdot \text{K}^{-1}} \cdot \left(\frac{1}{313} - \frac{1}{293} \right) \text{K}^{-1}$$

$$E_a = 102 \text{ kJ} \cdot \text{mol}^{-1}$$

b.2) Aplicant l'equació 11.10 per a qualsevol de les dues temperatures podem trobar el valor de A (factor preexponencial d'Arrhenius):

$$k = A \cdot e^{-\frac{E_a}{RT}}; \quad 0,0308 \text{ h}^{-1} = A \cdot e^{-\frac{102 \text{ kJ} \cdot \text{mol}^{-1}}{8,314 \cdot 10^{-3} \text{ kJ} \cdot \text{mol}^{-1} \cdot \text{K}^{-1} \cdot 293 \text{ K}}}$$

$$A = 4,71 \cdot 10^{16} \text{ h}^{-1}$$

Problemes proposats

☐ Problema 11.12

L'alumini és un metall molt reactiu, però en contacte amb l'aire atmosfèric forma una pel·lícula de Al_2O_3 que el protegeix contra l'oxidació, i mostra un comportament passiu fins i tot davant oxidants forts com l'àcid nítric. Quan es retira aquest recobriment d'òxid, sí que reacciona amb l'àcid nítric i dóna nitrat d'alumini, òxid nítric (NO) i aigua.

En una experiència s'ha mesurat la velocitat de desaparició de l'àcid nítric i ha resultat que és $2,70 \cdot 10^{-3}$ $\text{mol} \cdot \text{L}^{-1} \cdot \text{min}^{-1}$. Calculeu la velocitat de formació de l'òxid nítric i la de l'aigua en el mateix moment.

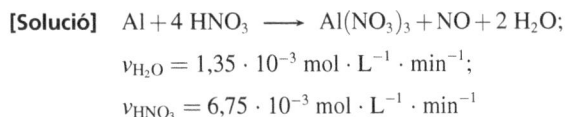

[Solució] $Al + 4 HNO_3 \longrightarrow Al(NO_3)_3 + NO + 2 H_2O$;

$v_{H_2O} = 1,35 \cdot 10^{-3} \text{ mol} \cdot \text{L}^{-1} \cdot \text{min}^{-1}$;

$v_{HNO_3} = 6,75 \cdot 10^{-3} \text{ mol} \cdot \text{L}^{-1} \cdot \text{min}^{-1}$

☐ Problema 11.13

Una reacció característica dels halògens és la que té lloc amb els hidròxids. Així, el clor, en presència d'hidròxid de sodi, dóna hipoclorit de sodi, clorur de sodi i aigua.

S'ha fet un experiment en el qual la velocitat de desaparició del clor ha estat de $3,2 \cdot 10^{-4} \text{ mol} \cdot \text{L}^{-1} \cdot \text{min}^{-1}$. Calculeu la velocitat de desaparició de l'hidròxid de sodi i la de formació de l'hipoclorit en el mateix moment.

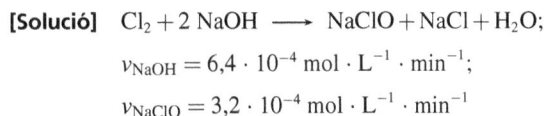

[Solució] $Cl_2 + 2 NaOH \longrightarrow NaClO + NaCl + H_2O$;

$v_{NaOH} = 6,4 \cdot 10^{-4} \text{ mol} \cdot \text{L}^{-1} \cdot \text{min}^{-1}$;

$v_{NaClO} = 3,2 \cdot 10^{-4} \text{ mol} \cdot \text{L}^{-1} \cdot \text{min}^{-1}$

Problema 11.14

Per a la reacció: $A + B \longrightarrow C$, s'han obtingut els valors següents:

$[A]$ $(mol \cdot L^{-1})$	$[B]$ $(mol \cdot L^{-1})$	$d\,[C]\,/dt$ $(mol \cdot L^{-1} \cdot min^{-1})$
0,30	0,30	$2,7 \cdot 10^{-3}$
0,10	0,30	$9,0 \cdot 10^{-4}$
0,10	0,10	$1,0 \cdot 10^{-4}$

a) Escriviu-ne la llei de velocitats.

b) Calculeu la constant de velocitat.

c) Si les concentracions inicials de A i B són 0,4 mol $\cdot$ L^{-1}, quina és la velocitat inicial de formació de C?

[Solució] *a)* $v = k\,[A]\,[B]^2$; *b)* $k = 0,10\ mol^{-2} \cdot L^2 \cdot min^{-1}$

c) $6,4 \cdot 10^{-3}\ mol \cdot L^{-1} \cdot s^{-1}$

Problema 11.15

En un estudi de la cinètica de descomposició de l'aigua oxigenada s'han obtingut els valors següents:

Temps (minuts)	0	15,0	30,0
$[H_2O_2]$ $(mol \cdot L^{-1})$	25,4	9,38	3,81

Determineu:

a) Que la reacció és de primer ordre.

b) El valor de la constant de velocitat.

c) El temps de semireacció.

[Solució] *b)* $6,35 \cdot 10^{-2}\ min^{-1}$; *c)* $t_{1/2} = 11$ minuts

Problema 11.16

La reacció $SO_2Cl_2 \longrightarrow SO_2 + Cl_2$ és una reacció de primer ordre. A 320 °C, la seva constant de velocitat és de $2,2 \cdot 10^{-5}$ s^{-1}. Quin tant per cent de SO_2Cl_2 es descompon en escalfar una mostra de SO_2Cl_2 durant 90 minuts a 320 °C?

[Solució] 11 %

Problema 11.17

Si la constant de velocitat per a la reacció $A \longrightarrow B$ és d'$1,06 \cdot 10^{-5}$ s^{-1} a 0 °C i de $2,92 \cdot 10^{-2}$ s^{-1} a 45 °C, quin és el valor de la constant de velocitat a 25 °C.

[Solució] $1,16 \cdot 10^{-3}$ s^{-1}

Problema 11.18

Per a la reacció següent:

$$N_2O_5 \longrightarrow 2\,NO_2 + \tfrac{1}{2}\,O_2$$

amb una energia d'activació de 103,13 kJ/mol, se sap que segueix una cinètica de primer ordre. A 20 °C té un temps de vida mitja de 22,5 h. Calculeu:

a) La constant específica de velocitat d'aquesta reacció a 50 °C.

b) El valor del factor d'Arrhenius (preexponencial) d'aquesta reacció.

c) El temps necessari perquè es descompongui un 75 % del pentaòxid a 50 °C.

[Solució] *a)* $8,56 \cdot 10^{-6}$ s^{-1} ; *b)* $2,12 \cdot 10^{13}$ s^{-1} ; *c)* 3.332,4 s

☐ Problema 11.19

En un estudi cinètic de la reacció $2\ A\ (g) \longrightarrow 4\ B\ (g) + C\ (g)$, a una temperatura determinada, s'han obtingut les dades següents:

[A] (mol $\cdot$ L^{-1})	0,08	0,05	0,01
v (mol $\cdot$ L$^{-1} \cdot$ s^{-1})	$1,28 \cdot 10^{-3}$	$5,00 \cdot 10^{-4}$	$2,00 \cdot 10^{-5}$

Determineu:

a) L'ordre de reacció.

b) La concentració del producte C quan han transcorregut 30 minuts des que han començat a reaccionar els 0,08 mol/L del reactiu A.

c) Per a aquesta reacció es proposa el mecanisme següent:

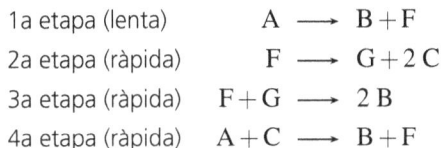

1a etapa (lenta)	$A \longrightarrow B + F$
2a etapa (ràpida)	$F \longrightarrow G + 2\ C$
3a etapa (ràpida)	$F + G \longrightarrow 2\ B$
4a etapa (ràpida)	$A + C \longrightarrow B + F$

Indiqueu la molecularitat de cada etapa i justifiqueu si aquest mecanisme pot ser compatible amb la llei de velocitat experimental.

[Solució] *a)* 2 ; *b)* $[C] = 0,04$ mol $\cdot$ L^{-1} ; *c)* no

☐ Problema 11.20

La constant de velocitat per a la neutralització del 2-nitropropà amb una base en dissolució aquosa ve donada per:

$$\log k = -\frac{3.163,0}{T} + 11,889$$

Les unitats de la constant de velocitat són L $\cdot$ mol$^{-1} \cdot$ s^{-1}. Calculeu:

a) L'energia d'activació (E_a).

b) El temps de semirreacció, $t_{1/2}$, a 10 °C, quan les concentracions inicials de l'àcid i de la base són $8,0 \cdot 10^{-3}$ mol $\cdot$ L^{-1}.

[Solució] *a)* 60,56 kJ/mol ; *b)* 24 s

Problema 11.21

La reacció N_2O_5 (g) $\longrightarrow$ N_2O_4 (g) $+ \frac{1}{2} O_2$ (g) és cinèticament de primer ordre respecte al N_2O_5. Després de 130 s des que ha començat la reacció, la concentració de N_2O_5 a 65 °C és el 80 % del valor inicial.

a) Calculeu la constant de velocitat de la reacció a aquesta temperatura.

b) Quant temps caldrà perquè $[N_2O_4]$ sigui igual a $[N_2O_5]$?

c) Si la temperatura de reacció disminueix fins a 45 °C en 57,32 minuts, $[N_2O_5]$ és el 50 % del valor inicial. Calculeu l'energia d'activació del procés.

[**Solució**] a) $k = 1,72 \cdot 10^{-3} \ s^{-1}$; b) $t = 403$ s ; c) $E_a = 22,8$ kcal $\cdot$ mol^{-1}

Problema 11.22

La reacció $A + 2 \longrightarrow M + N$ té com a llei de velocitat $v = k [A]^2$. A 20 °C, la constant de velocitat val $1,0 \cdot 10^{-4}$ L $\cdot$ mol$^{-1} \cdot s^{-1}$; si les concentracions inicials de A i B són, respectivament, 0,250 mol $\cdot L^{-1}$ i 0,150 mol $\cdot L^{-1}$, determineu:

a) El temps de semireacció.

b) Les concentracions de A i B després de 30 minuts.

c) L'energia d'activació de la reacció, sabent que a 40 °C la constant de velocitat val $3,70 \cdot 10^{-3}$ L $\cdot$ mol$^{-1} \cdot s^{-1}$.

d) Si aquesta reacció pot tenir lloc en una sola etapa.

[**Solució**] a) $4,0 \cdot 10^4$ s ; b) $[A] = 0,24$ mol $\cdot L^{-1}$ i $[B] = 0,13$ mol $\cdot L^{-1}$
c) 138 kJ ; d) No

Problema 11.23

La reacció $X_2 + Z_2 \longrightarrow 2 XZ$, quan té lloc a 260 °C té un temps de semireacció de 2,8 hores i transcorre segons el mecanisme següent:

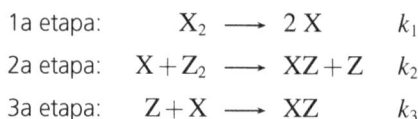

1a etapa:	$X_2 \longrightarrow 2 X$	k_1
2a etapa:	$X + Z_2 \longrightarrow XZ + Z$	k_2
3a etapa:	$Z + X \longrightarrow XZ$	k_3

Se sap que l'energia d'activació de la primera etapa val 132,5 kJ i que les altres dues etapes són molt més ràpides que la primera.

a) Indiqueu la llei de velocitat i l'ordre de reacció.

b) Calculeu la constant específica de velocitat a 260 °C.

c) Determineu el temps de semireacció a 200 °C.

d) Justifiqueu la variació del temps de semireacció en disminuir la temperatura.

[**Solució**] b) $k = 0,25$ h^{-1} ; c) 125 h

Problema 11.24

A $45\,°C$, per a la reacció A (g) $\longrightarrow$ 2 B (g) $+$ C (g), s'ha determinat que per a una concentració $[A] = 0,80\ mol \cdot L^{-1}$, la velocitat de reacció inicial és $3,97 \cdot 10^{-4}\ mol \cdot L^{-1} \cdot s^{-1}$, i per a una concentració $[A] = 0,35\ mol \cdot L^{-1}$ la velocitat de reacció inicial és $7,60 \cdot 10^{-5}\ mol \cdot L^{-1} \cdot s^{-1}$.

a) Determineu l'ordre d'aquesta reacció.

Si col·loquem 2 mol del gas A en un reactor de $10,00$ L a la temperatura de reacció de $45\,°C$:

b) Quants mols del gas A quedaran al reactor després de 10 minuts de reacció?

c) Quin percentatge del gas A quedarà en el reactor després d'aquest temps de reacció?

d) Quina serà la pressió en el reactor després dels 10 minuts?

[**Solució**]   *a)* 2 ; *b)* 1,861 mol ; *c)* 93,05 % ; *d)* 5,9 atm

Problema 11.25

Es disposa d'un reactor a una temperatura de 495 K, en el qual un compost en estat gasós (A) es descompon segons la reacció següent:

$$A\ (g) \longrightarrow B\ (g) + C\ (g)$$

Es determina experimentalment la pressió total en el reactor per a diferents temps de reacció i s'obtenen els resultats següents:

Temps (s)	P_{TOTAL} (atm)
0	0,330
100	0,350
200	0,370
300	0,390
400	0,410

Indiqueu:

a) La composició volumètrica dels gasos en el reactor, després de 200 s de reacció.

b) L'ordre de reacció i la constant de velocitat.

c) El temps de semireacció de la reacció $(t_{1/2})$.

d) La llei de velocitat. Es pot pensar que aquesta reacció té lloc en una sola etapa? Per què?

[**Solució**]   *a)* 88,6 % de A, 5,70 % de B i C

b) ordre 0 ; $v = 2,00 \cdot 10^{-4}\ atm \cdot s^{-1}$; *c)* 825 s

d) $v = k$. No, si fos elemental, hauria de ser de primer ordre.

Problema 11.26

Determineu la llei de velocitat i la constant de velocitat de la reacció: A $+$ B $\longrightarrow$ C partint de les dades experimentals següents:

$[A]_0\ (mol \cdot L^{-1})$	$[B]_0\ (mol \cdot L^{-1})$	$d\,[C]\,/dt\ (mol \cdot L^{-1} \cdot s^{-1})$
0,250	0,250	0,469
0,500	0,500	3,750
0,250	0,500	1,880

[**Solució**] $\alpha = 1$; $\beta = 2$; $k = 30\ mol^{-2} \cdot L^2 \cdot s^{-1}$

Problema 11.27

Per a la reacció: $N_2O_5 \longrightarrow 2\,NO_2 + \frac{1}{2}\,O_2$ $(t = 45\,°C)$ s'han obtingut les dades següents:

Temps (s)	$[N_2O_5]\ (mol \cdot L^{-1})$
0	0,0176
600	0,0128
1.200	0,0093
2.400	0,0049
3.600	0,0026

a) Comproveu que la reacció és de primer ordre.

b) Calculeu-ne la constant de velocitat.

c) Si la constant de velocitat a $80\,°C$ és $8 \cdot 10^{-4}\ s^{-1}$, calculeu l'energia d'activació de la reacció.

[Solució]   b) $5 \cdot 10^{-4}\ s^{-1}$;   c) $E_a = 12{,}6\ kJ \cdot mol^{-1}$

Problema 11.28

Donada la reacció següent: $C_4H_6 \longrightarrow \frac{1}{2}\,C_8H_{12}$ i amb les dades següents a la temperatura de 500 K:

Temps (s)	$[C_4H_6]\ (mol \cdot L^{-1})$
195	$1{,}62 \cdot 10^{-2}$
604	$1{,}47 \cdot 10^{-2}$
1.246	$1{,}29 \cdot 10^{-2}$
4.655	$8{,}00 \cdot 10^{-3}$

a) Comproveu que la reacció és de segon ordre.

b) Determineu-ne la constant de velocitat.

c) Si la constant de velocitat a 1.000 K és $k = 0{,}030\ L \cdot mol^{-1} \cdot s^{-1}$, calculeu l'energia d'activació de la reacció.

[Solució]   b) $1{,}41 \cdot 10^{-2}\ L \cdot mol^{-1} \cdot s^{-1}$

c) $E_a = 6{,}3\ kJ$

Problema 11.29

En un reactor s'introdueix una certa quantitat de N_2O_5 per estudiar la seva descomposició, segons la reacció:

$$2\,N_2O_5\ (g) \longrightarrow 2\,N_2O_4\ (g) + O_2\ (g)$$

En la qual $v = k\,[N_2O_5]$, amb $K = 2{,}80 \cdot 10^{-4} \cdot s^{-1}$ a $25\,°C$ i $4{,}97 \cdot 10^{-4}\ s^{-1}$ a $65\,°C$.

a) Calculeu el percentatge de N_2O_5 que s'ha descompost a $25\,°C$ després de 2,28 hores d'haver començat la reacció.

b) Calculeu també la composició volumètrica de la mescla de gasos quan han passat les 2,28 hores.

c) Determineu l'energia d'activació de la reacció.

d) Quina és la constant d'equilibri K_p d'aquesta reacció a $25\,°C$? Què es pot deduir del seu valor?

e) La reacció haurà arribat a l'equilibri en 2,28 hores? Se sap que en aquest moment la pressió en el reactor és de 10 atm.

f) Calculeu quin és el valor de K_p a $65\,°C$.

g) Justifiqueu l'efecte de la temperatura sobre la velocitat de reacció i sobre la constant d'equilibri.

Dades:

	$\Delta H_f^\circ \, (\text{J} \cdot \text{mol}^{-1})$	$S_f^\circ \, (\text{J} \cdot \text{mol}^{-1} \cdot \text{K}^{-1})$
O_2	—	205,0
N_2O_4	9.160	304,2
N_2O_5	11.000	356

[Solució] *a)* 90 % N_2O_5

b) 7,0 % N_2O_5 ; 62 % N_2O_4 ; 31 % O_2

c) 12,0 kJ/mol

d) $K_p = 8,75 \cdot 10^5$

f) $K_p = 6,71 \cdot 10^5$

Problema 11.30

L'energia d'activació de la reacció de descomposició del diòxid de nitrogen en nitrogen i oxigen és 104,106 kJ $\cdot$ mol^{-1}. A 590 K, la constant específica de velocitat per a aquesta reacció és 4,86 $\cdot$ 10^{-5} L $\cdot$ mol^{-1} $\cdot$ s^{-1}.

a) Escriviu la llei de velocitat.

b) Calculeu la constant específica de velocitat a 627 K.

c) En un experiment, s'introdueix una mostra de 0,02 mol de diòxid de nitrogen en un reactor tancat de 0,400 L i es deixa descompondre a 590 K durant dos dies. Calculeu la concentració de cadascun dels gasos presents en el reactor, i també la pressió total que faran després d'aquest temps.

d) Si l'experiment anterior es fa a temperatura ambient (25 °C):

- La velocitat de reacció augmentarà o disminuirà?

- Es descompondrà més quantitat de diòxid de nitrogen o estarem a favorint la reacció inversa?

Dades del diòxid de nitrogen: $\Delta G_{f,298\,\text{K}}^\circ = 51,30$ kJ $\cdot$ mol^{-1}; $\Delta H_{f,298\,\text{K}}^\circ = 33,20$ kJ $\cdot$ mol^{-1}.

[Solució] *a)* $v = k\,[NO_2]^2$; *b)* $k = 1,70 \cdot 10^{-4}$ L $\cdot$ (mol $\cdot$ s)$^{-1}$

c) $[NO_2] = 0,0352$ mol $\cdot$ L^{-1} ; $[N_2] = 7,4 \cdot 10^{-3}$ mol $\cdot$ L^{-1}

$[O_2] = 1,5 \cdot 10^{-2}$; $P_T = 2,8$ atm

Problema 11.31

En una experiència determinada, la velocitat de descomposició del peròxid d'hidrogen (aigua oxigenada) en la reacció següent:

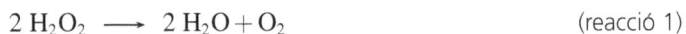

$$2\,H_2O_2 \longrightarrow 2\,H_2O + O_2 \qquad\qquad \text{(reacció 1)}$$

se segueix mitjançant la valoració de l'aigua oxigenada amb una dissolució de permanganat de potassi 0,0200 mol $\cdot$ L^{-1} segons la reacció:

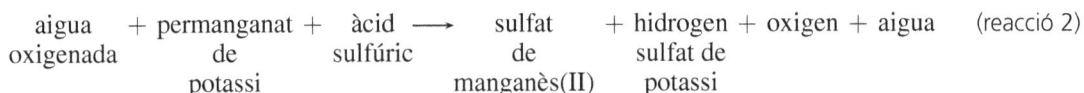

aigua + permanganat + àcid $\longrightarrow$ sulfat + hidrogen + oxigen + aigua (reacció 2)
oxigenada   de   sulfúric   de   sulfat de
             potassi   manganès(II) potassi

A intervals regulars de temps (vegeu la taula) es retiren volums iguals de 8,00 mL de la mescla de la reacció 1 i es valoren segons la reacció 2. Les dades obtingudes són les següents:

Temps (minuts)	0	5,0	15,0	25,0
Volum de permanganat de potassi utilitzat (mL)	36,5	28,3	17,1	10,3

a) Igualeu la reacció d'oxidació de l'aigua oxigenada amb el permanganat de potassi.

b) Calculeu la concentració d'aigua oxigenada quan han transcorregut 15 minuts de reacció.

c) Determineu l'ordre de reacció per a la descomposició de l'aigua oxigenada (reacció 1).

d) Si el mecanisme de la descomposició de l'aigua oxigenada és el següent:

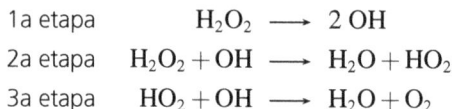

$$\text{1a etapa} \qquad H_2O_2 \longrightarrow 2\, OH$$
$$\text{2a etapa} \qquad H_2O_2 + OH \longrightarrow H_2O + HO_2$$
$$\text{3a etapa} \qquad HO_2 + OH \longrightarrow H_2O + O_2$$

Quina serà l'etapa determinant de la velocitat de descomposició de la reacció 1? Justifiqueu breument la resposta.

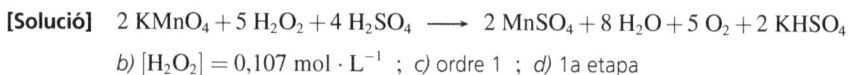

[Solució] $2\, KMnO_4 + 5\, H_2O_2 + 4\, H_2SO_4 \longrightarrow 2\, MnSO_4 + 8\, H_2O + 5\, O_2 + 2\, KHSO_4$

b) $[H_2O_2] = 0{,}107 \ mol \cdot L^{-1}$; c) ordre 1 ; d) 1a etapa

Problema 11.32

En un reactor a 500 K i en presència d'una superfície de coure com a catalitzador, l'etanol es descompon segons la reacció:

$$C_2H_5OH\ (g) \longrightarrow CH_3CHO\ (g) + H_2\ (g)$$

S'ha determinat la pressió total en el reactor a diferents temps de reacció:

Temps (s)	P_{TOTAL} (mmHg)
0,0	250,0
100,0	263,0
200,0	276,0
300,0	289,0
400,0	302,0
500,0	315,0

Calculeu:

a) La composició volumètrica dels gasos en el reactor quan han transcorregut 100 s de reacció.

b) La velocitat de reacció, expressada en $atm \cdot s^{-1}$, després de comprovar que la reacció és d'ordre zero.

c) La pressió total en el reactor després de 900 s de reacció.

d) El temps que trigarà a completar-se aquesta reacció.

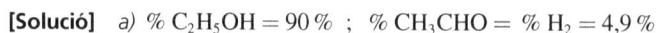

[Solució] a) % $C_2H_5OH = 90\%$; % $CH_3CHO = \%\ H_2 = 4{,}9\%$

b) $v = 1{,}71 \cdot 10^{-4} \ atm \cdot s^{-1}$; c) $P_t = 367$ mmHg ; d) 1.923 s

Problema 11.33

Les constants específiques de velocitat per a la descomposició del diòxid de nitrogen en oxigen i nitrogen, a 592 K i 627 K, valen, respectivament, $5{,}22 \cdot 10^{-5}$ i $17{,}00 \cdot 10^{-5} \ L \cdot mol^{-1} \cdot s^{-1}$.

a) Calculeu l'energia d'activació.

b) Escriviu la llei de velocitat.

c) Una mostra de 0,01 mol de diòxid de nitrogen s'introdueix en un reactor tancat de 0,500 L a 592 K. Calculeu la concentració de cadascun dels gasos presents en el reactor després de 24 h, i també la pressió total que faran.

d) En l'atmosfera terrestre l'oxigen i el nitrogen es troben junts. Podeu predir, amb les dades d'aquest problema, si reaccionaran o no entre ells per donar diòxid de nitrogen (considereu la temperatura ambient 25 °C)? Justifiqueu la resposta.

Dades del diòxid de nitrogen: $\Delta G^\circ_{f,298\text{ K}} = 51{,}30 \text{ kJ} \cdot \text{mol}^{-1}$; $\Delta H^\circ_{f,298\text{ K}} = 33{,}20 \text{ kJ} \cdot \text{mol}^{-1}$

[Solució]   a) $E_a = 104 \text{ kJ} \cdot \text{mol}^{-1}$; b) segon ordre

c) $[NO_2] = 0{,}002 \text{ mol} \cdot \text{L}^{-1}$; $[N_2] = 0{,}001 \text{ mol} \cdot \text{L}^{-1}$

$[O_2] = 0{,}002 \text{ mol} \cdot \text{L}^{-1}$; $P_t = 1 \text{ atm}$

d) $\Delta G^\circ > 0$; no espontània

■ Problema 11.34

El peròxid d'hidrogen es descompon catalíticament en oxigen i aigua, seguint una cinètica de primer ordre amb una constant de velocitat de $0{,}130 \text{ min}^{-1}$ a 25 °C:

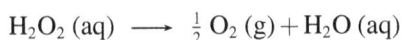

$$H_2O_2 \text{ (aq)} \longrightarrow \tfrac{1}{2} O_2 \text{ (g)} + H_2O \text{ (aq)}$$

a) Quant temps ha de passar perquè la concentració d'aigua oxigenada es redueixi a la meitat?

b) Si a 55 °C la constant de velocitat val $0{,}36 \text{ min}^{-1}$, determineu el valor de l'energia d'activació per a aquesta reacció.

Una mostra de 15,0 mL de peròxid segueix aquesta cinètica i el nombre de mols d'oxigen generats és el següent:

t (min)	6	8	14	∞
mols O_2	$1{,}37 \cdot 10^{-4}$	$1{,}63 \cdot 10^{-4}$	$2{,}14 \cdot 10^{-4}$	$2{,}53 \cdot 10^{-4}$

c) Calculeu la concentració inicial d'aigua oxigenada i demostreu numèricament que la constant de velocitat val $0{,}130 \text{ min}^{-1}$.

[Solució]   a) 5,33 minuts ; b) $E_a = 27{,}6 \text{ kJ} \cdot \text{mol}^{-1}$; c) 0,0337 M

■ Problema 11.35

Un tros de pedra calcària ($CaCO_3$) es fica en un vas de precipitats i s'hi afegeixen 40 mL d'àcid clorhídric $2{,}8 \text{ mol} \cdot \text{L}^{-1}$:

$$CaCO_3 \text{ (s)} + 2 HCl \text{ (aq)} \longrightarrow CaCl_2 \text{ (aq)} + H_2O \text{ (l)} + CO_2 \text{ (g)}$$

El vas, amb els reactius, es col·loca en una balança electrònica i es va mesurant la pèrdua de massa amb el temps. En la taula següent es recullen els resultats obtinguts a 30 °C:

Temps (s)	0	10	20	40	60	90	120	150	180
Pèrdua massa (g)	0	0,20	0,40	0,80	1,05	1,32	1,50	1,65	1,80

a) A què és deguda la pèrdua de massa a mesura que transcorre la reacció? Representeu gràficament aquesta pèrdua de massa (ordenades) respecte al temps (abscisses)

b) Calculeu la velocitat de la reacció en l'interval de 40 s.

c) Calculeu els grams de pedra calcària que s'han descompost en 20 s.

d) Quina és la concentració d'àcid clorhídric als 180 s?

e) Si la constant específica de velocitat a 30 °C és $4,54 \cdot 10^{-4}$ mol $\cdot$ s^{-1} i l'energia d'activació és 96,45 kJ, calculeu la constant específica de velocitat a 20 °C.

Dades: $R = 8,314$ J $\cdot$ mol$^{-1} \cdot$ K^{-1}

[Solució] a) Formació del CO_2 gas, que surt del recipient ; b) 0,02 g $\cdot$ s^{-1}

c) 0,91 g ; d) 0,75 mol $\cdot$ L^{-1} ; d) $1,22 \cdot 10^{-4}$ mol $\cdot$ L^{-1}

Problema 11.36

La descomposició del pentaòxid de dinitrogen ve donada per la reacció següent:

$$N_2O_5 \text{ (g)} \longrightarrow 2\ NO_2 \text{ (g)} + \tfrac{1}{2} O_2 \text{ (g)}$$

A 45 °C, s'ha determinat que per a una concentració de $[N_2O_5] = 3,15$ mol $\cdot$ L^{-1}, la velocitat de reacció inicial és $5,45 \cdot 10^{-5}$ mol $\cdot$ L$^{-1} \cdot$ s^{-1} i per una concentració de $[N_2O_5] = 0,78$ mol $\cdot$ L^{-1}, la velocitat de reacció inicial és $1,35 \cdot 10^{-5}$ mol $\cdot$ L$^{-1} \cdot$ s^{-1}.

a) Determineu l'ordre de la reacció de descomposició.

Si col·loquem 2,50 mol N_2O_5 en un reactor de 10,0 L a la temperatura de reacció de 45 °C:

b) Quants mols de pentaòxid de dinitrogen quedaran al reactor després de 30 minuts de reacció.

c) Quin percentatge de pentaòxid de dinitrogen s'haurà descompost en aquest temps de reacció?

e) Quina serà la pressió en el reactor després dels 30 minuts?

[Solució] a) 1 ; b) 2,42 mols ; c) 4 % ; d) 6,8 atm

Problema 11.37

En un reactor d'un litre de capacitat, s'introdueix una mostra de 0,020 mol NO_2 a 590 K. Aquest òxid es va descomponent segons la reacció de segon ordre:

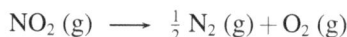

$$NO_2 \text{ (g)} \longrightarrow \tfrac{1}{2} N_2 \text{ (g)} + O_2 \text{ (g)}$$

S'observa que quan han passat 24 hores la concentració de N_2 és 0,001 mol $\cdot$ L^{-1}. Calculeu:

a) El percentatge de NO_2 que queda sense reaccionar.

b) La constant específica de velocitat a 590 K.

c) La composició dels gasos en el reactor.

d) Sabent que l'energia d'activació és 10,4 kJ $\cdot$ mol^{-1}, a quina temperatura el temps de semireacció serà de 160 hores?

[Solució] a) 90 % ; b) 0,23 h$^{-1} \cdot$ L $\cdot$ mol^{-1} ; c) NO_2 : 86 %, N_2 : 5 %, O_2 : 92 % ; d) 695 K

Problema 11.38

El poloni és un element radioactiu de nombre atòmic 84 que emet partícules alfa (nuclis d'heli: ^4_2He), segons la reacció:

$$^{210}_{84}\text{Po} \longrightarrow {}^{206}_{82}\text{Pb} + {}^4_2\text{He}$$

Aquesta reacció té un temps de semireacció, $t_{1/2}$, de 138 dies. Suposant que segueix una cinètica de primer ordre:

a) Calculeu-ne la constant específica de velocitat, k.

b) A partir de 0,500 mol de poloni, quantes partícules alfa es formen en 20 dies? Quants grams de plom?

c) És l'element situat al grup 16 període 6 de la taula periòdica. Escriviu la configuració electrònica de la seva capa de valència.

Dades: Nombre d'Avogadro $= 6,022 \cdot 10^{23}$

[**Solució**] a) $5 \cdot 10^{-3}$ dies^{-1} ; b) $3 \cdot 10^{22}$ partícules ; 10,4 g Pb

c) $6s^2 6p^4$

Problema 11.39

La reacció $A\,(g) + 2\,B\,(g) \longrightarrow M\,(g)$ té com a equació de velocitat: $\quad -\dfrac{d\,[A]}{dt} = k\,[A]$

a) Quines unitats té la constant de velocitat, k?

b) Com interpreteu que el reactiu B no aparegui en l'equació? Podria tenir lloc en una sola etapa?

c) Si s'ha iniciat la reacció amb una mescla de n mol $\cdot$ L^{-1} de A i n mol $\cdot$ L^{-1} de B, com calcularíeu el temps que triga a acabar la reacció? Quina composició tindrà la mescla de gasos en aquest moment?

d) Què faríeu per augmentar la velocitat d'aquesta reacció? Justifiqueu breument la resposta.

[**Solució**] a) temps^{-1} ; c) 50 % A i 50 % M

Problema 11.40

L'ió permanganat reacciona amb l'ió crom(III) en dissolució aquosa segons:

$$\text{MnO}_4^-\,(aq) + \text{Cr}^{3+}\,(aq) \longrightarrow \text{Mn}^{4+}\,(aq) + \text{CrO}_4^{2-}\,(aq)$$

A temperatura ambient, s'ha fet un seguiment de la velocitat d'aquesta reacció, mesurant el temps que cal perquè la concentració de CrO_4^{2-} augmenti des de 0 fins a 0,02 mol $\cdot$ L^{-1}. Els resultats per a diferents concentracions inicials dels dos reactius són:

Experiència	$\left[\text{MnO}_4^-\right]_\circ$ (aq) (mol $\cdot$ L^{-1})	$\left[\text{Cr}^{3+}\right]_\circ$ (aq) (mol $\cdot$ L^{-1})	Temps (minuts) perquè $\left[\text{CrO}_4^{2-}\right]$ (aq) $= 0,02$ mol $\cdot$ L^{-1}
1	1	1	23
2	2	1	11,4
3	1	0,5	45,8
4	0,5	0,5	?

a) Qui és l'oxidant d'aquesta reacció? Escriviu la semireacció ajustada que posi de manifest aquest fet.

b) Quina de les experiències anteriors (sense tenir en compte la 4) tindrà una velocitat més alta? Calculeu el valor d'aquesta velocitat, i indiqueu el procediment seguit.

c) Calculeu l'ordre de reacció respecte a cadascun dels reactius.

d) El valor de la constant cinètica de la reacció (determinat com a mitjana en les experiències anteriors) és $8,7 \cdot 10^{-4}$.

d.1) Quines són les seves unitats?

d.2) Quin serà el temps de reacció per a l'experiència 4? Feu el càlcul a partir de l'equació integrada corresponent.

[Solució] *a)* MnO_4^- ; *b)* la segona ; *c)* $\alpha = 1$ i $\beta = 1$

d) $mol^{-1} \cdot L \cdot min^{-1}$; 95,8 minuts

Problema 11.41

Un material A es degrada tèrmicament i produeix oxigen i un altre compost gasós B. L'equació que descriu aquesta reacció és:

$$A\ (s) \longrightarrow B\ (g) + 2\ O_2\ (g)$$

Aquesta reacció és de primer ordre.

Una mostra de 0,200 mols de A es fa degradar durant 3 hores a 122 °C. L'oxigen format es fa circular fins a un dipòsit on es recull sobre aigua a 25 °C. Se n'obtenen 1,43 L a la pressió de 750 mmHg.

a) Quin és el percentatge de mostra que s'ha degradat a 122 °C en les tres hores.

b) Calculeu la constant específica de velocitat a 122 °C.

c) Aquesta reacció, podria ser elemental? Per què?

d) Suposant que en tres hores la reacció arriba a l'equilibri i que la pressió total de la mescla de gasos és de 15 atm, calculeu K_p.

Dades: A 25 °C, $p_{vap}\ (H_2O) = 23,76$ mmHg

[Solució] *a)* 14,0 % ; *b)* $1,396 \cdot 10^{-5}\ s^{-1}$; *c)* sí ; *d)* 500

Problema 11.42

L'urea, H_2NCONH_2, producte final del metabolisme de les proteïnes en els animals, es descompon en HCl 0,1 M segons la reacció:

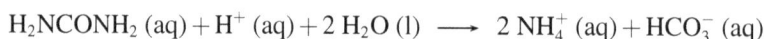

$$H_2NCONH_2\ (aq) + H^+\ (aq) + 2\ H_2O\ (l) \longrightarrow 2\ NH_4^+\ (aq) + HCO_3^-\ (aq)$$

La reacció és de primer ordre respecte a la urea. A 61 °C, quan la concentració d'urea és de 0,200 M, la velocitat és de $8,60 \cdot 10^{-5}\ mol \cdot L^- \cdot s^{-1}$.

a) Calculeu la constant de velocitat i el temps de vida mitjana a 61 °C.

b) Calculeu l'energia d'activació sabent que la constant de velocitat a 50 °C val $7,74 \cdot 10^{-5}\ s^{-1}$.

c) Es parteix d'1 L de dissolució 0,200 M d'urea i 0,1 M de HCl. Després d'un cert temps de reacció, es mesura el pH, que és de 2,31. Quant temps ha passat? Quina concentració d'urea queda encara sense reaccionar?

[**Solució**]   a) $4,3 \cdot 10^{-4} \, s^{-1}$; b) 139,8 kJ ; c) 1.498,5 s ; 0,105 mol · L^{-1}

Annex 1. Algunes constants

	Símbol	Valor	Unitats
Velocitat de la llum	c	$2{,}998 \cdot 10^8$	$m \cdot s^{-1}$
Constant de Planck	h	$6{,}626 \cdot 10^{-34}$	$J \cdot s$
Càrrega de l'electró	e	$1{,}602 \cdot 10^{-19}$	C
Massa de l'electró	m_e	$9{,}109 \cdot 10^{-31}$	kg
Massa del protó	m_p	$1{,}673 \cdot 10^{-27}$	kg
Unitat de massa atòmica	u	$1{,}661 \cdot 10^{-27}$	kg
Nombre d'Avogadro	N_A	$6{,}022 \cdot 10^{23}$	partícules $\cdot$ mol^{-1}
Radi de Bohr	a_0	$5{,}292 \cdot 10^{-11}$	m
Constant dels gasos	R	0,0821 8,314 1,987	atm $\cdot$ L $\cdot$ (mol $\cdot$ K)$^{-1}$ J $\cdot$ (mol $\cdot$ K)$^{-1}$ cal $\cdot$ (mol $\cdot$ K)$^{-1}$
Constant de Faraday	F	$9{,}649 \cdot 10^4$	C

Annex 2. Algunes correspondències entre unitats

1 àngstrom	10^{-10} m
1 litre	10^{-3} m^3
1 caloria	$4{,}184$ J
1 atmosfera	$1{,}01 \cdot 10^5$ Pa (N $\cdot$ m^{-2})
1 atmosfera	760 mmHg

Taula Periòdica

Llegenda:
- 24: nombre atòmic
- **Cr**: símbol
- 52,0: massa atòmica

	1	2	3	4	5	6	7	8	9	10	11	12	13	14	15	16	17	18
1	1 **H** 1,0																	2 **He** 4,0
2	3 **Li** 6,9	4 **Be** 9,3											5 **B** 10,8	6 **C** 12,0	7 **N** 14,0	8 **O** 16,0	9 **F** 19,0	10 **Ne** 20,2
3	11 **Na** 23,0	12 **Mg** 24,3											13 **Al** 27,0	14 **Si** 28,1	15 **P** 31,0	16 **S** 32,1	17 **Cl** 35,5	18 **Ar** 39,9
4	19 **K** 39,1	20 **Ca** 40,1	21 **Sc** 45,0	22 **Ti** 47,9	23 **V** 50,9	24 **Cr** 52,0	25 **Mn** 54,9	26 **Fe** 55,8	27 **Co** 58,9	28 **Ni** 58,7	29 **Cu** 63,5	30 **Zn** 65,4	31 **Ga** 69,7	32 **Ge** 72,6	33 **As** 74,9	34 **Se** 79,0	35 **Br** 79,9	36 **Kr** 83,8
5	37 **Rb** 85,5	38 **Sr** 87,6	39 **Y** 88,9	40 **Zr** 91,2	41 **Nb** 92,9	42 **Mo** 95,9	43 **Tc** (99)	44 **Ru** 101,1	45 **Rh** 102,9	46 **Pd** 106,4	47 **Ag** 107,9	48 **Cd** 112,4	49 **In** 114,8	50 **Sn** 118,7	51 **Sb** 121,8	52 **Te** 127,6	53 **I** 126,9	54 **Xe** 131,3
6	55 **Cs** 132,9	56 **Ba** 137,3	71 ***Lu** 175,0	72 **Hf** 178,5	73 **Ta** 180,9	74 **W** 183,8	75 **Re** 186,2	76 **Os** 190,2	77 **Ir** 192,2	78 **Pt** 195,1	79 **Au** 197,0	80 **Hg** 200,6	81 **Tl** 204,4	82 **Pb** 207,2	83 **Bi** 209,0	84 **Po** (209)	85 **At** (210)	86 **Rn** (222)
7	87 **Fr** (223)	88 **Ra** (226)	103 ****Lr** (262)	104 **Rf** (261)	105 **Db** (262)	106 **Sg** (263)	107 **Bh** (262)	108 **Hs** (265)	109 **Mt** (266)	110 **Uun**	111 **Uuu**	112 **Uub**	113 **Uut**	114 **Uuq**	115 **Uup**	116 **Uuh**	117 **Uus**	118 **Uuo**

6	57 ***La** 138,9	58 **Ce** 140,1	59 **Pr** 140,9	60 **Nd** 144,2	61 **Pm** (147)	62 **Sm** 150,4	63 **Eu** 152,0	64 **Gd** 157,2	65 **Tb** 158,9	66 **Dy** 162,5	67 **Ho** 164,9	68 **Er** 167,3	69 **Tm** 168,9	70 **Yb** 173,0
7	89 ****Ac** (227)	90 **Th** 232,0	91 **Pa** 231,0	92 **U** 238,0	93 **Np** (237)	94 **Pu** (244)	95 **Am** (243)	96 **Cm** (247)	97 **Bk** (247)	98 **Cf** (251)	99 **Es** (252)	100 **Fm** (257)	101 **Md** (258)	102 **No** (259)

Nota: els valors entre parèntesi es refereixen a l'isòtop més estable.

www.ingramcontent.com/pod-product-compliance
Lightning Source LLC
Chambersburg PA
CBHW082136210326
41599CB00031B/5998